LES GITES MINÉRAUX

LES
GITES MINÉRAUX

PAR

STANISLAS MEUNIER

Professeur de Géologie au Muséum
Ancien Président de la Société géologique de France.

PARIS

H. DUNOD et E. PINAT, ÉDITEURS

47 et 49, QUAI DES GRANDS-AUGUSTINS (VIᵉ)

1919

À LA MÉMOIRE

DE

BERNARD RENAULT

DONT LA VIE FUT TOUT ENTIÈRE CONSACRÉE A LA SCIENCE

ET DONT LE GÉNIE

PROJETA UNE LUMIÈRE ÉCLATANTE

SUR L'ORIGINE ET L'ÉCONOMIE DES HOUILLÈRES,

TYPES PAR EXCELLENCE DES GÎTES MINÉRAUX

S. M.

AVANT-PROPOS

Sommaire. — Utilité de la Science et de la Géologie, en particulier. — Influence des gîtes sur l'histoire de l'humanité. — Exemples choisis : Briey, les placers d'Australie et de Californie, la fièvre du pétrole et du phosphate. — Substances d'abord négligées puis utilisées : le platine, le zinc.

Le présent volume offre au lecteur la matière du Cours de Géologie, ouvert au Muséum d'Histoire Naturelle, en avril 1917, à l'un des moments les plus tragiques de la guerre. Malgré les sévérités de l'existence, l'amphithéâtre était plus que rempli, l'auditoire manifestant par son calme, qu'il entendait ne pas abdiquer, du fait des circonstances, ses prérogatives intellectuelles, et que, d'une conscience pleinement rassurée, il estimait honorable et même patriotique, l'intérêt accordé à la constatation des vérités naturelles.

En effet, la Science joue un tel rôle dans l'établissement du matériel de guerre, qu'elle mérite d'être considérée comme l'un des facteurs de la victoire. Et il n'y a pas à dire que cette qualité n'appartient qu'à certains détails de la Science, et que celle-ci, dans la plus grande partie de son domaine, reste étrangère aux résultats positifs ; on est bien édifié désormais sur l'intime liaison de tous les chapitres de l'étude de la Nature, et l'on a vu trop de fois les plus fructueuses applications surgir de spéculations à l'apparence le plus abstraite, pour qu'on se hasarde à penser que tel sujet est indifférent au progrès de l'humanité et ne procurera jamais aucun moyen d'attaque ou de défense dans un conflit.

Par exemple, pouvait-on paraître plus à l'antipode des réalités, quand on consacrait beaucoup de temps à l'étude des petits déplacements que se permet l'aiguille aimantée au voisinage d'un courant électrique ? Et pourtant, c'est ainsi qu'en 1819, le Danois Œrstedt, grâce à la pile due à l'Italien Volta, jetait dans le champ de la Science des germes que notre compatriote Ampère faisait immédiatement mûrir, dans la télégraphie électrique, à laquelle la guerre demande ses moyens les plus puissants.

Sans les études pour la plupart théoriques, qui ont fondé la Géologie, la majorité des gisements exploités pour fabriquer les terrifiants outillages dont nos armées sont pourvues, seraient parfaitement ignorés. Le savant, qui s'est spécialisé dans l'examen des débris fossilisés d'êtres disparus et qui reconnaît à quelques stries sur une petite coquille, ou à quelques nervures sur une empreinte de feuille, que le sol de telle région est un magasin de matériaux à utiliser, est au propre un collaborateur, et des plus précieux, du Général en chef.

D'ailleurs, si nous avions eu besoin d'être rassurés sur la légitimité de notre occupation scientifique en temps de guerre, nous aurions trouvé un réconfort auprès de nos soldats de première ligne eux-mêmes. Il ne se passait pas de semaine que nous ne reçussions des demandes de renseignements, émanant de combattants qui, tout en remplissant dans l'enthousiasme le plus soutenu, leur héroïque devoir, avaient de temps à autre, leur regard arrêté et leur attention appelée sur des particularités du sol qu'ils creusaient ou qu'ils habitaient.

La Géologie ne nous offre pas seulement des moyens de lutte : elle a suscité bien souvent des motifs de guerre, pris précisément dans les localités à gîtes minéraux.

Personne n'ignore que le bassin géologique de Briey a contribué énergiquement à allumer les convoitises de notre ennemi. Et que de fois le désir de conquérir des régions minières n'a-t-il pas été la cause principale, sinon toujours avouée, d'opérations internationales ! Si le sol de l'Afrique Australe n'avait contenu ni or ni diamants, il est probable que l'histoire des Boërs se fût déroulée tout autrement qu'elle n'a fait. Même réalisées dans des pays non encore habités par des nations dites civilisées, les découvertes de gisements ont provoqué de véritables crises économiques : on pourrait même ajouter, au moins, pour certains cas, le déchaînement de crises nerveuses, avec perte de la raison chez des populations parfois nombreuses. On a qualifié de *fièvre de l'or* le vertige auquel tant d'individus ont succombé en 1848, à la nouvelle de la richesse aurifère de la Californie. La même perturbation s'est reproduite, avec les mêmes incidents, en 1860, lors de la découverte des « placers » de l'Australie. Et l'année suivante, 1861, pour les gîtes argentifères de Comstock (Nevada), dont la production devint si considérable qu'on a toujours cherché à la modérer, pour ne pas avilir le prix marchand du métal. En 1891, des trouvailles analogues eurent lieu au Klondyke, où la crise fut d'autant plus grave, qu'aux motifs déjà connus de vie difficile, par suite de la rareté des vivres dans des pays soudainement surpeuplés, s'ajoutèrent les calamités résultant de la température hyperboréenne.

Ces exemples prouvent que la rencontre des gîtes a été souvent une cause de ruines et de catastrophes individuelles, au prix desquelles les choses, après les épreuves du début, s'installèrent et fructifièrent très largement. Ainsi les premières maisons bâties sur les dépôts de cuivre de Copéropolis, en Californie (1861), virent, en moins de deux ans, se grouper autour d'elles une ville de 20.000 habitants, possédant 4 hôtels, 3 écoles et 1 journal. Plus remarquable encore, Virginia-City se créa comme par enchantement, constituant l'une des villes les plus florissantes des États-Unis, suscitant, à San-Francisco, une panique de jalousie. En quelques mois s'élevèrent dans le désert de la veille : 2.200 maisons, 12 hôtels, 22 restaurants, 100 cafés, 9 débits de tabac, 39 épiceries, 16 boucheries, 8 pharmacies, 4 glaciers, 1 théâtre, 1 prison, 1 agence de machines à coudre.

Ajoutons que cette histoire n'est pas seulement celle des gîtes métallifères et que bien d'autres formations minérales la reproduisent : la *fièvre du pétrole* est à mentionner à côté de celle de l'or. En 1867, nous avons assisté personnellement, sur une échelle réduite, mais avec des symptômes incontestables, à la *fièvre du phosphate*, provoquée à Doullens, dans la Somme, par cette découverte qu'un sable blond, employé depuis longtemps dans les préparations du vulgaire mortier, est en réalité le précieux phosphate de chaux oolithique : des cas très nets d'aliénation mentale se produisirent chez des gens dont la propriété avait inopinément plus que décuplé sa valeur.

On peut s'imaginer ce qui arriverait, si l'on découvrait quelque jour un gîte abondant de radium, dont la valeur marchande est actuellement en si absolue disproportion avec celle des minerais ordinaires.

D'ailleurs, une substance non utilisée et par conséquent négligée, peut recevoir tout à coup des applications et devenir précieuse : c'est ce qui a eu lieu pour le platine (ainsi nommé par mépris, comme un diminutif, *platina*, de l'argent, *plata*) et dont le prix est maintenant bien des fois supérieur à celui de l'or.

A tous ces motifs d'un intérêt vital, les gîtes minéraux et métallifères ajouteront celui de montrer, dans l'établissement du monde physique, des harmonies qui pourront nous apparaître comme une diversion, et en quelques manières, comme une compensation, des conflits du monde social.

INTRODUCTION

Sommaire. — Constitution des éléments primitifs du globe terrestre; leur triage. — Exemples fournis par la formation d'un composé métallique : le minerai de la place de la Concorde. — L'arsenic de la geysérite d'Auvergne. — L'oligiste du Vésuve. — Les gîtes sont, en général, bien plus récents que les roches qui les contiennent. — L'opinion de Buffon quant à l'immutabilité des profondeurs. — L'*Activisme*, ou évolution continue de toutes les parties du globe. — Comparaison de l'ensemble terrestre avec un organisme. — Les fonctions géologiques. — Origine complexe de nombre de gîtes. — Divers modes de classification : d'après le minéral dominant; d'après l'âge géologique de chaque type; d'après la nature des roches auxquelles les gîtes sont associés; d'après la morphologie de chacun d'eux; d'après la somme de tous leurs caractères. — Nous classerons les gîtes d'après la Fonction dont chacun d'eux est le produit.

Le fait pur et simple, primordial, qu'il existe des gîtes minéraux, est loin d'être aussi facile à expliquer qu'on pourrait le croire à première vue.

En partant de l'idée géniale de Laplace, acceptée généralement, quant à l'origine de notre globe, on doit supposer que les matériaux qui le constituent ont été tout d'abord brassés de façon à réaliser une homogénéité complète dans la *nébuleuse originelle*.

Plus tard, ces éléments ont nécessairement subi les effets d'un triage, compliqué de combinaisons à chaque instant variables, à cause des conséquences que leur ont infligées les étapes du refroidissement commun de tout l'ensemble : autrement, tous les points de la masse planétaire jouiraient d'une seule et même constitution, ce qui est contraire à l'observation.

La vérité, c'est que chaque corps, obéissant à ses affinités chimiques, est entré en association avec certains autres éléments, pour constituer des fluides qui ont été véhiculés selon des trajets plus ou moins compliqués, jusqu'à la rencontre, par chacun d'eux, d'un point offrant une condition déterminante de fixation, au moins provisoire.

Ces points se comportent comme des pièges vis-à-vis de composés définis et, par exemple, de composés métallifères. Un cas typique par son extrême simplicité concerne le sol même de Paris. Les travaux d'établissement du chemin de fer métropolitain ont nécessité l'excavation du sol de la place de la Concorde : on s'y est trouvé en plein diluvium, témoignant d'un ancien cours de la Seine, un peu différent du cours actuel. Ce terrain est, en grande partie, constitué par des cailloux calcaires qui, sur un espace considérable, sont enduits d'une matière noire où l'on reconnaît tout de suite un minerai de manganèse (l'acerdèse ou manganite) qui constitue, entre ces pierrailles, un véritable ciment conjonctif. On démontre aisément que le carbonate de chaux a servi de piège à l'égard de l'oxyde de manganèse en dissolution dans les eaux d'imprégnation du sol. Or, l'analyse montre que les eaux souterraines de la place de la Concorde ne renferment, par litre, que 0,007 de carbonate de manganèse, soit 7 *millionièmes* c'est-à-dire une quantité si infime qu'on ne peut la déceler qu'à l'aide de procédés chimiques exceptionnellement précis. C'est à la faveur d'un temps suffisamment prolongé que ce rudiment de gîte s'est peu à peu constitué.

Cet exemple a ses analogues de tous les côtés, et pour les substances les plus diverses. On citera la réaction qui se développe dans le fond des grands océans, et y détermine des accumulations de manganèse cotonneux (*Wad* des Anglais), et dans ce cas, ce sont les os tympaniques de cétacés qui sont les agents effectifs du précipité, c'est-à-dire les pièges à manganèse.

En tout cas, l'exemple de la place de la Concorde nous montre comment se peut constituer progressivement un gîte minéral qui n'exige qu'un temps suffisant pour prendre des dimensions quelconques, et nous reconnaissons que ce gîte est le résultat d'un triage parmi des éléments qui passent ensemble dans un point donné et dont quelques-uns seulement y sont arrêtés.

Une concentration analogue peut être réalisée dans divers genres de localités géologiques : et souvent, par voie hydrothermale, par l'intervention de suintements aqueux concentrant des corps très variés, tels que l'arsenic, dans la geysérite de Saint-Nectaire en Auvergne ; comme aussi les éléments si variés des minéraux filoniens, minerai et gangue ; par volatilisation, comme dans les fumerolles des volcans, et c'est ainsi que le Vésuve met sous nos yeux des ébauches de gisement d'oligiste, etc.

Du reste, il n'y a pas que des réactions chimiques qui puissent déterminer les triages dont les gîtes sont le résultat. Des causes mécaniques en font autant de leur côté, et les lavages de particules mélangées, par les eaux en mouvement, déterminent des concentrations métalliques, aussi bien dans le lit des rivières, où s'accumulent des sables aurifères, que sur le littoral des océans, où se font des dépôts de minerai d'étain, comme à l'embouchure de la Vilaine, ou de fer oxydulé, comme en Nouvelle-Écosse.

Nous nous trouvons ainsi en présence de *cycles fermés* de transformations dont les deux pôles sont le brassage des éléments d'un côté et leur triage du côté opposé.

Ces remarques conduisent à prévoir que le phénomène sera très harmonique avec les autres formes de l'activité géologique, et sans préjuger des conclusions définitives de nos études, il est indispensable de montrer ici en deux mots que ce phénomène, qui est absolument continu, se rattache directement au mécanisme fondamental de la physiologie planétaire.

La première remarque à cet égard, c'est qu'on reconnaît sans hésitation que le plus grand nombre des gîtes ont été engendrés au sein des roches qui les renferment et probablement très longtemps après la constitution de ces roches. C'est donc en vertu de circonstances spéciales que leurs matériaux constituants sont venus s'interposer dans des masses préexistantes et évidemment en conséquence de réactions différentes de celles qui avaient donné lieu aux premières. Notre souci devra être de retrouver les causes de cet enrichissement et les mécanismes qui l'ont favorisé.

Une semblable étude conduit à une découverte bien remarquable par son ampleur, et qui a été souvent méconnue. C'est que le monde physique est, si l'on peut dire, admirablement bien agencé; que chaque partie en est faite pour servir à l'équilibre du Tout, et que le Tout, en retour, est constitué en vue de chaque partie.

A cet égard, l'opinion qui semble légitime, a remplacé une tout autre manière de voir, accueillie au début même de la Géologie. Buffon compare les régions souterraines à un « bureau d'archives » où s'entassent des documents relatifs aux époques passées et qui s'y conservent sans changement dans le domaine de l'immobilité générale. « Comme dans l'histoire civile on consulte les titres, on recherche les médailles, on déchiffre les inscriptions antiques, pour déterminer les époques des révolutions humaines et constater les dates des événements moraux : de même, dans l'histoire naturelle il faut fouiller les archives du monde, tirer des entrailles de la terre les vieux monuments, recueillir leurs débris et rassembler, en un corps de preuves, tous les indices des changements physiques qui peuvent nous faire remonter aux différents âges de la Nature [1]. »

Or, tous les travaux modernes de Géologie générale concourent à l'établissement de cette notion, que la masse terrestre tout entière est le siège d'une activité ininterrompue. Les archives de Buffon sont, en même temps, un laboratoire où les objets accumulés sont soumis à des modifications sans fin.

Contrairement au vieux préjugé, qui fait des pierres des objets inertes, ce qui nous frappe de tous côtés, c'est le spectacle des circulations, des dissolutions, des concrétions, des substitutions de tous genres. Et nous sentons que le globe est un ensemble en proie à une évolution continue.

Allant plus loin, nous reconnaissons que celle-ci est réalisée par le concert de phénomènes très distincts les uns des autres et qui s'harmonisent pour produire un résultat commun.

Je sais bien que la notion de l'harmonie naturelle semble à beaucoup d'esprits en contradiction avec le constant spectacle des combats auxquels se livrent les êtres vivants et qu'on a qualifié de *lutte pour la vie*. On sait les protestations indignées d'un grand nombre de penseurs et le stigmate infligé à la Nature entière par Michelet [2].

Mais la réflexion remet les choses à leur place. Nous venons de dire qu'on peut comparer la planète à un organisme : en effet, nous distinguons dans son anatomie, de véritables tissus réagissant les uns sur les autres et qui, comme conséquence de leur

---

1. C'est le début même des *Époques de la Nature*.
2. *La mer :* livre deuxième, chapitre 1er, *Fécondité*, pages 101 à 110 de l'édition de 1882.

activité, se désorganisent chacun à son tour, pour se reconstituer et alimenter ainsi le jeu des différentes *fonctions*.

Jetons un coup d'œil sur l'organisme proprement dit et le mieux constitué de tous, le corps en vie d'un animal supérieur. Qu'y voyons-nous? Les tissus en voie ininterrompue de destruction et de reconstruction. Chacune des cellules de ces tissus correspond à chacun des tissus des éléments géologiques : chaque animal, du *tissu biologique* de la terre[1] correspond à chaque élément anatomique d'un organe de l'être vivant. D'autant plus que certains de ces éléments ont l'allure indépendante d'entités distinctes, comme l'ont de leur côté les hématies ou globules rouges et les leucocytes ou globules blancs dans la masse du sang ; comme l'ont aussi les cellules des muscles, ou des os, ou des nerfs, etc. Et nous avons le pendant de la lutte pour l'existence, dans les absorptions de certains produits alimentaires d'un élément histologique dans un autre. De telle sorte, qu'à chaque instant, des cellules meurent dans l'organisme le mieux portant et en assurent ainsi la bonne santé. Partout, les tissus se comportent de même, comme la peau et la muqueuse le montrent si nettement, et abandonnent les cadavres de leurs cellules, sur toute la surface extérieure et intérieure du corps. Et c'est ainsi que, comme portion importante de ces *excreta* de chaque instant, figurent les débris, c'est-à-dire les cadavres, de cellules désorganisées.

Aura-t-on pour cela l'opinion que l'organisme physiologique n'est pas un lieu de parfaite harmonie? Car, cette lutte entre individus (et rien qu'elle), assure, malgré l'apparence, la persistance de l'ensemble.

On peut accentuer, par un exemple matériel, le caractère dominateur de l'activité du globe, en transportant dans la véritable physiologie qui l'anime, le point de vue ordinaire de la physiologie proprement dite : le corps d'un animal est formé d'éléments dont chacun cesse d'en faire partie au moment — ou presque — où il a commencé à y prendre place. C'est une région de l'espace que traversent des corpuscules matériels, qui ne font que le traverser.

---

1. Voir à ce sujet notre récente *Géologie biologique*, imprimée en 1914, mais publiée en 1918 seulement.

« Le parallèle, dit Huxley[1], que l'on a souvent établi entre les êtres vivants et les tourbillons, qui se forment dans les eaux courantes, est aussi juste que frappant. Le tourbillon est permanent, mais les particules d'eau qui le constituent changent sans cesse. Entrant d'un côté, elles sont entraînées, dans le mouvement circulaire et constituent temporairement une partie de l'individualité du tourbillon ; quand elles sortent de l'autre côté, leurs places sont prises par de nouvelles arrivées. Ceux qui ont vu le tourbillon prodigieux qui se trouve à trois milles au-dessous des chutes du Niagara, n'auront pas oublié cette vague énorme, qui s'écroule et se relève sans cesse, personnification véritable de l'énergie sans repos, au point où le courant rapide qui s'échappe des cataractes, est contraint de tourner brusquement vers le lac Ontario. Si changeant que soit le contour de sa crête, voilà des siècles que cette vague se voit à peu près au même endroit et avec la même forme générale. D'un mille de distance, elle semble un monticule d'eau stationnaire. De près, elle est l'expression typique du conflit des mouvements qu'engendre la course rapide des particules matérielles. » « Avec tout cela, conclut-il, nous paraissons être bien loin de l'écrevisse ; mais si nous le pouvions, nous verrions qu'elle aussi n'est rien que la forme constante d'un tourbillon semblable de molécules matérielles, qui entrent constamment d'un côté dans l'animal, pour s'en échapper de l'autre. »

Et voilà que cette conclusion qui, à première vue, semble si étrange à l'égard des êtres vivants, nous y parvenons également à l'égard des couches du sol qui, normalement, ont une durée beaucoup plus longue que l'association des particules dont elles étaient d'abord le produit, et qui, pour les plus anciennes, s'est d'ordinaire renouvelée plusieurs fois.

C'est une forme de la vie du globe, sur laquelle il nous était indispensable d'insister.

Des couches ferrugineuses, remplies de fossiles, comme celles dont l'exploitation à Briey est connue de tout le monde, ont commencé par ne pas renfermer un atome de fer, métal qu'elles ont acquis par substitution, à leur matière initiale, qui était cal-

---

1. *L'Écrevisse*, introduction à l'*Étude de la Zoologie*, 1 vol. in-8. Paris, 1880.

caire. Leur structure intime, leur anatomie, pourrait-on dire, s'y est pourtant, au moins à partir d'un certain moment, conservée jusque dans les détails, et rien ne le prouve mieux que la ferruginification des coquilles de mollusques, qui se prêtent aujourd'hui à la détermination zoologique, aussi bien qu'elles l'eussent fait pendant leur vie.

Répétons que ces circonstances sont la reproduction des résultats normaux de la physiologie organique où, par exemple, des os viennent se substituer à des cartilages.

Aussi, ne serons-nous pas étonnés de voir que chacun de ces phénomènes se développe dans un genre de localités géologiques, caractérisées par leur forme comme par leur situation et qui évoquent tout de suite l'idée des appareils anatomiques.

De proche en proche, on arrive à classer ces phénomènes, et les résultats qu'ils déterminent, en huit groupes, à chacun desquels convient la qualification de *fonction*.

Trois de ces fonctions dérivent directement de l'énergie contenue dans les régions centrales de l'écorce terrestre où est renfermé un foyer autonome de chaleur. Les cinq autres procèdent de la radiation du Soleil.

On peut appeler *cortical* l'ensemble des réactions qui dérivent de la situation instable de la mince croûte terrestre sur le noyau chaud qu'elle enserre. La perte de chaleur qu'elle subit détermine nécessairement la contraction, sur elle-même, de la matière nucléaire. En conséquence, la croûte établie sur ce support initial est sollicitée à se rapprocher sans cesse du centre géométrique de la planète et, de ce fait seul, elle éprouve des compressions horizontales, c'est-à-dire tangentielles. La finalité de la fonction corticale est, avant tout, d'inégaliser la surface terrestre et de localiser les mers dans des bassins, en soulevant au-dessus de leur niveau, les régions dites continentales et insulaires.

En second lieu, se présente la fonction *volcanique*, qui consiste surtout en une circulation continue de substances, appelées dans les profondeurs par la pesanteur et rejetées vers l'extérieur par l'énergie hydro-calorifique des régions souterraines.

La forme la plus classique de ces manifestations est l'éruption, qui superpose, à la surface du sol, des masses rocheuses venant de très bas, et le but qu'elle est destinée à remplir est de ménager, dans l'abîme, la place nécessaire à l'installation des portions de croûte, trop larges désormais, pour continuer à se loger dans les espaces au sein desquels elles s'étaient solidifiées.

Les géologues emploient le terme de *bathydrique*, pour désigner la troisième fonction d'origine interne. C'est à son exercice que se rattache la longue série des modifications progressives des roches stratifiées, parcourant, dans le temps, les stades du métamorphisme. La circulation verticale de l'eau chaude, qui est son instrument le plus efficace, réalise l'extraction des corps solubles contenus dans les roches internes et dans leur mélange avec les nappes aqueuses épidermiques, avant tout dans la mer.

Nous pénétrons ici dans le domaine des fonctions solaires, avec l'histoire de la nappe d'eau superficielle qui n'est pas séparée de l'atmosphère par une couche rocheuse imperméable. Par contraste avec la précédente, on la dit *épipolhydrique*. Elle intervient, avec une intensité exceptionnelle, dans l'histoire des accidents de la surface du sol. C'est à elle qu'est imputable la variété du modelé continental. En outre, elle fournit au laboratoire océanique une énorme collaboration, sous la forme de substances minérales, charriées par les eaux sauvages ou courantes, aussi bien à l'état de boue que sous la forme de dissolutions.

Cette remarque nous fournit une transition vers la fonction *océanique*, dont les travaux concernent les phénomènes qui ont pour théâtre les grandes masses d'eau renfermées dans des bassins, qu'elles soient douces ou salées. La dénudation et la sédimentation sont les procédés qu'elles mettent en œuvre, aux dépens de formations antérieures.

La fonction *glaciaire* sera simplement mentionnée pour mémoire, car, malgré son importance considérable au point de vue de l'économie générale de la terre, elle n'aura guère à intervenir dans les phénomènes que nous nous proposons d'étudier, — sinon en changeant l'activité ou l'allure de quelqu'une des autres fonctions.

Il n'en est pas de même de la fonction *éolienne*, remplie par le vent. L'océan aérien est le siège de travaux géologiques, symétriques des phénomènes océaniques.

Enfin, la fonction *biologique*, quoique de considération plus récente que les autres, s'impose à notre attention par des motifs variés. Le plus éloquent, c'est que la force qui distingue les êtres animés et qu'on appelle la Vie, est un agent géologique tout aussi actif que les autres et réalise des destructions de roches et des édifications d'assises, comparables par leur volume comme par leurs caractères les plus généraux, aux érosions et aux édifications des autres origines.

Nous verrons au cours de cet Ouvrage que chacune des fonctions se présente comme ayant déterminé certains gîtes minéraux et de telle façon que nous aurons à considérer des gîtes corticaux, des gîtes volcaniques, des gîtes bathydriques, etc.

L'histoire attentive de chacune de ces catégories bien définies, nous amènera à reconnaître que beaucoup de gîtes ont une origine complexe, et ce sera un motif d'intérêt de constater qu'ils dérivent en définitive de l'ensemble des phénomènes très différents les uns des autres qui se sont déclarés dans une même localité à des époques successives, — grâce à l'évolution du sol considéré, — par suite de déplacements continus des différents centres d'activité géologique.

La conséquence la plus visible de cette méthode d'étude sera de substituer une marche rationnelle, à une fantaisie, au moins apparente, résultant d'une étude par trop superficielle.

La classification des gîtes a fourni, aux différents auteurs, l'occasion de développer des considérations qu'il est utile de rappeler succinctement.

Le système qui se présente le premier à l'esprit, mais que nous ne craindrons pas de qualifier de naïf, consiste à faire passer avant tout la qualité du métal qui détermine l'exploitation. De Lapparent, abordant la question, déclare comme programme qu' « au lieu de tenter une classification systématique des gîtes, il se bornera à définir les principaux types, en les distinguant d'après le métal dominant ». Et c'est là le plus sûr moyen d'arriver à un désordre complet : Malgré le parti que pourrait tirer de cette considération un industriel avide d'un métal plutôt que d'un autre, le naturaliste reconnaît tout de suite que la sorte de ce métal est bien peu importante, auprès de la signification des conditions géologiques où il s'est accumulé. La sidérose, par exemple, ou carbonate de fer, est bien plus éloignée du fer oligiste que du carbonate de chaux. Les mêmes circonstances générales président à l'isolement et au dépôt des deux composés $FeCO^3$ (sidérose) et $CaCO^3$ (calcite), qui ont une histoire chimique bien plus analogue que celle de Fe^3O^4 (oligiste), comparée à celle de $FeCO^3$ (sidérose).

Un deuxième système fait intervenir surtout, comme base de classification, l'âge géologique auquel il convient de rapporter la constitution du gisement : les uns étant primaires et d'autres secondaires ou tertiaires. Ce système manque essentiellement de précision. En général, il faut se borner à constater qu'un minerai, étant subordonné à une roche encaissante donnée, il est d'âge géologique plus récent que cette même roche. Mais d'habitude on manque de *criterium* pour fixer au phénomène une limite finale. D'ailleurs, il n'y a aucune raison péremptoire pour supposer que l'âge relatif du dépôt aura, pour conséquence constante, une différence dans l'allure et la composition de ce gîte, les résultats du métamorphisme étant, ordinairement, de donner aux formations qui les subissent des caractères de composition de structure et de manière d'être, identiques à ceux de formations d'un âge plus avancé.

On a voulu aussi définir les gîtes d'après la nature lithologique des roches auxquelles ils sont associés et qui peuvent être des roches cristallines acides, neutres ou basiques ou même des roches sédimentaires, telles que des calcaires ou des argiles. Ce point de vue ne s'applique nettement qu'à un très petit nombre de cas, dont le principal concerne la subordination à des masses qui, comme le calcaire, ont pu intervenir directement dans la chimie génératrice du dépôt minier.

La morphologie des gîtes a été aussi invoquée quelquefois. Cette quatrième méthode fait avant tout des groupes selon qu'il s'agit de filons, d'amas, de couches, etc. Mais il arrive qu'une même région exploitable passe d'une forme à une autre : les filons et les couches, par exemple, étant fréquemment associés.

Enfin, différents auteurs ont imaginé des rapprochements plus ou moins ingénieux de ces systèmes successifs, et il en est résulté l'établissement de types, de définition difficile et d'acceptation plus difficile encore, puisqu'on arrive à trouver les uns à côté des autres, des minéraux dont le mode de formation est

contradictoire, telle que la coexistence de gangues essentiellement hydratées comme est la serpentine et de minerais qui,
comme le fer magnétique, ne peuvent être engendrés que par
des réactions à température si élevée que son premier effet serait
de déshydrater les roches voisines.

Aussi, n'hésitons-nous pas, et c'est ce qui justifiera les détails
où nous sommes entrés quant aux fonctions géologiques, à prendre
comme base de notre exposition les grandes lignes de l'histoire
physiologique de la terre. Nous verrons, en effet, que chacun
de ces modes d'activité, résultant du jeu d'appareils spéciaux et
auxquels nous avons donné le nom de fonctions, peut intervenir
dans la constitution de gîtes proprement dits, auxquels nécessairement elles imposent une allure caractéristique, de définition
pratique. Nous allons à cet égard répartir en chapitres correspondant à ces considérations générales, la description des gîtes.

Parmi les avantages qui nous semblent incontestables de cette
méthode, il faut noter la faculté qu'elle procure de subordonner,
à des types simples, l'histoire de types complexes, c'est-à-dire
formés de détails qui dérivent les uns après les autres de la
substitution, dans une même localité, de différents mécanismes
géologiques. Supposons que la fonction volcanique ait déterminé
en un point donné la constitution d'un gîte parfaitement défini,
il pourra se faire qu'après l'extinction du volcan et le refroidissement du sol, des circulations d'eau viennent mélanger aux premiers produits des minéraux que la chaleur souterraine détrui-
rait. Cet exemple suffit pour montrer comment notre système se
rapproche de l'histoire naturelle proprement dite.

LES GÎTES MINÉRAUX

CHAPITRE PREMIER

[...]ANT DE LA FONCTION CORTICALE

sairement d'une époque où notre planète en était à la phase évolutive que traverse en ce moment le Soleil, les roches qui en persistent encore peuvent avoir conservé les détails de structure caractéristiques de son mode de formation. Nous avons ici des documents très précieux : outre l'observation de produits de condensation brusque de vapeurs, comme le givre proprement dit, sur les vitres durant les grands froids, nous disposons de collections nombreuses de roches constitutives des soubassements les plus anciens du sol, amenés à portée de nos études par les phénomènes orogéniques, et même de blocs de pierre qui, sous le nom de météorites, tombent du ciel sur notre sol, avec l'allure de débris d'un noyau planétaire actuellement désagrégé. Dans tous les cas, le grain de ces masses est essentiellement fragmentaire, constitué par l'agglutination de débris de petits cristaux, appartenant à des espèces minérales très diverses et comprenant volontiers des particules métalliques intimement associées à des débris pierreux. D'ailleurs, un autre ordre d'arguments pourra être considéré comme décisif : il provient du témoignage de la méthode expérimentale.

Je me suis, en effet, attaché dès l'année 1881, à la reproduction artificielle des conditions qui paraissent présider à la constitution actuelle de la matière photosphérique du Soleil[1]. Après avoir fait un mélange de vapeurs, contenant quelques-uns des éléments chimiques les mieux constatés par l'analyse spectrale dans la masse solaire, on en a provoqué le refroidissement brusque et on en a examiné le produit. On y a vu, avec des caractères qui ne laissent aucun doute, les minéraux principaux des roches tombées du ciel, qu'on est autorisé à supposer comme étant les éléments constitutifs de la couche brillante de notre astre central. De la sorte, fut réalisée la synthèse de silicates de magnésie (fig. 1), comme le pyroxène et le péridot, en même temps que celle de grenailles et de filaments de composés métalliques, tels que des alliages de fer et de nickel.

Avant de voir quelles sont les applications de ces remarques à la génération des gîtes corticaux, je tiens à m'arrêter un moment sur un détail selon moi très important.

---

1. Stanislas Meunier. Recherche sur le mode de formation de divers minéraux météoritiques. *Recueil des savants étrangers*, t. XXVII, n° 5, 1881, Paris.

Il concerne l'un des traits les plus essentiels du laboratoire naturel, où se forment les roches dites cristallines, dont le régime se reflète dans les caractères des produits qui en dérivent.

A l'époque de ma publication, j'insistai sur l'absence de toute fusion ignée dans le processus d'où ces roches dérivent et l'on me permettra de noter que je suscitai, ainsi, une violente opposition de la part de Fouqué et Michel Lévy qui, à cette époque, avaient fait de la reproduction artificielle des minéraux un

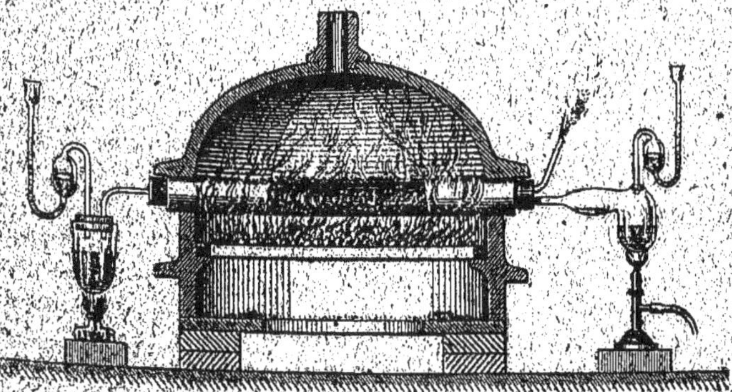

Fig. 1. — Appareil permettant de réaliser la synthèse des silicates magnésiens météoritiques par la réaction simultanée, sur la vapeur du magnésium de la vapeur d'eau et de celle de chlorure de silicium.

(A droite, cornue dégageant la vapeur d'eau ; à gauche, tube dégageant le chlorure de silicium, le magnésium a été placé dans une coupelle au milieu du tube de porcelaine.)

domaine dont ils se réservaient le monopole. « Nous considérons, disant-ils, la voie ignée comme conduisant réellement à la reproduction artificielle des météorites. Nous sommes parvenus à reproduire ainsi, même les types feldspathiques ; et quant à l'opinion qui attribue leur formation à une condensation brusque de vapeurs, elle ne nous paraît pas justifiée par les expériences récentes de M. Stanislas Meunier. »

Malgré ce verdict, mes contradicteurs, à la page 109 du volume qui vient d'être cité, reviennent sur la synthèse du pyroxène sous une forme tout à fait imprévue : « Une expérience de M. Daub

brée, relative à la reproduction du pyroxène, par l'action du
chlorure de silicium sur la magnésie et l'oxyde de fer à haute
température a été récemment reprise, avec une légère modification, par M. Stanislas Meunier. » Et à la suite du nom de Daubrée
se présente un renvoi en bas de page, où l'on trouve exclusivement ce mot : « Daubrée », sans aucune espèce de mention
d'une publication quelconque. Sans en tirer aucune conséquence
directe, je puis assurer que Daubrée n'a jamais fait l'expérience
dont il s'agit. J'étais trop intimement lié à ses travaux et j'ai pris
une trop grande part à la publication de ses résultats, pour avoir
pu l'ignorer si elle avait jamais été tentée. D'ailleurs, Daubrée,
à qui je dois d'avoir obtenu la publication de mon Mémoire, dans
le *Recueil des Savants Etrangers*, a causé maintes fois avec moi
de mes résultats et il reconnaissait sans difficulté que j'avais été
« plus heureux » que lui en obtenant la synthèse des minéraux
pyroxéniques par voie purement gazeuse, ou *pneumatolytique*[1].
Mais il y a un détail plus fort à ajouter. Après qu'on eût proclamé la toute-puissance de la voie purement sèche, au point
que les auteurs se vantaient (p. 45 du volume cité tout à l'heure)
d'avoir en 1878 : « Entrepris une série d'expériences dont le
résultat est d'augmenter considérablement le domaine de la
fusion purement ignée », et d'en avoir conclu « qu'un grand
nombre de roches éruptives anciennes et modernes, doivent leur
origine à l'action exclusive d'une *fusion*, suivie d'un long refroidissement et que les fumerolles et les agents volatils ne produisent que la décomposition ultérieure des minéraux primitifs
de ces roches », leurs successeurs, tels que M. Lacroix, en sont
aujourd'hui arrivés à ne plus parler, dans leurs publications sur
l'origine et le mode de formation des roches cristallines, que
de *réactions pneumatolytiques*, c'est-à-dire, en somme, celles que

---

1. A force de chercher des explications de cette assertion, si grave pour moi,
puisqu'elle ne tend à rien moins que de m'accuser de plagiat, et si curieusement
enveloppée d'imprécision dont on peut se dire « qu'il en restera toujours quelque
chose », j'ai fini par supposer qu'on a eu en vue une note de Daubrée sur la synthèse de l'apatite par la *réaction au rouge du chlorure de phosphore sur la chaux
vive* (*C. R. Acad.*, t. XXXII, p. 625, 1865). On avouera que si la réaction du chlorure de silicium sur le mélange de la vapeur d'eau et de la vapeur de magnésium
métallique est une *légère modification* de mon expérience, toutes les tentatives de
synthèse par les vapeurs, réagissant sur des matériaux quelconques, à quelque état
physique que ce soit, font nécessairement double emploi les unes avec les autres.

prouvent les rencontres de réactifs aériformes par cette voie gazeuse qu'ils avaient si formellement condamnée dans mes travaux, dont ils ont d'ailleurs le plus grand soin de ne jamais rappeler l'existence.

D'ailleurs, l'absence de toute fusion sèche est démontrée de toutes parts par la texture des roches profondes. C'est un sujet si important qu'il devra nous occuper encore, à propos des roches volcaniques et à propos des roches métamorphiques. A l'encontre des matériaux fondus, toute l'écorce ne nous montre que des *brèches*, des *conglomérats* de fragments ressoudés les uns aux autres, des ensembles qui témoignent d'une origine où les phénomènes mécaniques sont intervenus aussi nécessairement que les réactions chimiques, par une *cataclase* aussi énergique que continue.

En tout cas, tout le monde est maintenant d'avis que les phénomènes de fusion sèche ne peuvent pas intervenir dans l'origine de la surface solaire, dont l'allure générale est, comme Faye y a insisté [1], dominée par l'existence de courants parallèles à l'équateur et de vitesses très inégales, depuis l'équateur où se trouve le maximum, jusqu'aux pôles où le déplacement est théoriquement nul.

En admettant ces circonstances si probantes, on doit croire que les choses se sont présentées de la même manière dans la masse initiale de la terre, particularité sur laquelle il faut d'autant plus insister qu'une opinion singulière s'est établie pendant longtemps parmi les géologues, au mépris des notions les plus élémentaires de chimie. M. Boisse [2], par exemple, qui a essayé d'imaginer la constitution que doit prendre une sphère chaotique, abandonnée à la seule influence du refroidissement, a posé en fait que les atomes des différents corps simples en présence doivent nécessairement se classer le long des rayons, dans l'ordre croissant de leur densité, depuis la surface jusqu'au centre. De là cette assertion, qui fut adoptée par un très grand nombre d'auteurs, que le noyau doit être fait de fer métallique et que les matières moins denses que ce métal ont dû former des couches concentriques jusqu'à la surface. Chose étrange, on a

1. *Sur l'Origine du Monde*, p. 216, 1 vol. in-8°, Paris, 1884.
2. *Mémoires de la Société des lettres, sciences et arts de l'Aveyron*, t. VII, p. 1 à 180 (1850), Rodez.

adopté comme représentant les densités, les chiffres qui se rapportent aux corps simples, à la température ordinaire et on n'a aucunement fait entrer en ligne de compte la possibilité de composés capables d'avoir un poids spécifique tout différent de ceux qui concernent leurs éléments considérés séparément. Personne, n'a songé à se demander quelle serait la conséquence, pour le gisement du fer, si au lieu d'être métallique et solide, il se trouvait à l'état de chlorure, volatilisé à une température très élevée. Il pourrait se faire dans ce cas, et c'est vraisemblablement ce qui a eu lieu, que le métal, loin de se réunir en une masse nucléaire, représentât une fraction importante de l'atmosphère la plus éloignée du centre. Le refroidissement, dans ce cas, pourrait déterminer la production d'une zone sphérique de matériaux ferrugineux, peut-être même de fer métallique, si un agent suffisamment réducteur intervenait, autour des régions inférieures formées de matériaux plus pesants.

Le classement théorique est donc impossible à préciser, à cause de l'indétermination des données, et c'est à des observations géologiques que nous devons demander la lumière sur ces sujets.

D'un autre côté, à la température initiale, l'eau n'existait pas encore. Des théoriciens, tels que le Dr Garrigou (de Toulouse) [1], ont défendu l'opinion que l'oxygène lui-même n'existait pas et pouvait être représenté par un élément, d'ailleurs inconnu, dont il serait un produit de polymérisation : les étoiles les plus chaudes du ciel ne montrent point d'oxygène, ce gaz semble commencer à apparaître dans les astres parvenus à l'étape solaire. Nous ne pouvons espérer rencontrer des spécimens rocheux datant de la période photosphérique et ayant échappé à des réactions ultérieures, et il faudra donc faire le départ des actions secondaires qui ont pu les modifier, pour en faire abstraction. De même, on peut croire que les silicates contenus dans les roches initiales sont des résultats secondaires de l'oxydation des siliciures, qui ont dû apparaître les premiers, de sorte qu'on est autorisé à imaginer un premier groupe de roches représentant le *givre initial*, où des particules métalliques seraient associées à des

----

1. *Leçon d'ouverture du cours d'hydrologie de la Faculté de médecine de Toulouse de l'année 1907-1908*, in Bulletin général de thérapeutique, Paris (1908).

embryons de siliciures tout près, les uns et les autres, à passer, lors de l'apparition de l'oxygène, à l'état d'oxydes métalliques et, partiellement, de silicates, suivant leur combustibilité.

Le siliciure de magnésium est bien connu dans les laboratoires, où il sert à la préparation de l'hydrogène silicié, spontanément inflammable. On peut concevoir dans le milieu solaire qu'il est résulté de la rencontre du chlorure de silicium, avec le magnésium métallique également vaporisé. Cette réaction serait facilement contemporaine de l'isolement du fer métallique libre ou allié à d'autres métaux.

Ces notions s'appliqueraient évidemment à l'explication de certains gîtes qui doivent nous arrêter les premiers. Comme dans les expériences rappelées un peu plus haut, on imagine facilement la rencontre de différentes vapeurs, donnant lieu, sans nécessiter un changement de température, à la constitution de corps plus stables, dont les deux types principaux seront des silicates magnésiens et des granules métalliques en grande partie ferrugineux, mais pouvant être aussi composés d'or ou de platine.

FER NATIF

La question deviendra de plus en plus claire, si nous substituons, à ces considérations purement théoriques, l'observation d'un échantillon provenant d'un gîte cortical et ayant subi les modifications inévitables, qui résultent de son séjour très prolongé dans des régions superficielles de la terre, où le régime de sa production a été complètement remplacé par des circonstances tout autres. Nous pouvons choisir à ce titre un fragment de la roche que Nordenskjold a recueillie, en 1870, sur le littoral sud-ouest du Groënland, dans l'île de Disko. Ce fragment a été apporté à la surface, par suite de son empâtement dans une masse éruptive beaucoup plus récente que lui et qui l'a complètement enveloppé. Il a été ainsi protégé contre le plus grand nombre des altérations superficielles, mais il est loin d'y avoir totalement échappé et il nous faut essayer de faire le départ entre ses caractères primitifs et ses caractères actuels. Beaucoup de ses parties n'ont sans doute pas été altérées ou l'ont été fort peu. C'est le cas des particules de fer métallique, ou plutôt de fonte plus ou moins carburée, qui ne peut rester longtemps au contact de l'air et de l'eau sans s'oxyder, sans se rouiller, comme on dit vulgairement. C'est le cas aussi pour des grains silicatés de la catégorie des pyroxènes, des amphiboles et des olivines, où nous pouvons voir des produits de la combustion des siliciures magnésiens. Toutefois, le bloc considéré constitue un témoignage irrécusable de l'existence souterraine d'assises présentant les caractères que nous avons énumérés plus haut.

Partant de cette remarque, inspirée par les comparaisons qui précèdent, que la surface de la terre, au moment des débuts de la *période corticale*, contenait dans son atmosphère extrêmement épaisse, les substances qui, par leurs réactions mutuelles, ont engendré les minéraux de la roche d'Ovifak, on a pu préciser plusieurs données chimiques des phénomènes générateurs.

Une ancienne expérience de Péligot a rendu classique la réduction au rouge de la vapeur de chlorure de fer par l'hydrogène : le métal, quoique se produisant dans une atmosphère d'acide chlorhydrique, se présente, après refroidissement, en beaux cristaux de l'éclat métallique le plus pur.

Je me suis préoccupé de rechercher si, en remplaçant, dans l'expérience, la vapeur de chlorure de fer par un mélange de chlorure de fer et de chlorure de nickel, on ne produirait pas, au lieu du fer chimiquement pur, des alliages des deux métaux concourants, entrant dans la série des minéraux qui composent les météorites métalliques[1].

Le succès a dépassé mes espérances, car l'expérience a réalisé la synthèse de la série des alliages naturels et, tout particulièrement, des trois compagnons fidèles — la kamacite, la tænite et la plessite — qui se rencontrent dans tant de masses tombées du ciel, et que Reichenbach avait réunies sous le nom de *trias*[2]. Bien plus, en répétant l'expérience plusieurs fois, dans le même tube, en faisant varier les proportions relatives des vapeurs, on peut recouvrir le premier alliage produit par des lamelles d'autres fers nickelés de composition et par conséquent de solubilités très diverses. De sorte qu'en attaquant la masse produite sur une

---

1. *Ann. de Chimie et de Phys.* (4ᵉ), t. XVII, p. 5 (1869). Thèse de Doctorat ès sciences, soutenue en Sorbonne, le 9 mars 1869.

2. *Poggendorff's Annalen*, t. CXIV, pp. 90, 250, 264 et 477.

surface qu'on y a pratiquée et polie, on y développe des intrications qui ont les analogies les plus intéressantes, avec les *figures dites de Widmannsttæten*, caractéristiques de tant de fers tombés du ciel.

Allant plus loin, j'ai substitué à l'hydrogène pur, des gaz hydrocarbonés et, par exemple, le gaz d'éclairage. Il s'est alors concrétionné de la vraie fonte, c'est-à-dire du fer chargé de carbone et renfermant à volonté une proportion plus ou moins grande de nickel.

D'autre part, sans changer le mode opératoire, et en faisant simplement varier les réactifs mis en présence, j'ai, sans difficulté, transformé un mélange de vapeurs des chlorures métalliques cités tout à l'heure, de chlorure de silicium, de magnésium métallique et d'eau, en petits cristaux de silicates de magnésie, appartenant, selon les proportions relatives, au péridot ou aux minéraux pyroxéniques [1].

Ces résultats de synthèse coïncident exactement avec la collection d'espèces minérales que l'analyse retire des roches d'Ovifak, et par conséquent, l'expérience dont il s'agit, fournit un type de synthèse artificielle de la substance même du gîte cortical par excellence.

Pour apprécier l'importance de ce résultat si éloquent, et pour faire sentir toute la valeur décisive de la Géologie expérimentale, il convient de remarquer que l'analyse chimique du fer d'Ovifak concorde avec l'analyse même du mélange sur lequel l'opération a été pratiquée. Pour ne laisser dans l'esprit du lecteur aucun doute à cet égard, il faut se rappeler les conditions dans lesquelles se rencontre le gîte de Disko [2].

C'est dans une falaise de 700 mètres de hauteur, presque à pic (fig. 2), que les blocs qui nous occupent ont été découverts. Quelques-uns apparaissaient dans la masse même de la roche pierreuse, pendant que d'autres se sont éboulés au pied de l'escarpement jusqu'au littoral de la mer. Cette situation provient, certainement, de l'érosion, intempérique de la substance de la falaise, qui appartient à la catégorie des roches silicatées magné-

---

1. *C. R. Ac. Sc.*, t. CX, 349 (1880).

2. Nordenskjold, *Redogörelse för en expedition till Grönland ar* 1870 (Stockholm). Voir aussi *C. R. Ac. Sc.*, t. LXXIII, p. 1268 (1872).

siennes et l'on remarquera que c'est précisément la composition que paraît avoir la substance photosphérique du Soleil.

Mais, cette fois, nous pouvons en pousser l'étude beaucoup plus loin et reconstituer certains incidents, et des plus notables, de l'histoire géologique du gisement.

Tout d'abord, il est manifeste que la roche qui contient les fers nickelés n'est plus dans son gisement originel. Elle a, sans doute, été comprise dans la substance constituant la première

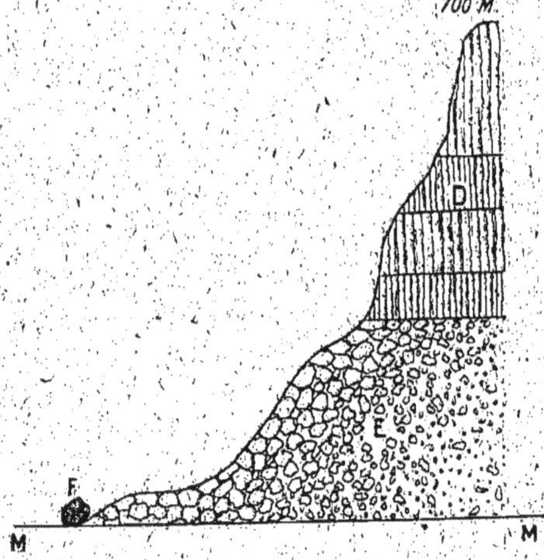

Fig. 2. — Coupe de la falaise d'Ovifak, auprès de Disco, sur la côte sud-ouest du Groënland (d'après Nordenskjold).

MM, niveau de la mer. D, nappes superposées de dolérite. E, talus d'éboulement. F, bloc de fer métallique.

coque solidifiée de la terre ; mais elle a successivement été recouverte par des matériaux indéfiniment superposés.

Il importe aussi de reconstituer les circonstances qui l'ont amenée à portée de nos études. La falaise groënlandaise est évidemment de constitution complexe, et la roche métallifère est bien loin de la composer en entier. Au contraire, elle s'y montre seulement à l'état de blocs, parfois de grande dimension, mais empâtés dans une masse prépondérante de roches basaltiques, formées d'un mélange de feldspath, de pyroxène et de granules de fer oxydulé (et non pas natif), le tout en grains très fins. La roche à fonte native (dolérite) fait dans ces basaltes des

« enclaves », qui, certainement, se sont trouvées sur leur chemin ascensionnel alors qu'elle a été poussée vers la surface de la planète, par l'un de ces phénomènes d'éruption qui ont amené de tous les côtés la production des chaînes de montagnes.

Nous aurons nécessairement, un peu plus loin, l'obligation d'entrer dans le mécanisme des déformations de la croûte terrestre, car ses travaux conduisent, pour leur part, à la formation de gîtes qui ne sont plus corticaux, c'est-à-dire initiaux et auxquels nous n'avons pas à nous arrêter pour le moment.

Disons seulement ici, que ces surrections se produisent (fig. 3)

Fig. 3. — Coupe théorique de la croûte terrestre, dans une localité constituée comme celle d'Ovifak, pour montrer comment le fer natif a été apporté au jour par l'éruption doléritique.

MM, coque primitive de fer natif subordonnée à la zone photosphérique, c'est-à-dire de condensation gazeuse. GG, géoplase qui à un moment très postérieur à l'époque de formation de la coque primitive, a permis le charriage sur son plan d'une lame beaucoup plus récente : on voit comment la zone MM a été tronçonnée et comment ses tronçons ont pu être superposés les uns aux autres en conséquence de la contraction spontanée du noyau terrestre en voie de refroidissement. HH, zone de la croûte ayant absorbé progressivement l'eau dite *de carrière*. F, région de la zone pourvue d'eau de carrière et qui est devenue *foisonnante*, par son réchauffement sous la roche primitive. L'ouverture d'une fissure, consécutive à l'ébranlement du sol a provoqué l'éruption de la matière foisonnante qui a engendré le volcan V et le magma ascendant a pu capturer au passage, des blocs de fer natif pour les amener à la surface.

suivant des plans de fracture peu inclinés en général sur l'horizon, que les géologues désignent sous le nom expressif de *géoplases* et dont le résultat nécessaire est d'amener des roches plus profondes sur des roches moins profondes, renversant par conséquent l'ordre de leur succession naturelle et expliquant cette circonstance si générale de sommets montagneux formés de roches plus anciennes que celles qui composent les flancs des chaînes; de roches cristallines, surgissant par-dessus des assises sédimentaires stratifiées et fossilifères, parfois de dépôt très récent.

Il va sans dire que ces vicissitudes, compliquées d'ailleurs de phénomènes physiques et chimiques, réchauffement et réactions mutuelles, n'ont pas été sans modifier la composition ou la structure des masses déplacées. Cependant, les cas sont nombreux où l'on peut, sans trop d'imprudence, en retracer les traits essentiels.

Les roches métallifères d'Ovifak se rapportent à trois types principaux : d'abord, des blocs, qui sont pratiquement formés de fer métallique. Sur les surfaces polies récemment, se montre la substance de la fonte continue, renfermant des petites inclusions noires qui donnent l'idée de granules de suie. Elles sont, en effet, composées par du charbon plus ou moins ferrugineux et elles se reproduisent artificiellement, dans l'expérience de réduction des chlorures métalliques, par le gaz d'éclairage, de façon à nous édifier complètement sur le procédé pneumatolytique employé par la nature.

Un second type de roche montre, sur les surfaces qu'on y pratique et qu'on y polit, un réseau inextricable de filaments métalliques se recoupant les uns les autres dans toutes les directions et qui, ici, fins et déliés, se rencontrent ailleurs plus larges, s'épaississent par leur rencontre, de façon à constituer comme de petites amandes ou noyaux. Les intervalles entre ces filaments métalliques sont si exactement remplis par des fragments de toutes formes de roches silicatées, qu'il est manifeste qu'ils sont venus combler les interstices qui existaient entre des débris de roches accumulés et entre lesquels les gaz générateurs ont circulé à la manière des eaux incrustantes dans les éboulis de montagnes, devenus ainsi des marbres veinés.

Pour ce détail, qui a bien son importance aussi, l'expérience a été décisive, en provoquant le dépôt des alliages métalliques dans un tube préalablement garni de fragments rocheux laissant entre eux des intervalles. J'ai ainsi reproduit[1] toutes les formes de ces granules et de ces fils que nous retrouverons dans d'autres catégories de gisements.

Notre troisième type de roche métallifère est une simple variante de celui-ci, avec lequel cependant on ne peut pas le confondre. C'est, avant tout, une roche pierreuse, composée principalement de divers silicates magnésiens, mais qui contient des granules métalliques, parfois de la grosseur d'une noix, fréquem-

1. C. R. Ac. Sc., t. LXXXVIII, p. 924 (1879).

ment sphériques, mais souvent branchus et séparés les uns des autres par des intervalles plus ou moins grands.

Comme nous le dirons plus loin, le fer du Groënland ressemble tellement à du fer météorique, que les premiers explorateurs de la région, ayant observé dans le matériel des Esquimaux, quelques outils, et spécialement de petites hachettes en fer métallique n'hésitèrent pas à y voir une preuve de l'utilisation, par les hyperboréens, d'un métal tombé du ciel : à telles enseignes que la Collection de Météorites du Muséum d'Histoire naturelle renferme encore deux spécimens de ce genre, qu'on y a laissés jusqu'ici, à cause de leur intérêt historique.

Il est évident d'ailleurs que si Ovifak n'était pas situé d'une façon si défavorable à tous égards, on aurait déjà tenté d'utiliser le métal natif qui s'y trouve en quantités probablement considérables. En effet, Nordenskjold observa les blocs qu'il a signalés sur une superficie qui ne dépasse pas 50 kilomètres carrés, et y recueillit cependant plus de vingt masses de fer pesant de 1 kilogramme à 21 tonnes. Le plus volumineux de tous a été, malgré la difficulté de l'entreprise, transporté à Stockholm, où il est conservé dans le Musée d'Histoire naturelle et dont le Muséum de Paris possède un moulage en plâtre, qui permet d'en étudier les caractères extérieurs.

La localité d'Ovifak nous fournit le premier type de gîte de production corticale et, avant de mentionner à côté de lui des localités comparables, il est nécessaire de constater que les roches qu'il a fournies suffiraient déjà pour nous donner des notions précises, quant au régime qui a présidé à la consolidation initiale des plus anciens éléments de la croûte terrestre.

Tout d'abord, la vue des échantillons nombreux conservés au Muséum justifie le mode de formation que nous supposions tout à l'heure et qui dérive des propriétés mises en lumière par Péligot, isolant du fer métallique, de la vapeur de chlorure de fer sous l'influence de gaz réducteurs. On peut croire que certains matériaux ont échappé à la réaction, puisque la surface de plaques coupées au travers des blocs les plus compactes, laisse exsuder fréquemment des gouttelettes de chlorure de fer, qui compromettent même la conservation des échantillons[1].

---

[1]. A moins que ce chlorure ne dérive de quelque réaction, d'ailleurs étrangement lente et paresseuse, de l'eau de mer sur le métal depuis son éruption.

D'un autre côté, la notion de la composition du gaz réducteur qui est intervenu, nous est révélée par la nature carburée du métal, qui est une fonte ; et même par la présence des flocons de graphite, disséminés dans le métal et qui flottent dans le liquide acide où l'on a dissous le métal.

L'état physique des roches lithoïdes associées au fer est très instructif, pour démontrer qu'ici, pas plus que dans les roches initiales, ne se sont produites des réactions par voie de fusion sèche, mais que c'est bien un givre pierreux qui s'est produit au sein d'un milieu gazeux tourbillonnant, comme tourbillonne évidemment dans le Soleil le milieu gazeux photosphérique.

Il est donc inutile de chercher, dans la masse, des éléments correctement cristallisés. Ce sont constamment des débris, des fragments de cristaux, alternativement broyés et recollés, sans trace de triage. On verra plus loin que cette *cataclase* ininterrompue, s'est continuée très longtemps, car le gneiss, et d'une manière générale, les roches dites *fondamentales* le montrent de leur côté.

Nous n'avons jusqu'ici à mentionner, dans cette catégorie, que le fer d'Ovifak et il est cependant évident, *a priori*, qu'une semblable fonte a dû se reproduire dans un nombre infini de points de la croûte initiale. Seulement, dans la grande majorité des cas, les phénomènes ultérieurs ont fait perdre à ces gisements une partie ou même la totalité de leurs caractères distinctifs. C'est, avant tout, le résultat des condensations aqueuses de la surface de la terre et des infiltrations humides qui en sont résultées jusqu'à de grandes profondeurs ; c'est aussi le déchaînement souterrain de réactions qui retiendront notre attention dans un autre chapitre et qui amèneront des substitutions innombrables, parmi les éléments pierreux. Tel est le cas de la serpentinisation des massifs silicatés magnésiens, de même que la kaolinisation de massifs silicatés alumineux. Il nous sera loisible d'y voir que des oxydes de fer pourront remplacer le fer natif, dans des manières d'épigénies de gîtes corticaux, désormais dénaturés.

Une remarque d'une portée exceptionnelle doit trouver ici sa place, au sujet des gîtes corticaux de fer métallique, en général associé à quelque autre substance, comme le carbone, ou l'un ou l'autre des métaux de la famille chimique du fer : c'est que les échantillons nous sont bien parcimonieusement fournis par la nature. En effet, dans l'impossibilité de pénétrer dans les lieux souterrains de leur origine, nous ne pouvons étudier ces roches qu'autant qu'elles viennent à nous, ce qui suppose nécessairement que, par suite des actions orogéniques, elles ont été amenées dans les parties périphériques du globe, où les causes de modification s'attaquent à elles avec intensité, du fait de réactifs très variés, et spécialement de l'eau.

Cependant, une disposition que je ne crains pas de considérer comme providentielle, nous permet d'étudier des spécimens de roches initiales qui ont échappé, au moins pour une grande part, aux causes d'hydratation et d'oxydation ; ce sont les météorites ou pierres tombées du ciel.

Partant du grand principe d'unité d'origine, de composition et d'évolution, aujourd'hui démontré, de toutes les parties du système solaire, nous n'avons plus de doute quant à la qualité des météorites d'être des débris de désagrégation spontanée d'un globe construit, dans ses grandes lignes, comme la Terre elle-même et qui devait circuler autour de celle-ci en satellite, moins volumineux que la Lune, et en conséquence parvenu plus tôt qu'elle au terme de l'évolution sidérale.

On sait qu'après la série parcourue, de tous les moments où le refroidissement de notre globe sera continué jusqu'à l'équilibre avec la température de l'espace, la matière constitutive de la Terre, ayant depuis longtemps absorbé ses fluides océanique et atmosphérique, se fendillera par retrait comme le fait si manifestement la Lune, qui, sous nos yeux, étale le réseau de ses « rainures », dont le nombre ne peut qu'augmenter.

On a le droit de supposer que ce retrait sera suivi d'un concassement de l'astre dont les débris, circulant d'abord de conserve le long de l'orbite, se sépareront progressivement les unes des autres, contrairement à une vieille opinion préconçue, maintenant abandonnée des astronomes, mais conformément à une série d'observations qui paraissent précises. C'est ainsi, en effet, que semble s'être égrenée une planète dont l'orbite était intermédiaire entre celle de Mars et celle de Jupiter, et qui s'est réduite dans les centaines d'astéroïdes, catalogués comme « petites planètes » dont le volume global est loin certainement d'égaler celui de la Terre.

Cela posé, il est inévitable que cette désagrégation des planètes ait son correspondant exact dans l'histoire bien plus rapide des satellites et l'existence des météorites est ainsi justifiée.

Nous possédons maintenant de nombreuses collections de ces roches cosmiques [1], et les études analytiques et synthétiques auxquelles elles ont été soumises, ont établi parmi elles des catégories véritablement géologiques, correspondant à celles qui s'imposent dans les diverses formations terrestres. De la sorte, à côté de types de roches assimilables à celles que nous qualifions d'éruptives, de métamorphiques, de concrétionnées, de clastiques, et dans le nombre de celles-ci de polygéniques, on en distingue qui coïncident, pour tous les caractères essentiels de composition chimique, de composition minéralogique et de structure, avec les espèces lithologiques terrestres où nous voyons des témoins de l'apparition même de l'état solide et par conséquent cristallin, à la surface de notre globe.

On pourrait s'étonner de ne pas voir ici la mention de roches sédimentaires, et même fossilifères, mais avant de déclarer qu'il faut renoncer à la perspective d'en rencontrer quelque jour, on doit noter que, comparativement au volume total, celui de l'épiderme sédimentaire de la Terre est faible au point d'en être négligeable. En outre, nous verrons que ces roches, en conséquence des actions mécaniques qui s'exercent dans l'épaisseur de la croûte pour les broyer et les ressouder indéfiniment, doivent, en très peu de temps, y effacer complètement toutes traces des fossiles qu'elles auraient pu contenir au début. Comme M. Phocion Négris l'a montré, on peut rencontrer en plein marbre saccharoïde de Grèce des traces déterminables de foraminifères.

Dans tous les cas, la région corticale de l'astre désagrégé est représentée par de nombreux échantillons que signalent leur composition minéralogique et leur structure, de façon à y faire voir des correspondants exacts aux produits des premières réactions métallogènes, à la surface du premier noyau concrétionné.

Tout d'abord, certains spécimens présentent une identité qu'on pourrait dire complète, dans les deux séries tellurique et céleste,

----

1. Voir à cet égard le *Guide dans la collection des météorites du Muséum* (Paris) et surtout la *Révision des météorites de la collection du Muséum*, 3 vol. in-8° illustrés: Autun, 1893, 1895 et 1897.

et particulièrement, des agrégats, presque purs, de petits grains
de péridot olivine qui nous inciteraient à faire des confusions
entre les deux séries, si les échantillons étrangers n'étaient pas
recouverts d'une pellicule noire, évidemment passée au feu, consécutive à l'incandescence qu'elles ont éprouvée au sein du
météore, ou bolide, qui a donné un caractère si dramatique à
leur entrée dans l'atmosphère. Il en est ainsi de la pierre tombée
du ciel à Chassigny (Haute-Marne), en 1815, rapprochée du principal élément constitutif de la chaîne des Monts Dunn, en Australie : péridot granulaire, mélangé de fine poussière métallique
où se reconnaît, avant tout, le fer chromé, avec une faible quantité de minéraux pyroxéniques.

La multiplicité des roches célestes qui diffèrent des roches
terrestres, par une simple pénurie relative d'oxygène, est encore
plus éloquente au point de vue des analogies, car elles se prêtent
à des épreuves de laboratoire qui, par l'intervention de l'oxygène
à haute température, prennent une ressemblance intime avec les
matériaux qui nous entourent. Un géologue, qui s'est distingué
dans l'étude des météorites, a pensé les imiter, en les transfor-
mant tout d'abord, et en fabriquant d'un autre côté des complexes tout pareils, à l'aide de matériaux terrestres : Daubrée
a commencé par faire fondre au feu de coke, des météorites dans
des creusets, d'où il retirait après refroidissement un « culot »
formé de deux parties : granule métallique formé de fer et de
quelques autres éléments lourds et scories superposées, faites
surtout de péridot et de pyroxène. En fondant de la même manière des roches volcaniques, telles que des basaltes et des laves,
mais cette fois dans des creusets brasqués de charbon, c'est-à-
dire doués de propriétés réductrices, il en retira encore des culots
ressemblant intimement aux précédents, mais sans pouvoir en
conclure, comme on peut le penser, aucune notion sur le mode
de formation des météorites, dans l'histoire naturelle desquelles
la fusion sèche n'est pas plus intervenue que dans l'histoire de
nos roches, où la pneumatolyse a agi sans concurrence.

Parmi les roches tombées du ciel, il en est qui se signalent
par leur ressemblance intime, et malgré quelques différences,
avec les roches d'Ovifak. En première ligne, les types, connus vulgairement comme fers météoritiques, se rangent d'eux-mêmes à

côté des lopins de fonte du Groënland. Ils sont formés d'un métal, où l'analyse chimique révèle l'alliage du fer avec le nickel, mais où l'examen physique décèle une structure très particulière. Pour la bien voir, on doit pratiquer, au travers de la masse métallique, une section plane qu'il faudra polir le plus exactement possible et soumettre à l'action corrosive des acides, soit sous forme liquide, soit à l'état de vapeurs. Il se révèlera alors une ordonnance des plus régulières entre des lamelles minces orientées géométriquement et une substance générale grenue, conjonctive de ces éléments foliacés.

Grâce à l'existence des roches d'Ovifak, on peut dire que toutes les transitions sont matériellement réalisées, entre les gisements extra-terrestres de fer métallique et les portions métalliques existant dans la croûte de la terre et dont des échantillons sont parvenus jusqu'à nous, grâce au phénomène éruptif. Si, en effet, cette réunion de contributions venant, les unes des profondeurs du ciel et les autres des abîmes souterrains, rapproche des matériaux métalliques dont la ressemblance est aussi intime qu'elle peut l'être entre des variétés d'un même type, elle nous procure des identités en ce qui concerne la forme propre de chacun des éléments lithologiques et leur situation réciproque. C'est là une remarque à laquelle on n'a sans doute pas attaché jusqu'ici assez d'importance et sur laquelle il convient d'insister.

La première circonstance qui nous frappe, en comparant les deux séries de roches à fer natif, c'est justement que la ressemblance intime des structures doit impliquer la plus étroite analogie des laboratoires originels.

Les trois formes principales que nous avons énumérées pour le gisement groënlandais : — roche entièrement métallique, roche consistant en un réseau métallique dans les mailles duquel sont englobées des portions terreuses ; roches formées de fragments lithoïdes entre lesquels sont venus s'insinuer des granules métalliques, — se trouvent également parmi les météorites où nous trouvons des *holosidères*, des *syssidères* et des *oligosidères*, selon la terminologie de Daubrée. A notre point de vue spécial, on peut même signaler un dernier rapprochement sidérurgique, c'est que les hommes primitifs ont utilisé autant qu'ils l'ont pu, et sans faire aucune distinction d'origine, entre les gîtes dont ils profitaient, le métal cosmique et le métal tellurique. Il est facile de confirmer toutes ces assertions par quelques exemples.

Vers la fin de 1875, M. Manoël Gonçalvès da Roza remarqua de gros blocs gisant sur le sol, à 3 kilomètres de Rio San Francisco do Sul, province de Sainte-Catherine, au Brésil[1]. Trois de ces fragments, profondément enterrés, faisaient une saillie de 30 centimètres de hauteur ; le plus volumineux pesait 2.250 kilogrammes. Un simple coup d'œil fit voir que la substance minérale consistait surtout en fer métallique, associé à une forte proportion de nickel, dont les sels avaient teinté de vert tous les entours. Aussi, dans la perspective d'une exploitation évidemment très fructueuse, les recherches furent-elles continuées. Le gros bloc était empâté dans une sorte d'argile très ferrugineuse ; en creusant, on rencontra au-dessous de lui, un autre fragment de 450 kilogrammes, et successivement 14 blocs furent découverts dans des situations analogues. Le relevé topographique montrait dans leur gisement un alignement qui ne pouvait pas manquer de susciter la supposition d'un filon. Telle fut l'opinion qu'adoptèrent plusieurs prospecteurs et que défendit M. J.-P. Calogeras[2] dont on doit d'ailleurs applaudir la prudence.

Après avoir fourni, selon M. Guignet, environ 25.000 kilogrammes de fer, la soi-disant mine se trouva complètement épuisée. L'examen chimique, et surtout l'étude minéralogique des échantillons, montrèrent les analogies les plus certaines avec les fers météoriques. Les naturalistes eurent même un moment d'inquiétude, en pensant que peut-être ces masses extra-terrestres pouvaient être perdues pour la science, et il fallut se livrer à des démarches aussi rapides qu'énergiques, pour sauver du haut fourneau ce qui n'avait pas été fondu. Le Muséum possède de magnifiques échantillons de la chute de Sainte-Catherine, qui a procuré de nombreuses particularités qu'elle semble être seule à posséder[3].

Le fer de Canyon Diablo nous procure un deuxième exemple

---

1. Daubrée et Stanislas Meunier : Examen du fer natif des gisements d'or de Berezourk ; *Comptes Rendus Ac. Sc.*, t. CXIII, p. 172 (1891). V. aussi : Stanislas Meunier, sur la brèche météoritique de Sainte-Catherine. *C. R. Ac. Sc.*, t. LXXXVI, p. 943 (1878).

2. *Revue scientifique*, t. L, p. 591, 5 novembre 1892.

3. *C. R. Acad. Sc.*, LXXXV, 1256 (1877).

des mêmes faits. En plein cœur de l'État d'Arizona, on constata une structure topographique tout à fait exceptionnelle. La surface à peu près horizontale d'un vaste plateau est accidentée d'un bourrelet annulaire qui a d'autant plus l'aspect d'un cratère volcanique, que les roches constituantes présentent çà et là des indices de réchauffement et même de fusion. Cependant, on n'y voit rien qui ressemble à de la lave ou à des cendres volcaniques, et la coulée qu'on s'attendrait à rencontrer était représentée par une traînée de blocs de toutes grosseurs et dont la nature métallique fut reconnue tout de suite. C'était, à certains égards, la reproduction du gisement de Sainte-Catherine, mais avec de notables différences, dont la plus remarquable fut la certitude que l'apparence d'un cratère est due entièrement au remaniement du sol par la chute du gigantesque bolide qui a apporté cette profusion de métal céleste. Le même phénomène a provoqué par la destruction de la force vive du projectile météorique, l'échauffement qui a vitrifié des grès, de façon à leur donner l'apparence de roches fondues et qui, comme je m'en suis assuré moi-même, a amené par contre-coup, un tel ramollissement de la masse métallique, qu'elle dénonce, par les accidents de la figure de corrosion qu'y dessinent les acides, la désarticulation de toute leur substance[1].

Il est bien probable que, reproduisant, avec le fer céleste, les opérations métallurgiques des Esquimaux du Groenland, les Américains préhistoriques ont emprunté aux masses du Canyon Diablo la matière d'armes et d'outils qu'on a retrouvés dans les célèbres *mounds*, ces collines artificielles à formes symboliques.

A côté de ces holosidères, le fer de Pallas représente un type de syssidère. Il a pris le nom de son découvreur, le célèbre naturaliste russe qui, à la fin du xviii⁰ siècle, nous a laissé la relation de tant de voyages profitables à la science. C'est à Krasnojarsk, que la trouvaille du bloc fut faite par le forgeron du pays, qui, après en avoir tenté l'utilisation, y renonça, à cause de la nature *impure* du métal. L'*impureté* est d'ailleurs le motif principal de la haute valeur scientifique de l'échantillon : elle consiste en

1. *C. R. Acad. Sc.*, CLXII, 171 (1916). *Bull. Mus. Hist. Nat.*, XXII, 62 (1916).

grains, relativement volumineux, de péridot, cimentés par le métal qui offre des détails de structure où l'on reconnaît l'état concrétionné, caractéristique des filons, mais réalisé par des substances que le régime filonien dénaturerait profondément, car elles supposent un mode de formation dépendant entièrement du régime cortical, dans des localités dont la forme et la disposition ne sont visibles sur la terre, que dans des régions où le régime bathydrique a été possible.

Nous en avons la preuve irréfutable dans le succès complet d'expériences de laboratoire qui nous ont permis de déposer des alliages variés de fer et de nickel entre des grains pierreux, préalablement disposés dans l'appareil de Péligot, c'est-à-dire dans le tube de porcelaine chauffé au rouge, où des mélanges convenables de chlorure de fer et de chlorure de nickel ont subi l'action réductrice de l'hydrogène[1].

Un autre filon, également cortical, est fourni par des blocs trouvés, également en grand nombre, dans le désert d'Atacama, au Chili, et spécialement dans la région d'Imilac. Il reproduit les caractères principaux du fer de Pallas et s'est formé évidemment comme lui, mais la substance dont les fragments sont cimentés par le métal, est cette espèce lithologique mentionnée plus haut, sous le nom de dunnite, aussi bien dans la météorite de Chassigny, que dans la chaîne australienne des monts Dunn.

Enfin, la catégorie des oligosidères sera avantageusement représentée par la météorite de la Sierra de Chaco, en Bolivie. Il s'agit de masses incontestablement météoritiques, dont l'existence fut révélée au monde savant par une lettre de Garcia à Domeyko, en date du 17 août 1861[2] : « On trouve ces météorites en très grande abondance, à 10 lieues au sud-est de la mine d'argent de la Isla, près des mines de cuivre de Taltal. C'est une vaste plaine désertique, au milieu de laquelle on voit surgir quelques collines qui ne présentent à leur surface ni crêtes saillantes, ni affleurements de filons. Les blocs d'aérolithes sont disposés sans ordre ni direction déterminée. Les plus gros d'entre eux se trouvent un peu enfoncés dans la terre et l'on a remarqué

1. Contribution à l'histoire géologique du fer de Pallas, *C. R. Acad. Sc.*, XCV, 938 (1882).

2. *Annales des mines* (2ᵉ), V, 435 (1864).

que, du côté de l'Est, à une certaine distance de ces gros morceaux, la surface du terrain présente quelques concavités vides. »

La partie la plus volumineuse de la roche météoritique se compose de grains pierreux qu'on peut répartir en quatre catégories. Les plus volumineux, susceptibles d'un très beau poli, consistent dans le mélange intime de deux substances, dont l'une est un péridot ferrifère, et l'autre, un pyroxène riche en chaux. Les plus fins sont partiellement attaquables aux acides ; leur composition est celle de l'olivine, mais ils renferment une fine poussière métallique. Quant à la partie métallique, elle se divise à première vue en deux sortes d'éléments. Dans les uns, en grains relativement volumineux et tout à fait arrondis, on reconnaît la présence de deux alliages de fer et de nickel, régulièrement ordonnés l'un par rapport à l'autre, et qui sont désignés sous les noms de kamacite et de tænite. Dans quelques points, apparaît un sulfure de fer nickélifère, dit pyrrhotine, qui se présente en petits grains ronds, résultant visiblement de la section de rognons cylindroïdes pareils, sauf pour la taille, aux canons sulfurés des fers météoriques. Les autres éléments métalliques sont beaucoup plus petits, allongés et réunis entre eux sous une forme réticulée. Ils constituent comme le ciment de la brèche polygénique. D'ailleurs, si leur structure les distingue des grains précédemment décrits, leur composition les en rapproche beaucoup. La kamacite et la tænite en sont les éléments minéralogiques les plus importants. La pyrrhotine leur est associée en quantité considérable et constitue par places le réseau presque seul [1].

Comme dernier type de météorite oligosidère, mentionnons la chute d'Estherville, sur la frontière commune des États d'Iowa et de Minesota. Le 10 mai 1879, deux explosions successives et extraordinairement bruyantes signalèrent la chute d'un très grand nombre de blocs rocheux. Leur choc sur le sol fut si fort qu'on l'entendit nettement à 300 mètres de distance. La plus grosse masse, de 198 kilogrammes, s'était enfoncée à $2^m,50$ dans une argile bleue. Deux autres, de moindre volume, furent trouvées, l'une à 3 kilomètres, l'autre, à 6 kilomètres de la première. De proche en proche, on en recueillit de plus petites, la dernière

1. *C. R. Acad.*, LXXX, 1097 (1872).

ne pesant qu'un kilogramme. Mais, à une dizaine de kilomètres, au sud-ouest du point où les grosses météorites furent recueillies, des enfants qui gardaient des bestiaux, assurèrent avoir vu et entendu, immédiatement après le passage du bolide, tomber une grêle de pierres sur la surface voisine d'une prairie inondée. On avait oublié ce récit, quand, un an après, on trouva, sur le sol dénudé par l'incendie de la prairie desséchée, quelques petites météorites. L'attention fut alors tellement éveillée que plusieurs centaines de personnes s'appliquèrent à explorer la surface du sol jusqu'à 13 kilomètres de distance. Il résulta de ce travail la découverte de plusieurs milliers de fragments, dont les plus petits sont à peine gros comme un pois, tandis que d'autres, beaucoup plus rares, pèsent jusqu'à 500 grammes. On estime à 3.000, au moins, le nombre de ces échantillons, et leur poids total à 30 kilogrammes. Ils consistent en fer nickelé, et les plus grands eux-mêmes ne contiennent que des quantités très faibles de minéraux pierreux.

En sciant les plus gros blocs, on constata qu'ils ont, pour la structure, la plus grande analogie avec les masses de la Sierra de Chaco. En outre, l'olivine, la bronzite, la peckhamite, la pyrrhotine, la schreibersite, la magnétite en octaèdres très nets, existent dans l'une et l'autre météorites. Le mode de formation est le même que celui des oligosidères précédentes.

On pourrait s'étonner, à première vue, de rencontrer ces détails dans un ouvrage que son titre signale comme relatif essentiellement aux productions terrestres. Mais, il importe de revenir une dernière fois sur la situation de la terre qui, loin d'être un astre isolé, un corps indépendant dans le monde, est un membre d'une grande famille, liée par des caractères communs de constitution et de destinée, qui dérivent d'une origine commune. Il résulte de cette circonstance, maintenant bien établie, qu'on peut et qu'on doit opérer à son égard comme dans bien d'autres chapitres de l'histoire naturelle, où, des échantillons, inégalement développés, soit en conséquence d'une inégalité d'âge, soit par suite de la diversité des conditions que chacun d'eux a traversées, nous permettent seulement d'étudier une certaine partie de leurs propriétés, laissant des lacunes qui se combleront par un travail réciproque, quand on passera de l'une à l'autre.

Cette remarque suffirait amplement pour justifier la conception, entre ces deux rameaux de la science, la géologie et l'astronomie physique, d'une science de conjugaison, qui serait aux deux précédentes ce que l'anatomie comparée est à l'anatomie humaine ou à celle de toute autre forme zoologique.

Aussi, cette science, qui en somme a été beaucoup plus pratiquée que ne s'en sont aperçus les auteurs eux-mêmes, s'est constituée comme spontanément et a réuni, dès maintenant, une somme de résultats importants. Déjà, on s'est livré à la comparaison, avec le globe terrestre, du globe de Mars, du globe de Vénus, du globe de la Lune. Dans ce dernier cas même, les différences ont été aussi instructives que les analogies, et l'ubiquité des accidents volcaniques sur notre satellite paraît avoir fourni une confirmation, aussi éloquente qu'imprévue, à la théorie qui concerne la physiologie du globe terrestre. Les météorites étant, selon toute vraisemblance, des fragments de la région nucléaire d'un membre du système solaire parvenu à la phase ultime de l'évolution sidérale, nous procurent des données évidemment dignes de la plus haute considération, quant au régime des régions inaccessibles de l'écorce solide de notre globe[1].

OR NATIF

Les circonstances nécessaires à la production des gîtes corticaux se retrouvent, avec une netteté particulière, dans les localités où se sont constitués les gisements de métaux inoxydables. Et, à cet égard, l'or se présente en première ligne. Il est manifeste que si l'atmosphère primitive a renfermé des vapeurs de chlorure d'or, ce composé a dû se comporter, comme le chlorure de fer, sous l'influence de l'hydrogène. Les particules, et jusqu'à de gros cristaux, ont pu prendre part à l'architecture du premier givre. Les actions secondaires, n'ayant pas, à l'égard de l'or, les conséquences modificatrices dont elles disposent à l'égard du fer, ont pu très fréquemment altérer les compagnons pierreux des gîtes aurifères et nous procurer la rencontre du métal, en asso-

1. V. La *Géologie comparée*, par Stanislas Meunier, 1 vol. in-8°; Paris, 1895.

ciation intime avec des silicates hydratés, serpentine, kaolin et
autres. Il en résulte que, malgré les propriétés de l'or, le nombre
des gîtes certainement d'origine initiale sera très faible, en comparaison de celui où des réactions relativement superficielles
auront laissé des traces surabondantes de leur intervention. On
peut même ajouter qu'en nous bornant aux gîtes bien complets,
nous trouverons que l'or ne figure que d'une manière exceptionnelle dans les lieux où le régime cortical est manifeste.

Nous avons cependant de très jolis exemples à mentionner.
L'un des plus frappants concerne des roches de Madagascar, où
des massifs gneissiques et gneissoïdes montrent des paillettes
d'or en pleine roche, avec l'allure de minéral primitif, au même
titre que le quartz, le mica, le feldspath, et témoignant, avec
autant d'éloquence que ceux-ci, du régime cataclastique d'où la
roche est résultée. C'est ce qui a lieu dans le gneiss pyroxénique
de Sahofa et dans les gneiss à mica noir de la région de Mandraty,
d'Imaina, d'Antsolabato. Dans une multitude de localités, l'or
semble être lié, plus ou moins directement, au granit et associé
aux silicates les plus divers, le pyroxène et l'amphibole, et même
les micas et les feldspaths, la tourmaline, etc. Il mérite donc sans
doute la qualification de primaire ou de cortical, que nous lui
attribuons. Dans le bassin de l'Iénisséi, en Sibérie, les diabases
renferment des traces d'or et, en certains points de l'Alaska, les
diorites sont parfois aurifères.

Nous renvoyons à un chapitre ultérieur, la mention de nombreuses mines d'or natif dont la partie pierreuse est constituée
avant tout par des serpentines, où l'on peut voir les produits
d'hydratation de pyroxène ou d'amphibole initiaux.

PLATINE NATIF

En passant au platine, nous pourrions répéter presque exactement ce qui vient de concerner l'or. C'est généralement à des
roches serpentineuses qu'il est associé, mais on a, ici plus qu'ailleurs, la preuve que la serpentine n'est qu'un produit secondaire
de silicates magnésiens primitivement anhydres. On constate
cette condition dans la célèbre localité de Nijni-Taguilsk (fig. 4),
où pendant longtemps on a exploité une péridotite massive, ser-

pentinisée seulement dans quelques régions ayant la forme de veines donnant bien l'impression d'un réseau circulatoire de quelque agent d'hydratation. Le platine s'y présente en petits grains ou nodules branchus et passant fréquemment à l'état de filaments interposés entre les éléments lithoïdes avec des formes rigoureusement semblables à celles que le fer natif affecte dans la syssidère d'Ovifak, et par conséquent dans la masse des météorites sporadosidères. M. Inostransef a publié à cet égard un mémoire avec planches[1] qui ne laisse aucun doute sur l'identité du mode de formation de ces granules avec celui qui a déterminé

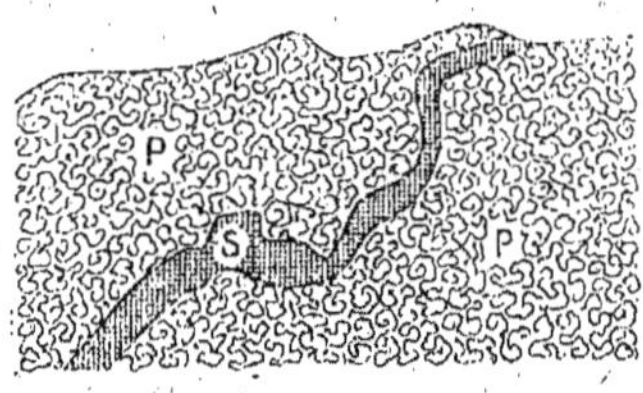

Fig. 4. — Détail du gisement de platine natif de Nijni-Taguilsk, dans l'Oural.

PP, péridotite massive. S, veine de serpentine qui représente le trajet de fissures selon lesquelles les *eaux surchauffées* sont venues hydrater la péridotite et la transformer par place en un produit bathydrique, dont le développement, interrompu par la surrection du sol en dehors des régions chaudes, nous révèle l'origine, en deux temps, des gîtes métalliques inoxydables subordonnés à la serpentine.

la concrétion, par réduction de chlorures, des granules des roches corticales.

On peut même ajouter que le platine contient fréquemment dans sa substance, une proportion de fer métallique assez considérable pour donner aux petits grains métalliques la faculté de céder à la puissance attractive d'un barreau aimanté et même de jouir de la polarité magnétique.

On me permettra d'ajouter qu'à la suite de mes recherches sur la production expérimentale des alliages météoriques de fer et de nickel, j'ai réalisé la réduction, par l'hydrogène, du mélange de vapeurs de chlorure de platine et de chlorure de fer, et que j'ai obtenu ainsi la reproduction rigoureuse des petits

1. Il est intéressant de noter que John M. Davison a signalé la présence du platine et de l'iridium dans le fer météorique de Coahuila, au Mexique (*American Journal of Science*, VII, 1899).

granules dont il s'agit y compris leur bipolarité[1]. Je rappellerai qu'avant moi, Daubrée, invariablement fidèle à son adhésion à la fusion sèche, avait essayé des mêmes synthèses en passant au creuset des mélanges de limaille de platine et de limaille de fer, et qu'il assure avoir obtenu la polarité, en en déterminant la solidification dans le plan du méridien magnétique, ce qui ne paraît du reste n'avoir aucun rapport avec les propriétés de l'alliage naturel, dont l'orientation dans la mine est absolument quelconque.

Il va sans dire que la théorie pneumatolytique du platine ferrifère a été l'objet d'une opposition péremptoire : « Une telle théorie, dit M. de Launay[2], ne paraît pas admissible et l'on voit difficilement comment un métal *aussi peu soluble* que le platine aurait pu être à ce point déplacé et concentré chimiquement sans l'intervention d'une réaction ignée. »

Je remarquerai d'abord qu'Henri Sainte-Claire Deville et Debray[3], puis Daubrée[4], ont obtenu, par fusion, des alliages de fer et de platine renfermant les deux composants dans la proportion voulue et possédant les caractères physiques dont il s'agit. Mais on conçoit avec quel intérêt je devais tenter la même synthèse, en opérant par condensation de vapeurs, c'est-à-dire par le même procédé qui m'a fourni déjà le pyroxène magnésien, le péridot et tous les alliages météoritiques de fer et de nickel.

Il ne faut pas perdre de vue, à cet égard, que le platine est disposé, dans les roches qui le renferment, comme les minéraux métalliques dans les météorites, c'est-à-dire en granules rameux dans les interstices des éléments lithoïdes. Or, l'exceptionnelle infusibilité du platine rend tout particulièrement difficile de comprendre une semblable association par voie de fusion : si l'on fondait la roche, il est évident que les silicates seraient liquéfiés bien avant tout commencement de ramollissement des granules métalliques, et si le tout était enfin fondu, le refroidissement donnerait d'abord des sphérules de métal autour desquelles se solidifieraient les substances pierreuses, ce qui est manifestement l'inverse de ce que présente la nature.

1. *C. R. Acad. Sc.*, LXXX, 707 (1875).
2. *Traité de Métallogénie*, III, 750 (1913).
3. Deville et Debray, *Comptes rendus*, t. LIV, p. 1139 (1862).
4. Daubrée, *Géologie expérimentale*, p. 119.

La question était donc de savoir si le chlorure de platine et le chlorure de fer étant simultanément réduits par l'hydrogène à une température extrêmement inférieure à celle de la fusion de ces métaux, ceux-ci contracteraient ensemble une combinaison du genre de l'*Eisenplatin*. Déjà Boussingault, il y a de longues années, a préparé par une méthode analogue une matière renfermant du platine et du fer [1] ; mais celle-ci, noire, pulvérulente et pyrophorique, n'a aucun rapport avec le minéral naturel, et ce précédent aurait pu faire *a priori* douter du succès de l'entreprise.

Les choses étant disposées à peu près comme pour la préparation synthétique de la tænite, de la kamacite et des autres alliages météoritiques, j'ai soumis [2] un mélange de 5 parties de bichlorure de platine et de 1 partie de protochlorure de fer à l'hydrogène pur et sec dans un tube de porcelaine, simplement chauffé au rouge par un feu de charbon de bois. Quand tout dégagement d'acide chlorhydrique eut cessé, on laissa l'appareil refroidir lentement et l'on en retira une substance métallique, tuberculeuse, ayant l'éclat et la couleur du platine, cohérente et se brisant en fragments irréguliers : de toutes parts, au microscope, on y voit des facettes cristallines, octaédriques ou cubiques, de très faibles dimensions.

Loin d'être pyrophorique, comme le produit de Boussingault, cette substance résiste, sans altération aucune, soit à l'acide chlorhydrique, soit à l'acide azotique bouillants. En même temps elle est faiblement, mais très nettement magnétique et, ce qui achève sa ressemblance avec l'*Eisenplatin*, certains de ses grains présentent des pôles, dont les uns sont attirés et les autres repoussés par la même extrémité du barreau aimanté.

Dans des expériences où le courant de gaz réducteur avait été trop rapide, il s'est fait en quelques parties du tube une séparation des chlorures qui sont inégalement volatils : tels points contenaient du platine sensiblement dépourvu de fer, et tels autres de petits grains noirs de fer à peu près pur. C'est la reproduction d'un fait naturel : maintes pépites de platine ne contiennent

1. Boussingault, *Annales de Chimie et de Physique*, 3ᵉ série, t. LIII, p. 441.
2. Stanislas Meunier, *Savants étrangers*, t. XXVII, n° 5.

pas de métal magnétique, et les oxydations ultérieures, concomitantes à la serpentinisation, ont transformé le fer natif en fer oxydulé.

Il est d'ailleurs bien facile de produire l'alliage de fer et de platine sous la forme de squelette métallique, cimentant ensemble des grains pierreux, péridotiques ou autres, exactement comme on obtient les alliages de fer nickelé avec la situation qu'ils ont dans les syssidères ; par conséquent, les traits essentiels du gisement du platine au sein des roches magnésiennes sont imités, en même temps que l'ensemble des caractères physiques et chimiques, de cette très intéressante espèce minérale.

Nous croyons inutile de nous arrêter ici à la description des mines de platine dont l'intérêt est considérable, justement pour cette raison qu'elles ont, sans exception, été très fortement modifiées depuis leur constitution initiale, par l'intervention des phénomènes bathydriques. C'est par conséquent dans notre troisième chapitre que nous nous en occuperons.

PYRRHOTINE

La classification que nous avons adoptée pour les gîtes minéraux nous conduit, d'une manière inévitable, à placer à la suite de ces trois productions corticales : le fer natif, l'or natif et le platine natif, une substance que la plupart de ses propriétés en séparent, mais qui dérive du même mode général de formation. C'est la pyrrhotine ou sulfure de fer ($Fe^7 S^8$), qui se signalerait déjà par sa présence dans les météorites et qui, comme Durocher l'a reconnu dès 1854[1], s'obtient par le procédé général de Péligot, c'est-à-dire par la réaction de l'hydrogène (sulfuré cette fois) sur la vapeur de chlorure de fer.

Ce minéral témoigne d'ailleurs de ses affinités avec les gîtes primordiaux, par la présence, dans certains de ses échantillons, de proportions sensibles d'or et de platine. Au Canada, les pyrrhotines renferment une partie d'or pour 250.000 parties de nickel et une partie de platine pour 50.000 parties de nickel.

La pyrrhotine nickélifère de Sudbury, district d'Ontario, égale-

1. *C. R. Acad. Sc.*, **XXXII**, 823 (1854).

ment au Canada, renferme de l'arséniure de platine ou *sperrylite*.

En Scandinavie, on a exploité de 1846 à 1857, dans le val d'Espedal, des pyrrhotines qui contiennent de 0,50 à 0,86 p. 100 de nickel. Et non loin de là, à Bamle, dans des gabbros subordonnés à des gneiss, la pyrite magnétique est surtout concentrée au contact des deux roches.

Comme pour le platine et pour l'or, les roches associées à la pyrrhotine ont été très souvent serpentinisées et kaolinisées par les réactions aqueuses ultérieures. J'ajouterai qu'un lien de plus rattache encore la pyrrhotine aux minéraux qui nous ont occupé précédemment : son extrême abondance dans le fer météorique de Sainte-Catherine, au Brésil[1].

Dans un travail fait en commun avec Albert Levallois[2], l'hydrogène sulfuré agissant au rouge sur la fonte de fer, nous a donné un mélange de pyrrhotine et de graphite de tous points analogue à celui qui se trouve dans la masse extra-terrestre.

DIAMANT

Il importe de placer ici le diamant qui, malgré son extrême rareté, et peut-être à cause de ses caractères chimiques exceptionnels, contribuera à élargir et à préciser nos conclusions.

Nous ne voulons d'ailleurs qu'y toucher, ayant à revenir sur l'histoire géologique du carbone cubique. Les gisements qui nous attendent plus loin laissent, en outre, dans le vague complet, la notion du gisement initial de la gemme, c'est-à-dire de sa *roche mère*.

Comme conséquence des ressemblances si nombreuses et si profondes des pierres tombées du ciel avec les matériaux qui nous parviennent des régions profondes de la croûte terrestre, et en considérant toutes les causes d'altération qu'elles rencontrent dans leur ascension jusqu'à la surface, il est de haute importance de constater que des météorites contiennent des diamants que nous avons toute raison de supposer dans leur gîte originel. D'autant plus que le mode de gisement de la pierre précieuse

1. *C. R. Acad. Sc.*, LXXXVII, 943 (1878).
2. *C. R. Acad. Sc.*, LXXXVIII, 924 (1879).

contribuera, d'une manière très éloquente, à fixer nos idées sur le régime auquel est soumise la masse de notre propre écorce, au fur et à mesure de son évolution.

Jusqu'à présent, deux météorites seules se sont montrées diamantifères : celle qui est tombée le 22 septembre 1886, à trois kilomètres du village de Nowo-Urei, dans le gouvernement de Penza, en Russie ; l'autre, à une date inconnue, à Canyon Diablo (Arizona), aux États-Unis. Quelques autres fers, comme Magura, ont été cités comme diamantifères. Mais la question reste douteuse à leur égard.

D'après les analyses de MM. Jerofeieff et Latschinoff[1], la poussière de la pierre russe, composée surtout d'un mélange d'olivine, d'augite et de fer nickelé, renferme 1 p. 100 de particules, d'ailleurs microscopiques, qui ont manifesté tous les caractères du diamant. Les auteurs font remarquer que la météorite pesant 1 kg. 762, et en admettant que le mélange soit sensiblement homogène, elle doit renfermer 17 gr. 62 de diamant, soit 85 carats 43.

Je crois de mon devoir de constater que je n'ai pu parvenir à observer la moindre trace de diamant dans la poussière de Nowo-Urei et que mon ami M. J. Thoulet est parvenu à la même conclusion négative.

Bornons-nous à constater par avance qu'un des plus importants gisements terrestres de diamant, celui du cap de Bonne-Espérance, fournit la pierre précieuse en mélange avec des débris serpentineux, c'est-à-dire analogues aux matériaux auxquels la pierre de Nowo-Urei, faite de minéraux magnésiens, donnerait naissance par sa simple serpentinisation[2].

Le fer météorique de Canyon Diablo a fourni des grains de diamant parfaitement visibles à l'œil nu. Sa présence a été révélée à M. Foote[3] par les rayures, creusées sur la lame de scie, avec laquelle on débitait les blocs naturels en échantillons de collections. Des fragments du métal abandonnés dans l'acide chlorhydrique, laissèrent un abondant dépôt noir, dans lequel on trouva, au milieu de graphite, des petits cristaux limpides reconnais-

<hr>

1. Verhandlungen d. Russ.-Kais. Miner. Ges. Bd., XXIV, Saint-Pétersbourg, 1888.
2. Voir à cet égard une note de Daubrée : *C. R. Acad. Sc.*, CX, 18 (1890).
3. *Amer. Journ. Sc.* (3), vol. XLII, p. 413 (1891).

sables à tous leurs caractères, pour être du diamant pur. Ajoutons que le fer de Canyon Diablo compte parmi les masses cosmiques qui donnent de belles figures dites de Widmansttaeten, et qui, en conséquence, se signalent comme dérivant d'une origine concrétionnée analogue à celle en cours dans la photosphère du Soleil et reproduite dans le dispositif des appareils qui ont permis, par la rencontre de substances exclusivement gazeuses, de réaliser la synthèse des fers tombés du ciel.

Cependant, et étant naturellement placé aux anciens points de vue, Moissan a tenté l'imitation du fer de Canyon Diablo comme une des premières applications de son four électrique qui donne aisément une température de 3.000°. Il regarda comme évident que les propriétés du diamant, vraiment antipodiques de celles du graphite, résultent de la polymérisation du carbone, laquelle serait déterminée par l'exercice d'une énergique pression. Le savant chimiste pensa remplir cette condition par un artifice, qui parut d'abord exceptionnellement ingénieux : voulant profiter de l'irrésistible augmentation de volume de la fonte de fer, au moment de sa solidification par refroidissement, il commença par mettre en fusion du fer doux, saturé de charbon pur dans un creuset qu'il plongea brusquement dans l'eau froide. De minutieuses précautions furent prises, dans la pensée que ce conflit entre l'eau et le creuset porté au blanc déterminerait une explosion. Mais il n'en fut rien, et on aurait pu le prévoir, si l'on avait pensé aux effets de caléfaction, si copieusement étudiés par Boutigny (d'Évreux), qui les expliquait par un soi-disant état sphéroïdal[1]. Le creuset, au contraire, perdit lentement son éclat, l'eau formant une gaine autour de lui et à distance très sensible, et la solidification du métal s'accomplit tout tranquillement, sans que soit intervenue, à aucun moment, la pression sur laquelle on comptait. Moissan n'en soumit pas moins ses culots métalliques à la dissolution par les acides, et dans l'analyse mécanique qu'il pratiqua sur le résidu, il crut discerner des fragments ayant de l'analogie avec ceux de Canyon

---

1. *Base d'une nouvelle physique ou découverte d'un quatrième état de corps, l'état sphéroïdal*, 1 vol. in-8°, Évreux, Paris et Rouen (1842). — La quatrième édition de cet ouvrage très intéressant a paru à Paris en 1883 sous le titre d'*Étude sur les corps à l'état sphéroïdal*.

Diablo[1]. Il paraît cependant qu'ils sont constitués par du carbure de silicium.

On nous permettra de souligner ce résultat expérimental, car il vient apporter une confirmation de plus, à l'opinion que la fusion sèche, dont l'intervention lithologique a été si énergiquement proclamée, n'intervient jamais dans les opérations de la nature, où, au contraire, les réactions pneumatolytiques sont de tous les instants.

En somme, on est réduit à constater que, si les météorites nous ont procuré des exemples de diamant *in situ*, nous n'avons, encore aujourd'hui, aucun exemple terrestre de la même condition, et il convient de prémunir le lecteur contre une erreur dans laquelle il pourrait tomber, en rencontrant dans les *Comptes rendus de l'Académie des Sciences*[2], une note, signée de F. Fouqué et Michel Lévy, et présentée à la Compagnie par Daubrée.

Examinant une ophite à fer oxydulé de l'Afrique australe, recueillie en place par Chaper[3], dans une petite tranchée, entre Kimberley et le Vaal, les auteurs constatent que « les produits secondaires, dus à des actions postérieures à la consolidation définitive de la roche, sont nombreux et intéressants. Ce sont le quartz globulaire, la chlorite, la serpentine, l'opale, la calcédoine, l'actinote, l'épidote, la calcite et enfin, dans un échantillon *unique* jusqu'à présent, le *diamant associé à l'opale* ». Entrant dans plus de détails, les savants cristallographes ajoutent que le diamant se présente dans ce spécimen si précieux, en petits octaèdres d'un diamètre moyen d'environ deux centièmes de millimètre, à faces et arêtes courbes tronquées selon les faces du cube. « En résumé, concluent-ils, la forme cristalline, la dureté, les caractères optiques dans la lumière polarisée, la réfringence, l'éclat adamantin, justifient notre détermination. Ajoutons que le groupement régulier, polysynthétique et la forme individuelle, nettement perceptible, des petits cristaux, excluent l'hypothèse de vides (vacuoles ou bulles) ou d'apports étrangers à la plaque mince. »

1. *C. R. Acad. Sc.*, t. CXVI, p. 288 (1893) et *Ann. de Chim. et de Phys.* (8°), V, 174-208.
2. T. LXXXIX, p. 1125 (séance du 29 décembre 1879).
3. *Note sur la région diamantifère de l'Afrique australe par Maurice Chaper*, in-8°, Paris (1880).

Or, il se trouva que, malgré ce luxe de caractéristiques accumulées les unes à la suite des autres; les petits « diamants » se comportèrent si mal, en présence des opérations de vérification, que les auteurs, dans leurs ouvrages ultérieurs et spécialement dans le relevé complet des *Minéraux des Roches*[1], ne font pas la moindre mention du diamant.

Au Canada[2], on a prétendu reconnaître la roche-mère du diamant sur la rivière de Tulameen (fig. 5), sur le littoral ouest du Plateau intérieur de la Colombie britannique, à un petit nombre de milles à l'est de la chaîne des Hope Monutains. En ce point la rivière coule dans une vallée de plus de 3oo mètres de

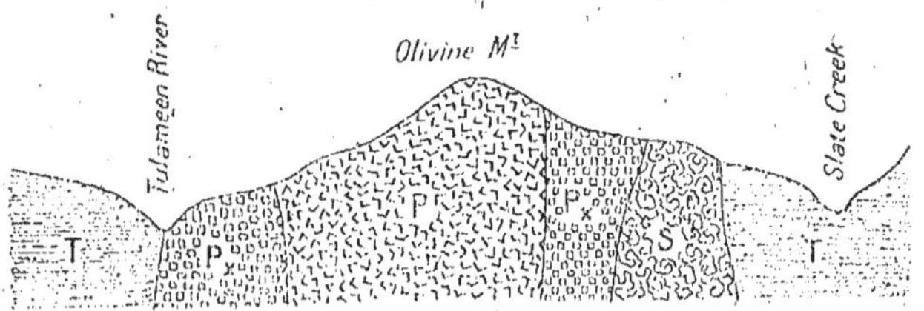

Fig. 5. — Gisements de roches silicatées magnésiennes renfermant des petits diamants et des granules de platine natif, à Tulameen, en Colombie britannique (Canada).

TT, assises triasiques injectées de roches magnésiennes. S, syénite augitique. P_x, P_x, pyroxénite. P, péridotite (D'après le 9e *Guide Book* du Congrès géologique, de 1913, au Canada).

profondeur qui traverse un volumineux massif de pyroxénite, de péridotite et de gabbro qui est intrusif de sédiments triasiques et de dépôts volcaniques. D'après les géologues locaux, ces roches silicatées magnésiennes ont fait éruption ensemble et sous forme d'un même magma qui se serait différencié au cours du refroidissement. Des échantillons ont fourni à l'analyse du diamant et du platine, en même temps que de la magnétite qui me parut dériver de fer natif antérieur. La portion pourvue de fer magnétique renferme 6 pour 1oo de diamant; et l'autre seulement 3 pour 1oo. Les plus gros diamants ne dépassent d'ailleurs pas le volume d'une tête d'épingle. En cherchant dans les sables de

1. Un vol. in-8o, par MM. Michel Lévy et Alfred Lacroix, Paris, 1888.
2. Congrès géologique international de 1913. *Guide Book*, n° 9, p. 123.

la rivière, on a retiré de très nombreux diamants dans les sables noirs qui renferment aussi de petit rubis.

ASPHALTE

Les matières désignées sous le nom de bitume et particulièrement d'asphalte, sont classées par les minéralogistes, avec les produits dérivant de la décomposition souterraine des matières organiques ; ce sont des « combustibles minéraux », au même titre que les lignites, les houilles et les anthracites. Il est cependant indispensable de remarquer que, malgré la production de carbures d'hydrogène, dans la distillation de matériaux animaux et végétaux, il semble bien y avoir dans les profondeurs du globe, une autre source de production de ces substances. C'est ce qui paraît résulter de la rencontre de jets de gaz inflammables ou de ruissellements de pétrole, plus ou moins chargé de matières hydrocarbonées en dissolution, dans des pays dont le sol, franchement granitique, ne semble guère comporter l'existence en profondeur des dispositions et des matériaux propres à la genèse dont il s'agit.

D'un autre côté, nous avons constaté nous-mêmes le rôle joué en pleine épaisseur de la croûte, de véritables fontes dont le fer d'Ovifak a fourni le type. L'expérience montre que, si l'on soumet une fonte, ou toute autre combinaison de carbone et d'un métal, à l'action d'un liquide corrosif hydrogéné, comme serait l'eau à une température et sous une pression convenables, on détermine une double décomposition dont les produits sont, d'une part un oxyde métallique et, d'autre part, des carbures d'hydrogène. C'est sur ce fait qu'est basée la lampe à acétylène, qui peut fonctionner sous une pression relativement très faible, le calcium étant tout spécialement oxydable. Il est légitime de considérer, à un certain point de vue, le globe terrestre tout entier comme étant, à sa façon, une lampe à carbure d'hydrogène, où le carbure de calcium peut être remplacé par le carbure de fer ou fonte, la pression et la température atteignant les valeurs que l'on peut imaginer. Nous avons du reste un intermédiaire entre ces deux cas, qui en rend la compréhension facile. Il consiste dans l'attaque de la fonte, c'est-à-dire du métal des profondeurs, par de l'acide chlorhydrique, qui est hydrogéné comme l'eau, mais dont les affinités sont plus intenses. Comme S. Cloëz[1] l'a fait voir, il y a déjà longtemps, le liquide dans lequel la réaction se produit ne se borne pas à se charger de chlorure de fer et à dégager de l'hydrogène, d'ailleurs plus ou moins carburé, il se couvre en outre d'une nappe mince d'huile, dont l'aspect et la composition en font un membre de la famille chimique des pétroles.

Outre l'avantage de rattacher ainsi l'origine des matériaux combustibles qui nous occupent au même mécanisme général que les manifestations volcaniques, les observations précédentes nous fournissent des éléments d'interprétation de gîtes d'huile minérale. Par exemple, la localisation de gisements de gaz combustibles, de carbures liquides et même d'asphaltes, le long de grandes lignes de fracture.

C'est ainsi qu'il existe une liaison certaine entre les gisements, cependant fort éloignés l'un de l'autre, de Pyrimont et du Val-Travers[2]. Les conditions générales sont les mêmes, les roches sont tout à fait comparables, les asphaltes sont identiques. Nous avons recueilli et analysé des spécimens, dont la seule différence des uns aux autres réside dans la proportion plus ou moins grande qu'ils contiennent d'un bitume offrant toujours les mêmes caractères.

Il suffit de reporter sur une carte la situation de ces différentes mines pour s'apercevoir qu'elles obéissent à une loi générale d'alignement, qui est en rapport incontestable avec les grands traits orogéniques de la région. Les lignes qui les réuniraient suivant leur proximité seraient parallèles aux lignes de faîte du Jura et par conséquent aux lignes de fracture dont le pays est traversé.

C'est là un fait de très haute importance, sur lequel nous ne saurions trop insister. On peut ajouter que c'est un fait très fréquent, observé dans un très grand nombre de régions. Foucou a insisté sur les circonstances d'alignement des gîtes de pétrole et de bitume français et a publié une carte, dressée par M. Thoulet,

1. *C. R. Acad. Sc.*, LXXXV, 1003, et LXXXVI, 1248.

2. Stanislas Meunier. Études sur les roches asphaltiques. *Bull. de l'Acad. de Savoie*. Chambéry (1906).

où ses renseignements sont coördonnés[1]. Le même auteur a signalé des faits analogues pour les sources bitumineuses de la chaîne des Karpathes. De Hochstetter pense que les émanations bitumineuses ont profité d'une grande ligne de dislocation traversant la Galicie en écharpe. Dans le Caucase, la liaison des gîtes avec les traits orogéniques du pays a été signalée bien des fois.

Quelques détails sur les mines des départements de la Savoie et de l'Ain donneront une idée de l'allure des gîtes d'asphalte.

Le gisement de Forens, dans la vallée de la Valserine, au nord de Bellegarde, est dans un calcaire appartenant au terrain urgonien. Les exploitations se trouvent à peu de distance de Chézery, de part et d'autre du petit ruisseau qui coule de l'Ouest à l'Est ; à gauche, sont les mines dites de Chézery, à droite, celles de Forens-Sud. Le gîte s'étend jusqu'à Belley : il y a une petite usine sur les bords du lac de Saint-Champ. D'après le dire des exploitants, le gîte constituerait une sorte de lentille au milieu de calcaire non asphaltique. Parmi les produits exploités, il y a une qualité riche et une qualité pauvre. Un échantillon que nous avons pris de la qualité riche est d'aspect fort hétérogène. On voit, sur ses cassures, se détacher de grandes régions blanches sur un fond chocolat, plus ou moins clair suivant les points. Les contours des parties blanches sont très capricieux et peu nets, et il suffit d'un coup d'œil pour qu'on se sente disposé à voir, dans cette roche, un banc de calcaire qui, après sa formation, a subi une infiltration bitumineuse.

Dans toutes les mines des environs de Lovagny, l'asphalte se trouve réuni dans deux couches de calcaire d'environ 4 à 5 mètres d'épaisseur et qui sont séparées par un banc de roche blanche. C'est dans la couche supérieure que les exploitations sont ouvertes. L'étendue des parties imprégnées est d'ailleurs fort restreinte et ne s'étend pas à plus de 50 mètres en tous sens, constituant des espèces de lentilles dont la région médiane est toujours la plus riche. Dans les différents gîtes du Jura français, la roche asphaltique peut varier beaucoup d'un point à un autre.

Près de Lovagny, et spécialement à Bourbouges, nous voyons l'asphalte imprégner des graviers plus ou moins grossiers, que

1. *Sur le gisement du pétrole des Karpathes.* Mémoires de la Société des Ingénieurs civils. Paris, imprimerie Bourdier et Cⁱᵉ (sans date).

l'on est généralement d'accord pour considérer comme quaternaires.

A Pyrimont, dans la colline de Volant, des grès fins quartzeux à ciment argileux nous ont donné une proportion notable de carbure d'hydrogène.

Toutefois, dans la région que nous avons étudiée, la roche asphaltifère par excellence est le calcaire appartenant à diverses variétés. Plusieurs échantillons sont tout à fait compactes et même presque spathiques, et c'est ce que montrent certaines couches du front de taille de Gardebois. Ce calcaire, relativement très dur, est fissuré, et l'examen microscopique montre que la matière bitumeuse existe exclusivement dans les fissures et jusque dans certains joints de clivage, sans jamais constituer un mélange intime et uniforme avec la matière pierreuse.

L'asphalte brut se comporte comme un mélange d'asphalte pur et de pétrole (pétrolène de Boussingault).

Cette constitution est conforme à celle qui doit résulter de l'origine même de l'asphalte, introduit vraisemblablement dans les roches à l'état de dissolution dans un pétrole à peu près disparu par évaporation. Du reste, le pétrolène lui-même se transforme peut-être en partie en asphalte par oxydation, suivant l'opinion de Boussingault[1]. Mais cette réaction ne saurait être que très secondaire, par rapport à la première.

1. *Annales de Phys. et de Chim.*, 1re série, t. LXIV, 1837, p. 141.

CHAPITRE II

GITES DÉPENDANT DE LA FONCTION VOLCANIQUE

Pendant bien longtemps, le phénomène volcanique est resté mystérieux quant à ses causes et à son mécanisme. La plupart des théoriciens ont été arrêtés par l'incompatibilité des deux réactions qui semblaient constituer tout l'ensemble volcanique : la pénétration de l'eau de surface à de grandes profondeurs et l'impossibilité pour cette eau d'y persister, ce qui revient évidemment à dire d'y pénétrer. J'ai assisté, pour ma part, aux efforts répétés de plusieurs géologues s'ingéniant à concilier ces données et se contentant d'aperçus qui, à mon avis du moins, semblent laisser la question entière. En particulier, Daubrée admettait comme démontrée une attraction centripète relevant essentiellement de la capillarité, et qui pouvait vaincre les fortes pressions internes pour amener, dans le laboratoire éruptif, de l'eau qui tout à coup s'y volatilisait.

Obéissant depuis longtemps déjà, et fidèlement, à la nécessité de concilier, avec la cause des accidents géologiques les plus subits et les plus désastreux, la nécessité d'une harmonie avec l'ensemble des manifestations de l'activité de la terre, et par conséquent une eurythmie avec les autres phénomènes, j'eus très rapidement le sentiment que le volcan est lié intimement avec toutes les causes des grands phénomènes orogéniques.

Dès lors, je devais trouver, dans l'allure même des masses rocheuses en voie de soulèvement, la disposition caractéristique qui expliquerait la rétraction spontanée du noyau fluide et la continuité de la superposition à sa surface de l'écorce solide. La résultante de tous les efforts dépensés verticalement pour amener la surface totale de la croûte au niveau du noyau, détermine ce déclenchement horizontal, ou tangentiel, auquel nous avons eu déjà à faire allusion (fig. 6).

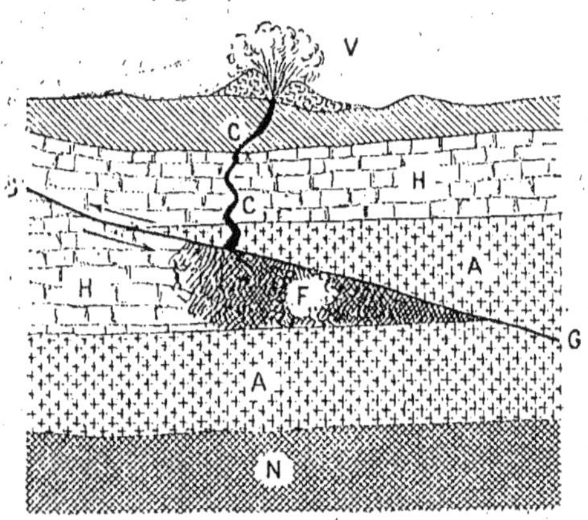

Fig. 6. — Disposition souterraine nécessaire au déclenchement de l'énergie volcanique.

N, région nucléaire du globe terrestre. AA, zone profonde de l'écorce terrestre caractérisée par son état anhydre consécutif à sa très haute température. HH, zone superficielle de la croûte terrestre, caractérisée par la condition hydratée des roches qui la composent et qui sont pourvues de leur *eau de carrière*. GG, grande cassure tangentielle, ou *géoclase*, sur le plan de laquelle une dénivellation s'est établie dans le sens des deux flèches: F, portion de la zone hydratée H qui, ayant été recouverte par une portion de la zone incandescente A, a été soumise à un recuit qui en y incorporant par inclusion l'eau suréchauffée, en a fait du *magma volcanique* apte au *foisonnement*, si une crevasse C, consécutive à l'ébranlement du sol, est venue le mettre en communication de pression avec la surface où s'édifie alors le volcan V.

Il faut y revenir pour faire remarquer que le déplacement tangentiel, si visible, dans toutes les grandes chaînes de montagnes, le long de grandes cassures presque horizontales auxquelles il convient d'appliquer le nom de *géoclase*, a pour effet principal d'intervertir l'ordre de succession vertical de certains éléments stratigraphiques. La lame de *charriage*, en voie de déplacement, quand sa dimension est suffisante, superpose à des masses sédimentaires imprégnées de l'eau d'infiltration qui ne manque jamais dans ces terrains, des ensembles de roches venus de plus bas, qui, dès lors, sont plus chaudes et qui, recuisant la roche humide considérée, la soumettent à une chimie spéciale dont le principal effet est une *fusion essentiellement humide,* — où l'on peut concevoir un liquide dû à la fluidification de la portion solide de la roche et une matière clastique, véritablement en état de dissolution dans la précédente et qui, vis-à-vis d'elle, et toute proportion gardée, jouera le rôle de l'acide carbonique comprimé dans les liquides, tels que le vin de Champagne et l'eau de Seltz.

Il peut arriver que le phénomène en reste là, que le refroidissement s'emparant progressivement de la région considérée, celle-ci reprenne peu à peu l'état solide et constitue simplement un massif souterrain que l'on retrouvera dans les couches géologiques de l'avenir, et que les géologues américains qualifient de *laccolites.*

Souvent, au contraire, les efforts orogéniques, ménageant une communication entre la zone où le réchauffement local a produit la liquéfaction aqueuse, les choses se passeront comme lorsque s'ouvre la communication entre la haute pression qui règne dans un siphon d'eau de Seltz et la faible pression atmosphérique.

Dans ce cas, la tendance à l'équilibre des milieux inégalement comprimés, fait jaillir le liquide avec violence, dans la localité naturelle où se déclare une éruption volcanique, comme elle fait jaillir le liquide hors de sa bouteille.

Quoi qu'il en soit, et pour en revenir aux volcans, les résultats chimiques de ces mises en présence de masses préalablement séparées, sont extrêmement nombreux. Ils consistent dans la genèse des minéraux qu'on peut qualifier de volcaniques et dont l'association donne les laves et toute la série des roches éruptives, qui sont des laves d'anciens volcans ayant perdu, par érosion, leur morphologie d'origine, au point qu'on a eu bien de la peine à reconnaître leur véritable nature.

Indépendamment des laves et des produits analogues : cendres, lapillis, scories de tout genre, — d'ailleurs fréquemment exploités comme matériaux de construction : laves de Volvic, du Vésuve, etc., comme pierres de construction : lapillis de Pouzzoles, de Gravenoire, etc., comme pouzzolanes, etc., — des matières aériformes, gaz et vapeurs se dégagent en abondance sous la qualification de fumerolles. Elles sont de composition très variée et, quand elles se mélangent, il en résulte fréquemment des combinaisons particulières dont certaines sont solides. Parmi celles-ci nous sommes amenés à en retenir un certain nombre qui constituent, au propre, des gîtes métallifères d'origine volcanique.

La très grande découverte du mode de formation de ce genre de productions géologiques est due au chimiste français Gay-Lussac. Elle s'est faite dans des conditions qui méritent d'être résumées avec quelque détail, parce qu'elles ont eu pour résultat la lumière jetée sur l'origine d'accidents incompris et parce qu'elles constituent, en outre, le véritable modèle que doit s'attacher à imiter toute tentative expérimentale d'explication géologique.

Il ne suffit pas, en effet, de reproduire un minéral pour avoir enrichi d'une notion précieuse la science de la terre ; il importe, au même degré, que la reproduction soit faite exclusivement, avec des matériaux existant dans la localité à imiter et au moyen de circonstances calquées sur celles de la réalité.

C'est en 1805, au cours d'une visite au sommet du Vésuve en compagnie de Humboldt, que Gay-Lussac a remporté, dans le chapitre de l'histoire des gîtes métallifères, une vraie victoire qui a, d'ailleurs, ouvert le chemin à d'autres conquêtes analogues. Au cours de la récolte qu'il fit de nombreuses variétés de scories, si souvent bariolées de nuances brillantes par des dépôts fumarolliens, il en distingua spécialement une à son apparence métallique et à son état cristallin, qui lui en révéla la composition. C'était du fer oligiste ou sesquioxyde de fer.

Son désir de réaliser la reproduction synthétique de ce minerai si remarquable a dû éclore immédiatement dans son esprit. Mais, et c'est là que se signale sa supériorité, au lieu d'imaginer, sans autre condition, des rencontres de corps dont la réaction mutuelle produirait du sesquioxyde de fer, il commença par rechercher scrupuleusement si la localité naturelle ne lui fournirait pas dans ce sens des indications particulières.

D'abord, il reconnut que le fer spéculaire, comme on l'appelle, se forme pour ainsi dire sous ses yeux, c'est-à-dire qu'il est de production postérieure à l'accumulation des scories sur lesquelles il marque. En second lieu, il a bientôt fait de déterminer les substances génératrices du minéral qu'il aspire à produire et qui se signalent par des caractères bien visibles. Avant tout, il note çà et là des enduits jaunes, solubles dans l'eau et qui se révèlent comme formés de chlorure de fer. D'un autre côté, il est mis en éveil par l'abondance de l'acide chlorhydrique libre, dans maintes fissures du sol et il n'oublie pas enfin que la vapeur d'eau alimente de toutes parts des jets qui se condensent au contact de l'air en nuages plus ou moins épais.

La rencontre simultanée de ces trois matériaux est pour lui un jet de lumière : il voit tout de suite dans l'eau et dans le chlorure de fer les deux acteurs du phénomène chimique et il sent dans l'acide chlorhydrique comme dans l'oligiste, les deux résultats de la rencontre.

A peine rentré à Paris, il cherche, et c'est là surtout qu'il y a lieu d'apprécier sa prudence et sa méthode, à imiter les traits caractéristiques du gisement qu'il vient d'observer. Il prend un tube de porcelaine chauffé au rouge dans un de ces petits fourneaux à réverbère, comme on disait, et qui étaient d'usage courant à son époque. Il y lance deux courants de vapeurs, dégagées de deux petites cornues de verre dont les cols traversent l'un des deux bouchons adaptés au tube, et il observe bientôt, par l'orifice dont il a muni l'autre bouchon, la fumée de nuages d'acide chlorhydrique.

Laissant refroidir l'appareil et brisant le tube, c'est avec la satisfaction qui s'attache à l'obtention d'un résultat scientifique prévu, qu'il en voit la surface interne tapissée des lamelles miroitantes du minerai même qu'il ambitionnait de reproduire, en vertu de cette équation :

$$Fe^2Cl^6 + 3H^2O = Fe^2O^3 + 6HCl.$$

Cette belle synthèse est riche en enseignements. Non seulement, on reconnaît que le fer oligiste des volcans n'a pu faire autrement, mais que c'est certainement de cette manière qu'il s'est produit, en harmonie intime avec tout le détail de l'économie volcanique. Et la distance s'accentue entre la valeur, en tant que naturaliste, d'un esprit comme celui de Cordier, et l'intelligence appropriée de la rigueur mathématique de...

l'abstraction d'un Elie de Beaumont. Celui-ci, en effet, admettait l'injection de fentes du sol par des filons éruptifs parmi lesquels il cite des veines de fer oxydulé et de fer oligiste :

« Il existe, dit-il, des masses de fer oxydulé et de fer oligiste qui peuvent être considérées comme des roches éruptives. Telles sont notamment celles de l'île d'Elbe[1]. »

De notre côté, c'est, appuyé sur l'expérience de Gay-Lussac, que nous sommes conduits à insister sur l'existence nettement définie d'un type de gîtes métallifères méritant le nom qu'on lui donne souvent de *fumarollien*. Le fait acquiert une signification plus large encore en nous fournissant véritablement une confirmation sans réplique de la cause théorique indiquée tout à l'heure pour les manifestations volcaniques, et conséquemment pour renoncer sans retour aux autres suppositions, si nombreuses, qui ont été émises sur le même sujet.

Rappelons seulement que l'origine par voie de recouvrement orogénique et de foisonnement hydrothermal nécessite comme corollaire l'admission de cinq assertions principales :

1° Que le laboratoire des volcans est situé en pleine épaisseur de la croûte terrestre : loin de la surface sub-aérienne, mais bien plus loin encore de la surface intérieure juxtaposée au noyau. En conséquence que ce noyau n'intervient pas matériellement dans le phénomène.

2° Que ce laboratoire est situé dans la région où a pu descendre l'eau d'imbibition, fournie aux profondeurs par la surface extérieure de la croûte.

3° Qu'il se constitue en chaque localité, qui va devenir volcanique et comme une conséquence des refoulements générateurs de chaînes de montagnes, — des passages, par-dessus les assises imprégnées d'eau ou d'autres matières volatilisables, de masses rocheuses venant de plus bas, et dont la température est plus élevée que la leur.

4° Que ce réchauffement de roches profondes imprégnées de corps volatilisables détermine la constitution d'un milieu, analogue à celui que Sénarmont a si bien étudié, *d'eau suréchauffée*, grâce auquel le point de fusion des roches est considérablement

---

1. *Bulletin de la Société géologique de France*, (2°) IV, 1249 (1847).

abaissé, par le fait de leur association intime avec les substances élastiques qui s'y incorporent par voie d'occlusion.

5° Qu'en outre, l'occlusion des vapeurs dans la matière ainsi soumise à la *fusion aqueuse*, donne à cette matière la propriété foisonnante, c'est-à-dire la faculté de se dilater si la pression superposée vient à diminuer et de laisser échapper les vapeurs préalablement dissoutes, lesquelles, en se *détendant*, entraînent avec elles la matière fluide dans laquelle elles étaient incorporées.

Il existe trois sortes de gîtes métallifères qui méritent tout spécialement d'être considérés comme fumarolliens, c'est-à-dire volcaniques. Ils concernent le fer oligiste spéculaire, ou sesquioxyde de fer cristallisé dans le système rhomboédrique; le corindon, ou émeri, formé d'alumine qui est isomorphe avec le minerai de fer précédent; enfin, la cassitérite, ou minerai d'étain, qui cristallise dans le système quadratique. D'autres gisements comparables aux précédents, quant au mécanisme de la production, mais relatifs à des substances non métalliques concernent le soufre et l'acide carbonique (*Solfatares et Moffettes*).

FER OLIGISTE

Nous commencerons la série de nos descriptions par une localité française qui a fourni, un temps, des résultats industriels et qui s'est trouvée épuisée avant même qu'on n'eût fait l'histoire géologique complète de la sorte de gisements à laquelle elle appartient. Il s'agit de dépôts souterrains rencontrés dans le département de la Côte-d'Or, où l'on n'avait d'ailleurs pas soupçonné l'antique déchaînement de manifestations volcaniques.

Bourgogne. — A Thoste et à Beauregard (fig. 7), on est sur la surface de contact des roches anciennes du plateau du Morvan et dès roches relativement très récentes qui les encadrent sur les bords du Serain et qui appartiennent au terrain de lias inférieur dont une partie est qualifiée de sinémurien, en souvenir du nom latin de Semur.

Comme transition entre le terrain cristallin en grande partie granitique et gneissique du Plateau Central et le massif nettement stratifié des couches fossilifères, on rencontre un amas d'arkose, appelée parfois granit régénéré et qui fait comme un encadrement des roches cristallines en place. Ce sont évidemment des débris de l'antique falaise battue par la mer à l'époque liasique et qui sont restés sur place, comme y resteront sans doute les éclats analogues déposés actuellement sur les côtes de Bretagne. A Thoste et à Beauregard, ces fragments rocheux sont cimentés par des matières variées de façon à constituer une sorte de grès à grain très grossier qui est l'arkose. En l'examinant de plus près, on trouve que parmi les matériaux très diffé-

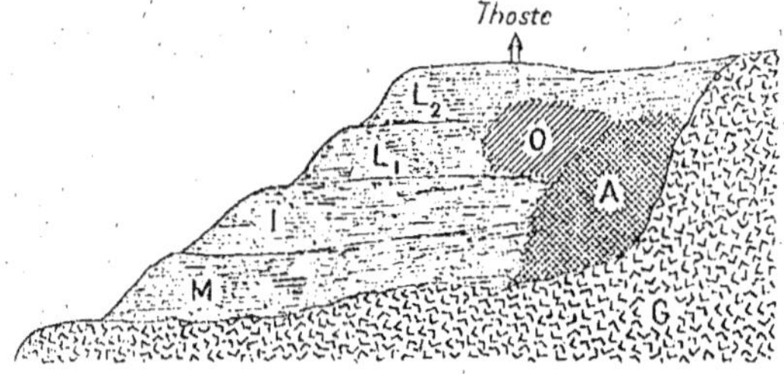

Fig. 7. — Coupe des environs de Thoste (Côte-d'Or) montrant la disposition générale des gisements fumarolliens de fer oligiste.

G, granit d'Avallon, constituant les falaises de la mer pendant les époques triasique et liasique; il est traversé de toutes parts de poussées porphyriques et autres roches éruptives qui témoignent du régime volcanique qu'il a subi. M. marnes irisées (Salifériens ou trias supérieur). I, infra lias (Rhétien et Hettangien). L₁, lias inférieur (Sinémurien). L₂, lias moyen (Charmouthien). A, arkoses. O, portion de l'infra lias chargé de produits fumarolliens et spécialement d'oligiste qui a épigénisé les coquilles constituées maintenant par de l'oligiste cristallisé.

rents qui cimentent les pierrailles, brille çà et là du fer oligiste. Aussi, est-ce avec intérêt qu'on reconnaît la part très importante que l'activité volcanique a prise à l'époque secondaire, malgré le singulier verdict de quelques géologues qui, comme A. de Lapparent[1], définissent l'époque secondaire tout entière comme ayant été un laps de repos pour l'activité interne. Elle se manifeste à la surface du plateau morvandiau par d'innombrables dykes de lave appartenant ici à la catégorie des porphyres. Et c'est comme accessoires des éruptions, que l'on doit envisager des fumerolles dont les traces incontestables se présentent sous la forme de dépôts d'oligiste.

1. *Traité de géologie*, p. 1027 (1907).

Quand on passe de la zone des arkoses, à la région voisine où s'étalent les assises des terrains fossilifères, on retrouve le fer oligiste sous la forme de grandes taches qui ont évidemment métamorphosé le sol dans sa nature intime, mais souvent en conservant avec un soin jaloux les détails les plus intimes de sa structure. Certains bancs, qui sont entièrement formés d'oligiste, ont conservé tous les traits de leur morphologie et jusqu'à des coquilles fossiles, comme les tests de *Cardinia concinna*, que les paléontologistes peuvent étudier avec autant de précision que les échantillons provenant de localités intactes, et qui ont remplacé tout le calcaire qui les composait, par de l'oligiste chimiquement pur. Quand on brise les valves, on fait apparaître sur les cassures des surfaces planes, qui ensemble déterminent des petits rhomboèdres aussi réguliers que ceux que procure la fracture d'un spath d'Islande.

Il y a là une délicatesse de transformation qui s'accommode bien de la notion que nous possédons maintenant de réactions exclusivement gazeuses entre les matériaux générateurs.

L'excellente qualité de ces minerais explique la rapidité avec laquelle les gisements ont été épuisés.

Les collections, et en particulier celle du Muséum, ont conservé des séries d'échantillons qui permettaient d'en continuer l'étude. On y voit quatre variétés dites mine grasse, mine en plaquettes, mine en rognons, et mine noire. Les exploitations avaient d'ailleurs fait rencontrer une galerie antique et dont quelques parties étaient, dit-on, exploitées par les Romains.

Il est à supposer que beaucoup de points de la lisière du Plateau Central présenteraient des accidents du même genre et l'on peut citer dans le Jura, en marge du gneiss, comme en Bourgogne, des arkoses également métallisées.

Vosges, région de Framont, vallée de la Breusch. — Des dispositions géologiques analogues à celles que nous venons d'observer en Bourgogne se présentent aux environs de Framont, Vosges, où l'on exploite depuis un temps immémorial des amas aplatis de fer oligiste. Ces amas, dont nous trouverons les traits généraux singulièrement amplifiés dans le célèbre gisement de l'île d'Elbe, se sont constitués au contact d'une protubérance de porphyre et d'assises épaisses de roches triasiques.

principalement des calcaires très métamorphisés, cela va sans dire.

Le porphyre représente, sans hésitation, la lave d'un volcan dont les fumerolles ont provoqué la cristallisation du sesquioxyde de fer, exactement comme les fumerolles du Vésuve l'ont réalisée sous les yeux de Gay-Lussac. Et la facilité dont on jouit de voir nettement les rapports de la roche éruptive et du gîte métallifère, équivaut à une excursion qu'on pourrait faire dans les entrailles de la montagne volcanique en activité actuelle.

A Framont, et depuis un lointain passé géologique, toute la région supérieure du volcan triasique a disparu. Il n'y a plus de cône de scories, de cratère, d'amas de cendres ni de coulées de lave, et nous devons conclure de la comparaison avec le Vésuve que dans celui-ci, au-dessous des régions superficielles, où la réaction que l'on sait dépose de toutes petites lamelles d'oligiste sur les scories, il doit y avoir des régions relativement très vastes où se constitue un gisement dont les productions superficielles ne sont que des contre-coups très affaiblis.

Il y a même lieu d'insister sur cette disposition des choses, qui permet à l'oligiste d'être aussi complètement instructif; car bien d'autres produits fumarolliens exigent pour se réaliser des conditions de température qui sont déjà complètement dissipées dans la région cratérienne. Aussi, verra-t-on l'influence, éducatrice pour nous, du fer oligiste relativement à la compréhension d'autres gîtes tels que ceux de l'étain qui autrement fussent peut-être restés indéchiffrables pendant bien longtemps[1].

Le minerai de fer contourne le promontoire porphyrique, avec une très grande régularité et une symétrie qui indiquerait à elle seule la liaison intime du phénomène métallifère avec le phénomène volcanique. On remarque en outre que les lambeaux de calcaire secondaire qui ont subsisté au voisinage de l'éruption, accusent les effets d'un métamorphisme intense qui a développé dans leur masse des quantités de cristallisations remarquables : on y recueille de magnifiques séries de grenats, d'idocrases, de phénakite, et d'autres espèces encore, qui apportent leur témoignage quant au *modus operandi* de la nature.

---

1. *Annales des Mines*, VII, 526 (1822).

Or, le Vésuve, lui-même contient un chapitre correspondant à celui-là. Il y a bien longtemps qu'on a signalé, parmi ses déjections, des blocs de calcaire, mélangés aux fragments de scories et aux lapillis, et arrachés aux profondeurs par le courant ascensionnel de lave, dont ils furent enveloppés. Comme on voit, et quoique sous une autre forme, ce calcaire sédimentaire est exposé, comme l'a été celui de Framont, à la multiple influence d'une haute température et des dégagements fumarolliens. Aussi, les espèces minérales cristallisées qu'on rencontre dans les « blocs calcaires de la Somma » sont-ils, de tous points, comparables à ceux du gisement secondaire. Ici encore, nous n'avons que des miettes, provenant de l'opération souterraine et apportées à la surface, et nous sommes bien sûrs que dans le délai nécessaire à la réalisation, aux environs de Naples, d'un déchirage analogue comme intensité à celui des environs de Framont, toute une zone de marbre cristallifère entourera la colonne de lave, comme le marbre triasique encadre le porphyre des Vosges.

Avant de donner la liste des minéraux nombreux du site de Framont, on peut dire que certain d'entre eux semblent indiquer qu'avant l'installation en ce point d'un volcan [illegible]

[illegible]

Les principaux de ces minéraux sont en effet : la magnétite, la gœthite, la limonite, la manganite (acerdèse), la pyrolusite, la panabase (sulfure complexe), la chalkopyrite (pyrite de cuivre), l'érubescite ($3Cu^2S$, Fe^2S^3), la chalcosine (sulfure de cuivre), la stibine (Sb^2S^3), la blende, la galène, le cuivre natif, le bismuth natif, la calcite, l'aragonite, la dolomie, la sidérose, la malachite, l'azurite, la buratite (aurichalcite ou hydrocarbonate de cuivre et zinc), le gypse, le quartz, la chrysocolle (silicate de cuivre), la schéelite (silico-vanadate de chaux), la fluorine, la phénakite (silicate de glucine), le grenat, l'épidote, l'augite, la hornblende.

Tous les modes de production des gîtes les plus divers se sont évidemment succédé dans le même point et le produit de leur collaboration a conduit des théoriciens, un peu trop pressés, à admettre des types complexes de localités métallogéniques.

Ile d'Elbe. — L'île d'Elbe contient le gisement le plus célèbre de minerai de fer dont il soit question dans la littérature antique et qui n'a cessé, pendant tous les temps de l'histoire, de fournir aux hommes le plus précieux de tous les métaux, avec une abondance incomparable.

Cette localité peut être citée aussi comme l'une de celles où se sont succédé des actions métallogéniques, dérivant des causes les plus différentes et où les produits de ces réactions se sont associés si intimement, qu'on s'est laissé aller quelquefois à la supposition d'appareils naturels d'une complication incompatible avec la marche ordinaire de la nature. Il faudra donc répéter, à son égard, l'observation qui nous acheminera vers une classification rationnelle des gîtes, basée avant tout sur le fait dominateur de la géologie, à savoir, qu'au cours des âges une même localité est successivement le siège d'actions de moins en moins intenses et qui sont en somme comme un reflet, entre bien d'autres, du refroidissement progressif de la planète.

On sait que l'île d'Elbe, l'*Ilva* des anciens, offre un contour grossièrement elliptique, compliqué, cependant, de plusieurs caps avancés. Son grand axe, ouest-sud-ouest à est-nord-est, est à peu près parallèle au grand axe de la Corse. L'île est très rapprochée de la côte de Toscane, d'où on la voit très nettement, et dont elle est séparée par le canal de Piombino. Son sol est partagé en deux régions : l'ouest, qui est surtout constitué par des granits, fréquemment en aiguilles et parmi lesquels le mont Capanne est à 2.000 mètres de hauteur; l'autre, orientale, surtout constituée par des serpentines, en dômes isolés. Le tout a d'ailleurs subi manifestement des altérations énergiques : le granit est fréquemment kaolinisé et les serpentines dérivent bien manifestement d'une hydratation de péridotite, d'euphotides et roches analogues correspondant à la transformation en argiles des roches granitiques (fig. 8). Il y a là encore un ensemble de faits qui

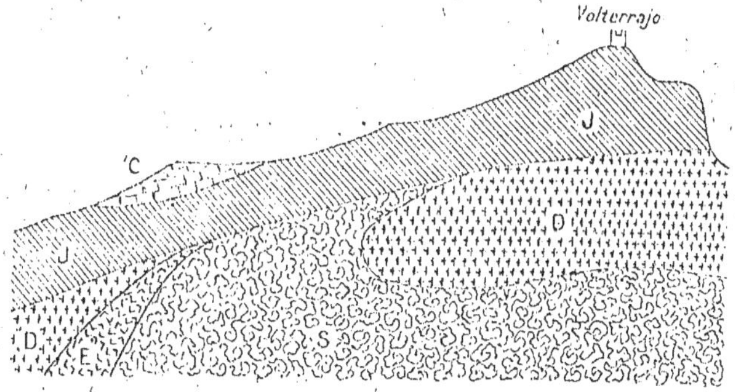

Fig. 8. — Type des formations magnésiennes auxquelles sont subordonnés les gisements ferrugineux de l'île d'Elbe.

D, Diabase. E, euphotide. S, serpentine à fer oxydulé et à oligiste. JJ, jaspes et phtanites. C, calcaire rosé (D'après M. B. Lotti).

appartiennent à l'histoire des gîtes métallifères et qui aura sa place dans nos conclusions.

C'est dans les roches silicatées magnésiennes que se présentent les minerais ferrugineux. Ces roches sont fréquemment des diabases, des serpentines et des pyroxénites chargées en outre d'un silicate de fer et de chaux qui porte le nom caractéristique d'Ilvaïte (d'*Ilva* nom antique d'Elbe) et dont l'histoire ressemble à celle de la serpentine puisqu'il paraît être un produit d'hydratation du pyroxène, étant un silicate de fer et de chaux.

Le gisement de ces matériaux est bien visible aux environs de la *Casa del Caporale*, à Ponta Nera, où la coupe du sol montre cette roche de pyroxène et d'Ilvaïte empâtant de grandes lentilles de minerai de fer et surtout d'oligiste et des paquets de couches calcaires disjoints et fort éloignés les unes des autres, quoiqu'ayant gardé leur manière d'être en strates superposées et parallèles, malgré le métamorphisme intense qu'ils ont éprouvé.

Cette complication, la même qu'à Framont, résulte sans aucun doute de la succession de nombreux phénomènes dépendant des diverses formes de l'activité terrestre. Non seulement, comme nous l'avons déjà dit, les gisements fumarolliens ou volcaniques se sont constitués dans un terrain qui déjà avait été métallisé par la fonction corticale, mais, depuis la constitution des amas d'oligiste, d'autres réactions sont intervenues sous la forme que nous avons qualifiée de bathydrique et ont engendré des filons variés dont il nous faut remettre la description à un chapitre ultérieur. Même le remaniement des dépôts métalliques a été réalisé par les eaux de surface et simultanément par les eaux sauvages ou ruisselantes (gîtes épipolhydriques) et aussi par la mer (gîtes océaniques). L'île d'Elbe peut être citée comme typique, parmi les régions où l'association de phénomènes successifs et parfaitement distincts, a modifié, jusqu'à en supprimer les traces, les formations les plus anciennement accumulées.

Les richesses métallurgiques de l'île d'Elbe, malgré la très active exploitation qu'on y a menée depuis l'antiquité sont aujourd'hui encore considérables. D'après l'ingénieur B. Lotti, il resterait à extraire plus de 6 millions de tonnes, dont 2.800.000 à Rio Marina, 2.690.000 à Rio Albano et 110.000 à Vignaia.

Banat de Hongrie. — Le Banat est, au point de vue minier, la région la plus riche du royaume de Hongrie. Dognaska, Moravitza, Oravitza, Saska, Neu-Moldava, Razkanya, en sont les localités les plus importantes.

La bande minière du Banat, qui se continue jusqu'en Serbie, sur 300 kilomètres de longueur du nord au sud, reproduit les grands traits géologiques des localités fumarolliennes qui nous ont déjà occupés. Des couches de [illegible]

[illegible]

de quartz et de plagioclase, représentant une véritable lave foisonnante au contact de laquelle les calcaires sédimentaires ont été profondément métamorphosés de façon à se charger d'une multitude de grenats, pendant que de volumineuses fumerolles y engendraient l'oligiste, suivant le procédé décrit plus haut à propos du Vésuve. Ajoutons que, de même qu'à Framont, de la magnétite existe par place en quantité notable. Nous devons en conclure que les réactions corticales s'étaient antérieurement développées et que le régime fumarollien, malgré son énergie, n'est pas parvenu à en effacer toute trace.

Symétriquement, le régime bathydrique s'est développé au même point plus récemment, de manière à associer de véritables filons aux productions antérieures.

Remarquons que, malgré la tendance irréfléchie de certains auteurs, qui ne se sont pas suffisamment pénétrés des conditions distinctives entre les types de gîtes, la nature de la roche encaissante n'intervient aucunement comme ils le supposent. Que cette roche soit acide, ou neutre, ou basique, il est beaucoup de cas, où l'absence de toute altération la concernant prouve bien qu'elle est restée passive. Nous verrons de nombreux exemples qui témoignent, à l'inverse, d'un rôle direct et alors la roche est, suivant sa nature, ou kaolinisée, ou serpentinisée, etc.

Afrique et Amérique. — Au cours de la construction du chemin de fer de Kayes à Bamako, un corps expéditionnaire français a rencontré de très volumineux amas de fer oligiste compacte, d'une pureté exceptionnelle. Des échantillons déposés au Muséum par le commandant Friry, témoignent, par leur allure, de grandes analogies avec les gisements précédents. L'étude en est encore incomplète, mais on peut croire qu'elle conduira à des exploitations lucratives.

On trouverait des gisements fumarolliens dans une infinité de localités disséminées dans les pays les plus divers. Forcés de nous borner, nous citerons, pour terminer, le curieux gisement d'Iron-Mountain dans le Missouri, où l'on voit autour d'une protubérance de mélaphyre porphyroïde tout un réseau de dépôts d'oligiste ayant évidemment le caractère fumarollien. Ce minerai contient beaucoup de cristaux d'apatite dont la disparition, qui est fréquente, lui donne une structure caverneuse.

plexe de minéraux, dont la plus grande partie sont à base d'aluminium, ce qui y décèle une série de produits dérivant de réactions extrêmement voisines d'un cas à l'autre. Dans beaucoup de ces parties, le gneiss est kaolinisé et renferme même des prismes klinorhombiques de pholérite ou kaolinite.

Quant au corindon lui-même, il constitue 25 p. 100 de la masse totale. Il est d'ordinaire nettement cristallisé en prismes hexagonaux, isomorphes avec ceux de l'oligiste et qui sont accompagnés d'une poussière de petits cristaux de magnétite de couleur sombre et qui passent par place à de l'hématite secondaire. La composition chimique de la variété normale de l'émeri de Naxos comprend :

Corindon.	69,46
Magnétite	19,08
Chaux	2,81
Silice	2,41
Eau	5,47
	99,23

On remarquera l'abondance relative de la magnétite. On peut en conclure que le passage du régime initial, ou cortical, au régime fumarollien ou volcanique, a pu se faire d'une manière rapide et peut-être même sans repos intermédiaire. C'est ce que nous ne remarquons pas d'ordinaire, dans les gisements d'oligiste mentionnés précédemment.

L'émeri se retrouve dans nombre de localités d'Asie Mineure et avant tout aux environs de Smyrne dont le nom est évidemment congénère du nom de l'émeri (Σμίρνις) lui-même. On peut citer, outre la montagne de Junuch-Dagh, les localités de Kulah, Adula, Mauser, les îles de Nicaria et de Samos.

États-Unis. — En 1863, le géologue Jackson a découvert à Chester, dans le Massachusetts, de grands gisements d'émeri très comparables à ceux de l'Asie Mineure. Nous avons à leur égard un très important mémoire de Lawrence Smith, qui a lui-même fait don au Muséum d'Histoire naturelle, d'une série très complète d'échantillons.

Le gisement est dans la chaîne des Montagnes Vertes qui est, comme on sait, le plus ancien ridement orogénique du Nouveau-Monde, correspondant pour l'Europe au soulèvement

calédonien. Il s'est greffé sur une formation corticale caractérisée, comme en Asie Mineure, par la présence du fer oxydulé;
mais il est plus riche, relativement, en corindon qui en représente 84,02 p. 100; la magnétite n'y figurant plus que pour 9,63.
La formation, qui est activement exploitée, traverse sur plus
de 6 kilomètres de longueur, avec une épaisseur moyenne de
1 m. 30, qui dépasse quelquefois 3 mètres, deux montagnes de
220 mètres de hauteur au-dessus de la plaine voisine.

On connaît maintenant plus de 50 localités américaines où l'exploitation est fructueuse. Les plus intéressantes au point de vue
théorique sont celles de Corundun-Hill, de Laurel Creek (fig. 9)

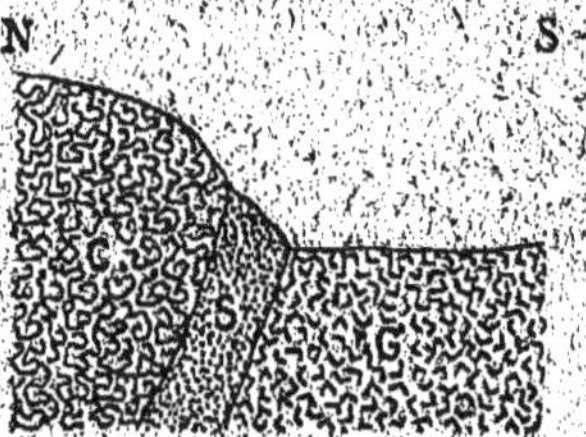

Fig. 9. — Subordination du gisement d'Émery, de Laurel Creek, Géorgie (États-
Unis), à la serpentine chromifère.
S, émeri. Ci, serpentine chromifère (chrysolithe); G, gneiss.

et autres, où le caractère cortical du début, au moins de la formation, est attesté par l'existence d'un grand pointement de
serpentine aurifère dérivé évidemment d'une péridotite originelle, associé à du gneiss amphibolique décomposé. Dans la
masse de l'émeri, se rencontrent souvent des cristaux pesant
chacun jusqu'à 375 livres et parfois assez purs et assez transparents pour être utilisés comme pierres précieuses. La roche est
ordinairement assez peu cohérente pour qu'on puisse l'exploiter
à l'aide d'un monitor, c'est-à-dire d'un jet d'eau sous pression,
comme on en installe dans les placers d'or ou de platine.

Les principaux minéraux du gîte de Peekskill, dans l'État de
New-York, qui fut d'abord exploité comme minerai de fer, mais
bientôt abandonné, sont : l'hercynite (ou spinelle de fer), la
magnétite, le grenat et le corindon (de la variété dite saphir
oriental, bleu pâle et transparent).

Autres régions. — Sur un plan secondaire, on peut citer, comme localités fournissant du corindon : les environs d'Ontario au Canada, divers points de l'île de Ceylan, de la Birmanie, du Siam, où le corindon est subordonné à des cipolins et à des schistes cristallins, et même quelques rares localités d'Europe, comme Schwarzenberg, en Saxe, Ronda, près de Grenade, Ekaterinbourg, dans l'Oural.

CASSITÉRITE

Malgré l'intérêt incontestable des gîtements de fer oligiste d'origine fumarollienne, on est universellement d'accord pour attribuer au type de formation auquel ils appartiennent, le nom général de gîte granulière.

Il se trouve en effet que le principal minerai d'étain se présente dans des conditions qui coïncident avec celles que nous venons d'étudier. Et cependant, avec des détails secondaires, il [illegible] substitution à l'égard du chlorure d'aluminium nous permettait d'imiter les gisements de corindon.

On sait toutefois que la ressemblance chimique entre l'oxyde d'étain et l'oxyde de fer se concilie avec une grande différence cristallographique. Loin d'appartenir au système hexagonal et de cristalliser fréquemment en rhomboèdres, l'oxyde d'étain (la *cassitérite* des minéralogistes) appartient au système quadratique et se montre d'ordinaire en prismes droits à base carrée, très volontiers associés deux par deux sous la forme d'une mâcle très caractéristique qui, sous le nom populaire de *bec de l'étain*, permet aux prospecteurs de reconnaître, sans le moindre essai chimique, les localités stannifères.

Les caractères généraux des amas d'étain sont remarquablement analogues à ceux du fer oligiste. Ils se composent fréquemment d'un assemblage de veines où le minerai est particulièrement concentré ; mais la roche encaissante renferme aussi parfois l'étain en mélange intime. Ces amas sont en général situés près du contact d'une autre roche. Il est rare qu'ils s'éloignent de plus de 5oo mètres de la jonction des deux terrains. On explique immédiatement par l'allure fumarollienne des phénomènes stannifères l'imprégnation de roches compactes jusqu'à plusieurs mètres des amas proprement dits. Des exemples restés classiques se rencontrent en Saxe, auprès d'Ehrenfriedersdorf et de Marienberg.

France. — Nous avons en France plusieurs régions stannifères. Aux environs de la Villeder (Morbihan), la cassitérite se montre comme matière de remplissage de fissures traversant la granulite. Il en est de même à Piriac (Loire-Inférieure), où existe un beau réseau fumarollien. La cassitérite y est en beaux cristaux, parfois de 1o centimètres de longueur, entourés de tout un cortège de minéraux caractéristiques. Tout d'abord, du quartz très spécial, gris sombre, à cassure écailleuse, renfermant une notable proportion de matériaux ferrugineux et de minerai d'étain en particules très fines, riche en inclusions liquides qui le rendent fétide sous le choc. Depuis l'époque de Werner, il est désigné parmi les mineurs sous les noms de *Zwitter* ou de *Zwittergesteine*, qu'on a fréquemment traduits par les appellations de métis, d'androgyne, d'hermaphrodite, et catalogué souvent comme quartz stannifère d'Altenberg. Avec lui, se trouvent de la muscovite, du mispickel et, comme spécialement caractéristique, le béryl, qui est une variété d'émeraude, l'apatite, la tourmaline, la fluorine et la molybdénite. A la Villeder, la partie principale du gisement consiste en granulite compacte, traversée en tous sens par le réseau minéralisé. A Nantes, et dans les environs, il ne se trouve pas de gîte proprement dit : des granulites renferment, à l'état sporadique, des petits cristaux de cassitérite engagés dans le feldspath et dans le quartz de la roche.

Ces mines, utilisées dès une antiquité très reculée, sont maintenant abandonnées.

L'Auvergne, qui présente avec la péninsule bretonne de si nombreux traits géologiques communs, possède des gîtes stannifères qui, à tous égards, sont comparables à ceux de l'Armorique. Ils ont été, comme ces derniers, l'objet d'exploitations peut-être encore plus anciennes, car on y a retrouvé des traces préhistoriques. Dans le département de la Vienne, et spécialement à Vaulry, la granulite, qui est un des éléments principaux du sol, renferme un réseau de veines quartzeuses à cassitérite et prend elle-même des caractères spéciaux à la roche désignée sous le nom de *greisen*, et qui rappellent singulièrement le zwitter saxon. On peut le considérer, de même que celui-ci, comme un granit qui aurait été privé de son feldspath et qui par conséquent consiste en un mélange de quartz et de mica. C'est d'ailleurs la roche particulièrement fréquente dans les amas d'étain du monde entier. A Vaulry, les compagnons minéralogiques de la cassitérite sont le wolfram et la schéelite, tous deux riches en tungstène, le mispickel, la fluorine, l'apatite, la molybdénite et l'autunite, ce phosphate d'urane si remarquable par ses propriétés radio-actives. On y trouve aussi des mouches de cuivre natif et des traces d'or.

Dans la Creuse, Mallard a découvert en 1858, dans un granit à pinite (variété de cordiérite), auprès de Montebras-en-Sournans, un petit amas de granulite, riche en quartz et en topaze et traversé par de nombreuses veines stannifères. Le minerai d'étain est particulièrement abondant au contact de la granulite et du granit pinitifère. La cassitérite se signale par sa forme très simple en octaèdres quadratiques (1/2) dont les faces sont agrémentées de stries triangulaires. On n'y cite pas la mâcle classique. Cet intéressant gisement, qui se trouve sur l'antique territoire des Bituriges-Cubi a peut-être fourni à l'Italie le métal dont parle Pline[1] : « On a fait autrefois à Brindes, avec l'étain, des miroirs très estimés, jusqu'à ce que tout le monde, même les servantes, se soit mis à se servir de miroirs d'argent. » Le gîte de Montebras mesure 3oo mètres de long sur 4o mètres de large. On y trouve 4 à 5 p. 1000 d'étain tellement ténu qu'il flotte au lavage. Parmi les minéraux accessoires, il faut citer la turquoise bleue, l'amblygonite, qui est du fluophosphate d'alumine avec lithine, des phosphates comme la wawellite, qui est à base d'alumine et de lithine avec fluor et la chalcolite, qui est à base de cuivre et d'urane. La granulite est très fréquemment kaolinisée. Son mica est lithiné et la cassitérite est niobifère. On a désigné sous le nom de montebrasite un minéral extrêmement voisin de l'amblygonite, mais qui est encore plus riche en lithine.

Il faut enfin noter, à Chanteloube (Haute-Vienne), qui est l'endroit de France le plus favorisé en kaolin, la présence, dans la granulite altérée, de fines particules de cassitérite accompagnées de quelques minéraux spéciaux, comme l'apatite, le malakon, qui est un hydrosilicate de zircone et probablement un résultat d'altération du zircon, l'autunite ou phosphate d'urane, le mispickel, le wolfram, la colombite, et surtout l'émeraude en cristaux gros fréquemment comme les deux poings, d'ailleurs privés de tout ce qui fait le charme d'une pierre précieuse, mais qui, au point de vue de la chimie, constitue le principal minerai de glucinium.

Angleterre. — Pendant un laps de temps très prolongé, le sud-ouest de l'Angleterre a été par excellence le pays producteur de l'étain. Durant bien des siècles, les îles Sorlingues étaient désignées sous le nom de Cassitérides. Encore aujourd'hui, l'exploitation de l'étain est des plus actives en Cornwall.

D'une façon générale, cette portion des Iles Britanniques est extrêmement remarquable quant au nombre des minerais et à l'agencement mutuel qu'ils présentent.

La coupe théorique du pays (fig. 10) est éminemment caracté-

---

1. *Histoire Naturelle*, XXXIV, 48, 1 et suiv. et XXXIII, 45.

ristique, à l'appui de l'opinion que relativement aux gîtes métallifères, comme dans les autres chapitres de la Nature, la conception de types parfaitement définis vient se heurter à la réalité des
choses. Nous sommes ici dans une région essentiellement complexe, non pas parce qu'un type compliqué a été conçu et réalisé
dans la profondeur du sol, ainsi que certains théoriciens le supposent, mais parce qu'en conséquence de l'évolution normale de
ce point particulier de la masse terrestre, les conditions favorables à la manifestation de plusieurs fonctions géologiques dis-

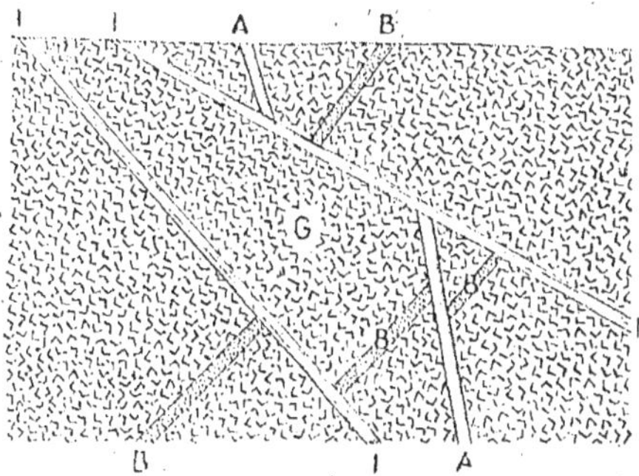

Fig. 10. — Coupe au travers des gisements stannifères et cuprifères de la Cornwall (en Angleterre).

AA, dépôts fumarolliens de cassitérite ou minerai d'étain. B.B.B.B., filons de minerai de cuivre qui ont recoupé et rejeté les fentes incrustées d'étain. H, filons argileux qui ont recoupé et rejeté les deux genres de gîtes précédents.

tinctes ont été réalisées successivement. Il en résulte, à notre point
de vue spécial, que les associations minéralogiques se sont enri-
chies, peu à peu, d'espèces dont l'origine et le mode de formation
n'ont rien de commun et supposent même des réactions contradictoires. D'une façon générale, la coupe du pays nous met sous
les yeux des massifs convexes de granit poussés par l'activité volcanique au travers de formations argileuses qui, par suite du métamorphisme qu'elles ont éprouvé en conséquence, sont devenues
des schistes, désignés par les mineurs du pays sous le nom de
killas. Longtemps sans doute après son refroidissement et sa consolidation, le granit a été traversé de cassures à la faveur desquelles
les porphyres, qualifiés d'*elvan*, ont déterminé la pénétration
d'effluves de la catégorie des fumerolles. Et c'est ainsi que des

gîtes en forme de plaques, riches surtout en cassérite, ont pris naissance dans diverses directions. Plus tard encore, d'autres cassures ont offert aux eaux souterraines une circulation très profonde dont les complications sont comme stéréotypées aujourd'hui par des filons cuprifères, à gangue argileuse, d'origine essentiellement bathydrique.

En laissant provisoirement de côté cette dernière catégorie, nous avons à relever en plusieurs points principaux des faits relatifs à la formation fumarollienne d'où est résultée l'imprégnation stannifère. Tout d'abord le rejet les unes par les autres des différentes cassures qui s'entrecroisent dans cet intéressant massif permettent de distinguer entre l'arrivée des métaux des âges bien nettement différents. Les veinules de cassitérite sont *normalement* réduites en tronçons parfois écartés les uns des autres sur des distances considérables. D'un autre côté, les fissures dans lesquelles s'est amassé par incrustation thermale le minerai bathydrique de cuivre ont elles-mêmes subi un tronçonnement tout pareil de la part des glissements très récents, où se trouve accumulée l'argile filonienne d'ailleurs stérile. Il n'existe pas beaucoup de pays qui présente, d'une manière aussi concrète, le résumé d'une histoire géologique compliquée à ce degré et ayant autant duré.

La minéralisation du sol a déterminé dans les roches des modifications caractéristiques [1].

A Sainte-Agnès, dans la mine Penhall, le killas a été crevassé par les agents métallogènes et est devenu très doux au toucher. Des espèces minérales déjà citées dans les généralités, s'y rencontrent, avec une netteté particulière de forme, qui les fait rechercher par les collectionneurs. On y voit çà et là, des masses silicifiées ou quartzifiées, avec des tourmalines parfois volumineuses. Le schiste métallisé, auquel les mineurs donnent le nom local de *Capel*, outre la cassitérite fumarollienne, renferme des produits filoniens, et par conséquent postérieurs où se signalent la chlorite, la pyrite, la chalkopyrite, la blende et la bismuthine.

A Wheal-Jennilgs, la minéralisation s'observe dans l'elvan lui-même. Près des veinules d'étain, ce porphyre est imprégné

1. Delesse. *Revue de Géologie*, pour 1876-1877, p. 197, un vol. in-8°, Paris.

de tourmaline, parfois aussi abondante que la cassitérite. La roche résultante est exploitée sous le nom de grey-tin (étain gris).

Au promontoire de Cligga, c'est le granit qui a été modifié par des fumerolles stannifères, dont les dépôts sont encadrés sur chaque salbande et jusqu'à 10 centimètres d'épaisseur, par un véritable greisen, type de granit ayant perdu tout son orthose, qui n'est plus représenté que par du kaolin parfois très pur. Et il n'est pas rare de recueillir, dans ce remarquable gisement, de beaux cristaux ayant toute la morphologie du fledspath ortho-rhombique, mais entièrement composé de cassitérite, qui se manifeste ici à l'état de pseudomorphoses, exceptionnellement bien caractérisées. Rien ne témoigne davantage de l'intervention du fluor dans la genèse du minerai d'étain, en même temps que dans celle de la tourmaline, sa fidèle compagne.

Ces épigénies sont spécialement nombreuses et volumineuses à Carglaze, au Mont-Saint-Michel de Cornwall.

Ajoutons, pour terminer, la mention, sur différents points du contact entre la granulite et le phyllade, d'une disposition régulière des dépôts stannifères. La granulite est recouverte d'une épaisse lame de granulite à grains beaucoup plus fins que le type. C'est sur cette première roche, désignée sous le nom de *schorl*, qui a en divers pays des significations différentes, que se montre un réseau de veinules de cassitérite, quelquefois désigné sous le nom de *great-flat lode* qui en est cependant séparé par une épaisseur de 5 à 25 centimètres du *leader* (conducteur, guide). Ce réseau est recouvert d'une mince zone argileuse, qui le sépare d'une granulite semblable au schorl et qui conduit au killas.

Saxe et Bohême. — C'est dans la région mitoyenne de la Saxe et de la Bohême, autour de Geyer, d'Altenberg et de Zinnwald que les premières notions scientifiques, concernant les gîtes d'étain, ont été acquises. On y revoit, avec la plus grande facilité, tous les faits que nous venons de résumer.

A Geyer, l'ensemble métallifère est subordonné à une protubérance granitique de forme elliptique, encadrée très exactement d'une zone mince et uniforme de *greisen* qui la sépare du gneiss constituant le sol général du pays, et qui est lardé, dans toutes les directions, de veinules de cassitérite qui nous donnent la représentation la plus complète de ces réseaux auxquels les Allemands ont appliqué le nom de *stockwerk*.

La paroi du greisen, très micacé, dit hyalomicte, un peu feldspathique, malgré sa définition, a été comparée à une écaille rocheuse ; c'est le *stockscheider* des anciens mineurs, qui se laisse de temps en temps traverser par de grosses veines de minerai se continuant plus ou moins loin dans le gneiss circonvoisin. Quant au granit lui-même, qui se présente d'une manière générale comme le type par excellence des amas stannifères, il est, au voisinage de ces contacts, remarquable par la dimension inusitée de ses éléments minéralogiques, d'où lui vient le nom de granit gigantesque. Nulle part on ne peut apprécier aussi rapidement et aussi complètement le caractère fumarollien d'un gîte d'étain [1].

A peu de distance, un autre exemple, complémentaire du précédent, se présente à Weiss Andréas. D'après Cotta [2], la protubérance éruptive de lave volcanique qui dans le cas particulier est une granulite, n'atteint pas la surface du sol qui est constituée par du micaschiste, roche dont la granulite est séparée par une véritable cloche de stockscheider, représentée par un granit à très grands éléments, les cristaux de quartz atteignant souvent plusieurs décimètres et qui est intensément kaolinifié.

A Altenberg, le gîte, essentiellement entrelacé, présente une très grande complication. La roche stannifère est encore la granulite, formant un mamelon souterrain très symétrique, recoupé vers son milieu, par une fente verticale quelque peu sinueuse, qui s'appuie d'un côté sur le granit normal des gîtes de ce genre et de l'autre, sur un pointement de syénite qu'encadre, du côté opposé, un porphyre gris foncé. Dans tout cet ensemble s'enchevêtrent en tous sens des petites veines (serpentaux) constituées avant tout par du minerai d'étain. Vers son pourtour, la granulite est fortement modifiée, transformée en *greisen* ou hyalomicte, dans lequel sont encastrés d'innombrables cristaux de quartz, de mica, de mispickel, de fluorine, de bismuth natif et qui est intimement imprégné d'étain en grains très fins, quelquefois en gros

1. Fournet, *Études des dépôts métallifères*, p. 93, 1 vol. in-8°, Paris (1834).
2. *Gangstudien*, I, 61, Dresde.

cristaux, parmi lesquels abondent les épigénies d'orthose dont nous avons parlé. Cette roche est tellement riche, qu'elle peut dans toutes ses parties être considérée comme un minerai d'étain et traitée comme telle.

Nous retrouverions en Bohême, et spécialement à Zinnwald (fig. 11), des associations minérales tout à fait comparables aux précédentes. Cependant, la granulite stannifère, entourée de porphyre siliceux, est intéressante par le système constitué par de très grosses cassures parallèles les unes aux autres et qui ont déterminé de très nombreux rejets verticaux, tant de haut en bas que de bas en haut, tronçonnant des veines sensiblement horizon-

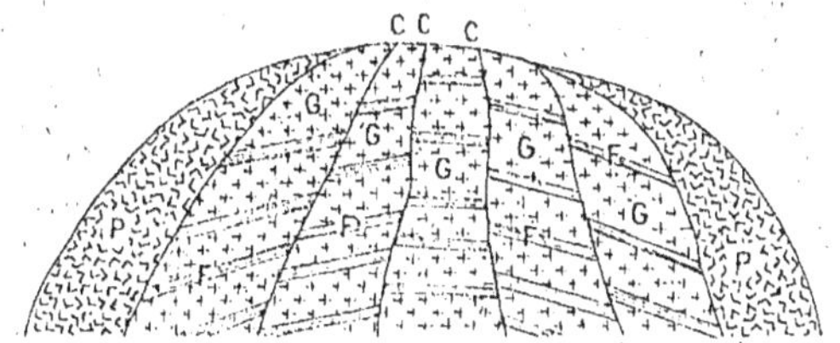

Fig. 11. — Coupe des gisements stannifères de Zinnwald, en Bohême.

GGG, granulite fortement kaolinisée. PP, porphyre pétrosiliceux, roche éruptive qui a traversé la granulite. FFF, fissures horizontales qui ont été incrustées de dépôts fumarolliens de cassitérite ou minerai d'étain. CCC, cassures verticales restées vides et qui ont recoupé et rejeté les fissures stannifères.

tales et à peu près équidistantes. Certains traits de cette structure rappellent le Cornwall et l'on s'imagine facilement trois phases dans le phénomène générateur : 1° La granulite fait éruption dans un milieu fumarollien très énergique et développe autour d'elle l'hyalomicte stannifère; 2° Il se fait des fentes horizontales de retrait dans la granulite et ces fentes sont des localités d'élection pour la cristallisation de la cassitérite; 3° Il se fait des fentes verticales qui rejettent les segments de ces fentes incrustées.

Malacca. — De vieux textes, par exemple un ouvrage de J.-H. de Linschott, en 1619, constatent l'active exploitation, dans la presqu'île de Malacca, de l'étain, appelé *calaëm* ou *calem*, dans la langue du pays. En 1677, le célèbre voyageur Tavernier écrit : « Les monnaies de Chedda et de Pérak sont d'étain et c'est le roi

S. MEUNIER. — Gîtes minéraux. 5

qui les fait fabriquer. Depuis peu d'années, il en a trouvé force mines. Cette pièce d'étain pèse une once et demie et passe dans le pays pour la valeur de deux de nos sols. Errington de la Croix calcule que cela mettait la tonne à 2.200 francs, ce qui est peu différent du prix actuel[1].

Dans les gisements exploités, l'étain se trouve disséminé au sein d'alluvions très récentes, et c'est plus loin que nous aurons à nous occuper de lui sous cette forme. Mais, on le rencontre aussi dans son gisement primitif, et c'est pourquoi il mérite d'être cité dans le présent chapitre.

La cassitérite remplit alors des fissures verticales que les pra-

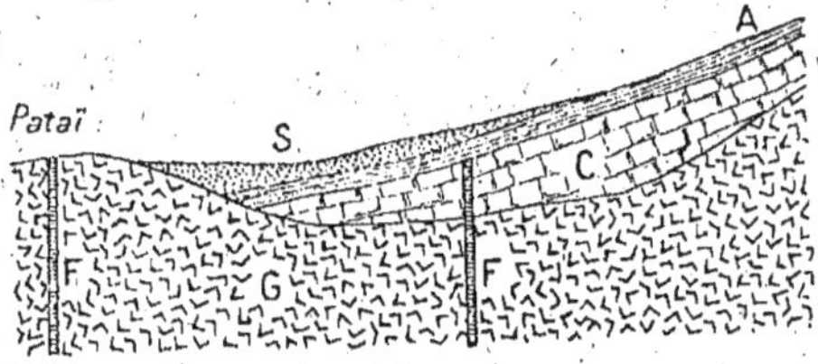

Fig. 12. — Gisement d'étain de Pataï, à Pérak (presqu'île de Malacca).

G, granulite. FF, fissures incrustées par le dépôt fumarollien de cassitérite (vulgairement et inexactement qualifiées de *filons* d'étain). C, calcaire. S, alluvions stannifères dérivant de la désagrégation des gîtes en fissures. (D'après Errington de la Croix.)

ticiens ont pris l'habitude de qualifier de filons. Ils réunissent cependant tous les traits distinctifs des incrustations qui les rattachent aux produits fumarolliens. Aux environs de Pataï (fig. 12), ces accidents affleurent dans la granulite; quelquefois ils se continuent dans un calcaire clair, recouvert d'argiles blanches, surmontées elles-mêmes des alluvions dont l'exploitation a conduit à leur découverte. D'après Taylor, qui les a étudiées en 1889, ces sédiments paraissent être d'âge carbonifère. Dans les soi-disant filons, qui sont orientés tantôt vers le N. 45° O., tantôt 45° E. et qui par conséquent sont orthogonaux, ils ont de 1 mètre à 1^m,80 d'épaisseur. L'étain y est en cristaux ordinairement gros comme une fève, mais quelquefois beaucoup plus volumineux. Il est des spécimens presque purs de 100 kilogrammes, par

1. *Les mines d'étain de Pérak*, p. 3. Un vol. in-8°, Paris, 1882.

exemple à Chanderiom, et les filons procurent souvent 10 p. 100 d'étain.

À Pérak, les veines d'étain ne sont assujetties à aucune règle de direction, mais pénètrent les masses granitiques dans tous les sens et à toutes les altitudes. Le métal est associé à une notable quantité de quartz; deux de ses compagnons les plus fréquents sont l'oxyde de fer et quelquefois l'or.

Japon. — Au Japon, le minerai d'étain a été signalé en plusieurs localités, en quantités suffisantes pour alimenter une véritable exploitation. Il est dans ce cas à l'état de débris dans des alluvions; mais on l'a trouvé aussi en veines dans les roches mêmes où il s'est isolé. A Suzugoya, on l'a signalé dans un grès paléozoïque traversé par des veines quartzeuses avec cavités drusiques [1]. Il en est de même à Kiwada, où les veines quartzeuses renferment, outre le minerai, du pyroxène, du grenat, de la magnétite, de la chalkopyrite et parfois, de la fluorine, de la schéelite et de la calcite. Des faits analogues se montrent aussi à Taniyama, à Takayama, et dans quelques gîtes de la province de Mino, où l'étain est associé avec des cristaux de wolfram, de quartz, de tourmaline, de béryl, de saphir et de topaze, qui est en cette région extraordinairement volumineuse et intéressante au point de vue cristallographique.

États-Unis. — Nous nous bornerons à citer entre bien d'autres, quelques points des États-Unis, où des gîtes d'étain existent avec les caractères normaux. Dans les Black Hills, Dakota du Sud, la cassitérite se présente dans un greisen pegmatique et d'habitude sous la forme de granules irréguliers. Au contact du schiste et de la roche éruptive, on le trouve en grains très fins et l'on qualifie d'impuretés, l'oligiste qui l'accompagne et qui lui donne son vrai certificat de minéral fumarollien.

Dans les Carolines, aussi bien à Chérokée County, dans la Caroline du Sud, qu'à Gaston County, à Lincoln County et à Catawda County, dans la Caroline du Nord, la cassitérite imprègne des roches diverses avec le type du pays de Cornwall. Du côté de Gaffney (S. C.) ces roches sont presque exclusivement des gneiss archéens; et du côté de Lincoln (N. C.), ce sont des

---

1. *Minerals of Japan*, par Tsunashiro-Wada, traduit en anglais par Takudzi Ogawa, p. 50, in-8°, avec 60 figures et 30 planches hors texte. Tokio, 1904.

schistes proprement dits. Dans les deux cas, se présentent des dykes qu'on peut suivre sur une très grande distance, et qui atteignent une soixantaine de mètres d'épaisseur. On distingue, ici comme en Europe, un granit sans feldspath sous le nom de greisen, dont la rencontre est un indice certain de la proximité de l'étain.

Groënland. — Nous devons rattacher aux gisements d'étain la curieuse localité d'Evigtoka, près de la baie d'Arksut. C'est un affleurement elliptique de 150 mètres sur 54, dans lequel on a pénétré dès maintenant jusqu'à une profondeur de 70 mètres, qui consiste en un pointement de pégmatite subordonné à un granit porphyroïde et qui renferme des cristaux incontestables de cassitérite, associés à des espèces tout à fait typiques, comme wolfram, molybdénite, colombite, fluorine, avec addition de quelques minerais bathydriques ou filoniens, sidérose, pyrite, chalkopyrite, blende et galène. Mais, c'est non pas l'étain, toujours très rare, qui donne de la valeur à ce gisement, mais la présence d'un très curieux minéral, qui a constitué pendant un certain temps, sous le nom de kryolite, le seul minerai pratique d'aluminium, dont il est le fluorure, associé du reste à un excès de fluorure de sodium. Henri Sainte-Claire Deville, préoccupé de sa rareté, a eu la féconde idée de le remplacer par un produit artificiel, le chlorure double d'aluminium et de sodium.

KAOLIN

Le kaolin est un silicate d'alumine hydratée dont la formule correspond sensiblement à celle du feldspath orthose, si l'on y substitue l'hydrogène au potassium. L'agent de cette substitution est un gaz suffisamment corrosif, de la catégorie des gaz fumarolliens. Sur le Vésuve, par exemple, les scories revêtues de formations pneumatolytiques, et spécialement de fer oligiste, sont ordinairement plus ou moins attaquées, au moins dans leur partie feldspathique. En répétant l'expérience de Gay-Lussac, bornée au passage d'un double courant d'acide chlorhydrique et de vapeur d'eau, on recueille dans les parties les moins chauffées du tube, les matières argileuses qui sont le véritable passage à l'état kaolinique.

Le kaolin est un produit fumarollien au même titre que le fer oligiste et le minerai d'étain, à cela près que pour ceux-ci, la totalité des éléments constituants se sont rencontrés et ont réagi l'un sur l'autre à l'état gazeux, tandis que pour le kaolin, la substance aériforme s'est combinée avec le résidu d'attaque de la roche préexistante préalablement corrodée. Le kaolin peut donc se rencontrer en association avec tous les minerais fumarolliens, comme il peut constituer à lui seul la matière totale des gîtes. C'est ainsi que, sous l'influence des dégagements d'hydrogène sulfuré, les roches feldspathiques du voisinage peuvent se kaoliniser, en conservant à l'état de dissémination des cristallisations de soufre pur, et c'est par intermédiaires très ménagés qu'on passe des fumerolles vraies aux solfatares proprement dites. En somme, le kaolin est par lui-même une substance caractéristique, dont l'histoire fournit des documents précis à la description complète des gîtes métallifères.

Plusieurs auteurs ont cherché à préciser les circonstances favorables à la kaolinisation, et la méthode expérimentale s'est montrée plusieurs fois efficace. Les réactions provoquées et les appareils mis en usage ont été choisis en conséquence des enseignements procurés par la minéralogie des gîtes. On est, en effet, très frappé de l'abondance de ces éléments, le fluor, en particulier, que les anciens chimistes appelaient déjà les *minéralisateurs*, dans la composition des minéraux caractéristiques. Il faut remarquer cependant qu'une hésitation est intervenue, comme conséquence de la confusion faite un moment, entre la kaolinisation véritable et la transformation du feldspath en argile sous l'influence de l'intempérisme.

A la suite du célèbre travail d'Ebelmen sur l'attaque des feldspaths par l'acide carbonique atmosphérique, et l'application qu'il en a faite à l'histoire des argiles sédimentaires [1], A.-C. Becquerel tenta d'évaluer l'âge des kaolins du Limousin en comparant l'épaisseur des zones altérées à l'épaisseur de la mince couche argilifiée sur les murs granitiques de la cathédrale de Limoges. Ayant observé que la partie décomposée du granit mesure de 7 à 9 millimètres et que, dans une carrière où l'on pouvait supposer

1. *Ann. des Mines* (4), VII-I (1845).

que les pierres ont été prises, la couche altérée a 1 m. 62, il en a conclu que le granit de la carrière avait commencé à s'altérer il y a 7.500 ans [1]. A quoi d'Archiac a opposé quelques objections ; mais personne alors n'a remarqué qu'il n'y a aucune analogie entre les deux phénomènes qu'on a tenté de rapprocher, dans cette singulière géologie mathématique. L'acide carbonique de l'air n'a certainement rien à voir dans la production du kaolin, et la preuve en est faite avec la plus grande prodigalité par la présence de minéraux fluorifères qui nous révèlent l'agent énergique auquel l'architecture cristalline de l'orthose a succombé, dans les carrières de terre à porcelaine. A cet égard, on remarquera la ressemblance des gîtes de kaolin avec les gîtes d'étain, jusque dans la liste des minéraux accessoires qui comprend des deux parts, la fluorine (fluorure de calcium), la topaze (fluosilicate d'alumine), des micas fluorifères (muscovite et lépidolite).

Des observations actuelles collaborent à cette même conclusion, et on citerait plusieurs localités qui montrent, comme la Tolfa, auprès de Civita Vecchia, la liaison des formations de kaolin, relativement anciennes, avec la production toute récente des alunites, sous l'influence des émanations solfatariennes, qui ne sont en somme que des fumerolles atténuées.

N'oublions pas d'ailleurs de mentionner la série d'expériences que M. Carl Barus a consacrées à l'étude du kaolin de Comstock, et sur lesquelles nous aurons d'ailleurs à nous arrêter dans un moment.

En somme, la kaolinisation est un très vaste phénomène d'où résultent, en particulier, les matières argileuses, bases de la plupart des terres végétales et, par conséquent, instruments de la manifestation biologique. C'est encore à cet égard, la source des sels solubles et spécialement du carbonate de potasse qui est un aliment de premier ordre pour les végétaux et, par suite, pour tous les êtres vivants.

Quant à l'importance du phénomène kaolinique, considéré en lui-même, on l'appréciera d'un coup d'œil rapide sur quelques gisements.

1. *Bull. de la Soc. des Sc. Nat.*, 20 décembre 1833 et janvier 1835.

France. — Nous possédons en France des exploitations de cette matière précieuse. Guettard, en 1760, signala auprès d'Alençon, un premier dépôt remarquable par sa continuité et sa pureté. En 1768, un nommé Daurat trouva l'incomparable formation de Saint-Yriex, dans la Haute-Vienne, où l'on reconnaît sans hésitation dans la roche fondamentale une variété de granulite dont le feldspath a été kaolinisé. On voit même des points où la transformation s'est accomplie, avec tant de perfection, qu'elle a déterminé l'allure et les caractères d'une espèce minéralogique parfaitement définie. C'est alors la kaolinite, dont la forme cristalline appartient au même système que celle de l'orthose, mais dont la composition est très différente, non seulement par la substitution dont nous avons déjà parlé de l'hydrogène au potassium, mais par des traits de l'architecture chimique. Cette transformation atteint une intensité variée suivant les points, et même, on voit des îlots de granulite qui ont complètement échappé à la décomposition. La roche est alors qualifiée de *caillou à émail* par les exploitants qui en font intervenir la poussière fine dans certaines phases de la fabrication des porcelaines. Ailleurs, la roche est à moitié décomposée, mais elle rend alors des services spéciaux à la suite d'un broyage. En beaucoup de points où la granulite est entièrement décomposée, aucune partie du feldspath n'ayant échappé à l'hydratation, elle a conservé sa structure initiale et l'on retrouve dans la masse générale de la substance argiloïde les grains de quartz et les paillettes de mica non modifiés : c'est la *granulite caillouteuse.* On la dit *sablonneuse* quand, ayant les mêmes traits généraux que la précédente, le cristal de roche y est non plus en particules volumineuses, mais seulement en grains très fins. La variété la plus ténue, dite kaolin pur et quelquefois argile, se présente comme un produit de lavage naturel réalisé par des eaux qui ont rassemblé en certains points la substance suffisamment légère. Au point de vue commercial, c'est la matière la plus précieuse des gisements.

La coupe des carrières montre que les diverses variétés de terre à porcelaine constituent, dans la roche granulitique, comme un réseau de veines ou de filons orientés de façon à indiquer le trajet des fumerolles, d'où il résulte que le dégagement de réactifs gazeux a succédé très nettement et, quelquefois, de loin à la consolidation de la roche cristalline.

Il est rare que les filons dont il s'agit se recoupent les uns les autres. Cependant on en a quelques exemples, comme à Coussac, où, dans la mine de Saint-Bonnet, une veine de 3 m. 50, de diamètre est recoupée sous un angle très éloigné de la direction perpendiculaire par une veine de plus de 2 mètres.

A Saint-Léger-la-Montagne, situé à 20 kilomètres de Limoges, on rencontre plusieurs espèces minéralogiques caractéristiques des gîtes stannifères et, par exemple, des cristaux d'émeraude opaque de dimensions considérables.

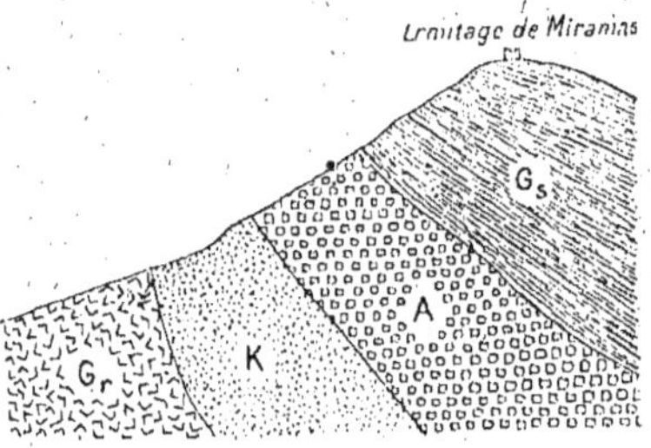

Fig. 13. — Coupe de gîte de kaolin de Grimaud, près de Miramas (Var).
Gr, granite. K, kaolin dérivant de l'altération du granit par l'éruption de l'amphibolite A. Gs, gneiss.

En 1852, on a ouvert des travaux dans la granulite kaolinisée et stannifère des Colettes (Allier). On y a signalé, outre la cassitérite, de la turquoise et du lépidolite qui est un mica chargé de lithine. L'Echassières offre les mêmes particularités et les paillettes d'or y sont assez nombreuses, pour que Mallard ait émis l'avis que leur recherche est la cause des excavations préhistoriques de la région.

A Decize, à Vaux, à Fleury-sur-Loire, à Chantenay, etc., dans la Nièvre, existe un sablon kaolinique qui donne de l'argile par lavage et qui entre dans la fabrication des céramiques de Gien et de Nevers.

En Bretagne, les gisements stannifères de La Villeder et de Piriac sont ouverts dans la pegmatite et dans le gneiss kaolinisés où l'émeraude, la tourmaline, le spinelle et le zircon sont disséminés dans la roche.

A Grimaud, situé à la montée de Miramas (Var) (fig. 13), le granit est kaolinisé au contact de pointements d'amphibolite. On remarque, dans le haut du gisement, de gros cristaux de feldspath qui, ayant conservé leur forme, sont devenus friables.

La chaîne des Pyrénées possède de nombreux gisements de kaolin, dont le plus important est celui de Louhoussoa, près Bayonne.

Saxe. — A Sosa, en Saxe (fig. 14), il y a lieu de citer, à cause de sa netteté, la symétrie avec laquelle d'épaisses zones kaolinisées encadrent un gros filon de quartz, qui traverse la granulite. Aucune localité n'offre au regard une preuve plus évidente de la génération du kaolin par l'influence de réactifs gazeux émanés des

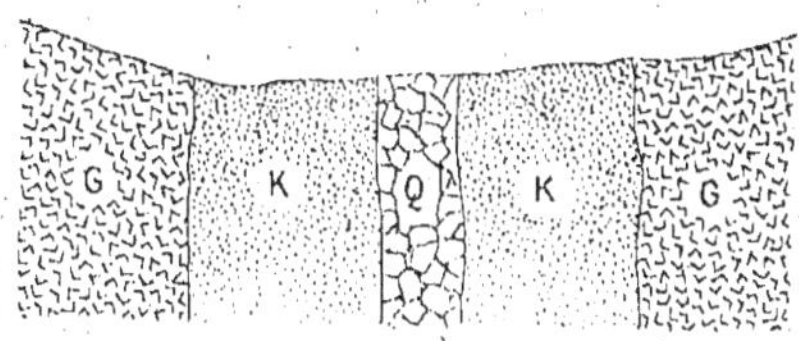

Fig. 14. — Coupe du gîte de kaolin de Sosa (en Saxe).

GG, granit. KK, portion de granit qui a été kaolinisé par l'influence de l'eau suréchauffée qui a concrétionné, dans une fissure de la roche cristallisée, le filon de quartz Q.

profondeurs, suivant la surface de contact du pointement quartzeux et de la roche feldspathique encaissante.

États-Unis. — Parmi les localités les plus fécondes à cet égard, il est impossible de ne pas nous arrêter tout d'abord à la région de Comstock (Névada), où des expériences précises ont apporté une collaboration décisive aux observations. Quand nous en serons à l'histoire des filons proprement dits, c'est-à-dire de formation bathydrique, nous constaterons l'intime liaison du kaolin lui-même avec des concrétions purement métalliques. Il ne faudra pas oublier alors que nous serons en présence d'un mélange de productions dérivant de causes différentes, datant d'époques successives. Il était tout naturel au début que l'on confondît deux ordres de phénomènes aussi inextricablement associés, bien qu'elles supposent des conditions ambiantes très diverses.

A Comstock, d'énormes filons, de plusieurs kilomètres de longueur, sont encastrés dans des roches feldspathiques qui sont en majeure partie complètement kaolinisées, au point qu'il est souvent difficile de retrouver l'espèce lithologique à laquelle chacune d'elles a appartenu au début. Des pointements éruptifs les traversent en tous sens, formés de diabases, d'andésite, à amphibole hornblende, d'andésite à pyroxène augite, de diorite normale, de diorite micacée, de porphyre quartzifère, dont la sortie a évidemment été accompagnée d'un grand développement de fumerolles. Becker a signalé des détails à rapporter à l'acide carbonique et à l'hydrogène sulfuré ; de Richtofen a émis l'avis que le fluor et le chlore ont, de leur côté, joué un rôle qui nous rappelle la chimie développée au sommet du Vésuve.

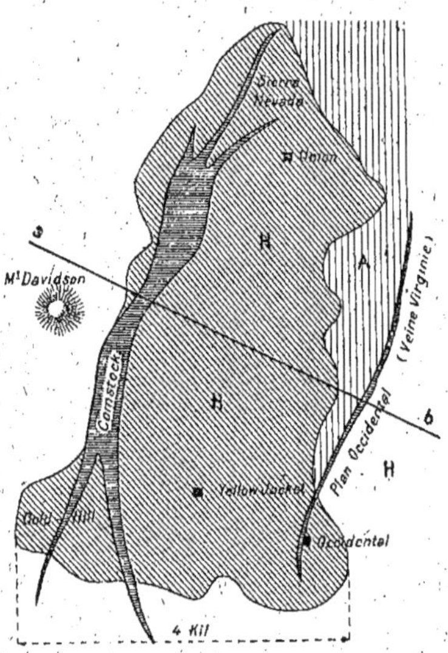

Fig. 15. — Plan du filon argentifère de Comstock, Nevada (États-Unis), montrant la gigantesque étendue de roches cristallisées feldspathiques (andésite) qui ont été kaolinisées par l'action des eaux suréchauffées.

Mais un grand nombre des particularités de cette localité, étonnante entre toutes, se signalent comme appartenant avant tout au régime des sources thermales et conduisent par conséquent à la notion d'une période de très grande activité qui, après un intervalle peut-être très prolongé, s'est déchaînée dans la localité, déjà si modifiée par les fumerolles, et a provoqué la formation, entièrement bathydrique, des mines d'argent, de plomb, dont la richesse incomparable a déterminé à plusieurs reprises, malgré la difficulté exceptionnelle du travail, de véritables crises économiques, par l'énorme quantité de métal précieux jeté inopinément sur le marché.

Sans apporter ici une précision peut-être difficile à justifier, il semble qu'on puisse laisser à l'actif du processus fumarollien, le dépôt de grandes quantités d'or natif qui rappellent, mais en beaucoup plus grand, ce qui s'est passé dans plusieurs localités kaoliniques de notre Plateau Central, pour retenir, comme exclusifs produits du régime hydrothermal, non seulement l'argent et le plomb, mais le quartz et la calcite qui en sont les gangues ordinaires.

SOUFRE

Les solfatares constituent un véritable pendant des régions fumarolliennes : pendant que celles-ci font partie des manifestations propres à la période nettement active du volcan, les solfatares n'apparaissent qu'au déclin de l'appareil éruptif. Quelquefois, elles continuent à se produire après l'extinction complète et c'est ce qu'on voit à chaque pas à la surface de notre Plateau d'Auvergne. Le sol volcanique se refroidissant progressivement, les solfatares ont cessé depuis longtemps, quand les dégagements moffettiques continuent encore, ce qui tient aux différences de propriétés fondamentales du soufre qui est solide à la température ordinaire et de l'acide carbonique qui ne perd son état gazeux qu'à un degré thermométrique très bas.

Comme le nom l'indique, la solfatare est avant tout un gîte de soufre, lequel résulte, à la surface du sol, d'une réaction entre un composé gazeux émanant de la profondeur et l'oxygène de l'air auquel il vient se mêler. Ce composé, c'est l'hydrogène sulfuré ou acide sulfhydrique, dont la formation en profondeur dérive évidemment des transformations chimiques de roches sulfatées, soumises aux réactions qui font passer les roches ordinaires à l'état de laves et de cendres.

Italie. — Un des plus complets spécimens de solfatare est celui qu'on rencontre auprès de Pouzzoles, dans le voisinage Ouest de Naples. La forme du sol est celle d'un cratère très surbaissé et sensiblement circulaire, ouvert au Sud-Ouest, fermé de tous les autres côtés. Le savant italien Breislak, qui a vécu plusieurs années près de la solfatare, pour l'étudier, la décrit dans des termes enthousiastes : « Souvent me dérobant au sommeil, je descends dans cette vaste arène, je parcours la plaine de ce grand cratère, je visite ses recoins les plus cachés, je m'enfonce dans l'obscurité de ses grottes. La blancheur des laves décomposées, qui réfléchissent jusqu'au moindre rayon de lumière, le léger sifflement des vapeurs qui, en s'exhalant, troublent seul le silence de la nuit, ouvrent l'âme aux plus douces impressions et disposent l'esprit aux méditations philosophiques... Entrons dans cette grotte solitaire, j'entends distinctement le bouillonnement souterrain des vapeurs qui cherchent à s'ouvrir un passage, et le bruit sourd d'un immense amas de fluides fortement agités par l'action du feu[1]. »

Un des phénomènes les plus intéressants que l'on peut provoquer sur la solfatare, c'est la production par la simple inflammation d'une feuille de papier d'un nuage, qui arrive bien vite à recouvrir toute la plaine circulaire. Les particules de fumée se comportent comme si elles subissaient une véritable ionisation; réduite à un état presque moléculaire, cette fumée, mélangée au gaz sortant de terre, les rend nettement visibles.

Si alors, ayant choisi un endroit convenablement crevassé, on examine, et surtout en s'aidant d'une loupe, le régime qui règne dans ces crevasses du sol, on voit sur leurs parois se déposer de très petites gouttes d'un liquide d'apparence huileuse, de couleur jaune, animées d'un tourbillonnement très rapide. Au bout d'un instant très court, ces gouttelettes sont le théâtre de modifications profondes d'allure : le tourbillonnement s'arrête brusquement, et la goutte huileuse est remplacée par un petit cristal de soufre (système orthorhombique et le plus ordinairement octaèdrique). Peu à peu les cristaux s'accumulent les uns à côté des autres, enduisant d'une couleur citron des espaces de plus en plus larges.

La théorie chimique de cette production est parfaitement connue. L'acide sulfhydrique qui, comme nous le disions tout à l'heure, est la forme sous laquelle le soufre arrive des profondeurs, subit de la part de l'air une décomposition imprévue. Des deux éléments du gaz sulfhydrique, l'hydrogène seul est brûlé et passe à l'état de vapeur d'eau. Et la température n'étant pas assez intense pour que le soufre libéré s'enflamme, il se dépose à l'état de liberté.

La production du soufre est donc incessante. Il en résulte que

1. *Essais minéralogiques sur la Solfatare de Pouzzoles*, par Scipion Breislak, traduit du manuscrit italien, in-8°, Naples (1792).

le minerai exploitable peut se recharger de matières extractibles, simplement parce qu'après l'avoir épuisé, on le ramènera où on l'avait pris.

La scorie sulfurifère est emportée dans les ateliers où sont installées les cornues de distillation et les creusets de fusion. Dans le premier cas, la vapeur de soufre est répandue dans une petite chambre de condensation, où le refroidissement la transforme en une poudre fine, sorte de givre cristallin, connu sous le nom de *fleur de soufre*. Dans le second cas, le soufre en fondant s'accumule au fond du creuset, et les pierrailles flottent à la surface comme une écume dont on se débarrasse facilement. Après raffinage, le soufre est coulé dans des moules qui en font des *canons*. On en fabrique ainsi jusqu'à 200,000 tonnes par an, ce qui, avec le soufre de Sicile, suffit aux usages de presque toute l'Europe.

L'extraction est considérable en Sicile, mais elle se fait dans un minerai sédimentaire dont nous parlerons plus loin. Il y a cependant, près de Casteltermini, une exploitation productive de soufre d'origine solfatarienne. La soufrière de Volcano, dans les îles Lipari, est exploitée depuis un temps immémorial.

Islande. — En Islande, les solfatares, extrêmement nombreuses, forment de petits monticules d'où s'échappent tous les gaz volcaniques; dans les districts de Husevick et de Krysevik, aux deux bouts de l'île, on ramasse le soufre à la pelle jusqu'à la profondeur de plus d'un mètre.

Amérique. — En Amérique, des solfatares existent à la Guadeloupe, à Bourbon, à Sainte-Lucie, à Saint-Domingue, au Mexique, dans le district de San-Andrès (Michoacan), au Chili, sur les flancs et à la base de volcans dont le cratère est rempli de glace : Cerro-Azul, Chillan, sur le flanc du Nevado.

Java, Japon. — Il faut citer aussi les solfatares de Java (Gunungh Prahon) et d'Owaïhi, l'une des îles Sandwich. Le Japon fournit du soufre de cratère aux États-Unis.

France. — Ajoutons qu'en Auvergne, quelques points des vieux volcans produisent encore du soufre, notamment le Val d'Enfer, au pied du Sancy.

BORAX

Dans cette revue des phénomènes volcaniques, classés comme on l'a vu suivant un ordre qui coïncide avec celui des manifestations naturelles, il convient de mentionner, après l'histoire des fumerolles soufrées ou solfatares, des émissions qui, au lieu d'être constantes chez tous les volcans, se présentent à nous à l'état d'exception. Leur description succincte nous amènera d'ailleurs aux moffettes, qui forment la conclusion des exceptions dans tous les pays de l'activité volcanique.

Toscane. — En première ligne se présentent les soffionis, désignés en français sous le nom de soufflards. Ce sont des fumerolles qui arrivent à la surface du sol à l'état entièrement gazeux, et qui consistent en vapeurs, non pas d'eau pure, mais d'eau chargée d'une forte quantité d'acide borique, d'ailleurs combiné en proportion très variable avec diverses bases, et spécialement avec la soude et l'ammoniaque. On y trouve beaucoup d'autres corps, tels que l'acide sulfurique, l'acide sulfhydrique, l'hydrogène qui, en maints endroits, attaquent les roches de surface et déterminent la production du gypse et d'autres produits. On attribue à l'un de nos compatriotes, Larderel, l'idée heureuse d'employer la haute température des jets de vapeur des soffionis de Toscane, près de Volterra, température qui peut atteindre 175°, à l'évaporation des eaux de condensation réunies dans les dépressions du sol, où elles constituent les *lagonis*. Les frais d'extraction étaient ainsi prodigieusement diminués.

Californie. — Des soufflards qui contiennent de l'acide borique existent aussi en Amérique. En Californie se voit le lac *Clear Lake*, qui tient en dissolution du borate de soude, ou borax.

Thibet. — Le plateau de Khatchi, au Thibet, a, dans une dépression, le lac de Borax (Boultso) où l'on prenait le borax, dit de Venise, parce qu'on le raffinait dans cette ville.

OPALE

Au même titre que les soufflards, les geysers sont des fumerolles, mais cette fois, la vapeur d'eau n'est pas seule émise du

sol : elle est accompagnée d'une forte proportion d'eau liquide.
La température en est donc inférieure, quoique très élevée.

Leur caractère distinctif consiste dans la nature des produits
qu'ils émettent et dans l'allure de leurs projections qui est
essentiellement intermittente. Ils vomissent de l'eau bouillante
associée à la vapeur d'eau et qui est minéralisée tantôt par de la
silice en dissolution tantôt par du carbonate de chaux, qui l'un et
l'autre sont des matériaux qu'on pourrait à la rigueur exploiter.

Il y a des geysers en différents points du monde, soumis à
l'activité volcanique.

Islande. — Nous citerons en premier lieu ceux d'Islande,
où ils sont situés dans une plaine longue de 6 kilomètres, large
de 2, bornée par une chaîne de montagnes dépendant d'un
contrefort de l'Hécla. Trois sont surtout célèbres : le Grand
Geyser, le Vieux Geyser et le Strockur.

Le *Grand Geyser* s'élève sous la forme d'un monticule conique
dont la base a environ 80 mètres de circonférence et qui est terminé au sommet par un bassin ayant 15 à 16 mètres de diamètre
et 3 de profondeur. L'eau qui remplit ce bassin constamment en
ébullition dans les intervalles de ses tarissements, tient en
dissolution de la silice, dont les dépôts forment, sur les parois du
cône, des concrétions très délicates d'une opale de grande pureté.
Un canal que, dans les moments de repos, on aperçoit distinctement, présente à son orifice dans le bassin 4 à 5 mètres de
diamètre, s'enfonce verticalement et paraît se rétrécir de plus
en plus dans la profondeur. Les jets d'eau montent jusqu'à
70 mètres. Autrefois les éruptions se faisaient toutes les vingt-
quatre heures, maintenant, elles ont souvent des intervalles de
plus d'une semaine.

Le *Vieux Geyser*, qu'en 1789, un voyageur appelait le *Geyser
Hurleur*, n'est plus maintenant qu'une chaudière dont la source
dégage d'abondantes vapeurs, mais qui reste toujours au même
niveau. Ses deux bassins siliceux, sont d'une éclatante blancheur.

Le *Strockr*, ou *Strockur*, est né d'un tremblement de terre, en
1789. Comme il est récent, il ne s'est pas encore fabriqué de
bassin. L'eau sort d'un véritable puits dont la margelle de silice
est peu élevée. On peut provoquer son éruption en jetant des
pierres ou des mottes de terre dans le puits. Mais les éruptions

spontanées sont plus imposantes. On l'a vu lancer de l'eau bouillante, pendant deux heures de suite, à une hauteur de 15o pieds. Un voyageur fut témoin d'un spasme de trois quarts d'heure, pendant lequel les jets atteignirent plus de 6o mètres de haut.

États-Unis. — C'est dans le grand bassin de la Firehole, que se trouvent les geysers les plus puissants des États-Unis et peut-être du monde. La vallée entière, formant une surface de 3 milles de large, est couverte d'une croûte de silice blanche comme la neige. On a donné le nom de *Fontaine architecturale* à un geyser autour duquel ses dépôts ont construit un véritable monument : le bassin entier a 15o pieds de diamètre. Sur une surface de plusieurs centaines de pieds s'étagent d'innombrables degrés semi-circulaires aux détails splendides. Autour d'autres sources, l'opale s'est déposée également en élégants ornements, entourant certains bassins de margelles bordées de perles qui, quelquefois, se groupent et prennent l'aspect d'un corail ou d'un chou-fleur.

Des sources boueuses accompagnent les geysers actifs par tout le bassin : ce sont des sources en voie de refroidissement. Les surfaces sur lesquelles s'écoulent le trop-plein des eaux bouillantes sont quelquefois couvertes d'une épaisse gelée de silice pulpeuse, écarlate, rose, verte, blanche. Des plantes vivent dans ces régions brûlantes, les pins y sont abondants, mais quand ils tombent, ils sont rapidement silicifiés. Les geysers sont répartis en deux bassins, dans le bassin inférieur, il y en a plus d'un millier. Le bassin des geysers supérieurs est séparé de l'autre par un espace de cinq milles et par des montagnes qui s'avancent tout au bord de la Firehole. Les geysers supérieurs sont une cinquantaine. L'un des plus grands donne une colonne d'eau de 2oo pieds de hauteur, de 8 pieds de diamètre. Le geyser de la Grotte et celui du Château sont particulièrement remarquables. Le Château a un cratère de 1oo pieds de haut et un diamètre de 15o à 2oo pieds à la base. De minces couches de silice s'élèvent comme des degrés jusqu'à la cheminée du sommet d'où s'échappent constamment des nuages de vapeur.

Le *Vieux Fidèle* fonctionne régulièrement toutes les heures, lançant à la hauteur de 15o pieds des colonnes d'eau de 6 pieds de diamètre. Le *Bonnet de Liberté*, l'*Éventail*, la *Ruche*, le *Grand Geyser*, et surtout les sources du Mammouth, ont des vasques d'une suprême élégance.

On ne rencontre pas de calcaire dans les sources de la Fire-hole, mais on y trouve 85 p. 100 de silice, 11 p. 100 d'eau, le reste est principalement formé de chlorure de magnésium. Dans le bassin de la Yellowstone, c'est aussi la silice qui domine.

Nouvelle-Zélande. — Dans la Nouvelle-Zélande, la région des geysers s'étend le long du Waïkato. Les sources les plus remarquables sont comprises dans une large masse blanchâtre de dépôt siliceux de 120 mètres de long sur une largeur qui n'est guère moindre. Il y a là 76 sources jaillissantes. Près du village de Tokanou, sur un espace de 2 milles anglais s'étend une autre région de geysers.

De la haute mer, on aperçoit la colonne de vapeur qui s'échappe du *Pironi*. Non loin de ce gouffre est le *Korakororootopohinga*, orné de stalactiques siliceuses et qui, dans un bassin large d'environ 3 mètres, renferme de l'eau constamment en ébullition. Il y a enfin dans la Nouvelle-Zélande une région de lacs, merveilleusement belle et dont les manifestations geysériennes dépassent celles de l'Islande. Vingt-cinq geysers alimentent le *Rotomahara* (lac chaud). Du plus beau, le *Te-Tarata* (roche tatouée) les eaux s'échappent en bouillonnant et descendent dans le lac par des terrasses offrant l'aspect du marbre blanc et ornées de stalactites d'une pureté éclatante [1].

GAZ CARBONIQUE

Le dernier symptôme de l'activité d'un volcan qui s'épuise, consiste en un dégagement d'acide carbonique : la *mofette* (de *mephitis*) des anciens. Malgré l'état gazeux de cette substance, elle est, au fond, de la même catégorie géogénique que les émanations pierreuses des volcans. Suivant les cas, elle reconnaît une origine quelque peu différente, selon les variations des roches souterraines qui en fournissent les éléments.

Italie. — Aux environs de Naples, les touristes vont visiter

1. De Hochstetter. *New-Zeeland.* 1 vol. in-8° (1867).

une excavation dite la Grotte du Chien qui a tout à fait les délinéaments d'un griffon de source ordinaire, mais qui, au lieu d'eau, vomit le gaz carbonique. Le nom de la localité vient de ce que des impresarios ont imaginé de choisir comme effet frappant du phénomène, le malaise qu'éprouve un chien que sa petite taille contraint à plonger dans la nappe gazeuse, plus dense, comme on sait que l'air respirable.

Au bout de peu d'instants, il faut s'empresser, sous peine de le noyer, de rapporter l'animal à l'air libre.

On a d'ailleurs un autre moyen pour rendre sensible aux yeux la zone de contact de la nappe lourde avec l'air ordinaire : il suffit de faire tomber sur elle des bulles de savon qui descendent lentement jusqu'au moment où elles rencontrent la nappe lourde, obstacle infranchissable sur lequel elles rebondissent.

Un autre procédé encore, donne à l'épanchement du gaz une forme visible tout à fait frappante, rappelant l'expérience que nous mentionnions sur la solfatare. Il consiste à jeter dans la « source » une petite fusée de feu d'artifice, après l'avoir enflammée. La fumée produite se mélange avec le gaz carbonique, qui la retient si fortement que le nuage produit est exactement limité par le plan de contact avec l'atmosphère superposée, tellement que, par-dessus la petite margelle de la cavité naturelle, on voit s'écouler sur la pente du terrain, une véritable cascade nuageuse, ayant toutes les apparences d'une chute d'eau.

Auvergne. — Aux environs de Royat, au pied du Puy-de-Dôme, on retrouve à une échelle moindre, une autre grotte du Chien, avec les mêmes dispositions générales.

On aura une idée de l'imprégnation du sol d'Auvergne en acide carbonique par ce fait, qu'après la pluie, les flaques d'eau sur les routes laissent sortir des quantités de bulles qu'on serait a priori disposé à rapprocher des bulles d'hydrogène carboné et qui sont formées de gaz des marais, émanées des mares où pourrissent des matériaux organiques,

Ici rien de pareil; il s'agit de gaz carbonique; le fait est spécialement visible autour de Saint-Nectaire, où les flaques ont parfois l'apparence de bassins d'eau commençant à bouillir.

Enfin, l'on sait le nombre de sources d'eau bicarbonatées gazeuses qui sourdent de toutes parts, depuis Royat lui-même;

jusqu'à Montrond, Vichy, etc., qui sont de véritables minerais d'acide carbonique.

Java. — Java est célèbre par une gigantesque mofette, la « vallée de la Mort », située non loin de sa solfatare, et qui est un gouffre au sein d'une montagne escarpée.

GAZ COMBUSTIBLES

Des dépôts de fer carburé, comparables à la fonte d'Ovifak, peuvent évidemment fournir des dégagements parfois considérables de gaz hydro-carbonés. Mais il y a lieu d'attribuer une fréquence plus grande à des strates imprégnées de matières organiques (par exemple), à des couches de houille situées de telle manière que les produits hydrocarbonés (asphalte et pétrole) peuvent, avant leur émersion atmosphérique, subir une combustion plus ou moins complète.

Auvergne. — C'est bien ce que nous indiquent plusieurs localités d'Auvergne, telles que le Puy de la Poix et les environs de Saint-Nectaire, car le gaz carbonique y est associé à des sorties d'huiles minérales.

Pendant longtemps on a discuté la question de savoir si les éruptions, même paroxysmales, des volcans sont accompagnées de flammes. Après les avoir qualifiés de montagnes de feu, on est arrivé peu à peu à y nier toute trace de combustion. Puis de nouvelles observations firent adopter une solution intermédiaire, c'est-à-dire la participation, dans le grand ensemble de réactions volcaniques, de bulles de gaz combustible, parfois prenant feu. Le ralentissement du laboratoire éruptif, la diminution de température des roches superposées, abaissant le niveau thermométrique auquel la combustion a lieu, le gaz hydrocarboné produit arrive alors au jour sans échauffement appréciable, et s'y dégage d'une façon quelquefois permanente.

TRAVERTINS VOLCANIQUES

Italie. — Nous rattacherons aux productions des mofettes ces dépôts considérables, que l'on appelle des travertins, du nom de Tibur, l'actuelle Tivoli, où il a une épaisseur des plus grandes.

ses fameuses cascades coulant sur des couches de concrétions d'une puissance de 120 à 150 mètres. C'est de ce tuf volcanique qu'ont été faits des édifices de l'ancienne Rome. Le travail de l'eau carboniquée est ininterrompu. En Toscane, à San-Vignone, le dépôt s'accroît de 15 centimètres d'épaisseur tous les ans et à San-Filippo, les eaux ont construit en vingt années une assise calcaire de 9 mètres.

Auvergne. — En Auvergne, nous avons des exemples moins illustres que ceux de la Campagne romaine, mais tout aussi intéressants. La source de Saint-Alyre, aux portes de Clermont, contient une si grande quantité de carbonate de chaux que ses incrustations ont formé plusieurs ponts jetés sur la Tiretaine. La source des Célestins, à Vichy, a donné lieu à un énorme dépôt, dont une partie, le Rocher des Célestins, fait l'ornement d'une promenade publique ; mais la grande masse est souterraine et activement exploitée. L'aragonite en constitue une grande partie ; ses couches sont souvent placées entre deux assises de travertin compacte et forment des masses d'une certaine épaisseur que l'on peut séparer en feuillets, par le choc. On obtient ainsi des surfaces mamelonnées dont les reliefs sont imprimés en creux sur les croûtes supérieures.

Le mouvement continuel de l'eau calcarifère forme des pisolithes, dans les lieux où tombent les cascades et tourbillonnent les eaux. Ce sont les *dragées* de Tivoli, les *confetti* de San Philippo. Si la chute est assez considérable, les grains, longtemps suspendus, peuvent acquérir un certain volume en se chargeant continuellement de couches calcaires. Devenus trop pesants, pour être encore ballottés, ils tombent et sont agglutinés en masse par le dépôt calcaire. Dans les dépôts de Vichy, certaines assises sont pénétrées de pisolithes, qui parfois n'ont pas beaucoup moins d'un centimètre cube et témoignent par ce volume d'une énergie remarquable dans le bouillonnement de l'eau.

Algérie. — La source chaude de Hammam-Meskoutine donne des pisolithes dont les couches successives sont les unes calcaires et les autres pyriteuses.

BOUES VOLCANIQUES

Parmi les mofettes, il en est qui, avant de parvenir au jour, traversent évidemment des amas d'argile abondamment mélangées d'eau, de façon à former des boues plus ou moins fluides, de sorte que le gaz ne se dégage pas seul, mais entraîne avec lui la pâte qu'il traverse et l'accumule en un mamelon autour de l'orifice par lequel il s'échappe. Il en résulte un échantillon de ce qu'on appelle les volcans de boue.

Italie. — Le plus remarquable peut-être est celui de Paterno, au pied de l'Etna, et que les habitants du pays qualifient de *Salinella*, à cause de la forte proportion de sel marin qui l'imprègne. Ses éruptions sont d'ailleurs écartées les unes des autres, quelquefois de beaucoup d'années, comme celles des volcans ordinaires. Le 22 janvier 1866, à la suite d'un tremblement de terre, il jaillit du sol des colonnes de boue de 40 à 50 centimètres de diamètre, et dont la température était de 46° C. Le gaz, très abondant, qui les entraînait à l'air libre renfermait, d'après l'analyse de Charles Sainte-Claire Deville, 93 à 96 p. 100 de gaz carbonique et 1 à 4 p. 100 d'azote, sans compter quelques traces de substances combustibles, ayant évidemment de grandes analogies avec le pétrole.

Ce type de formation nous fait une transition naturelle vers les salses qui ressemblent à quelques égards à la Salinella, mais dont le moteur est avant tout du gaz hydrogène carboné.

Les anciens ont, plus d'une fois, signalé les caractères étranges de cônes boueux laissant exsuder, outre les bulles de gaz inflammable, des quantités plus ou moins grandes et parfois très notables, d'huile minérale également combustible.

Strabon en a décrit un à Macaluba, au nord de Girgenti, en Sicile, et Pline avait attiré l'attention sur la salse de Sassuolo, dans les Apennins. Spallanzani, qui l'a visitée en 1789, en a donné cette description : « À un mille au sud de Sassuolo, il existe, sur un monticule, une salse environnée d'un cordon de terre et de pierre. Elle se présente sous la forme d'un cône pierreux, haut de deux pieds, terminé par un entonnoir d'un pied de diamètre, d'où sortent par intervalles des bulles de 4 à

5 pouces de diamètre, qui, à peine formées, éclatent et disparaissent. Ces bulles soulèvent une terre argileuse, grisâtre, imprégnée d'eau et semi-fluide, qui déborde au-dessus de l'entonnoir et descend le long des parois extérieures. A cette époque, les éruptions de la salse paraissaient très faibles, en comparaison de celles qui étaient survenues dans les temps passés : ces dernières avaient fourni vers l'ouest des coulées de boue, qui s'étaient étendues jusqu'à la plaine où passe la grand'route, et elles occupaient une aire d'environ trois quarts de mille de tour¹. »

Jusqu'en 1835, cette salse resta en repos, mais elle fut alors le siège d'une éruption qui s'est manifestée par une forte odeur de pétrole. Quelques minutes après, des secousses violentes, accompagnées d'une détonation semblable à celle d'un coup de canon, agita le sol. Une colonne d'épaisse fumée, traversée par des lueurs jaune-rouge, s'échappa de la salse au milieu des détonations. Pendant douze jours, cette éruption se continua avec des intermittences, et l'on estime que la masse de boue rejetée représente 10.460.000 mètres cubes. Le gaz de la salse de Sassuolo, est composé principalement de méthane ou gaz des marais (98 p. 100), avec un peu d'azote (1,38) et 0,56 de gaz carbonique.

Caucase. — Nous trouverions sur la surface de la terre beaucoup d'exemples comparables, et nulle région n'est plus intéressante à cet égard que la chaîne du Caucase, dont chaque extrémité, à l'Ouest Kertsch, en Crimée, à l'Est, Bakou, sur le rivage de la Caspienne, sont des centres très actifs de dégagements d'huile minérale.

PÉTROLE VOLCANIQUE

Avant d'énumérer les caractères principaux du pétrole dont nous rattachons l'origine à la fonction volcanique, et dont le type sera pour nous Bakou, il importe de conjurer la confusion qu'on pourrait en faire avec le pétrole d'origine bathydrique, qui nous occupera plus loin et dont le type nous sera fourni par les gisements de la Pennsylvanie.

Comme on vient de le voir, le premier sort du sol par une ouverture naturelle, assimilable à un cratère; le pétrole du type

1. *Voyages dans les Deux Siciles*, 6 volumes in-8° Paris (An VIII).

américain, au contraire, est jalousement renfermé dans des cavités souterraines jusqu'au moment où des sondages mettent le réservoir, où règne la très forte pression de gaz comprimés, en communication avec l'atmosphère. En second lieu, le pétrole du type Bakou paraît résulter de réactions entièrement minérales; l'autre est en rapport avec des amas d'anthracite qui seraient des résidus de distillation. Enfin, la composition chimique des gaz qui figurent dans les deux cas est très nettement différente de l'un à l'autre. Ceux de Bakou répondent à la formule générale C^nH^{2n}, le type étant l'éthylène C^2H^4, ceux d'Amérique ont pour formule générale C^nH^{2n+2}, le type en étant le méthane CH^4.

Caucase. — Le bassin de Bakou est situé dans une plaine de calcaires coquilliers de l'époque aralo-caspienne. Il y a plusieurs régions d'exploitation : à Balakhany, dont les couches naphtifères ont une puissance de 5o à 125 sagènes (la sagène équivaut à $2^m,134$), celles de Romany et de Sabountohy dont la puissance va jusqu'à 250 sagènes, celles de Bibi-Eybat. Ces couches sont des sables abondamment imbibés de pétrole et séparés les uns des autres par des lits d'argiles imperméables aux gaz et aux liquides. Il faut qu'il y ait des fissures pour que les gaz et le naphte puissent s'échapper. Des sources salées ou sulfureuses, chaudes ou froides, jaillissent également sur certaines lignes d'élection correspondant aux directions selon lesquelles les strates du sol sont pliées ou même traversées par de grandes cassures.

Nous avons, il y a une vingtaine d'années, visité personnellement les mines de Bakou, et en particulier Bibi-Eybat qui, comme Balakhany, est précisément placé dans une vallée correspondant à une faille, cassure qui, en offrant aux eaux superficielles une pente plus facile d'écoulement, a déterminé l'érosion, d'où résulte ce ravinement.

Le sol de Bibi-Eybat était raviné, bossué, crotté, desséché, coupé de rigoles et de bassins noirs, entre des constructions de planches qui recouvrent les puits. On pratiquait des forages : on nous montra de la terre rapportée par la sonde. Suivant les profondeurs, elle consistait en argiles et en sables tantôt peu colorés ou même tout blancs, tantôt noirâtres ou plus ou moins imprégnés de bitume. Il y avait même un gravier assez gros provenant d'une profondeur de plus de 100 mètres. Nous vîmes des puits où le pétrole était pompé, d'autres où il était puisé avec des seaux. Enfin, nous rencontrâmes un jet vertical de pétrole au-dessus du sol, une énorme gerbe brunâtre d'eau et d'huile. Elle avait eu aux premiers moments, 52 mètres de haut ; elle en mesurait encore 16, et elle emplissait tout le baraquement de sa masse et de ses éclaboussures.

Mais cette fontaine était peu de chose comparée à celle que vit en 1887 Edmond Cotteau[1]. « Avec un bruit terrible le jet formidable, semblable à une gerbe de poussière d'or, s'élance à plus de 100 mètres dans les airs, puis arrivé à cette hauteur s'arrondit gracieusement et retombe en pluie fine entraînée au loin par les courants aériens. Jamais on n'a observé à Bakou une éruption aussi violente. Elle en est à son dix-neuvième jour et son activité n'est pas ralentie. »

Un puits dure en moyenne deux ans. Une fontaine a jailli pendant cinq ans, à raison de 1.000 pouds par jour. (Le poud équivaut à 16 kilogr.) Le jet, mêlé de sable, va se briser contre un volet, puis coule par des rigoles jusqu'aux bassins creusés dans le sol. Après que le sable s'est déposé, le naphte est envoyé par des pompes dans les « pipe lines », conduits en fer d'un diamètre intérieur de 2 à 8 centimètres et d'une épaisseur moyenne de 5 à 8 millimètres.

Avant la guerre, les usines de Bakou fournissaient de pétrole une grande partie de l'ancien continent. La production totale était près de 400 millions de pouds en huile brute, dont les huiles d'éclairage représentent 35 p. 100.

Les couches pétrolifères affleurent en de nombreux points au bord du rivage, et sous la mer, ainsi que nous en eûmes la preuve au retour d'une façon éloquente. Il y avait dans le flot des bouillonnements de gaz, sur lesquels on jeta des étoupes enflammées, et aussitôt de grandes flammes léchèrent les flancs de notre bateau qui pendant longtemps s'avança, comme au milieu d'un parterre de fleurs rouges, se balançant au vent, jusqu'à ce qu'un souffle plus fort éteignit la corbeille. Le phénomène ne se pro-

---

1. *Voyages en Sibérie.* 1 vol. in-18, Paris (1888).

duit pas toujours aussi bien ; les dégagements de gaz sont variables, parfois insuffisants et le vent peut s'opposer à l'allumage[1].

Mer Morte. — Comme se rattachant aux gisements de naphte, une mention doit concerner certaines localités qui semblent avoir reçu une contribution importante de substances dérivant des énergies souterraines, plus ou moins volcaniques ou solfatariennes. Telle est la mer Morte, célèbre par la quantité de bitume mélangé à ses eaux et qui lui a fait donné le nom de lac Asphaltique. C'est un point, dans une longue série de gisements de matériaux combustibles, qui paraît dépendre de la vallée de fracture du Jourdain.

Sinaï, États-Unis. — On retrouve des conditions analogues dans la région du Sinaï et de même aux environs du lac Salé, aux États-Unis.

Il est clair que l'intervention des eaux de surface n'a pas contribué à la production de ces gisements. Les bitumes et les corps analogues, tout en déterminant par leur haute température une évaporation superficielle, ont chargé les eaux de produits qui ont seulement subi, à part quelques modifications chimiques indéterminées, des séparations et des triages.

1. *De Saint-Pétersbourg à l'Ararat*, par Mme Stanislas Meunier; ouvrage couronné par l'Académie française (1899), p. 204 et suiv.

CHAPITRE III

GITES DÉPENDANT DE LA FONCTION BATHYDRIQUE

Sommaire. — *Les Eaux souterraines.* — Les filons. — Minerais et gangues.
— Continuité du phénomène métallifère. — Importance des *sulfures métalliques.* — Galène. — Blende. — Stibine. — Argyrose. — Chalkosine
et autres sulfures cuivreux. — Cinabre. — Pyrite. — *Carbonates.* —
Sidérose. — Cérusite. — *Oxydes.* — Pyrolusite. — Limonite. — *Métaux
natifs.* — Or. — *Les gangues.* — Quartz. — Calcite. — Fluorine. —
Barytine. — Argiles filoniennes. — *Les couches métallifères.* — Leurs
analogies et leurs différences avec les filons. — *Cas des roches inactives ;
comment elles se sont métallisées.* — Grès à ciment de galène du Bleyberg. — Poudingues à ciment d'or métallique. Banketi de l'Afrique australe. — Cuivre carbonaté de Perm. — Mercure sulfuré de la Carniole.
— *Cas des roches chimiquement actives.* — Les amas ou poches métallifères. — Calamine. — Manganite. — Limonite. — Bauxite. — Sidérose. — Phosphorite. — Remarques générales sur les roches actives. —
Gisements zéolithiques. — Origine bathydrique de la serpentinisation. —
Couches minéralisées par concrétions disséminées : évolutions de la silice
dans la craie blanche ; naissance des silex. — Silicification de forêts. —
Calcite : les chailles, les septaria ; les têtes de chat. — Phosporite : les
coquins du gault. — Pyrites et marcasite. — Limonite. — Minerai de
fer de Wassy. — *Alluvions verticales.* — Soufre. — *Les gîtes métamorphiques.* — Trois formes de métamorphisme : 1º volcanique, 2º orogénique,
3º sédimentaire. — Ardoises. — Marbres. — Quartzites. — Houille,
lignite, anthracite, graphite. — Pétrole et gaz combustibles des Etats-Unis.

La fonction bathydrique, réalisée par les eaux souterraines,
qui circulent à des profondeurs suffisantes pour échapper aux
vicissitudes extérieures, contribuent d'une manière aussi variée
que considérable à la constitution de gîtes minéraux.

Il est facile de concevoir que ces eaux, baignant successivement
des roches de compositions très diverses et de températures très
inégales, puissent emprunter, dans telle région des matériaux
solubles qu'elles déposeront dans telle autre, en tout où en
partie, parce que la température ne sera pas la même, ou bien

parce que des réactions chimiques interviendront, soit par la rencontre de liquides différents, soit par la présence d'une roche active, qui pourra contracter avec la solution des combinaisons insolubles. Il nous faut avant tout préciser quelques notions sur les eaux souterraines, dont les sources doivent d'ailleurs être comptées au nombre des véritables gîtes minéraux.

A) Les eaux souterraines.

Tout d'abord, le phénomène de la circulation et du jaillissement des eaux de profondeur, chaudes ou non, entre dans le grand chapitre des gîtes métallifères, et, avec lui, l'ensemble des actions mécaniques qui, par les fractures orogéniques, et par l'ensemble des fissures et des failles de tous ordres, installe dans la région souterraine, le réseau des circulations aqueuses, qui donnent si naturellement l'idée du circuit, sans cesse recommencé par le sang, dans l'intimité de l'organisme vivant.

Nous verrons que les filons métallifères se signalent par l'analogie de leur allure avec celles des eaux minérales : dans les deux cas, les fractures du sol, injectées ou non par des roches éruptives, sont fréquentes et témoignent des relations faciles des profondeurs avec la surface [1].

La prodigieuse variété des roches situées à tous les niveaux, dans un semblable circuit, conduit bientôt à admettre, que tous les filets aqueux de circulation, loin d'être composés d'eau chimiquement pure, sont des dissolutions, à tous les degrés de concentration, de matières diverses. Et tout de suite, on les imagine, soit attaquant les roches traversées de fissures, pour en extraire certains principes, ou pour y accumuler certains dépôts, soit en se rencontrant après avoir, chacun de son côté, réalisé une dissolution spéciale, mélangée des principes qu'ils renferment et provoquant entre eux des combinaisons qui, bien fréquemment, provoqueront l'isolement, l'accumulation et la cristallisation de composés insolubles.

La revue des principaux types d'eaux minérales nous permettra de suivre pas à pas les principales particularités concernant les

---

1. *Eaux minérales considérées comme gîtes de contact*, par Ch. Sainte-Claire Deville, B. S. G. F., X (2), 426 (1853).

formations métallifères dépendant du régime bathydrique, et, pour commencer, de résumer les faits les plus importants à cet égard, des sources minéralisées.

En conséquence, celles-ci nous sont accessibles de deux manières principales ; tantôt, recueillies au griffon même qui les fournit, ce qui nous permet d'en mesurer la température, le degré de minéralisation et la nature chimique des substances dissoutes ; tantôt taries, ce qui nous réduit à l'observation des incrustations qu'elles ont laissées, lors de leur activité. Loin de faire double emploi, ces deux moyens d'étude nous assurent une récolte exceptionnellement féconde et nous révèlent tout de suite une série de faits fondamentaux.

Par suite d'un parallélisme évident avec les phénomènes fumarolliens, nous reconnaissons que bien des filets d'eaux, actives encore en profondeur, perdront toute leur minéralisation, avant de parvenir à la surface du sol : c'est le pendant des fumerolles à cassitérite. D'autres, nous apportent encore comme un reflet très affaibli du phénomène profond, en nous permettant de discerner en elles quelques traces de leur substance caractéristique. C'est le pendant des fumerolles à oligiste.

D'ailleurs les sources thermales étant de véritables gîtes minéraux, elles doivent, indépendamment des dépôts géologiques qu'ont laissés celles qui sont taries, trouver ici une mention. Leur nombre est pour ainsi dire infini sur la terre entière, et il nous faudra nous borner à citer quelques-unes des plus fameuses.

On les répartit en cinq classes :

Les eaux sulfurées, sulfurées sodiques, sulfurées calciques ; les eaux chlorurées, chlorurées sodiques, chlorurées sodiques bicarbonatées, chlorurées sodiques sulfureuses ; les eaux bicarbonatées, bicarbonatées sodiques, bicarbonatées calciques, bicarbonatées mixtes ; les eaux sulfatées, sulfatées sodiques, sulfatées calciques, sulfatées magnésiques ; les eaux ferrugineuses, ferrugineuses bicarbonatées, ferrugineuses sulfatées, ferrugineuses manganésiennes.

Les eaux d'Aix en Savoie, d'une extrême abondance, 16.800.000 litres en vingt-quatre heures, viennent de sources très différentes : l'eau d'alun, ou fontaine Saint-Paul, à 47°, qui contient du sulfate d'alumine ; l'eau de soufre, à 44°.

EAUX SULFURÉES

France. — Les Pyrénées nous fournissent des exemples d'eaux sulfurées sodiques : Barèges, Cauterets, les Eaux-Chaudes, les Eaux-Bonnes, Luchon. Celles-ci sont extrêmement nombreuses et de températures très diverses : de 17 à 67° C. Les Romains faisaient usage des eaux de Luchon, que Strabon mentionne sous le nom de thermes Onésiens (du nom de la rivière d'One). Elles se décomposent à l'air, en prenant une teinte blanche et laissant précipiter un dépôt presque entièrement composé de soufre. L'eau reprend sa transparence à mesure que le dépôt se forme. Les eaux à basse température de Challes, en Savoie, contiennent une proportion considérable d'iodure et de bromure alcalins. La température est seulement de 11 à 12° C. Les sources se trouvent dans une roche marneuse et bitumineuse appartenant au jurassique moyen, en sorte qu'on ne saurait la rattacher directement au bathydrisme et que nous la notons pour la comparaison. Il en est de même des sources d'Enghien, près Paris, froides comme celles de Challes, qui se font aux dépens du sulfate de chaux du terrain sannoisien et de matières organiques. Les eaux de Brides (Savoie), appartenant comme les précédentes à la division des eaux sulfurées calciques, sortent d'un schiste lamelleux. D'après le *Dictionnaire général des Eaux minérales* [1], elles auraient été anciennement connues, perdues, puis retrouvées, à la suite du débordement du lac de Champagny qui bouleversa le terrain et laissa, quand il se fut retiré, la source thermale à découvert.

EAUX CHLORURÉES

Allemagne. — Parmi les eaux chlorurées sodiques, il faut citer Baden-Baden (grand-duché de Bade), dont les nombreuses sources ont des températures variant de 44 à 67° ; Kreutznach, dont les eaux très froides à certains griffons (12°) sortent du porphyre...

Italie. — Pouzzoles a des eaux du même type, qui n'existent plus en tant que station thermale, mais dont les anciens faisaient usage, elles sourdent tout au voisinage de la solfatare.

---

1. Par Durand-Fardel, Le Bret et Lefort, 2 vol. in-8°, Paris (1860).

France. — En France, parmi les eaux chlorurées sodiques, il y a les stations célèbres de Bourbonne et de Bourbon-l'Archambault. Les premières, très chaudes et d'un débit considérable, sortent des marnes irisées et du grès bigarré. L'eau de Bourbon-l'Archambault (Allier) sort du gneiss, à la température de 52°. Les eaux de Châtelguyon, très purgatives, sont à la température de 23 à 35°. Elles ont la même situation géographique et géologique que La Bourboule, de la catégorie des eaux chlorurées sodiques, particulièrement riches en arsenic.

EAUX CHLORURÉES SODIQUES SULFUREUSES

Allemagne. — Parmi les eaux chlorurées sodiques sulfureuses, sont celles d'Aix-la-Chapelle, dont la température est de 45 à 55° et qui sont très riches en sulfures et en gaz sulfhydriques, ainsi qu'en témoignerait à défaut des analyses l'énorme quantité de soufre sublimé très pur, qui tapisse le griffon de la source de l'Empereur (Charlemagne). Les eaux sortent des terrains secondaires et, d'après Fontan, le soufre tirerait son origine de la décomposition des sulfates et de leur transformation en sulfuré par les matières organiques contenues dans les terrains qu'elles ont traversés, ainsi que le prouvent les coquilles et les détritus qu'elles renferment...

A Mannheim (Allemagne) dont l'eau est purgative, il y a une magnifique source, le *Graaser Sprudel*, qui s'élève du sol en bouillonnant jusqu'à une hauteur de 6 mètres et qui est tellement chargée d'acide carbonique, qu'elle ressemble à une pyramide de neige.

France. — Saint-Gervais, en Haute-Savoie et Uriage, dans l'Isère appartiennent également à la division chlorurée sodique sulfureuse. Saint-Gervais, dont la température va de 20 à 42°, sort d'une masse granitique subordonnée à des couches de calcaire dolomitique et de gypse. Les eaux d'Uriage sont à 26 ou 27° et sortent du lias.

EAUX BICARBONATÉES SODIQUES

France. — Dans les eaux bicarbonatées, nous trouvons des stations thermales de premier ordre : Vals et Vichy, qui ont des eaux bicarbonatées sodiques. Vals, dans l'Ardèche, dont les eaux qui jaillissent des volcans du Vivarais, sont froides, très riches en bicarbonate de soude et certaines en acide carbonique libre, sont le type des eaux de table, pour estomacs fatigués. Le bassin de Vichy, la ville d'eaux la plus fréquentée de l'Europe, a un fond constitué par des assises tertiaires reposant directement sur le granit. Ce bassin, en partie comblé par les apports de l'Allier, rempli par des sables, des graviers et des cailloux roulés, est partout pénétré, imbibé, par une eau minérale qui probablement sort du soubassement cristallin et se répand dans toute la masse. C'est seulement sur quelques points que les eaux, ayant en quelque sorte tubé leur trajet par leurs concrétions, sont arrivées naturellement à la surface. Ce sont les anciennes sources de Vichy. Les autres sources sont artésiennes. Les principales qui appartiennent à l'Etat sont : la Grande Grille (32°), le puits Chomel (40°), le puits Carré (45°), l'Hôpital (32°), Lardy (25°), Célestins (13°). Comme Vals, elles sont extrêmement riches en bicarbonate surtout les Célestins, celle dont les dépôts sont formidables et c'est cette substance qui fait la base de leur action thérapeutique.

Nassau. — Les eaux d'Ems, dans le Nassau, sont à rapprocher des précédentes. Elles sont très alcalines et chlorurées, fortement gazeuses. Elles sortent d'une fissure croisant la stratification de la grauwacke et des schistes alunés.

EAUX BICARBONATÉES CALCIQUES

France. — Les eaux bicarbonatées calciques comprennent, entre beaucoup d'autres, Aix en Savoie, déjà citées, Bagnères-de-Bigorre, Saint-Galmier.

Suisse. — A Pfeffers, en Suisse, près de Ragatz, à la limite des cantons de Saint-Gall et des Grisons, deux sources principales sont situées sur les bords de la Tamina, dans la gorge la plus étroite, la plus obscure que l'on puisse imaginer. Leur température est de 35 à 36°. La source supérieure a un débit des plus abondants : jusqu'à 7 mètres cubes par minute. Elles sont peu minéralisées. Veut-on visiter les sources? On arrive dans la gorge devant un petit mur percé d'une porte basse d'où sort une vapeur épaisse : l'une de ces portes introduit à la source principale, la chaudière, le kessel. Avant d'entrer, il faut se dévêtir en partie pour ne pas s'exposer à être inondé de sueur, et se faire précéder d'une lumière. Le couloir est très étroit. A cinquante pas, on s'arrête au seuil d'une grotte à stalactites, d'un diamètre de 6 à 8 pieds et pleine de l'eau de la source. L'autre porte mène à une petite niche où l'on peut vérifier sur les chiffres d'une échelle, la hauteur variable du niveau de la source. Deux énormes tuyaux, semblables à des serpents, sortent du rocher et vont porter l'eau, l'un au couvent, l'autre à Hof-Ragatz [1].

EAUX BICARBONATÉES MIXTES

France. — On range parmi les eaux bicarbonatées mixtes, celles du Mont-Dore, de Néris, de Royat, de Saint-Nectaire, en Auvergne. Celles du Mont-Dore sortent des trachytes et des tufs volcaniques, par huit sources, dont une froide, les autres à la température de 45°,5. Les sources de César et de la Madeleine contiennent de l'arsenic. La minéralisation est d'ailleurs faible. A Néris, les six sources, dont la température est de 46° à 52°, sortent de la jonction de la pegmatite et du granit. La minéralisation est également faible. Les eaux de Royat viennent de quatre sources dont la composition et la température (19°,5 à 35°,5) sont assez différentes. La source Eugénie débite 1.000 litres par minute. Un litre d'eau contient 5^{gr},59 de matières fixes, dont 1^{gr},7 de chlorure de sodium et 1^{gr},35 de bicarbonate de soude. On attribue son efficacité à la présence d'une quantité très dosable de chlorure de lithium. La source Saint-Mart et la source César sont extrêmement gazeuses. Les nombreuses sources de Saint-Nectaire, d'une température de 18° à 40°,9, sont très minéralisées. La source Mandon, la plus riche, contient 8 grammes de sels par litre, parmi lesquels le chlorure de sodium prédomine (2^{gr},42) avec le bicarbonate de soude (2^{gr},09). On signale en outre des traces de phosphate et d'arséniate de soude, d'iodure de sodium et de matières bitumineuses. Comme les célèbres

1. *Le Tour du Monde*, t. X, p. 186.

eaux de Saint-Allyre, près de Clermont, elles sont incrustantes au point que l'on fait de leurs dépôts des médaillons et des incrustations de nids d'oiseaux et d'autres menus objets dont le petit commerce est d'un bon rapport.

EAUX SULFATÉES SODIQUES

France. — Dans la division des eaux sulfatées sodiques, nous citerons les célèbres eaux de Plombières, dans les Vosges et de Carlsbad, en Bohême. Les sources de Plombières émergent du granit de la vallée de l'Augronne. Ellés ont les températures les plus différentes, puisqu'il en est une à 11° et que les sources du Crucifix, des Capucins, de Bassompierre, de l'Étuve romaine et d'autres plus récentes ont jusqu'à 71°. Leur minéralisation est assez faible mais très spéciale, ce qui empêche leur classification d'être très nette. On y signale la présence d'un fluorure, les sources qui alimentent l'établissement traversant d'ailleurs un filon de spath-fluor, intercalé dans du granit porphyroïde. Nous avons dit que les eaux de Plombières, pour lesquelles les Romains avaient fait des aménagements considérables, nous ont donné les enseignements d'une expérience minéralogique de plusieurs siècles.

Bohême. — Les sources très nombreuses de Carlsbad, analogues par leur composition, diffèrent par leur température, cependant toujours élevée : les moins chaudes ont 56°, le Sprudel en a 73°. Berzélius les a analysées et son travail a été, avec raison, cité comme un modèle. Il a trouvé par litre près de 5 grammes et demi des substances les plus diverses : acide carbonique, sulfate de soude, carbonate de soude, chlorure de sodium, carbonate de chaux, carbonate de magnésie, silice, carbonate de manganèse, carbonate de strontiane, fluorure de calcium, phosphate de chaux, phosphate d'alumine, avec excès de base. Comme le dit Constantin James[1] qui rappelle cette analyse, l'action thérapeutique de tant de principes minéralisateurs reste bien obscure. Le débit des sources de Carlsbad est considérable. Le Sprudel, qui forme une forte colonne d'eau s'élevant par secousses bruyantes, donne

1. *Guide pratique aux principales eaux minérales.*

S. MEUNIER. — Gîtes minéraux.   7

41.184 litres par minute. A 6 kilomètres de Carlsbad est Marien-
bad, dont les sources froides ont une composition très analogue
à celles de Carlsbad. Mais le *Marienbrunn* est une source tellement gazeuse que le bassin qui la reçoit ressemble à une cuve
en fermentation, et qu'elle est toujours couverte d'un nuage
d'acide carbonique. Le *Ferdinandsbrunn* semble dans son réservoir avoir la blancheur du lait, à cause de l'immense quantité
de petites bulles gazeuses qui s'en échappent.

Angleterre. — Au nombre des sources sulfatées *sodiques*, nous
citerons les eaux chaudes de Bath (43° à 47°), en Angleterre,
dont elles sont les seules eaux thermales. La source de Kingsbath,
une eau magnésienne, dégage une grande quantité de gaz dans
lequel l'azote entre pour 91,9, l'oxygène pour 3,8, l'acide carbonique pour 4,3.

EAUX SULFATÉES MAGNÉSIENNES

Les sources sulfatées magnésiennes comprennent les eaux purgatives de Montmirail (Vaucluse), de Pullna, de Sedlitz, de Saïdu-
chütz, en Bohême, de Birmenstorff, en Suisse, d'Epsom, en
Angleterre.

EAUX BICARBONATÉES FERRUGINEUSES

France. — Les eaux ferrugineuses bicarbonatées sont véritablement légion. Plusieurs des stations que nous avons placées
dans les divisions précédentes, ont des sources ferrugineuses,
comme Bagnères-de-Bigorre, Luchon, le Mont-Dore, Plombières.
La France possède une des sources les plus riches de cette catégorie, Orezza, en Corse. Citons encore, en France (23° à 35°) Châtelguyon (Puy-de-Dôme), eau éminemment purgative, Forges-
les-Eaux (Seine-Inférieure) diversement minéralisées quoique
très voisines les unes des autres, Laifour (Ardennes), Vic-sur-
Cère (Cantal).

Belgique. — Spa, en Belgique, est particulièrement réputé
pour ses vertus fortifiantes et pour l'acide carbonique qui en
rend les eaux si agréables à boire. La source du Pouhon (90°)
sort, au centre de la ville, des fentes d'une roche micacée, avec
le bruit léger de ses bulles crevant à la surface. Plus bruyantes

sont les sources du *Tonnelet*, situées à 2 kilomètres à l'est de la ville. L'acide carbonique, qui cause leur intense bouillonnement, est si abondant qu'au voisinage de la source, des animaux ont été frappés d'asphyxie. Les caves du village voisin en sont remplies au point que les chandelles s'y éteignent.

EAUX SULFATÉES FERRUGINEUSES

Algérie. — Nous prendrons un seul exemple parmi les sources ferrugineuses sulfatées : celui de Hammam-Meskoutine, sur les bords de l'oued Zénati, dans la province de Constantine.

Les eaux qui ont édifié de prodigieux monuments se signalent au loin par les colonnes de vapeur qui s'en dégagent, et à plusieurs centaines de mètres, par une odeur sulfureuse. Lorsqu'on est assez près des dépôts pour les distinguer sous les vapeurs, on aperçoit un vaste champ hérissé de cônes, que les voyageurs comparent à une ville couverte de minarets, à un douar de tentes. La position élevée des principales sources produit des cascades merveilleuses sur des rochers blancs et roses. Du sol, qui résonne sous les pieds, de l'acide carbonique se dégage ; on sent de toutes parts la circulation de l'eau. Les sources changent de place, parce qu'elles ont bientôt bouché leurs orifices avec ces dépôts coniques qui en marquent la place, et elles vont ailleurs se faire une autre ouverture. La cascade et le bain sont à 95°. Les gaz qui s'en échappent et les font bouillonner sont l'acide carbonique (97 p. 100), l'acide sulfhydrique (0,5), l'azote (2,5). La principale source ferrugineuse, à une température de 78°,25. débite 96.000 litres en vingt-quatre heures, la Cascade, donne 1.444.000 litres. Cette eau peut être considérée comme chlorurée sodique, ou comme sulfatée, soit sodique, soit calcique.

B) Les filons.

Les productions minérales des eaux souterraines sont très diverses, et on a éprouvé de grandes difficultés pour y établir une classification. Celle-ci ne s'est vraiment dégagée qu'à partir du jour où l'on a su ajouter à l'observation, le secours décisif de l'expérience. A cet égard il est intéressant de remarquer que, dans ce chapitre, nous rencontrons une aide puissante, symétrique de celle que nous a procurée l'expérience de Gay-Lussac relativement aux gîtes fumarolliens.

Il s'agit d'un magistral ensemble de résultats synthétiques obtenus par Hureau de Sénarmont, qui s'était imposé, comme Gay-Lussac lui-même, la condition expresse de n'opérer que dans des conditions inspirées par l'étude géologique des gisements[1].

Il résolut donc d'imiter la haute température qui, d'après la notion du degré géothermique, règne dans les régions profondes où ont été évidemment constitués les échantillons minéralisés que les soulèvements orogéniques ont seuls pu mettre à portée de nos études.

Les premiers résultats qu'il obtint furent un gage certain du succès de l'ensemble de ses recherches. On peut les résumer en disant que l'eau, chauffée sous pression, opère comme un déshydratant de premier ordre et par conséquent comme un minéralisateur décisif, dans un très grand nombre de circonstances. Entre bien d'autres preuves, on peut citer la production de cristaux microscopiques, de quartz hyalin, identiques par toutes les propriétés physiques et chimiques au cristal de roche de la Nature.

La gelée siliceuse qu'on obtient par l'attaque d'un silicate soluble, le silicate de soude entre autres, au moyen d'acide chlorhydrique, abandonné, après lavage convenable avec de l'eau dans un tube de verre scellé à la lampe, procurera la transformation dont il s'agit au bout de quelques heures de chauffe, à 2 ou 300°.

On conçoit avec quelle ardeur furent étudiées toutes les variantes que peut subir ce thème et l'ensemble de notions capitales qui en résultèrent.

Avant de rappeler brièvement les particularités saillantes de ce beau travail, il faut nous remettre devant l'esprit les traits distinctifs des formations hydrothermales.

Pour la commodité de nos études, et vu l'exceptionnelle complication du sujet, il importe d'y distinguer quatre grandes divisions primordiales. Nous avons, en effet, à considérer :

1° D'abord, des productions bathydriques qui prennent nais-

---

1. *Annales de chimie et de physique*, 3° série, XXXII, 131 (1851).

sance dans des localités bien définies, avant tout des crevasses du sol, dans lesquelles se fait la circulation des eaux chaudes et où celles-ci engendrent des associations minéralogiques, désignées sous le nom de *filons*.

2° Puis celles qui passent par des transitions insensibles aux intervalles généralement fort petits, qui séparent les éléments minéralogiques des roches. Le remplissage de ces lacunes, si petites qu'elles soient, des mêmes minéraux qui tout à l'heure se déposaient dans les filons, donne naissance aux *couches métalliques*.

3° Viennent, à la suite de ces gîtes, les uns en filons, les autres en couches, des produits constitués en respectant une part plus ou moins grande de la couche initiale, *sous la forme de rognons*, de nodules, ou d'autres genres de concrétions.

4° Enfin à des résultats si gigantesques et si innombrables qu'ils intéressent sans exagération la majeure partie du volume total de l'écorce terrestre, où les roches d'une composition initiale quelconque auraient été refaites en totalité par les phénomènes bathydriques. Nous serons alors en présence de l'ensemble de notions réunies sous le nom de *métamorphisme*.

Considérons un filon proprement dit du type le plus ordinaire. Sur la section du sol, le long des flancs d'une vallée de montagne, il se présente comme une bande s'élevant plus ou moins verticalement, d'une épaisseur, qui peut être uniforme, de quelques décimètres, et d'un aspect qui contraste, à première vue, avec celui de la roche dite encaissante, qui sera, si l'on veut, de nature schisteuse. Au lieu de l'homogénéité que présente celle-ci, le filon affecte une diversité de nature d'autant plus accentuée que certaines de ses régions sont pierreuses ou cristallines, pendant que d'autres sont métalliques et brillantes. La structure générale est, malgré tout, en étroite coordination avec la forme générale du filon. Et c'est souvent en bandes parallèles à sa plus grande dimension, souvent même avec une évidente symétrie à droite et à gauche d'un plan médian que se succèdent les éléments constitutifs du gîte. En partant d'un des bords, pour faire la traversée de la bande, on pourra rencontrer une tranche de quartz; elle sera suivie d'une tranche de galène ou minerai de plomb; puis viendra comme un feuillet de pyrite de fer, d'un jaune d'or; enfin, un ruban de calcite, carbonate de chaux bien cristallisé.

On sera alors à la moitié de l'épaisseur du filon et en continuant, on retrouvera la même série, mais renversée. Contre le ruban de calcite limité par le plan médian, il y aura un second ruban tout pareil, de la même structure. Après quoi, se présentera, en pendant exact du filet doré de pyrite de fer, un filet également doré de la même pyrite. Puis viendra une bande de galène, si pareille à la première qu'on croirait la voir dans une glace. Et le filon se terminera comme il avait commencé par du quartz ayant tous les caractères du début de cette double série.

Sans insister sur les détails, rappelons que cette structure *rubanée* et symétrique, s'est expliquée toute seule par la comparaison du filon avec un tube de conduite d'eau incrustante, qui se serait progressivement engorgé par la superposition des dépôts du liquide.

Cette comparaison ne peut être mise en doute, mais l'objection paraît bien grave du fait de l'insolubilité des éléments du filon. Et c'est ici que les résultats de Sénarmont triomphent.

Nous venons de voir qu'on peut faire du cristal de roche dans l'eau, bien qu'il soit insoluble dans ce liquide. Pour la galène, qui est du protosulfure de plomb, il n'y a aucune difficulté à en reproduire artificiellement la composition. Il suffit de verser un peu de sulfhydrate d'ammoniaque dans la solution d'un sel de plomb, tel que le nitrate : on a bien produit PbS, formule rigoureusement exacte de la galène ; mais si l'on passe aux caractères physiques, on peut dire qu'il n'y a rien de plus différent de la galène, belle substance clivable, dont l'éclat est à peu près celui de l'argent et qui est pratiquement inaltérable dans les circonstances ordinaires du milieu, — que le précipité noir du laboratoire, tellement oxydable qu'il est si prédisposé à passer à l'état de sulfate de plomb, qu'on ne peut le laver qu'avec une dissolution d'hydrogène sulfuré, ce qui suppose d'infinies précautions.

Sénarmont va résoudre la difficulté :

« Des gîtes métallifères très importants paraissent, dit-il, s'être formés par voie de dissolution..... tout tend à prouver que ces gîtes ne sont autre chose que d'immenses canaux plus ou moins obstrués, parcourus autrefois par des eaux incrustantes..... Les principes les plus répandus dans les sources thermales sont les acides carbonique et sulfhydrique, les sels alcalins et entre autres, les sulfures et les carbonates. Il faut supposer de plus, dans les *eaux-mères* des filons, quelques éléments nécessaires à la formation des minéraux métalliques, mais cette hypothèse n'a pas besoin d'être justifiée. »

Au lieu de mélanger le sulfhydrate d'ammoniaque au sel de plomb, dans un verre à expériences, il aura soin de mettre ces deux réactifs dans des récipients distincts, le sulfhydrate, dans une petite ampoule de verre mince, qu'il fermera à la lampe et la solution plombifère dans un long et gros tube de verre de Bohême. Après avoir introduit l'ampoule sans la briser dans le liquide, il portera celui-ci à l'ébullition et pendant que la vapeur sortira abondante, il fermera le gros tube à la lampe, puis le laissera refroidir.

Alors, le tube de verre, chargé comme nous venons de le dire, sera glissé dans un canon de dimension convenable, en acier fondu qui, après avoir reçu quelques centimètres cubes d'eau, sera hermétiquement fermé à l'aide d'un bouchon dont la parfaite étanchéité est la condition indispensable du succès. L'appareil étant ainsi disposé, on le chauffera progressivement jusqu'à une température de 3 à 400° qu'on maintiendra pendant plusieurs jours. Après un refroidissement très progressif, on ouvrira le canon d'acier, et s'il n'y a pas eu de malheur, on retrouvera le tube de verre entier, mais devenu opaque par des réactions secondaires, et l'on constatera à son intérieur l'existence d'un revêtement continu, admirablement cristallisé et complètement constitué par des petits cubes brillants, d'un blanc d'argent, ou pour mieux dire, d'un blanc de galène. Car c'est en effet de la galène, minéralogiquement parlant, qui s'est faite, l'ampoule s'étant brisée par la dilatation de l'air qu'on y avait laissé à dessein et le sulfure alcalin s'étant alors mélangé au sel de plomb.

Sénarmont a répété avec le même succès cette expérience si simple, quoique délicate à réussir, sur tous les minéraux filoniens, aussi bien sur les gangues, quartz, calcite, barytine, fluorine, etc., que sur les minerais, blende, pyrite, cinabre, stibine, sidérose, limonite, etc. Il a même montré qu'on peut réaliser des associations filoniennes, jusque dans les détails qui avaient quelque peu dérouté les premiers observateurs.

En vertu de cet hypnotisme, que nous avons déjà signalé

ailleurs, l'opinion générale était, avant toute preuve, que les filons se sont produits par déversement dans les fissures du sol, de matériaux soumis à la fusion sèche. Or, une observation qui avait bien frappé tout d'abord, c'est, non seulement que les filons renferment des matériaux infusibles, que l'application de la chaleur décomposerait avant de les liquéfier, mais que l'on y rencontre fréquemment des minéraux réfractaires à la surface d'autres minéraux extrêmement fusibles. On admire, par exemple, dans les collections, des cristaux de roches qu'on ne fond qu'au rouge blanc, à la surface d'aiguilles inaltérées de stibine ou sulfure d'antimoine, que la flamme d'une bougie suffit pour liquéfier. Nous avons dit qu'on peut faire cristalliser dans le tube de Sénarmont, le quartz à 200 ou 300°. La stibine, toute fusible qu'elle soit, supporte sans aucun dommage cette température.

Dès lors, Sénarmont, grâce à son génie, se trouve en présence d'une voie toute tracée. Comme Gay-Lussac naguère, il se met docilement à l'école de la Nature. Elle lui a déjà indiqué à quelles températures il doit recourir ; il en conclut les principales circonstances physiques auxquelles il lui faudra se plier, et, ainsi armé, il passe véritablement la revue des substances filoniennes, minerais et gangues, dont chacune subit à son tour le contrôle de l'expérimentation.

Non seulement toute la théorie des gîtes filoniens va se dégager de ce magnifique ensemble de recherches, mais toute la théorie de la terre y trouvera son compte, protégée des exagérations auxquelles on s'était, tout naturellement et trop facilement, livré. C'est ce qu'il va nous être aisé de montrer.

A première vue, on doit faire deux catégories parmi les éléments constituants des filons, selon qu'ils sont des minerais ou des gangues.

Les minerais composent la substance pour laquelle l'exploitation est ouverte. Ils ont généralement l'éclat et l'aspect métalliques ; il peut cependant y en avoir de pierreux. Les gangues sont comme des matières de remplissage dont l'extraction a surtout pour résultat d'imposer à l'exploitant des dépenses supplémentaires ; elles sont beaucoup moins variées que les minerais : quand on a cité le quartz, la calcite, la fluorine, la barytine, et certaines argiles qu'on appelle fréquemment lithomarges, on a épuisé la série principale.

Les bords du filon en sont les *épontes*. Le filon n'étant jamais rigoureusement vertical, on a intérêt à distinguer l'éponte supérieure, qu'on appelle le *toit*, et l'éponte inférieure, qui est le *mur*. Quelquefois aussi, on rencontre, entre les épontes et la surface de la roche encaissante, un intervalle rempli de matériaux détritiques ; on le qualifie de *salbande*. A l'inverse, on rencontre des parois de filons qui sont tellement appliquées contre la roche encaissante, qu'elles en ont, par concrétion, reproduit tous les détails de structure, et, par exemple, le polissage et les stries résultant du phénomène orogénique. On les appelle alors des miroirs de filons. Enfin, cette roche encaissante a quelquefois subi comme par une sorte de capillarité une imprégnation qui se révèle par un réseau de veinules filoniennes au point que, parfois, cette véritable annexe est susceptible ellemême d'exploitation : c'est le *stockwerk* des Allemands.

On entend par *direction d'un filon* celle de la ligne horizontale tracée dans le plan de ce filon ; l'*inclinaison* est l'angle que fait avec l'horizontale la perpendiculaire à la direction, dans le plan du filon. La *puissance*, c'est l'épaisseur du filon : elle peut aller de celle d'une feuille de papier, par exemple dans le cas des fentes imprégnées de tellurure d'or, en Transylvanie, jusqu'à 50, 60, 70 mètres, comme dans certains filons du Harz et dans celui de Comstok. L'*orientation* du filon est l'angle que fait sa direction avec le méridien du lieu. La définition d'un filon croiseur et d'un filon croisé se trouve dans l'expression même, ainsi que les rejets qu'ils se font subir, soit en plan, soit en verticale.

Il arrive de rencontrer des séries de fractures et par conséquent de filons mutuellement parallèles. On constate dans ce cas qu'ils sont du même âge et, habituellement de même nature minéralogique.

D'autres manifestent les étapes d'une ouverture progressivement élargie et d'une incrustation qui s'est faite en plusieurs temps. Ce sont des détails qu'il faudra faire intervenir en présence des *champs de fractures*, comme il s'en trouve en Saxe et en Bohême et qui serviront à les interpréter. On peut mentionner, comme tout spécialement remarquable, la complication du champ de fractures verticales qui recoupe le sol aux environs de Linarès-la-Carolina, au travers du granit et du schiste cambrien en Espagne. Un premier système du Nord-Ouest au Sud-Est, est formé de galène compacte, associée à une gangue de quartz et mesure une épaisseur de 70 à 80 centimètres ; — d'autres filons orientés dirigés Est-Ouest et que signale leur puissance de $2^m,20$ consistent en galène *noduleuse* plus riche en argent que les précédents et comportent une gangue où le quartz voisine avec la barytine ; — un troisième système réglé du Sud-Est au Nord-Ouest, ne contient que du quartz avec la galène qui est en veines plus grêles ; — enfin un groupe de filons Nord-Sud se singularise par une stérilité presque complète.

En présence de l'extrême fréquence des rejets, il y a lieu de remarquer que les deux directions plus ou moins orthogonales qui les jalonnent n'ont pas d'ordinaire été développées avec la même énergie : une des deux directions a prévalu et c'est celle-là qui se remplit par les premières contributions bathydriques. Il arrive alors souvent que de légers mouvements du sol, ordinairement postérieurs à ce premier remplissage, déterminent des déplacements souterrains. Dans ce cas, les portions non solidement cimentées par les minerais glissent en vertu de leur poids et s'entre-bâillent après rejet pour un nouveau remplissage.

Remarquons à ce sujet que ces *failles*, comme on les appelle, qui, suivant une remarque faite depuis longtemps, sont accompagnées d'une chute du toit par rapport au mur sous l'effet de la pesanteur et qui d'ailleurs ne s'éloignent guère d'une situation à peu près verticale, diffèrent bien profondément des grandes cassures orogéniques, c'est-à-dire génératrices des chaînes de montagnes, lesquelles sont très inclinées sur l'horizon, jalonnées par la surrection du toit par rapport au mur, et que j'ai déjà désignées sous le nom de *géoclases*.

Avant d'entrer dans l'étude des principaux types de filons, il est indispensable de se pénétrer de la liaison intime des causes qui en provoquent la formation, avec le mécanisme dont nous avons esquissé une description, à propos de la fonction corticale. Toutes les pressions et tous les glissements qui en sont la conséquence, ménagent au travers des roches souterraines des localités éminemment propres à la rencontre des fluides en cir-

culation et à l'aménagement des produits insolubles qui peuvent
en résulter.

On conclura de cette circonstance, tout à fait dominante, une
première notion de haute importance quant à l'allure du phénomène métallifère : c'est qu'il est avant tout continu. On a commis
à son égard la même erreur que dans tous les chapitres de la
géologie générale, et l'on a été porté à admettre dans le passé
une époque filonienne (le filon étant pris comme symbole de
tous les gîtes). L'étude de l'orogénie nous a fait voir la coexistence de chaînes montagneuses de tous les âges, depuis la pro-
messe embryogénique, si l'on peut dire, jusqu'au résidu de la
décrépitude et de la perte, elle-même, du relief qui ne fait pas
disparaître la structure montagneuse ; même jusqu'au recouvrement de ce relief par d'épais sédiments horizontaux, ainsi qu'on
le voit dans le pays d'Anzin.

Une autre condition, que nous devons prévoir tout de suite, c'est
la superposition dans une localité donnée, qui passe par l'effet
même du développement tellurique, d'une profondeur à une
autre, c'est-à-dire d'une certaine intensité chimique à un degré
d'activité tout différent. Cela revient à dire que, dans un point
particulier, les diverses fonctions géogéniques, en se succédant
dans un ordre d'ailleurs quelconque, laisseront, pour plus tard, des
traces de leur intervention. De là, l'inextricable complication de
bien des localités minières et l'admission qui a été commise par
bien des auteurs, d'une espèce d'incohérence géologique, dont
la considération a pour premier effet de masquer les grandes
lignes de l'évolution de la terre. Il faudra insister, dans ce qui
va suivre et, bien entendu, sans entrer dans les détails, sur l'importance de la véritable analyse génétique des ensembles de
dépôts associés en des situations où l'on peut s'attendre à voir
que les plus anciens ont dû être modifiés par les réactions subsé-
quentes, développées dans leur masse.

Un autre point, non moins important, est de souligner l'analogie générale que présente la topographie souterraine des gîtes
minéraux avec le réseau des circulations hydrothermales ;
analogie signalée déjà depuis longtemps et en particulier au
xvii⁰ siècle par Agricola, dans le troisième livre de son célèbre
ouvrage intitulé *de Re Metallica*, au chapitre de *Ortu et causis*

subterraneorum [1]. Sa conclusion est que les fentes dans
lesquelles sont renfermées les filons, se sont ouvertes, les unes,
lors de la production même de la montagne qui les contient, les
autres, plus tard, sous l'influence de la circulation souterraine
des eaux.

Comme on l'a vu, le nom de minerai s'applique à un composé
défini, dans lequel figure, avec proportion rémunératrice, la
substance désirée. Il va sans dire que cette portion rémunératrice varie numériquement d'une manière prodigieuse suivant sa
propre valeur intrinsèque : une roche avec 1/10 de fer n'est pas
un minerai de fer, tandis qu'une roche avec un 5/100 d'argent
ou avec 1/1000 d'or, sont des minerais parfaitement exploitables.

Dans cette série, les sulfures métalliques jouent un rôle important. Ils se signalent à notre point de vue par la limpidité de
leur histoire, que Sénarmont a éclairée d'une manière complète.
Nous avons déjà vu en quoi consiste sa reproduction de la galène,
qui résulte de la rencontre, dans l'eau suréchauffée, d'une solution aqueuse d'un sel de plomb avec celle d'un sulfure alcalin.
Si l'on opère sur des mélanges de plusieurs métaux, on peut
donner naissance, suivant les cas, à des sulfures complexes,
c'est-à-dire doubles et multiples, ou bien à des mélanges de sulfures simples. La nature nous montre qu'elle a opéré bien souvent de cette manière.

La série des composés métalliques est pour ainsi dire indéfinie,
et comme il arrive toujours, on ne rencontre jamais de gîte renfermant une seule espèce minérale : d'ordinaire, l'une est prépondérante comme quantité, et c'est à cause d'elle que l'exploitation a été entreprise, mais les autres lui font cortège et procurent
quelquefois des avantages accessoires. Dans le nombre, nous
nous contenterons de citer la molybdénite, le kermès, l'alaban-
dine, la cobaltine, la millérite, la stannine, la tennantite et la
pyrargyrite.

Nous nous bornerons aux espèces très abondantes : la galène,
la blende, la stibine, la pyrite, l'argyrose, la chalkosine, la chalkopyrite, la philipsite, la panabase et le cinabre.

1. Un vol. in-folio illustré, Bâle, 1657.

GALÈNE

La galène présente une telle prépondérance, au double point de vue de la netteté de ses localisations et de sa valeur commerciale, que ses gisements ont donné leur nom de *filons plombifères* à toute la série à laquelle ils appartiennent : quel que soit le métal contenu, l'allure, la complexité et les relations avec les masses encaissantes sont sensiblement les mêmes, et les résultats de Sénarmont s'appliquent aux uns comme aux autres. Rappelons que la galène est le sulfure de plomb (Pb S). Son aspect est essentiellement métallique, mais sa malléabilité est nulle et elle se pulvérise sous le marteau. Sa dureté est fort médiocre, égale à 2,5 de l'échelle de Mohs. Elle laisse sur le papier une trace dont l'aspect est pratiquement identique à celle des crayons de graphite, dits en conséquence de mine de plomb. Sa densité moyenne égale 7,5. Elle est très facilement fusible au chalumeau ; chauffée sur le charbon, elle dégage une odeur sulfureuse et se transforme en un globule de plomb métallique, facile à reconnaître à la malléabilité qui permet de l'écraser entre deux fers de marteau. L'analyse chimique y révèle à côté du plomb, un très grand nombre d'autres corps, tels que l'antimoine, le sélénium, le bismuth, l'argent, le zinc, le cuivre et le cadmium. Fréquemment, on y décèle la présence du soufre libre, dans les joints des cristaux.

Ceux-ci appartiennent au système cubique et, dans la plupart des mines, ils affectent la forme du cube sans modification. Dans certaines localités cependant, les huit angles sont remplacés par des facettes triangulaires et à Pontgibaud (Puy-de-Dôme), par exemple, on recueillait des octaèdres parfaits.

Les filons de galène sont particulièrement bien réglés, c'est-à-dire qu'ils se poursuivent sur de grandes longueurs, avec une direction et une épaisseur constantes. Ils ont une grande tendance au parallélisme mutuel et constituent parfois des systèmes s'entrecroisant sous des angles déterminés et se révélant alors par leurs rejets, comme étant d'âges distincts.

C'est surtout dans les terrains anciens, granitiques et primaires, qu'ils se trouvent mais ils se prolongent souvent jusque dans le terrain secondaire inférieur.

France. — Il y a des filons de galène en Bretagne, à Huelgoat et à Pompéan.

Dans la Lozère, à Vialas, ainsi que dans bien d'autres points du Plateau Central, comme Malines (Gard), Aurouze (Haute-Loire) et Chabrignac (Corrèze) se présentent des filons de galène très variés comme dimension et comme richesse. Pontgibaud, dans le Puy-de-Dôme, a duré plus longtemps. On s'y livrait à l'extraction, à la coupelle, de l'argent contenu dans le plomb ; mais toutes ces exploitations ont dû cesser devant la concurrence étrangère.

Des filons de galène existent aussi dans les Pyrénées, dans les Alpes où près de Chamonix, les Romains ont laissé des traces encore visibles de leurs travaux.

Allemagne. — Il en existe de même en Bohême, en Saxe et, dans ces divers pays, on rencontre des variétés innombrables quant aux associations du minerai principal avec d'autres substances filoniennes.

Sans que le fait soit spécial aux filons plombifères, on peut remarquer que les gîtes de galène ont une grande propension à nous procurer des exemples de ce qu'on appelle des *filons en cocarde*. On appelle ainsi des filons dans la masse desquels sont distribués, sous la forme d'inclusions de toutes sortes de volumes, des blocs irréguliers de la roche encaissante qui sont revêtus d'enduits formés de toutes les matières métalliques et pierreuses qui constituent le gîte et dans le même ordre de superposition qu'affectent ces substances, comme revêtement des deux parois du filon. Il en résulte autour de ces blocs une disposition concentrique qui suffit à démontrer que dans le cours du remplissage de la cavité souterraine, des blocs détachés des parois étant tombés entre les deux lèvres de la cassure, ont remplacé le pertuis simple des cas ordinaires, par un réseau compliqué de solutions tortueuses de continuité entre ces éboulis rocheux. Les eaux, apportant les matériaux de la première pellicule qui s'est déposée des deux parts de la fente, a revêtu d'un dépôt identique, la surface extérieure de chacun des débris et, par la suite du remplissage, tous ces pertuis se sont également remplis, en affectant chacun pour son compte la structure que le filon aurait prise dans toute son épaisseur s'il s'était réalisé dans un conduit libre et non encombré.

Angleterre, Espagne, États-Unis. — Citons aussi pour leurs filons de galène, le Cornwall et le Derbyshire en Angleterre, divers points de l'Espagne et des États-Unis.

BLENDE

On rencontre, dans bien des localités, toutes les particularités de structure dont le minerai de plomb nous a présenté la série, dans des filons dont le minerai est la blende ou sulfure de zinc, et cette conformité d'un cas à l'autre, permet de comprendre que, dans divers pays, les deux sulfures soient associés avec une proportion relative très variable. C'est même cette promiscuité qui a conduit les anciens mineurs allemands à infliger au sulfure de zinc le nom méprisant de blende, qui vient du verbe allemand *blenden*, tromper.

L'absence de valeur pratique du zinc jusqu'à des temps bien récents, quand il n'avait reçu aucune application, explique comment sur le carreau de certaines mines antiques, des accumulations parfois volumineuses de blende non traitées, ont été rejetées avec d'autres résidus, pour être reprises par les modernes, qui les ont exploitées dans des conditions favorables, puisque l'extraction n'était plus à faire. C'est en particulier ce qui a eu lieu dans la célèbre localité du Laurium, aux environs d'Athènes.

Pour les chimistes, la blende se représente par ZnS, la même formule que la galène. Cependant, il n'en faut pas conclure que les deux sulfures soient isomorphes. Quoique relevant du système cubique, la blende se signale par de grandes différences à l'égard de la galène, dont elle est hémiédrique : elle peut bien se présenter en cubes, mais ceux-ci se modifient, non pas en octaèdres, mais en tétraèdres, particularité qui est loin d'être rare et qu'autrefois Delafosse [1] a soumise à une étude spéciale.

Sur le charbon, la blende est difficilement fusible au chalumeau et ne se réduit pas en zinc d'aspect métallique, sa substance se hâtant de passer à l'état d'oxyde qui s'élève dans l'air en fumée blanche et retombe en petits flocons que les anciens chimistes qualifiaient de *nihil album*. Elle jouit de la propriété de luire dans

---

1. *De la structure des cristaux*, 1 vol. in-4°, sept. 1840 (Paris).

l'obscurité après qu'on l'a chauffée, jusqu'à son refroidissement, et certaines variétés sont remarquables par l'intensité de leur phosphorescence. Quand elle est pure, la blende, à l'encontre de la plupart des sulfures métalliques, est transparente et souvent douée de couleurs agréables, jaunes ou vertes. Cependant, des variétés communes et abondantes sont opaques et douées d'un éclat métalloïde assez marqué pour justifier la confusion ci-dessus indiquée avec la galène. Les variétés ferrugineuses sont généralement d'un noir foncé; d'autres, sont brunes ou rouges, ou bariolées, suivant la proportion des divers sulfures mélangés. La dureté est de 3,5; la densité, 4,1 : c'est un des sulfures les moins denses.

Les gisements de la blende sont sensiblement les mêmes que ceux de la galène. Elle est pourtant moins commune que celle-ci dans les roches granitiques. On en trouve davantage dans le gneiss, le micaschiste, les talschistes, ainsi que dans les schistes et les calcaires du terrain primaire. Ses gangues les plus ordinaires sont la fluorine, le calcaire spathique, le quartz et la barytine.

France. — Le versant sud-est du Plateau Central est très riche en filons peu épais où la blende joue un rôle important, par exemple, à Clairac, près d'Alais (Gard) et à Meyrueils (Lozère).

Angleterre, Allemagne, Espagne. — De plus considérables percent le sol au Cornwall (époque post-silurienne), en Westphalie (post-dévonien), en Espagne (post-crétacé), etc.

Przibram, en Bohême et Felsöbanya, en Hongrie sont très riches en sulfure de zinc. Les environs d'Aix-la-Chapelle présentent de nombreux filons, ainsi que Raibl, en Carinthie. Le Derbyshire, le Northumberland et le Leicestershire possèdent de très importantes mines de blende.

Italie. — En Sardaigne, on peut citer d'importants filons de blende avec galène, à Monte-Vecchio, où ils atteignent 60 mètres de puissance. Courant de l'Est vers l'Ouest, ils sont remarquables par leur revêtement quartzeux dont sont également garnis leur toit et leur mur. San Giovanni et San Benedetto sont aussi bien pourvus.

STIBINE

La stibine est le principal minerai d'antimoine, demi-métal, comme disaient nos ancêtres, qui a été longtemps exploité pour les usages exclusifs de la pharmacie et quelque peu aussi de la toilette, au moins dans les régions orientales, où il est désigné sous le nom de *Koheul*.

L'immense consommation qu'on en fait maintenant pour la fabrication des alliages et spécialement ceux qui sont destinés à la fabrication des caractères d'imprimerie, en a développé l'extraction d'une manière considérable. C'est une substance dont la formule chimique, Sb^2S^3, montre qu'elle appartient à la série des sesquisulfures. D'une couleur voisine de celle de la mine de plomb, elle est très tendre, salissant les doigts. Sa dureté coïncide avec la valeur 2 de l'échelle de Mohs, sa densité est de 4,6. Son éclat métallique est parfois très brillant, mais bien souvent elle est irisée, par suite de la production à sa surface de très minces lames de produits d'altération.

Elle est très facilement fusible : la flamme d'une bougie suffit pour la fondre et sa combustion répand dans l'air une fumée blanche qui rappelle les *fleurs de zinc*.

Son système cristallin est celui du prisme droit à base de losange, dit orthorhombique, et ses cristaux ont souvent cette forme simple, compliquée cependant d'habitude par les facettes d'octaèdres orthorhombiques.

La constitution générale des filons de stibine est calquée sur celle des filons de galène. La gangue la plus ordinaire est le quartz, et à cette occasion, nous rappellerons l'éloquence avec laquelle l'association de ces deux matières, la stibine et le cristal de roche, ont témoigné contre l'hypothèse d'une formation ignée des filons et en faveur de la thèse défendue par Sénarmont : la facile fusibilité de la stibine contrastant avec le caractère réfractaire du quartz, fréquemment développé en prismes nombreux sur le sulfure métallique non altéré.

Comme variétés, mentionnons à côté des gros prismes : la variété dite aciculaire, c'est-à-dire en aiguilles rayonnées ; la variété capillaire, en filaments soyeux, souvent entremêlés et constituant comme un feutre ; enfin, la variété compacte, qui est la plus abondante et qui, à première vue, peut être confondue avec les minerais d'oxyde de manganèse.

Japon. — En certains gisements, les cristaux sont d'un volume remarquable, et à cet égard, le Japon occupe une place tout à fait exceptionnelle [1]. C'est ce qui a lieu à Ichinokawa (province d'Iyo). Certains d'entre ces cristaux dépassent 60 centimètres de longueur. Parfois, le nombre des facettes qui modifient le prisme primitif, excède 80.

Europe. — Nous en connaissons des filons parfaitement caractérisés dans plusieurs localités de la France centrale, comme le Puy-de-Dôme, le Cantal, la Haute-Loire et l'Ardèche. Le Harz, la Saxe, la Bohême et la Hongrie, le Cornwall en renferment des gisements nombreux.

ARGYROSE

Le sulfure d'argent (Ag^2S) est le plus simple des minerais d'argent au point de vue chimique. Il forme, pour ainsi dire, à lui seul des filons qui peuvent être volumineux et dont les caractères de gisement coïncident avec ceux des filons de galène. Son aspect est métallique, de nuance grise, plus ou moins noirâtre, généralement terne à la surface, mais par suite d'altérations, comme le montre son brillant sur les raclures ou les sections. Il se laisse couper facilement au couteau, car il est ductile et tendre : sa dureté ne dépasse pas 2. Le dard du chalumeau le fond avec la plus grande facilité, en en dégageant par boursouflement des vapeurs sulfureuses. Sur le charbon, il se réduit aisément en un bouton d'argent.

L'argyrose est essentiellement cubique ; mais ses variétés cristallines sont très nombreuses, par l'intervention de facettes, qui appartiennent à l'octaèdre et qui résultent de mâcles diverses.

Les filons d'argyrose avec gangue de calcite ou de quartz se rencontrent souvent dans les gneiss, les micaschistes et les amphibolites. Ceux qui traversent le granit, le porphyre et le trachyte renferment à l'état de mélange de l'argent natif, de la

---

1. *Minerals of Japan*, par Tsunashira Wada. (Traduit en anglais par Takudzi Ogawa, in-8°. Tokio (1904).)

galène argentifère, et il n'est pas rare de voir les roches encaissantes infiltrées de petites veines d'argyrose.

Amérique. — Parmi les localités les plus argentifères, il y a lieu de citer de nombreux points du Pérou et du Chili. Le Mexique en exploite à Guanaxuato et à Zacatecas.

Europe. — En Europe, la Saxe et la Bohême, ainsi que le Harz en sont très bien fournis. Kongsberg, en Norvège, possède un gisement célèbre. Même en France, le massif des Alpes en donne des indices en Haute-Savoie et des quantités plus importantes dans l'Isère, aux Challanches.

À la suite de l'argyrose, on peut mentionner l'argent rouge ou *pyrargyrite*, qui est un sulfo-arséniure d'argent des mêmes gisements $(3Ag^2S, Sb^2S^3)$.

CHALKOSINE ET AUTRES SULFURES DE CUIVRE

Plusieurs sulfures de cuivre figurent au nombre des minerais importants. La chalkosine, ou sulfure simple de cuivre (Cu^2S), cristallise dans le système orthorhombique. Il forme à lui seul d'importants filons, comme en Hongrie et à Redruth, en Cornwall. La chalkopyrite (Cu^2S, Fe^2S^3), très connue sous le nom vulgaire de pyrite de cuivre, alimente des mines très actives en Lombardie, en Silésie, à Kefoum Tchéboul, en Algérie. C'est un sulfure double de cuivre et de fer. La gangue est ordinairement du quartz. Ailleurs, comme à Kupferderg, en Silésie, le minerai forme des sortes de nids, associés très irrégulièrement à des filons contenant comme matière accessoire la philippsite ou cuivre panaché, la pyrite de fer, la sidérose ou carbonate de fer. Au Chili, la chalkopyrite, mélangée de galène, de blende et d'argent à divers états, affleure en plusieurs localités comme San Antonio et Copiaco.

PANABASE

Un dernier sulfure à mentionner est la panabase, remarquable par sa grande complication chimique, $4(Cu^2Ag^2Fe^2, etc.)S, Sb^2S^3$, puisque le cuivre, l'argent, le fer, le zinc et le mercure y sont minéralisés par le soufre, l'antimoine et l'arsenic.

Espagne. — Près des grandes cimes de la Sierra Nevada, en Espagne, on en exploite, d'ailleurs peu activement, des filons qui contiennent jusqu'à 8 ou 10 kilogrammes d'argent par tonne ; ils sont malheureusement très irréguliers, à cause des dislocations géologiques.

DIOPTASE

Mentionnons, comme intéressants pour l'avenir, les gisements de dioptase, magnifique hydro-silicate de cuivre à apparence d'émeraude, que M. et Mᵐᵉ Marc Bel ont visités au Congo et dont ils ont rapporté de beaux échantillons au Muséum.

CINABRE

Ce sulfure de mercure comprend une variété bien connue sous le nom de vermillon. Sa composition chimique est exprimée par la formule HgS. Quand il est pur, il se présente en masses cristallines, translucides, assez brillantes et, en somme, ressemblant à la blende, au point qu'on l'a même quelquefois appelé blende rouge. Il est tendre et sa dureté varie de 2 à 2,5. Il se laisse facilement entamer par une lame de canif, quand il est pur. Ses cristaux appartiennent au système rhomboédrique ; ses formes, par conséquent, sont hémiédriques du système hexagonal. Les cristaux sont petits, fréquemment réunis en druses ou en géodes, comprises dans des masses compactes. Quand on le chauffe dans un tube de verre, fermé à un bout, après l'avoir mélangé de carbonate de soude, on voit se produire un anneau de petites gouttelettes de mercure métallique.

Espagne. — Ce minerai est célèbre pour l'antiquité de son exploitation. On voit encore en Espagne des traces des gigantesques mines d'Almaden, dans la province de la Manche, qui, malgré l'intensive production que les Romains en ont faite, principalement pour les besoins de la dorure, fournit encore annuellement des milliers de quintaux du métal liquide. En Estramadure, le bourg d'Almadenéjos est un centre important d'extraction. Les filons espagnols, de 6 à 12 mètres de puissance, traversent une formation de grès et de schistes siluriens en couches fortement redressées.

Californie. — Des gîtes, de disposition tout à fait comparable, ont déterminé en Californie la création et le nom de New Almaden, entre Monterey et San Francisco.

PYRITE

On désigne sous le nom de pyrite (à cause de sa propriété de faire feu au briquet), le bisulfure de fer (FeS^2), quand il est cristallisé dans le système cubique. Nous aurons, en effet, plus loin à mentionner un autre minéral, la marcasite, ayant exactement la même composition, mais qui cristallise dans le système orthorhombique, et dont les propriétés et le gisement sont notablement différents.

La pyrite cubique se signale au premier aspect, par son éclat métallique et sa couleur jaune d'or qui l'ont fait prendre bien des fois, par des personnes inexpérimentées, pour le métal précieux. Il y a lieu à son égard de faire une remarque analogue à celle que nous faisions plus haut pour la blende, car c'est un corps dont les formes sont hémiédriques de celles du système cubique proprement dit. Seulement, au lieu d'avoir pour type géométrique le tétraèdre régulier, ses cristaux évoluent autour du dodécaèdre pentagonal.

On peut d'ailleurs prévoir cette particularité de structure en regardant avec soin les faces des cubes de pyrite, car ils présentent cette singularité que chacun des six carrés qui les limitent, est strié perpendiculairement à deux de ses côtés, c'est-à-dire sur trois faces adjacentes.

C'est une manière d'être que ne saurait à aucun titre présenter un cristal holoédrique.

La densité de la pyrite varie entre 4,9 et 5,1 ; sa dureté est de 6 à 6,5 : quand on la raye, on est frappé du contraste de la couleur noire de la poussière détachée, avec l'aspect doré du cristal lui-même.

Dans le tube fermé, la pyrite dégage des vapeurs de soufre et se transforme en une substance très facilement attirable au barreau aimanté.

Abandonnée à l'air humide, elle a une certaine tendance à s'oxyder, c'est-à-dire à se convertir en sulfate de fer, qui détermine sa désagrégation ; la très inégale altérabilité des échantillons paraît tenir à la proportion plus ou moins grande de la marcasite, dont les éléments extrêmement fins sont presque toujours engagés dans son réseau cristallin.

Les exploitations de pyrite sont innombrables ; mais il faut dire tout de suite qu'elles n'ont pas en vue l'extraction du fer : la pyrite est considérée comme un minerai d'acide sulfurique et de soufre. C'est à partir de 1793 qu'elle a acquis son importance industrielle, en conséquence des travaux auxquels les chimistes français se sont appliqués, sur l'invitation impérative de la Convention, de conjurer la pénurie résultant du blocus, quant à l'alimentation par la Sicile, seule pourvoyeuse en soufre natif des poudreries. Citons cependant les localités où la pyrite se présente comme plus ou moins aurifère, ce qui en fait un symétrique, évidemment intéressant, de la galène argentifère.

Péninsule Ibérique. — Dans un certain nombre de régions, la pyrite cubique constitue presque seule des filons qui peuvent atteindre des dimensions considérables. Un des plus remarquables à cet égard s'étend en Espagne et en Portugal sur 108 kilomètres de longueur de l'Est à l'Ouest, d'Alemtejo et Séville. Au Rio Tinto, on exploite deux veines qui, sur plus de 100 mètres d'épaisseur, se prolongent, l'une sur 1.200 mètres et l'autre sur 800 mètres de longueur. Ces gisements magnifiques ont déjà été mis à contribution d'une façon très active par les Phéniciens et les Romains, et encore aujourd'hui, ils paraissent devoir être inépuisables.

Autres localités. — Dans les Monts Oural, au Brésil, à Macugnaga et à Gondo, en Piémont, on l'exploite surtout comme minerai d'or qui lui est très fréquemment associé.

SIDÉROSE

La sidérose, ou carbonate de fer ($FeCO_3$) se présente parfois à l'état de filons, dont les caractères morphologiques et l'allure ont les particularités mentionnées plus haut. Cette fois cependant, le minerai, quoique très riche en métal, — plus de 50 p. 100 en poids, — a l'aspect pierreux et, parfois même, une certaine translucidité. Sa densité est relativement forte, supérieure à 3,9. Sa dureté égale 4. La sidérose cristallise dans le système rhomboédrique qui est, comme on sait, une hémiédrie du système hexagonal et elle affecte très ordinairement la forme d'un rhomboèdre, dont l'angle est voisin de celui de la chaux carbonatée. Elle fait, au contact des acides, une effervescence faible quoique nettement sensible. Au chalumeau, elle se décompose et abandonne un globule noir attirable à l'aimant.

France. — En France, dans la région de Vizille et d'Allevard (Isère), se rencontre un réseau de filons de sidérose peu anciens, enclavés dans des plissements accessoires de la chaîne des Alpes. Mais l'extension des concrétions métalliques paraît dater de beaucoup plus longtemps, dans le massif des Alpes, où l'époque de remplissage de fentes ouvertes dans les terrains les plus divers, n'est pas toujours facile à préciser. Quand il est bien pur, ce minerai montrant de larges lames de clivage, se signale par son analogie d'allure générale avec la calcite, ce qui le rapproche encore de la catégorie des gangues. L'identité des conditions dans lesquelles sa reproduction a pu être obtenue par Sénarmont, avec les procédés propres à l'imitation des autres matières filoniennes complète ces remarques générales.

Angleterre. — Le pays de Cornwall, en Angleterre, est connu pour ses filons de sidérose, substance que nous aurons à citer plus loin dans la même région avec des conditions géologiques toutes différentes.

Allemagne. — Le Harz mérite également une mention, par exemple aux environs de Neudorf.

Espagne. — Le Nord-Ouest de l'Espagne contient, dans des formations très anciennes, des accumulations de sidérose mal définie, qu'on désigne prudemment sous le nom d'amas et qui semblent bien dériver par dislocation et jusqu'à un certain point par dénaturation chimique, de filons soumis dans les régions souterraines à une dynamique orogénique spécialement énergique.

CÉRUSITE

Le carbonate de plomb ($PbCO_3$) constitue, presque exclusivement seul, des filons importants d'une exploitation rémunératrice, dans quelques pays comme l'Espagne et les États-Unis. La présence, avec la cérusite de matériaux riches en galène, autorise la supposition qu'elle résulte d'une oxydation de cette dernière, mais la preuve absolue manquant et l'analogie avec d'autres filons carbonatés s'imposant, nous sommes autorisés à la mentionner comme un type particulier de filons.

La cérusite est blanche, rappelant pour l'aspect certains échantillons de céruse artificielle, dont elle a exactement la composition et tous les caractères physiques, quand elle est terreuse. Mais elle est souvent cristalline et même nettement cristallisée. Elle est alors d'une limpidité parfaite, douée d'un éclat qui rappelle celui du diamant, mais très tendre et très fragile, soluble avec effervescence dans les acides, et réductible en un globule de plomb métallique sur le charbon, au chalumeau. Sa densité est de 6,5.

Ses cristaux sont des formes dérivées du prisme droit à base de losange et isomorphes par conséquent, non pas avec la chaux carbonatée, dite calcite, mais avec la chaux carbonatée, dite arragonite.

Une de ses réactions les plus caractéristiques est de noircir sous l'action de l'hydrogène sulfuré, ou des sulfhydrates. Il est à noter à cette occasion que, si la céruse peut être regardée comme dérivant de la galène par oxydation, on rencontre quelquefois des cristaux de galène qui ont exactement la forme de la cérusite et qui doivent être considérés comme une épigénie de ce minéral. Il y aurait donc aller et retour dans les relations de ces deux espèces minéralogiques.

France. — En France, nombre de mines de galène renferment des portions de céruse, qu'on traite pour le plomb en mélange avec elle. C'est le cas, par exemple, aux mines de Huelgoat et de Poullaouen, en Bretagne.

Allemagne. — Parmi les localités étrangères qui en fournissent le Hartz (à Bleifeld et Zelterfeld), la Saxe à Johanngeorgenstadt, la Souabe, le duché de Bade méritent d'être cités.

PYROLUSITE

L'un des principaux minerais de manganèse est le bioxyde (MnO^2) qui est activement exploité pour divers usages et spécialement pour la préparation du chlore : en effet, mis en contact de l'acide chlorhydrique à l'ébullition, il s'empare de tout l'hy-

drogène de celui-ci et le chlore se dégage. La pyrolusite est d'un
noir brunâtre, désagrégeable et cependant dure (dureté, 6,5 à 7)
et d'une densité égale à 4,85. Les cristaux appartiennent au système du prisme droit à base de losange, avec de très nombreuses
modifications. Infusible par elle-même, elle se décompose au
chalumeau, en perdant 12 p. 100 d'oxygène, ce qui la fait passer
d'abord à l'état de sesquioxyde brun, coïncidant avec l'espèce
minéralogique dite braunite; puis à l'état d'oxyde salin rougeâtre
(haussmanite). C'est la matière première mise à contribution dans
les laboratoires, pour faire de l'oxygène. Dans la perle de borax,
elle donne une coloration améthyste, tout à fait caractéristique du
manganèse.

Europe. — C'est en filons de divers âges que se trouvent les
gisements importants de pyrolucite. Le Devonshire, le Harz et
l'Erzgebirge sont les pays d'Europe les plus productifs. Souvent,
ils forment des épanchements dans la substance de couches sédimentaires qui nous occuperont plus loin[1].

LIMONITE

Le fer oxydé à différents états, déterminés par la composition
chimique et par la forme cristalline, se rencontre en filons dans
des conditions géologiques très diverses.

Le type le plus net concerne la limonite, c'est-à-dire l'hydrate
ferrique (Fe^2O^3, $3H^2O$); mais il arrive souvent que d'autres composés, présentant la même allure, ont acquis des caractères spéciaux, en conséquence de réactions souterraines postérieures à
leur dépôt.

Grâce aux renseignements procurés par l'étude des couches
métallifères, on sait que l'exercice du métamorphisme sédimentaire est tout à fait efficace pour faire passer un filon de limonite
encaissé dans des roches qui sont devenues cristallines à l'état
de fer oligiste. Il n'en faudrait pas conclure que le mécanisme
filonien, défini selon ce que nous l'avons fait, comme dérivant
de l'activité de l'eau surchauffée, engendre directement de
pareilles productions naturelles. La prudence nous engage à

1. V. *The Manganese-ore deposits of India*, par Leigh Tiermor, 1 vol. in-8°,
Calcutta, 1909.

les laisser de côté et à ne retenir ici que les filons de limonite.

Ce minerai ne possède pas l'éclat métallique ; il se signale par une ressemblance très intime avec la rouille qui prend naissance sur le fer métallique abandonné à l'humidité et que possèdent aussi les précipités que les alcalis déterminent dans la solution aqueuse des sels de fer. On ne connaît pas de cristaux distincts de limonite, mais elle est souvent fibreuse et les fibres possèdent une structure qui révèle la symétrie orthorhombique : elles sont groupées de façon très diverses, en mamelons, en grappes, en stalactites et en concrétions de toutes formes. On connaît aussi des masses compactes, poreuses, sans structure définie. La dureté de la limonite varie de 5 à 5,5 et sa densité de 3,6 à 4.

Chauffée dans un tube fermé, elle dégage une notable proportion d'eau (environ 35 p. 100) ; au chalumeau, elle ne fond pas, mais donne lieu à un résidu magnétique. Dans la nature, on la voit fréquemment modifier son aspect et passer de la couleur rouille à des nuances rougeâtres et rouges. C'est ainsi qu'elle détermine la rubéfaction des roches et spécialement des serpentines. Elle entre alors dans l'espèce minéralogique dite hématite caractérisée par une moindre proportion d'eau.

La limonite constitue des filons qui peuvent être volumineux, mais dont beaucoup sont manifestement des altérations de formations antérieures, soit de filons de sidérose soit même de filons de pyrite, et dans ces cas, reconnaissables à la présence en profondeur du minerai non altéré, ces localités se rattachent à la catégorie des *chapeaux* qui dépendent de la fonction épipolhydrique... Il n'y a d'ailleurs aucune raison théorique pour que certains filons aient été originairement formés de limonite, ou au moins de gœthite, comme on en rencontre dans une partie de la Forêt Noire.

France. — La partie de la France la mieux favorisée en filons de limonite est certainement la chaîne des Pyrénées et la mine la plus célèbre est sans contredit celle de Rancié dans l'Ariège. Tout le monde est d'accord pour y voir des filons originairement constitués par de la sidérose, qui s'est transformée en divers minéraux ferrugineux sous les influences variées du métamorphisme. Le produit de ces actions secondaires est souvent très complexe : avec la sidérose dominante, se rencontrent de l'héma-

tite (oligiste), de la blende et de la galène. En outre, la structure
filonienne a été fréquemment modifiée et remplacée par une
contexture vacuolaire et géodique. Il s'est fait aussi des déplacements hydrothermaux et beaucoup d'échantillons sont proprement *stalactitiques.*

Des Basses-Pyrénées aux Pyrénées-Orientales, c'est-à-dire sur
toute la longueur de la chaîne, les gîtes filoniens fournissant de
la limonite sont innombrables.

A Puymorens, en Ariège, on observe une association de la
limonite avec la magnétite, qui conduit à faire entrer la collaboration de la fonction corticale dans la constitution définitive du
filon.

En dehors de la chaîne pyrénéenne, on peut citer comme renfermant des filons de limonite, beaucoup de points des Cévennes
et du Plateau Central. Il y en a quelques-uns en Dordogne, aux
environs d'Excideuil.

Italie. — Des filons de limonite se sont concrétionnés dans
certains calcaires métamorphiques rapportés en partie à la base
des temps secondaires, par exemple à l'île d'Elbe, à la Tolfa, à
Massétano et au Campigliese.

OR MÉTALLIQUE

Il est impossible de ne pas mentionner, dans la série des filons
métallifères, des veines quartzeuses qui contiennent, en pleine
masse, des cristaux, des paillettes ou des granules de diverses
formes, d'or métallique parfois remarquablement purs. La quantité de métal précieux est toujours bien peu considérable ; elle
est même quelquefois très faible, et l'exploitation est d'autant
plus facilement décevante, que les frais de traitement de la gangue
de cristal de roche sont plus considérables et même dispropor-
tionnés avec les bénéfices possibles.

France. — Cependant, il existe des exemples de semblables
travaux, et sans aller bien loin, nous pouvons citer à cet égard
un célèbre filon, découvert à la fin du xviii° siècle, auprès de
Bourg d'Oisans, au lieu dit La Gardette en Villard Eymond. La
concession en fut faite tout d'abord au comte de Provence qui
le fit exploiter par le célèbre ingénieur autrichien, Schreibers.

Un lingot fut préparé et une médaille commémorative frappée. Mais l'exploitation fut abandonnée bientôt. En 1831, une nouvelle tentative n'eut guère plus de bonheur et depuis 1840, la localité est totalement abandonnée.

Son étude n'en a pas moins pour nous des notions intéressantes. Le métal précieux se présente en lames et en grains solidement incrustés dans une variété de cristal de roche remarquablement compacte et d'une ténacité exceptionnelle, renfermant cependant des géodes plus ou moins larges tapissées de cristaux de quartz. De toutes parts aussi, on remarque des traces de glissements internes du quartz, c'est-à-dire des miroirs de frottement, suivant l'expression des mineurs.

Le filon de La Gardette atteint 90 centimètres de puissance ; il y brille de petits grains métalliques dont la variété minéralogique est tout à fait remarquable. Citons parmi les plus sûrement déterminés : la galène, la blende, la pyrite, la chalkopyrite, la panabase, la pyromorphite, la limonite et la manganite, tous invariablement aurifères. Aucun exemple n'est meilleur pour nous faire concevoir la complexité des solutions naturelles, se rencontrant à haute température et à haute pression, dans les circulations souterraines, où elles donnent lieu à des précipitations variables en chaque point.

Asie. — Il nous faut maintenant distinguer ici les localités où de semblables filons ont été rencontrés et qui sont véritablement innombrables. On peut citer tout d'abord, la chaîne de l'Oural. Dans la région de Kotchkar et dans celle de Bérézouwsk, l'or imprègne du quartz en filons, concrétionnés dans des crevasses traversant des schistes où se montrent aussi des filons de porphyre.

Autour de Kotchkar, et sur une surface de 50 kilomètres carrés, on compte de 700 à 800 filons, généralement dirigés de l'Est vers l'Ouest et qui sont, presque exclusivement, rémunérateurs à la traversée de bancs de schistes, dans lesquels du reste on ne trouve pas d'or, tandis qu'ils sont sensiblement stériles au niveau des calcaires alternants. Ici, l'or ne se trouve guère à l'état natif. Il imprègne ordinairement des pyrites et du mispickel d'ailleurs argentifères, dont la teneur en or peut atteindre 5 p. 100.

Afrique. — Les filons aurifères percent le sol dans beaucoup de points de l'Afrique, par exemple, dans le pays des Achantis, qui fut l'objet, dès 1817, d'une curieuse relation du voyageur Bowdich, citée par Biot[1] et où sont mentionnés de véritables filons, auprès de Coumassie. Dans le Haut-Niger, on reconnaît avec certitude que l'or, abondant dans certaines alluvions, provient de filons quartzeux qui traversent des roches cristallines. Madagascar possède divers filons bien nettement différents de ces roches gneissiques, que nous avons mentionnées plus haut, à propos des gisements corticaux. C'est principalement sur la frontière de l'Imérina, près de Surobaratra, dans un district particulièrement désolé et aride, que l'ancien gouvernement Howa avait installé la principale exploitation filonienne.

Océanie. — Citons enfin, plusieurs régions de l'Australie, et spécialement Victoria, les Nouvelles-Galles du Sud et Queensland, où les filons d'or sont remarquables à la fois par leurs dimensions et par leur richesse. Les statistiques dénoncent, pour la seule province de Victoria, plus de 3 000 filons de quartz aurifère, dont l'épaisseur atteint quelquefois 25 ou 30 mètres et qui traversent en plusieurs points des couches siluriennes.

QUARTZ

La mention rapide des gangues, c'est-à-dire des minéraux caractéristiques des filons concrétionnés, outre qu'elle complète la statistique des espèces minérales procédant du mode de formation réalisé dans les expériences de Sénarmont, augmente en même temps le nombre de matériaux utilisables et qui bien souvent ont justifié l'ouverture d'exploitations au même titre que les minerais métalliques eux-mêmes.

La première de ces substances n'est autre que le quartz. Formule : SiO^2, infusible au chalumeau, soluble seulement dans l'acide fluorhydrique, il cristallise dans le système hexagonal. Prisme hexagonal pyramidé et souvent bi-pyramidé. Densité 2,653, dureté 7. Il est fragile, avec une cassure conchoïdale.

Le quartz hyalin cristallisé est l'une des espèces minéralogiques les plus variables, par sa structure, sa transparence, sa couleur. Il est exploité pour les qualités qui en font une pierre

1. *Mélanges scientifiques et littéraires*, III, 291 et suiv., 3 vol. in-8°, Paris (1858).

précieuse de second ordre, avec parfois des ressemblances à des pierres orientales. Le quartz incolore, ou cristal de roche est le quartz sensiblement pur. On le rencontre en cristaux plus ou moins volumineux, en druses, dans les poches ou *fours à cristaux*, parties très dilatées de certains filons. C'est ainsi qu'on le rencontre dans le Haut-Valais, la Tarentaise, à Madagascar. Il tapisse aussi l'intérieur de géodes marneuses, par exemple, à Meillans, dans l'Isère, et dans certains marbrés qu'il fait étinceler, comme ceux de Carrare. On le voit dans les porphyres rouges de Saulieu (Côte-d'Or), dans les porphyres argileux, à Marmarosch (Hongrie). Les cailloux du Rhin sont de petits cristaux roulés dans le lit des rivières. Le rubis de Bohême est du quartz rose avec une teinte laiteuse. On en trouve à Rabenstein, en Bavière. L'améthyste est un beau quartz, teint en violet par une petite quantité d'oxyde manganique. On le recueille au Brésil, à Ceylan, en Sibérie. Le quartz jaune ou fausse topaze du Brésil, d'une belle transparence se voit à Huttenberg, en Carinthie et au Brésil. Le diamant d'Alençon, ou quartz enfumé, est exploité à Alençon et à Chanteloube, près Limoges ; dans les Alpes, en Sibérie. Il faut citer aussi de charmantes pierres dont la coloration est due à des jeux de lumière : le quartz girasol, le quartz chatoyant ou *œil de chat* qui a dans sa masse d'innombrables filets d'asbeste (Ceylan), l'aventurine, que l'on trouve en cailloux roulés, etc.

France. — Un très grand nombre de pays, dont le sol est géologiquement ancien, sont véritablement lardés de filons de quartz : la Bretagne, le Plateau Central, nos chaînes de montagnes cristallines, et avant tout les Alpes et les Pyrénées, sont dans ce cas. Sur les escarpements verticaux, c'est de toutes parts qu'on voit la monotonie des gneiss, des granits et des schistes cristallins de toutes sortes, interrompue par des bandes étroites, à limites parallèles, surgissant dans des directions plus ou moins verticales sur des centaines de mètres de hauteur. On voit ces accidents, d'épaisseur très diverse, mais généralement constante pour chacun d'eux, avec des nuances quelque peu variées de l'un à l'autre, se recouper mutuellement et même se faire éprouver des rejets de toutes les amplitudes.

C'est spécialement sur les flancs des vallées où coulent lentement les glaciers des Alpes et des Pyrénées que ces dispositifs géologiques se montrent avec le plus de netteté, à cause du décapage sans cesse renouvelé des roches, sous l'action des pluies et des chutes de neige. C'est là aussi qu'ils ont provoqué le plus l'attention des montagnards, et tout le monde sait l'intrépidité avec laquelle, à la fin du xviie siècle et au commencement du xixe, les Chamoniards arrivaient à réaliser de petites fortunes, en ajoutant à la profession de chasseur de chamois, le métier de cristallier. A cet égard, l'illustre Saussure nous a laissé des récits et des descriptions aussi séduisants par leur précision qu'émouvants par leurs détails et lyriques par leur forme. « L'espérance de s'enrichir tout d'un coup, dit-il, en trouvant une caverne remplie de beaux cristaux, était un attrait si puissant que les montagnards s'exposaient dans cette recherche aux dangers les plus affreux et qu'il ne se passait pas d'année où il ne périt des hommes dans les glaces et dans les précipices. Le principal indice qui dirige dans la recherche des grottes ou des fours à cristaux, comme ils les appellent, ce sont les veines de quartz que l'on voit en dehors des rochers. Ces veines blanches se distinguent de loin et souvent à de grandes hauteurs sur des murs verticaux et inaccessibles. Ils cherchent alors, ou à se frayer un chemin direct au travers des rochers, ou à y parvenir de plus haut, en se faisant suspendre par des cordes. Arrivés là, ils frappent doucement le rocher et lorsque la pierre rend un son creux, ils tâchent de l'ouvrir à coups de marteau ou en la minant avec de la poudre [1]. » Rappellerons-nous que Saussure est allé jusqu'à donner, dans ses célèbres *Voyages dans les Alpes*, le scénario d'un drame ou d'un opéra, où un collectionneur de cristal de roche aggraverait, par les périls de ses excursions, les angoisses d'une jeune montagnarde amoureuse.

L'ingénieur Stapff, bien connu par le percement du Saint-Gothard [2], est d'avis que la cristallisation du quartz qui forme des réseaux de veines au plafond du tunnel doivent être d'un âge extrêmement récent.

Madagascar. — Pour M. Lacroix, « le quartz hyalin de Mada-

---

1. *Voyages dans les Alpes*, 4 vol. in-4°, avec cartes, planches et vignettes, Neufchâtel, 1803 à 180 .

2. *Les Eaux du tunnel du Saint-Gothard*, p. 13, un vol. in-4°, 1891, Berlin.

gascar provient du démantellement de filons, en rapport plus ou moins direct avec les pegmatites. Il se trouve en abondance en beaucoup de points de l'île et souvent avec une beauté qui est une richesse. Il en est qui, provenant des poches à cristaux de gisements tourmalinifères, dépassent plusieurs centimètres, ils sont souvent un peu enfumés (vallée de la Sabatany). On recueille de beaux cristaux transparents à Volavaky, au nord d'Andrianalina, dans de nombreux points au Sud de Betafo. Les pegmatites situées au Sud d'Antsirabé, renferment des filons de quartz de pegmatite, dans lesquels ce minéral possède une belle coloration rose qui le fait rechercher dans le commerce. Ce quartz rose sert souvent de gangue au béryl, tel est en particulier le cas à Tongafeno. On sait que ce quartz se décolore assez rapidement par exposition à la lumière, mais, chose curieuse, et qui m'a été rapportée d'une façon indépendante par de nombreux prospecteurs, cette coloration ne se rencontre qu'au voisinage des affleurements, elle disparaît très rapidement en profondeur[1]. »

Des blocs de quartz *prase*, d'un beau vert, se trouvent dans les tufs basaltiques de la baie d'Ambavatoby et de l'îlot d'Ankazoberavina.

CALCITE

Formule : $CaCO_3$. Cristallise dans le système hexagonal et souvent dans les formes hémiédriques du rhomboèdre et de ses dérivés. Violente effervescence dans les acides. Transparente, incolore à l'état de pureté, mais souvent colorée très diversement. Densité, 2,723. Dureté, 3.

La calcite est une des gangues les plus fréquentes de beaucoup de filons métallifères. Il nous importe de remarquer ici que ce beau minéral constitue en maintes localités, à lui seul et sans mélange de quantités importantes d'autres matières, de gros filons tout entiers. Ils sont spécialement éloquents pour affirmer les relations de famille de divers filons concrétionnés avec de simples conduites d'eau incrustante. Fréquemment, le carbonate de chaux a obstrué complètement le canal qui lui livrait

---

1. *Minéralogie de la France et de ses Colonies*, 5 vol. in-8°, 1903-1913.

passage et même alors sur les cassures, et mieux encore sur les
sections planes qu'on y pratique, on retrouve la structure en
petits lits tortueux et superposés, parfois incolores, parfois plus
ou moins teintés par des matières mécaniquement entraînées et
par des métaux de précipitation. En plus d'une localité, le résultat est véritablement admirable. On a affaire alors à l'onyx (onyx
calcaire ou onyx noble), pour le distinguer du vulgaire onyx
gypseux, que son peu de résistance au frottement rend indigne
de servir de matière sculpturale).

Algérie et Mexique. — L'Algérie et le Mexique sont les points
de production de ces beaux matériaux. On sait le prix inestimable
que les anciens attachaient à l'onyx d'Algérie, le seul qu'ils con-
nussent, mais qu'ils ont employé à profusion.

Il est à remarquer que l'onyx calcaire des filons, ressemble
par certains traits à la substance qui, dans tant de pays, tra-
vaille à l'obstruction progressive des grottes ouvertes dans des
couches calcaires. La composition est la même dans les deux cas,
mais une importante différence surgit quant aux conditions
physiques du laboratoire naturel. La température, en particulier,
est très nettement différente et le mélange de matières étrangères très inégal.

Comme appendice à la calcite, citons la dolomie, carbonate
double de chaux et de magnésie, qui se rencontre dans un grand
nombre de genres de gisements, mais dont les cristaux ne sont
jamais aussi beaux qu'au sein des filons. Isomorphe avec la calcite elle a une densité de 2,8 à 2,92.

FLUORINE

Formule : CaFl. Cristallise dans le système cubique simple, ou
légèrement modifié sur les arêtes ou sur les angles.

La fluorine aussi est une gangue remarquable. On a de fortes
raisons de croire qu'elle a été remarquée dès l'antiquité. Plusieurs auteurs ont défendu l'opinion qu'elle a fourni la substance
des vases murrhins. En tout cas, on en fait actuellement des
ornements très agréables par leur nuance fréquemment verte,
ou rose, ou surtout violette, et fréquemment d'une admirable
limpidité incolore. Mais ce qui donne à la fluorine sa valeur pra-

tique, c'est le secours qu'elle apporte aux métallurgistes par sa faculté de fondant, c'est-à-dire de matière propre à abaisser le point de fusion des minerais traités et de provoquer ainsi une grande économie de combustible, en même temps que de fatiguer moins les appareils de réduction. Son nom de fluorine (de *fluere*, couler) lui vient précisément de cette faculté liquidifiante et il est d'autant plus utile de le mentionner en passant, qu'on pourrait être porté à croire qu'elle le doit à la fluorescence qu'elle manifeste par exemple après un échauffement convenable ou un éclairage suffisamment intense. Il y a là un renversement des choses : on a qualifié de fluorescences toutes les matières qui partageaient la propriété de la fluorine. Sa densité est de 3 à 3,2 et sa dureté est exprimée par 4.

France. — Parmi les localités où on l'exploite, le plateau du Morvan est un des plus actifs et alimente un grand nombre de fonderies. C'est par exemple à Voltenne, en Saône-et-Loire, que se rencontre une très belle variété qui est largement employée comme fondant par les usines du Creusot.

Europe. — Le Derbyshire est très riche en filons où la fluorine est presque seule ; depuis bien longtemps, elle est travaillée sous forme de coupes et de vases d'ornement qui se sont répandus sur la terre entière. Près de Stolberg, dans le Harz, elle est remarquable par sa structure compacte et ses teintes ternes, blanchâtres, violâtres ou gris bleuâtre. Dans la chaîne des Alpes, comme aux environs de Pontgibaud (Puy-de-Dôme), elle est fréquemment en octaèdres ; mais il y a des associations beaucoup plus compliquées de forme en Bohême, à Kongsberg (Norvège).

On s'est aperçu qu'il est des cristaux de fluorine qui dégagent du fluor à l'état de liberté, quand on les brise, ou quant on les dissout. Moissan est parti de cette circonstance pour imaginer l'emploi de vases taillés dans des blocs de fluorine pour en faire des récipients dans lesquels il a réalisé l'isolement du fluor.

BARYTINE

Formule : $BaOSO^3$. Sa densité est de 2,8, sa dureté de 3 à 3,5. Elle cristallise dans le système orthorhombique. La barytine, ou spath pesant, est une des gangues les plus caractéristiques de nombreux filons métallifères, c'est dire qu'il doit y avoir des filons composés presque en totalité par la baryte sulfatée.

France. — De beaux réseaux de veines barytiques se montrent en diverses régions du Plateau Central, au travers du massif de gneiss fondamental. Brioude, Langeac, Massiac ont fourni de beaux échantillons aux collections.

Allemagne. — On en rencontre également dans le Harz, auprès de Klausthal, où sont innombrables les concrétions régulières parallèles aux parois des gîtes et fournissant quantité de variétés géométriques.

Belgique. — En Belgique, les environs de Fleurus montrent un dépôt de barytine qui, avec une épaisseur atteignant 90 mètres, dépasse 500 mètres de longueur visible.

Madagascar. — Citons aussi Madagascar dont la région aurifère d'Andavokoera possède une abondance extrême de filons barytiques.

Il peut être utile de mentionner la fréquence de sources chaudes sortant de l'affleurement même de filons barytiques. A Lamalou (Hérault), dont la température atteint 35°, il semble qu'on assiste au dépôt actuel d'une barytine, remarquable par sa ressemblance chimique avec les vieux dépôts de Klausthal.

ARGILES FILONIENNES

Parmi les gangues, il arrive très fréquemment d'avoir à signaler des substances argileuses, dont les caractères de pureté ont conduit à faire, sinon des espèces particulières, au moins des variétés nettement définies. Les noms d'*halloysite*, de *lithomarge*, de *montmorillonite*, de *nontronite*, et bien d'autres, en sont la preuve, et l'on s'est demandé parfois si ces substances ne représentent pas des produits d'altérations de silicates, analogues à celles qui ont engendré les marges de massifs granitiques ou autres. Cependant, au moins en ce qui concerne les variétés les plus pures, on doit croire à une origine fontigénique, qu'on voit d'ailleurs à l'œuvre dans de nombreux bassins de sources thermales.

Parmi les autres preuves qu'on pourrait invoquer dans le

même sens, il y a lieu de rappeler les magnifiques filons de jaspe exploités naguère à Saint-Gervais-les-Bains (Haute-Savoie) pour y puiser la matière superbe de plusieurs colonnes de l'Opéra de Paris. On n'hésite pas à reconnaître dans les jaspes le résultat de la silicification d'argiles antérieures.

C) Les couches métallifères.

Il est impossible de ne pas rattacher, à cause de ressemblances et d'analogies multiples, certains gisements métallifères qui, tout en ayant une série nombreuse de caractères qui en font des dépôts sédimentaires, ont cependant des traits de composition et de structure qui coïncident avec ceux des filons les mieux caractérisés. Par exemple, une grande partie du Mansfeld, montre dans l'ensemble de ses formations stratifiées, des matériaux qui sont avidement exploités et soumis, dans des usines, à des traitements métallurgiques très fructueux. Dans un échantillon gros comme le poing, on rencontre des grains pierreux ayant quelquefois l'aspect de galets et plus souvent la finesse de sables, associés à des débris organiques : coquilles, empreintes de plantes, squelettes d'encrines et de poissons dont beaucoup ont conservé leurs écailles, et où l'on voit, de toutes parts, des cristallisations évidemment métalliques : petits cubes de galène, lamelles irisées de chalkopyrite et jusqu'à des sulfures substitués à la substance originelle de vestiges animaux. Dans d'autres cas, et avec plus de simplicité, mais avec autant d'éloquence, se présentent de véritables grès bien stratifiés, formés de poussière de quartz, cimentés exclusivement par de la galène cristalline, parfois argentifère et jouissant de toutes les propriétés des galènes filoniennes.

Ces faits, dont la liste serait longue, nous imposent la notion d'un type d'accidents auxquels convient le nom de *couches métallifères*.

Ce type comprend des subdivisions très naturelles, même en ne retenant pour le moment que ce qui dépend de l'intervention de la fonction bathydrique.

Deux catégories s'imposent spécialement : celle où des matériaux mutuellement actifs ont eu pour théâtre de leur rencontre les interstices (capillaires ou plus considérables) d'une couche, sans intervention chimique de la substance sédimentaire ; et celle où, au contraire, la matière composant le sol a réagi sur les fluides circulant à son contact et a contracté avec certains de leurs éléments la matière métallifère elle-même.

Cas des roches chimiquement inactives.

Une transition toute naturelle se présente à nous, pour faire comprendre comment les roches inertes se sont métallisées. On se rappelle en effet qu'un détail fréquent de bien des filons proprement dits, consiste dans des marges intéressant une certaine zone de la roche encaissante, dans laquelle se sont développés des réseaux de petites veinules auxquelles les Allemands donnent le nom, devenu cosmopolite, de *stockwerck*. Il n'est pas douteux qu'en beaucoup de circonstances, l'ouverture des failles devenues des filons, ait été accompagnée d'un craquellement des lèvres de la rupture.

La circulation des principes métallogènes se fait nécessairement dans les minuscules fissures ainsi produites.

Il suffit en effet de supposer, dans une roche située à proximité d'émanations métalliques, un degré convenable de perméabilité, par porosité ou autrement, pour comprendre que les liqueurs qui l'imprègnent puissent, en se mélangeant, déterminer des précipitations dans les petits espaces disponibles.

Allemagne. — C'est, sans nul doute, ce qui a eu lieu dans les grès galénifères de Bleyberg auprès de Comern, dont nous parlions tout à l'heure et qui peuvent figurer parmi des minerais parfaitement caractérisés et fructueusement exploitables. Ce mode de

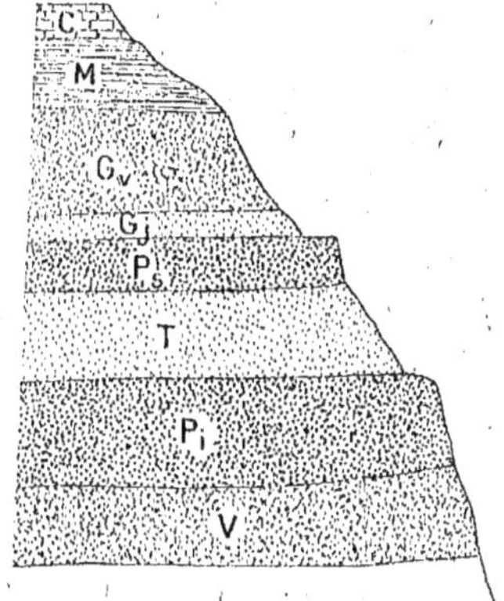

Fig. 16. — Grès galénifères de Saint-Avold (Moselle).

C, calcaire de Muschelkalk. M, marnes et sables, vert et rouge. Gv, grès gris et vert pâle. Gj, gris jaunâtre. Ps, grès à galène. T, grès bigarré (trias). Pi, grès à galène. V, grès des Vosges (Permien).

formation entraîne une variante du procédé ordinaire d'exploitation qui consiste à soumettre le minerai à une fusion préalable dans des chaudières où se fait, par la simple liquéfaction du sulfure de plomb, une séparation complète du minerai qui se réunit au fond de l'appareil, sous la forme d'un culot, et du sable dont la faible densité détermine l'ascension à la surface où l'on peut s'en débarrasser aisément par une sorte originale d'écumage.

Afrique Australe. — Un autre exemple, plus intéressant encore au point de vue pratique, concerne la célèbre *Bankett* de l'Afrique Australe. On donne ce nom à une assise qui s'est révélée comme très notablement aurifère, mais avec des circonstances tout à fait exceptionnelles. Elle consiste en un véritable poudingue quartzeux et siliceux. Les galets qui la composent et qui sont très énergiquement soudés, ne présentent pas la moindre particule d'or et les dissolvants les plus énergiques du métal précieux sont restés sans effet, même sur la poussière la plus fine. Mais c'est dans le ciment qui relie ces galets, et qui est lui-même constitué presque exclusivement de quartz, que l'or est réparti en quantité largement rémunératrice, bien qu'à un état d'invisibilité complète. Il est évident, qu'ici encore, une vieille plage de galets ayant été, au cours des âges géologiques, enfouie à des distances progressivement croissantes de la surface de la terre et étant ainsi parvenue à des zones suffisamment chaudes, pour que les conditions des tubes de Sénarmont étant réalisées, les réactifs propres à la génération métallique aient précipité cette poussière presque moléculaire d'or en mélange avec la gelée siliceuse qui s'est convertie en quartz.

L'étude géologique de la région a occupé un grand nombre d'observateurs et spécialement de prospecteurs, parmi lesquels on peut citer M. Molengraaff. On sait que le sol est établi sur un soubassement cristallophyllien, qui supporte d'épaisses assises très métamorphiques, d'âge parfois incertain et dont une partie remonte à l'époque carbonifère. L'ensemble a subi, vers les temps permiens, une gigantesque érosion qui a produit les poudingues que nous venons de mentionner et qu'on désigne sous le nom local de *karoo*. Les galets qui composent ce karoo, généralement quartzeux et en tous cas très durs, présentent fréquemment des stries auxquelles plusieurs auteurs ont voulu attribuer une origine glaciaire. Mais on a généralement renoncé à cette opinion depuis que la preuve est faite de l'efficacité des tassements souterrains, au sein des matériaux détritiques, pour imprimer à la surface des fragments, progressivement privés de leur milieu arénacé originel, et surtout de l'impuissance où seraient les glaciers d'infliger à des matériaux sous-jacents les stigmates dont il s'agit. Il est en effet démontré que les dislocations se sont donné une carrière spécialement énergique et prolongée, dans la région qui nous occupe, et l'on a reconnu les traces de trois époques éruptives, l'une primaire, la seconde de la base du secondaire et la dernière, éocène.

Sans préciser à quel moment l'or s'est mélangé à ces divers matériaux, on doit noter que le métal précieux est localisé dans certaines roches : schistes, quartzites, conglomérats, ceux-ci les plus riches et constituant le *main reef* : ils comprennent des niveaux, où l'on recueille de 15 à 40 grammes d'or à la tonne, sur 1 m. 30 d'épaisseur; de 10 à 35 grammes, sur 0 m. 30 à 1 mètre; de 10 à 15 grammes, sur 0 m. 20 à 1 mètre, etc. La production de cette région, dite Witwatersrand, a été de 623 millions d'or en 1905, et progressivement jusqu'à 840 millions en 1911. Deux cent mille indigènes furent employés aux travaux, dans 70 mines, mettant en action plus de dix mille pilons.

Russie. — A la curieuse région du Mansfeld, fait pendant le colossal gisement de minerai de cuivre du minerai de Perm, en Russie. Sur une surface de 900.000 kilomètres carrés, s'étendent des grès généralement gris ou blanchâtres, très régulièrement stratifiés, presque horizontaux, dont le ciment est extraordinairement riche en cuivre sous divers états, principalement sous ceux de sulfure simple ou complexe et parfois même de métal libre. Malgré l'intensité des réactions chimiques, que cette richesse suppose nécessairement, on constate que le grès a conservé entièrement sa structure, car il est extrêmement riche en fossiles qui donnent même aux exploitations une apparence tout à fait exceptionnelle. Les excavations mettent au jour d'innombrables débris végétaux et, avant tout, des morceaux de troncs d'arbres de très grandes dimensions. Les botanistes en reconnaissent aisément les caractères spécifiques et les cataloguent en partie dans le genre

Calamites qui a joué, comme on sait, un si grand rôle dans la
flore permo-carbonifère. Chose remarquable, des conditions tout
à fait analogues, mais à dimension relativement microscopiques,
se reproduisent dans d'autres localités, telles que le cap Garonne,
près de Toulon, et aux environs de Fréjus. Là encore on voit
des minerais de cuivre, d'ailleurs modifiés par les actions superficielles, et qui se signalent à l'œil par des mouches bleues
d'azurite disséminées dans la roche.

Bolivie. — En Bolivie, près de La Paz, on exploite sous le nom de
Coro-Coro, des grès probablement d'âge crétacé, mais qu'aucun

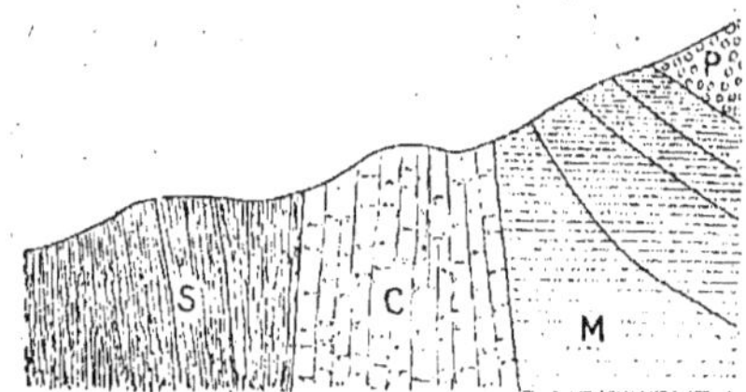

Fig. 17. — Gîte de cinabre (sulfure de mercure), de Skouca, en Carniole.

S, schiste de Werfen (niveau du *grès bigarré*). C, calcaire de Guttenstein (niveau du *Muschelkalk*). M, marnes de Wenger (niveau de *marnes irisées*) dont la partie supérieure est imprégnée
de mercure. — P, conglomérat calcaire.

caractère lithologique ne signale, si ce n'est que le ciment des
grains de sable est formé de cuivre métallique, carbonaté d'ailleurs par places par des réactions secondaires. En quelques
points, le cuivre est associé à de l'argent métallique et quelquefois même remplacé par lui. Le gîte s'étend sur 750 kilomètres
de longueur et 40 kilomètres de large. Une des couches, dite
Buen Pastor, atteint 12 mètres d'épaisseur ; mais il faut avouer
qu'elle n'est pas partout cuprifère. L'exploitation s'est continuée
avec des vicissitudes depuis 1832.

Carniole. — En Carniole (fig. 17), on voit des couches du terrain
triasique supérieur (marnes irisées), consistant en argiles un peu
calcarifères et fournissant des empreintes de plantes, par
exemple à Skouca, absolument imprégnées de sulfure noir de mercure, avec une abondance suffisante pour fournir une exploitation.

Cas de roches chimiquement actives, et spécialement du calcaire (gîtes calaminaires).

C'est encore dans la masse des terrains sédimentaires, que se trouvent des gîtes métallifères, d'une forme subordonnée évidemment à la qualité stratifiée de la région où ils existent, mais qui ne sont cependant pas en couches proprement dites. Ce sont des *amas* plus ou moins irréguliers dans leurs contours, et qui répondent bien à l'idée de *poches*, nom qu'on leur a donné d'instinct depuis longtemps. Ils se rencontrent presque exclusivement dans les roches calcaires.

En général, ils offrent au regard une portion de la formation qui tout à coup tranche avec les régions voisines, donnant l'impression d'une forte altération et avant tout d'une corrosion. Le contact entre les matériaux dont il s'agit avec le calcaire encaissant est irrégulier, raboteux, ménagé par quelques étapes intermédiaires entre la pierre intacte et la masse du gîte. Quant à celle-ci, elle frappe par son grand désordre et très souvent par son hétérogénéité de matière, en même temps que par son irrégularité de structure. Des expériences nombreuses ont montré qu'elle consiste en deux ordres de matériaux, les uns représentant sans aucun doute un résidu de la dissolution de la roche environnante, les autres caractérisés par la présence de substances qui manquent ordinairement dans celle-ci et qui ont déterminé l'exploitation.

On peut distinguer différents types d'après la nature du métal.

CALAMINE

Le zinc, dont l'emploi est chaque année plus considérable, est fourni à l'industrie par deux sources principales : car outre les filons du genre le plus classique, semblables à ceux qui fournissent la galène, la chalkopyrite et bien d'autres sulfures, et dont nous avons parlé, il faut décrire les poches dites *calaminaires*, qui représentent l'une des formes les plus accomplies des gîtes de corrosion calcaire.

Vieille Montagne. — Le type de ces poches de corrosion se rencontre à la Vieille Montagne, territoire qui jusqu'à la guerre était neutre, entre la frontière de Belgique et celle de la Prusse rhénane.

Le sol est, en ce point, constitué par une très grande épaisseur de calcaires dévonien et carbonifère, en couches tordues, présentant des successions de plis synclinaux, dont les intermédiaires anticlinaux ont été supprimés par érosion et qui sont alternativement calcaires ou schisteux. Tout l'ensemble a été évidemment

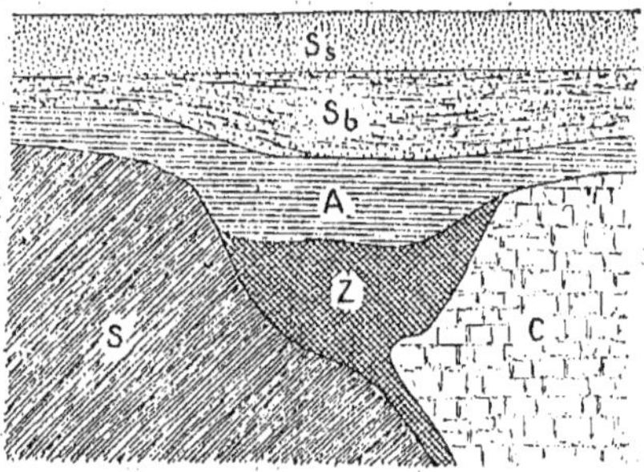

Fig. 18. — Coupe au travers du gîte calaminaire de Pandour, près de Welkenraedt.

Ss, sable sec du niveau senonien (crétacé). — Sb, sable boulant (c'est-à-dire fluide). A, argile rouge. — C, calcaire carbonifère. — S, schiste du terrain houiller. — Z, poche de calamine (minerai de zinc).

recouvert par des couches beaucoup plus récentes et en grande partie crétacées dont il ne reste que des lambeaux. Çà et là, apparaissent à la surface, dont les séparent seulement quelques matériaux détritiques, des formations remarquablement riches en minerais de zinc. Ces gîtes sont tantôt dans la concavité d'un pli de calcaire carbonifère, tantôt au contact d'un pareil pli et du terrain dévonien sous-jacent.

Auprès de Welkenraedt, où le gîte de Pandour donne une coupe singulièrement claire (fig. 19), deux massifs stratigraphiques s'affrontent horizontalement. Ils sont tous deux d'époque carbonifère ; mais l'un d'eux est schisteux, pendant que l'autre est calcaire. Le contact, peu éloigné de la verticale, est cependant assez incliné pour que le schiste soit nettement au mur par rapport au

calcaire, qui est au toit. Entre les deux roches, et empêchant leur
contact effectif, se trouve, sous la forme d'une plaque épaisse, le
mélange de matériaux caractéristiques des gîtes calaminaires,
d'ailleurs dans un grand désordre de minerais et de gangues, les
matériaux argileux dominant parmi ces dernières. Si l'on s'élève
à travers la formation, on voit la plaque qui s'épaissit rapidement et qui prend sur la coupe verticale du terrain, l'aspect
d'une large poche nettement
défmie. Cette fois encore,
le sentiment d'une corrosion
s'impose, la plaque représentant le trajet progressivement élargi d'agents cor-
rosifs, auxquels a succombé
le calcaire et qui ont séjourné plus haut, de façon
à développer le volume de
leur action. Le tout est surmonté d'argiles rouges, de
sable si fin qu'il jouit d'une
grande fluidité et enfin de
substances arénacées, dont
l'âge sénonien a été bien
déterminé.

Le principal minerai ex-
ploité à la Vieille Montagne

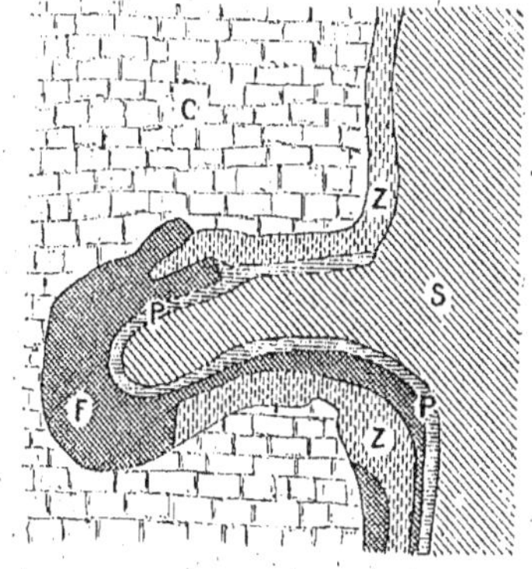

Fig. 19. — Plan du gîte de zinc de Wolken-
raedt, près d'Aix-la-Chapelle.

C, calcaire carbonifère. S, schiste carbonifère.
Z, dépôt de *Calamine* (minerai de zinc). P, *Galène*
(minerai de plomb). F, dépôt sidérothique; minerai
de fer en grain.

est désigné sous le nom de *Smithsonite*. C'est, au point de vue
chimique, du carbonate de zinc. Il cristallise en rhomboèdres,
isomorphes avec la calcite. Avec lui, en quantité très variable et
quelquefois prépondérante, se trouve la *Calamine* qui est du
silicate, cristallisant en prismes orthorhombiques[1]. A ces deux
composés bien définis s'ajoute d'ailleurs, et fréquemment avec une
grande importance industrielle, *l'argile calaminaire*, qui représente avant tout le résidu de dissolution du calcaire encaissant,

---

[1]. Delafosse, dans sa *Minéralogie* si justement appréciée, a eu la malheureuse
idée de tenter l'intérversion de ces deux noms. Il est bon d'en être prévenu, afin
d'éviter des confusions qui ont été commises quelquefois (3 vol. in-8° avec atlas,
Paris, 1858).

mais qui est imprégnée de substances zincifères au point de donner un fort appoint à l'exploitation. L'étude de cette matière complexe fournit au microscope des particules des deux minérais principaux auxquels s'ajoutent de la blende et d'autres minéraux, variables d'une place à l'autre.

A la Vieille Montagne même (fig. 19), la forme des gîtes est très variable suivant les lieux. En certains endroits, leur forme générale rappelle celle de certains gisements fumarolliens au contact des roches éruptives et des matières quelconques, au travers des-

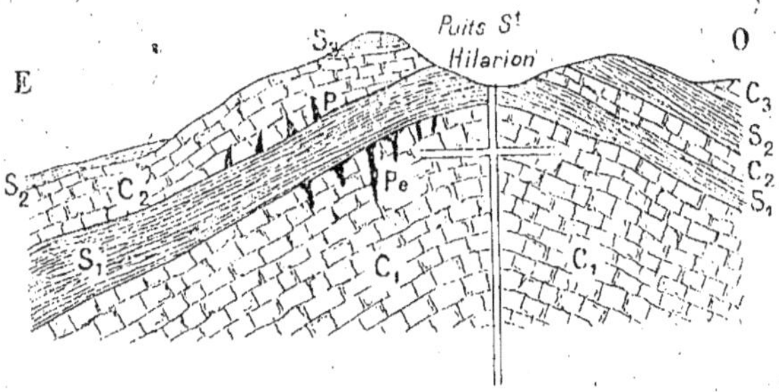

Fig. 20. — Coupe au travers des poches métallifères de Laurium, près d'Athènes.

C, calcaire du trias inférieur. S, schiste. C₂, calcaire à *Gyroporella* (trias supérieur). S₂, schiste de Kamereza. C₃, calcaire crétacé. D'après M. Huet.

quelles s'est déclarée l'éruption volcanique, et la comparaison est fort instructive pour mettre en garde contre des rapprochements dérivant d'analogies purement morphologiques, l'eau suréchauffée devant être sans hésitation substituée aux éléments gazeux qui interviennent dans les volcans, ainsi que le montre la composition chimique des produits.

Le Laurium (Grèce). — Au Laurium (fig. 20), exploité déjà 520 ans avant Jésus-Christ, mentionné comme renfermant des gîtes sulfurés de plomb et de zinc, se manifeste avec un développement remarquable tout le cortège des productions calaminaires. Il affecte même, en conséquence de la disposition générale des matériaux en présence, des particularités qui permettent d'entrer dans le détail de l'opération génératrice.

D'après M. Négris[1], le sol du Laurium est formé à la surface du terrain crétacé supérieur, calcaire et schisteux, renfermant des millioles reconnaissables, malgré l'état cristallin du calcaire qui est fréquemment un très beau marbre blanc. Plus bas, se présentent des couches de calcaire compacte renfermant des fossiles triasiques remaniés, introduits vraisemblablement par des phénomènes de charriage et qui appartiennent au niveau tithonique et plus spécialement au portlandien. La base des terrains atteints dépend du trias et fournit successivement de haut en bas du calcaire à *Gyroporella*, un schiste dit de Kamareza, avec plusieurs lits subordonnés de marbre, et enfin du calcaire dit inférieur. Le tout, qui au point de vue lithologique, se borne à des alternances de calcaire et de schiste, dessine, par exemple aux environs du puits Saint-Hilarion, ces deux roches, recoupées çà et là par des fissures ou failles, à peu près verticales. Les gîtes calaminaires sont sans exception sur les surfaces de contact des marbres et des schistes, et avec une allure contraire, suivant que le calcaire se trouve au toit ou au mur du schiste. Dans le premier cas, les poches de corrosion ont mérité tantôt le nom d'*éteignoirs*, étant beaucoup plus larges à leur partie inférieure qui repose sur le schiste qu'à leur partie supérieure qui se perd en pointe en pleine masse de marbre et tantôt d'*entonnoirs* dans les secondes.

La cause de cette disposition est facile à voir. Les eaux minéralisatrices émanant des profondeurs souterraines ont suivi le canal ouvert par des cassures presque verticales. Elles ont tendu à s'échapper latéralement par tous les joints qui se présentaient à elles, et les diastromes interposées entre les bancs de schiste et les bancs de calcaire, leur ont offert un chemin particulièrement facile. Que ces diastromes aient été au toit ou au mur des schistes, l'action chimique des eaux minéralisatrices n'en est pas moins restée la même ; mais dans un cas, la corrosion a été aidée et dans l'autre cas, entravée par la pesanteur des liquides métallifères qui ont protégé, soit les parties basses du bain, dans le cas des entonnoirs, ou leurs parties hautes, dans le cas contraire. Ces faits ont reçu des vérifications expérimentales

1. *Roches cristallophylliennes et tectonique de la Grèce*, p. 19 ; un vol. in-8°, Athènes, 1915.

par le témoignage de blocs calcaires, artificiellement corrodés par des jets de liquides acides jaillissant de bas en haut ou se précipitant de haut en bas, suivant les cas. A l'imitation de la forme, s'est jointe l'association du résidu de dissolution avec le précipité résultant du déplacement par le calcaire du métal contenu dans le liquide corrosif.

Répétons que, dans le même point, existent aujourd'hui, dans un état d'association très intime, avec les traces proprement calaminaires, des traces incontestables d'actions proprement filoniennes, qu'on peut expliquer facilement en raison de la non-ubiquité du calcaire, et en reconnaissant que les mêmes eaux qui, au contact de celui-ci ont donné lieu aux poches, ont, là où la roche encaissante était inerte, engendré la galène, la blende et leurs congénères.

Tunisie. — Quoique avec un luxe moins grand de particularités, bien d'autres localités nous procurent la condition calaminaire. J'ai personnellement étudié sur la frontière commune de l'Algérie et de la Tunisie, le curieux gisement du Bou-Jaber, non loin de l'intéressante cité de Soukharas. C'est dans le niveau urgo-aptien, au contact du néocomien et des marnes à plicatules, que se rencontrent des calcaires profondément attaqués par des circulations métallifères, qui ont mélangé, à leurs résidus insolubles et argileux, un mélange de calamine et de smithsonite, fréquemment stalactitique et très cristallin, et parfois compacte et agatoïde. C'est un type qu'on retrouve dans beaucoup de gîtes du midi de la France.

Allemagne. — La Silésie est un grand centre de production de zinc, où sont enchevêtrées des manifestations d'actions diverses, mélangeant de la calamine parfaitement nette, à des incrustations filoniennes de blende et de galène.

MANGANÈSE

Dans un très grand nombre de localités, les assises calcaires ont exercé une action précipitante sur les solutions de manganèse, même extrêmement diluées, qui ruisselaient à leur contact. Nous avons déjà fait allusion au dépôt manganique qui fut rencontré dans le diluvium parisien, lors des travaux du Métropolitain, à la traversée de la place de la Concorde. En maintes localités, les mêmes réactions se sont développées sur une telle dimension et durant une telle durée qu'il en est résulté des gîtes exploitables.

Pyrénées. — Nous nous bornerons à un seul exemple, emprunté à la géologie des Pyrénées, à la localité de Las Cabessès (Ariège). On y voit une épaisse formation de marbre dévonien, de la variété dite *griotte*, qui est si fréquemment exploitée comme pierre ornementale. En ce point, la roche, sans application possible à la décoration des édifices, est disloquée et réduite en blocs irréguliers dans les interstices desquels a évidemment circulé très longtemps le liquide métallifère. C'est, en effet, d'une manière essentiellement irrégulière que les portions poreuses et friables du calcaire se sont transformées en minerai de manganèse, pendant que les portions compactes résistaient à l'imprégnation. Il en résulte une allure extrêmement capricieuse des dépôts, qui semblent groupés d'après la distribution même des failles qui traversent la région. Rien ne permet de préjuger sous quelle forme le métal a été apporté. La fréquence du fer, dont l'histoire, comme on le verra, a été poussée très loin, quant à sa précipitation par le calcaire, peut conduire à supposer que c'est à l'état de sulfate que le transport métallique a eu lieu.

FER

Quant au fer, nous pouvons insister d'autant plus volontiers sur son histoire qu'elle précise les conditions générales des couches métallifères, et qu'elle nous dispense de nous arrêter sur tous les exemples qu'on en a observés.

C'est aux niveaux géologiques les plus distants, qu'on rencontre des couches d'oxyde de fer, et c'est aussi sous des formes minéralogiques très différentes, que le minerai s'offre à notre examen. On peut même remarquer qu'il y a une liaison évidente et très éloquente, entre ces deux ordres de considérations, l'oligiste étant cantonné d'ordinaire dans les assises paléozoïques et la limonite apparaissant seulement dans les lits secondaires ou même tertiaires. Si parfois il se présente des exceptions à cette règle, comme nous en citerons une tout à l'heure, c'est exclusivement dans des points où l'activité souterraine a été des plus rapides et des plus intenses.

France. — Nous rencontrons dans l'Orne, dans cette pittoresque région des environs de Flers (fig. 21), qu'on appelle parfois la Suisse normande, une couche parfaitement réglée (intercalée entre les grès arénigiens, dits de Bagnoles, et les phyllades d'Angers, dits Llandovériens), qui est entièrement composée d'oligiste pur, le colcotar (rouge d'Angleterre du commerce). L'étude des lieux conduit à la certitude qu'il s'agit

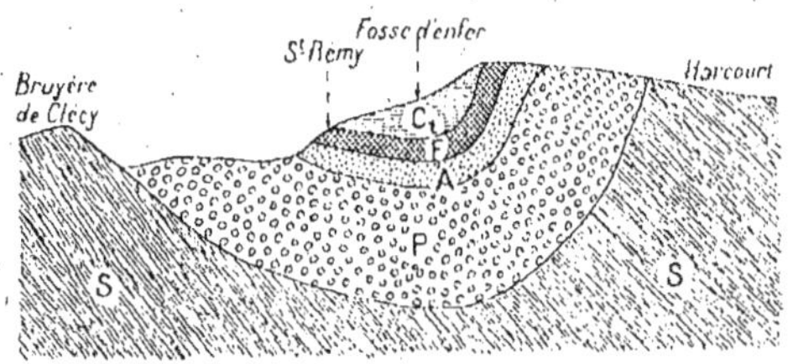

Fig. 21. — Coupe du gîte de fer oligiste de Saint-Rémy, près de Flers (Orne).

S, schistes dits phyllades de Saint-Lô (archéen). P, poudingues pourprés (terrain cambrien). A, grès armoricain du silurien inférieur (arénigien). F, couche d'oligiste. *Cl*, schistes à *Calymena Tristani* (niveau Llandeïlien) silurien supérieur.

d'une formation qui, lors de son dépôt, était calcaire et qui a été intégralement épigénisée par la circulation de solutions ferrugineuses, agissant à la haute température où le niveau a dû pénétrer par affaissement, à une époque qui reste d'ailleurs indéterminée.

Ce qui le démontre, c'est justement un de ces faits exceptionnels auxquels nous venons de faire allusion, c'est-à-dire la rencontre d'une transformation toute pareille, mais comprise dans des massifs stratigraphiques, dont le peu d'ancienneté rend impossible la transformation normale du calcaire en oligiste. Il s'agit d'un niveau activement exploité à La Voulte (Ardèche) (fig. 22) dont l'âge oolithique est proclamé par l'abondance des ammonites parfaitement déterminables. Le test de ces coquilles est aussi bien passé à l'état de minerai de fer anhydre, que la masse entière de la couche qui les renferme. Et, comme terme transitoire, nous pouvons nous appuyer sur le témoignage du minerai de fer de Vieil-Saint-Rémy (Ardennes) qui, datant de l'époque séquanienne, est entièrement converti en limonite, y compris les innombrables tests qu'il contient. Encore un peu de séjour dans les profondeurs et il aurait pris l'apparence du minerai de La Voulte, en attendant peut-être que des compressions ou des broyages l'aient amené à l'homogénéité de Saint-Rémy de l'Orne.

Toute cette histoire si remarquable, dont nous venons d'indiquer seulement les grandes lignes, sera avantageusement précisée

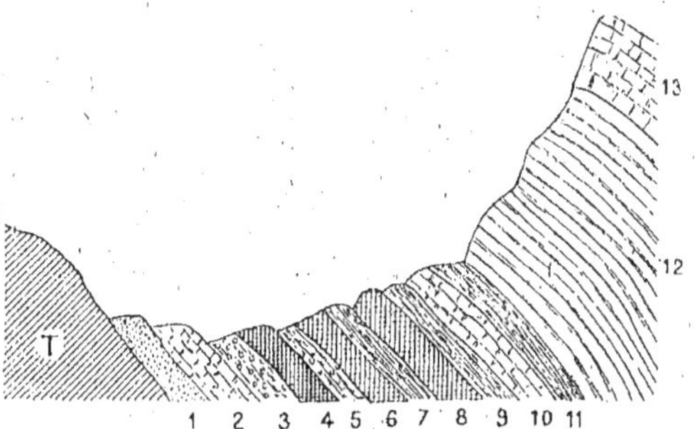

Fig. 22. — Coupe de couche de fer oligiste des environs de La Voulte (Ardèche).

T, talcschiste. — 1, grès grisâtre. — 2, calcaire à *Pentacrinus*. — 3, Marnes noires à rognons de sidérose terreuse. — 4, sidérose terreuse en plaques avec oligiste. — 5, Marnes à *Ammonites Backeriæ*. — 6, Fer oligiste (couche dite *Le Rouge*). — 7, Marnes noires. — 8, Minerai de fer avec marne (couche dite *Le Blanc*). — 9, marnes à *Reineckia anceps* (callovien). — 10, calcaire solide. — 11, marnes à *Posidonia*. — 12, marnes oxfordiennes à *Belemnitis hastatus*. — 13, calcaire séquanien (D'après Coquand).

par un abrégé rapide de l'évolution par laquelle a passé le célèbre minerai de fer de Briey.

Un de ses traits les plus remarquables concerne sa structure, essentiellement oolithique, c'est-à-dire à la fois globulifère, concentrique et rayonnante. On le constate avec la plus grande facilité, en examinant au microscope des lames taillées sous l'épaisseur de deux ou trois centièmes de millimètre, et l'on complète ces informations, en faisant macérer les petits globules dans des acides énergiques et à des températures diverses. On détermine ainsi la dissolution totale du fer, mais on a seulement décoloré l'oolithe, qui a gardé sa forme et sa structure. Elle n'est plus formée alors que d'alumine et nous aurons plus tard à nous en occuper de nouveau. Ajoutons que dans les oolithes, les matières associées à la limonite, comme les argiles et les masses sableuses, sont pour l'ordinaire ocreuses. Les fossiles y sont nombreux et formés de limonite dans toute leur masse. Ce sont, pour ne parler que des plus fréquents, *Ammonites Aalensis, Belemnites tripartitus, Gryphea ferruginea, Ostrea calceola, Trigonia navis, Cardium subtruncatum,* etc.

La présence des fossiles et leur détermination zoologique, quant à la conformité complète des conditions du fond de la mer de l'époque dont il s'agit et que les géologues appellent toarcienne (lias supérieur), avec celles de l'océan de nos jours, ne sauraient faire l'ombre d'un doute. Nous pouvons affirmer qu'au fond de l'eau, se déposait tout doucement une vase fine, de nature vraisemblablement argilo-calcaire, ayant en somme la composition chimique des tests vivants sur laquelle on peut d'autant moins hésiter, qu'en des localités plus ou moins voisines, on retrouve exactement les mêmes espèces organiques, avec leur composition normale, et fréquemment au sein de roches n'ayant aucunement la structure globulifère.

Pour comprendre comment la roche a acquis l'ensemble de caractères qui précède, remarquons que maintes masses rocheuses sont, après leur solidification, le théâtre de mouvements intestins qui séparent les matières cristallisables de celles qui sont amorphes; pour les concentrer peu à peu autour de certains points en oolithes véritables. Citons, comme spécialement probante l'acquisition de la structure globulifère, par certains limons argilo-calcaires très récents, tels que ceux des environs de Lyon, où Fournet a observé des plaques lenticulaires, au milieu desquelles sont des oolithes de 1 à 5 millimètres, parfaitement régulières. On peut donc croire que le calcaire oolithique doit sa structure caractéristique à un travail moléculaire déterminé par l'attraction mutuelle de particules possédant les mêmes aptitudes cristallographiques, et qui se groupent en conséquence autour de certains centres d'attraction. La boue, primitivement déposée dans la mer, pouvait être très complexe et renfermer, outre le carbonate de chaux, une proportion plus ou moins forte d'argile, de marne, de sable, etc. ; ces corps sont restés relativement inertes, pendant le déplacement de la calcite et se sont trouvés refoulés dans les interstices des oolithes, à l'état de matière conjonctive ou ciment. L'acquisition, par le calcaire, de la structure oolithique, se présente comme caractérisant une étape dans l'évolution normale, c'est-à-dire moyenne, des roches formées de carbonate de chaux prédominant. Une fois admis que la structure oolithique est le résultat du travail spontané de masses calcaires primitivement uniformes et terreuses, il y a pour nous le plus vif intérêt à comparer les calcaires oolithiques ainsi produits, aux limonites également oolithiques, dont il s'agit d'expliquer l'origine et le mode de formation.

A cet égard, il est facile de rapprocher des échantillons qui ne diffèrent vraiment aux yeux que par la couleur, blanche chez les uns, ocreuse chez les autres. La manière d'être au point de vue physique est entièrement semblable. D'ailleurs, il n'est pas rare dans les départements de la Meurthe et de la Moselle, par exemple vers Bouxières-aux-Dames, de passer, sans quitter une couche donnée, du minerai exploitable à des masses de moins en moins ocracées, et de proche en proche, à des calcaires proprement dits.

Il y a longtemps que la vue de semblables passages m'avait donné l'idée que la couche ferrugineuse pouvait bien être un résultat de la transformation d'une assise primitivement calcaire. A cet égard, les arguments principaux parurent devoir être fournis par la méthode expérimentale. L'appareil consiste dans une *éprouvette à dessécher* dont on obstrue la portion étranglée par un tampon perméable d'amiante, et qu'on remplit du produit de désagrégation d'une variété convenablement choisie, de calcaire oolithique : des spécimens provenant de Marquise et de Tonnerre ont été fréquemment employés [1]. Une fois la colonne remplie avec les précautions nécessaires, on la recouvre de quelques centimètres de gravier, afin de la maintenir bien stable, puis on arrose le tout avec une dissolution plus ou moins étendue (généralement très étendue), froide ou chaude suivant les cas, de sulfate de protoxyde de fer. On constate qu'au bout d'un temps suffisant, le liquide sortant par le bas de l'éprouvette, ne con-

---

1. Voir, par exemple : Stanislas Meunier, les *Méthodes de synthèse en Minéralogie*, un vol. in-8°, Paris, 1891, p. 324 et suiv., et le Même : *Catalogue sommaire de la Collection de Géologie expérimentale du Muséum*, Paris, 1907, p. 88.

tient que du sulfate de chaux, tout le fer ayant été arrêté par le calcaire qui prend tout de suite, à la partie supérieure, la couleur ocreuse caractéristique. Mais, chose très curieuse et imprévue, il suffit de faire durer quelques heures l'expérience en renouvelant la solution ferrugineuse, pour reconnaître que beaucoup de sulfate de fer passe inaltéré et peut se retrouver dans les liquides rejetés. Ce fait aura beaucoup d'applications dans la théorie des faits naturels.

Par exemple, il rend très facilement compte de l'existence d'oolithes de limonite dans une roche calcaire peu ou point ocreuse. En mentionnant dans sa *Minéralogie de la France et de ses colonies* [1] les expériences qui nous occupent, et que j'avais antérieurement publiées, M. A. Lacroix disait : « Je suis surtout frappé de l'identité de structure que présentent (oolithes mises à part) dans une même localité, les calcaires extrêmement riches en oolithes ferrugineuses et ceux qui en renferment peu et qui passent à des calcaires n'en renfermant pas ; cette identité me semble incompatible avec une transformation aussi radicale que celle qui devrait être la conséquence de l'apport postérieur, par un procédé quelconque, de la quantité de fer nécessaire à la production des minerais oolithiques. On comprend très bien que des calcaires puissent être, en blocs, épigénisés en produits ferrugineux ; mais l'élection du fer, dans une partie seulement de la roche, est plus difficile à concevoir. »

Or, les faits se chargent de répondre à cette objection : quand on remplit l'éprouvette à dessécher avec le produit de désagrégation du calcaire oolithique de Tonnerre, par exemple, on jette cette poussière par petites portions dans le vase, généralement au moyen d'une spatule ou d'une carte. A chaque fois, pendant la chute, il se fait un triage et les oolithes arrivent en bas avant la matière bien plus fine, à laquelle elles étaient mélangées. Il résulte de là que le remplissage est fait de petits lits alternatifs, très vaguement limités, bien entendu, de matériaux relativement grossiers, et de portions très fines dans lesquelles aussi des oolithes sont disséminées. Le résultat de l'arrosage, avec la solution métallique très étendue, c'est la ferruginification, plus

1, Tome III, p. 382, Paris, 1901.

ou moins rapide, des parties grossières, et par conséquent des oolithes, bien avant que la portion fine commence à changer de couleur. On voit donc que, malgré la difficulté de la concevoir, l'élection d'une partie seulement de la roche calcaire par la précipitation du fer, est un fait incontestable.

D'autres considérations doivent être citées encore, comme confirmant le phénomène épigénique que nous admettons. Ainsi, malgré l'intime ressemblance des couches de minerai avec les lits de calcaire d'où elles dérivent, on peut y noter cette différence, que les oolithes parfaitement sphéroïdales dans le calcaire, sont plus petites et ellipsoïdes dans la roche ocreuse. Leur grand axe est parallèle au plan de sédimentation. Il est évident que la substitution de la sidérose ou de la limonite, dont la densité est égale à 3,8, à la calcite, qui pèse seulement 2,7, ne peut se faire sans déterminer dans la masse qui en est le siège, une contraction notable, et par suite un tassement, dont la forme aplatie des oolithes ferrugineuses est comme un reflet. Un poids donné de carbone, 6 grammes, par exemple, passe de la substance de 5o grammes de calcite initiale, qui occupait plus de 18 cm³5, dans celle de 58 grammes de sidérose, qui occupe seulement 15 cm³2. Le rapport de ces deux capacités ou, 0,821, représente la contraction de chaque unité de volume de la couche. Nous disons la sidérose, au lieu de la limonite, car il est évident que c'est la sidérose qui s'est substituée à la calcite du début. Seulement, dans une grande partie du gisement, les masses, d'abord profondes, sont revenues au voisinage de la surface, et le carbonate de fer décomposé est passé à l'état d'hydrate de peroxyde.

Les conditions topographiques et techniques du gisement de Briey ont deux raisons de nous arrêter : la richesse exceptionnelle des mines, riche appât pour la voracité allemande et la joie de l'avoir reconquis.

La zone métallifère, d'une superficie de 54.000 kilomètres carrés, figure trois grands promontoires allongés vers l'est et le sud-est. Au nord, c'est l'ancien bassin de Longwy, qui représente à lui seul, 10.000 hectares en partie exploités. Au centre, c'est le nouveau bassin de Briey, où l'on peut distinguer deux régions : celle de Briey, Conflans et Batilly, dite parfois bassin de l'Orne, et celle de Jœuf, Auboué, Momécourt et Montiers, représentant plus de 16.000 hectares. Enfin, le bassin d'entre Moselle et Meuse qui n'a pas moins de 22.000 hectares exploitables.

La formation ferrugineuse, dont les affleurements forment une demi-ceinture caractérisée dans le Nord et dans l'Est de l'arrondissement de Briey, plongent vers l'intérieur, comme toutes les formations qui lui sont asssociées, au-dessus comme au-dessous d'elle.

Par suite des érosions qui ont modelé le pays et qui font alterner comme résultat des travaux de la pluie, des lignes de collines et des séries de vallons, c'est sur le flanc de ces derniers qu'apparaît la section, bien visible en beaucoup de points, de la formation minière, qui dépend du lias supérieur ou terrain toarcien, ainsi qu'en témoignent les fossiles en plein minerai de fer, avec cette circonstance bien spéciale que leur substance constitutive est entièrement formée par de l'oxyde de fer, et que les exploitants les jettent au haut fourneau comme simple minerai.

Regardé dans le détail, le terrain ferrugineux présente, dans sa structure et dans sa composition, une grande complication et on ne peut trouver que dans des lits très minces une homogénéité à peu près parfaite. Dès que l'épaisseur augmente, on voit l'association de lits dont les caractères diffèrent et avec lesquels sont des réseaux de veines ou veinules, faites, les unes de marne, les autres d'argile, et qui se poursuivent parallèlement à la stratification. Le minerai fait parfois de simples taches, variant de la dimension de moucletures à celle de nodules gros comme les deux poings, dans une gangue complexe.

Quand on peut suivre une couche sur une longueur suffisamment grande, on y voit des variations d'épaisseur qui portent à admettre que la forme d'ensemble en est lenticulaire. La puissance du dépôt ferrugineux varie suivant les localités : le maximum de développement paraît être entre Hussigny, Villerupt, Ottange et Esche, où il atteint 27 mètres, dont 16 représentent le minerai disposé en cinq couches exploitables.

Dans la région de la Meurthe et de la Moselle, c'est d'ellemême que s'impose la subdivision de la zone ferrugineuse en trois niveaux superposés : tout à fait en haut de la formation, et par conséquent au contact du terrain calcaire, qui constitue le bajocien, on est en présence de la couche *rouge*, au-dessous de laquelle se montre la couche *grise*, puis, la couche *noire*. Il s'agit là d'appellations techniques qui ne sont pas toujours en rapport avec la couleur des dépôts.

L'analyse chimique constate dans le minerai beaucoup d'autres matières que le fer. Elle y découvre une forte proportion de silice, d'alumine et de calcaire. On y trouve du phosphore, à la proportion remarquablement constante de 3 millièmes. L'oxyde de manganèse et des quantités sensibles de titane et d'arsenic y figurent aussi. Le soufre s'y montre sous la forme de sulfure de fer, associé lui-même à d'autres sulfures métalliques, tels que la galène, et la blende. C'est à ce dernier minéral qu'il faut attribuer les quantités notables de zinc métallique que la réparation ou la démolition des hauts fourneaux a plus d'une fois rencontré dans les interstices de la maçonnerie. La teneur du minerai en fer est très variable, et son maximum est de 40 p. 100. Quand elle descend aux environs de 30 p. 100, on peut encore le traiter, mais à 25 p. 100, il ne peut plus servir qu'en mélange avec des variétés plus riches et seulement dans le cas où la proportion de calcaire est dominante.

L'exploitation du minerai de fer oolithique de Lorraine a commencé en 1834 et le premier haut fourneau a été construit à Chavigny en 1837. Ce n'était, en réalité, comme nous l'avons vu, qu'une reprise d'activité industrielle, des traces d'exploitations antiques ayant été reconnues. À l'époque actuelle, l'exploitation se fait selon trois modes différents. D'abord, à ciel ouvert : ce sont des carrières à gradins, et auprès de Longwy, cette manière a donné jusqu'à 400.000 tonnes de minerai par an. Un deuxième procédé concerne les *mines d'affleurement* : sur la tranche des tranchées recoupées, on ouvre des galeries distribuées de façon à dessiner un damier régulier subordonné à une voie débouchant au jour et par laquelle se fait l'extraction. Enfin, la partie la plus importante des exploitations, celle qui seule peut promettre un avenir prolongé et productif, consiste dans les *mines profondes*, par lesquelles on tire parti de la plus grande surface du bassin minier. Il est vrai que des nappes aquifères y créent des difficultés sérieuses, que l'on ne peut vaincre que très onéreusement.

En résumé, l'histoire géologique des minerais de fer de la Lorraine et de beaucoup d'autres pays qui sont construits comme elle, se signale par le nombre de réactions qui y ont successivement pris part. Elle contraste beaucoup à cet égard avec les suppositions qu'on avait cru légitimes à première vue et qui reportaient tous les détails de la production à l'époque même où l'on classe les assises auxquelles le minerai est subordonné.

La genèse des minerais ferrugineux hydratés subit des variantes selon certains détails de la constitution du milieu, et nous devons rattacher aux genres de formation en question celle qu'on désigne sous le nom de fer géodique. On l'exploite avec activité dans la Haute-Marne, dans la Sarthe, etc., quoique moins pure que les autres. Elle se présente sous la forme de nodules de rouille, gros comme le poing et quelquefois davantage, et sa forme est essentiellement variable. C'est à titre d'exception qu'elle se présente en ovoïdes qui sous les noms d'ætites et de *pierres d'aigle*, sont entourés dans quelques régions d'une attention superstitieuse. Après avoir accepté que c'est seulement dans l'aire des aigles qu'on peut les trouver et où, de fait, on n'en a jamais ramassé, on assure qu'elles procurent tous les bonheurs à leur heureux propriétaire, nécessairement habitant des pays où aucun gisement n'existe en place. Leur étude conduit à supposer que ces concrétions ont une histoire très voisine de celle des oolithes ou des pisolithes et qu'elle résulte aussi d'une épigénie de formations calcaires.

BAUXITE

Tout le monde sait la place gigantesque que l'aluminium, après avoir été véritablement négligé par l'industrie, a prise dans les applications les plus diverses. Cette révolution, due en grande partie à notre compatriote Henri Sainte-Claire Deville, est liée directement à la découverte d'un minerai pratiquement réductible par une métallurgie simple. Il est bien remarquable, en effet, que si l'aluminium est sans contestation l'un des métaux les plus abondants, c'est surtout à l'état de silicate qu'il se présente, soit dans les feldspaths, soit dans leurs produits ordinaires d'altération, c'est-à-dire les argiles : l'extraction y est tout spécialement difficile.

C'est la trouvaille dans une localité exceptionnelle du Groënland, de la cryolithe, fluorure double d'aluminium et de sodium, qui a fourni ces lingots, ces plaques, ces fils et ces récipients de toutes formes, d'une densité de carton et qui ont trouvé tant d'applications, depuis la fabrication d'objets d'économie domestique jusqu'à celle des charpentes d'avions et de ballons dirigeables, alors bien imprévus. D'ailleurs, le gisement groënlandais, toujours unique ou à peu près, n'a pas tardé à se tarir et c'est en lui cherchant un succédané que Sainte-Claire Deville a arrêté son attention sur la bauxite, simple hydrate d'alumine, confondu d'abord par son aspect avec les argiles, et dont le traitement est aussi facile que celui de ces dernières est impratique. Comme l'a montré le chimiste français, on en fait aisément du chlorure double d'aluminium et de sodium, qui livre son métal comme produit d'une réaction parallèle à celle qui désarticule la cryolithe. Or, la bauxite est essentiellement une substance de couches métallifères.

On peut reproduire expérimentalement la situation naturelle de la bauxite dans ses gisements les plus nets, en soumettant des blocs de calcaire au contact d'une solution de chlorure ou d'un autre sel soluble d'aluminium, qui dissout la chaux et dépose l'hydrate alumineux dans les dépressions ainsi produites, en mélange avec les grains sableux ou les autres particules insolubles de la roche traitée.

Il faut prévenir, en terminant, la confusion qu'on pourrait faire entre la bauxite et la latérite, constituée comme elle par de l'hydrate d'alumine, mais qui paraît résulter d'une attaque spéciale des feldspaths, en dehors du mécanisme, générateur des argiles, et qu'a si bien étudié Ebelmen, grâce auquel des organismes microscopiques (diatomées) seraient les auteurs de la mise en liberté de l'oxyde d'aluminium.

France. — La bauxite tire son nom de son abondance au voisinage du village des Baux, en Provence, près Mouriès (Bouches-du-Rhône), dans la chaîne des Alpines. Elle constitue des assises dont les détails de structure rappellent la calamine, à cause de leur association, souvent en forme de poche, avec des calcaires manifestement corrodés. Elle fait aussi des lits continus, qui semblent bien résulter de lavages postérieurs par des cours d'eau qui les ont transportés au fond de bassins de sédimentation, et c'est ainsi qu'on peut en rencontrer à la surface de gneiss et d'autres roches inattaquables.

Il y a des gisements de bauxite dans le Var, dans l'Hérault, la Lozère, l'Ariège, le Puy-de-Dôme et dans une infinité d'autres régions.

Le niveau géologique est variable d'un cas à l'autre, comme il arrive pour les gisements de calamine. Aux Baux, on est au niveau urgonien, c'est-à-dire dans un horizon correspondant à celui des poches calaminaires du Bou-Jaber (Tunisie). Mais à Cantagals, près de Villeveyrac (Hérault), dans l'oxfordien. On en trouve dans le terrain garumnien, c'est-à-dire dans le crétacé inférieur. Dans un grand nombre de ces gisements, on est frappé du mélange de traits de structure rappelant, les uns, les poches à blende, les autres celles du terrain dit sidérolitique, qui nous occupera un peu plus loin. Par exemple on recueille fréquemment de petits globules à couches concentriques, ayant d'autant plus d'analogie avec le fer en grains que, là comme ailleurs, la bauxite, qui par elle-même est blanche et d'un aspect plus ou moins kaolinique, se colore facilement par le mélange d'un peu de limonite. Nous verrons que réciproquement, les pisolithes ferrugineuses contiennent des traces plus ou moins sensibles de bauxite qui déterminent la persistance, après un séjour dans l'acide chlorhydrique, d'où est résultée la dissolution du fer, d'un globule d'hydrate d'alumine.

Guyane. — J'en ai pour ma part signalé, il y a bien longtemps, comme provenant de la pointe de Diamant, à la Guyane française [1].

Annam. — J'en ai trouvé de particulièrement bien définie dans des spécimens envoyés de l'Annam au Muséum, par M. Pavie.

SIDÉROSE

Ce qui précède montre que le carbonate de fer, ou sidérose, jouit, en partage avec la limonite, de certaines propriétés pou-

1. *C. R. Acad. Sc.*, t. LXXIV, 633 (1872).

vant déterminer sa concentration dans des gîtes appartenant au type qui nous occupe en ce moment. Nous avons dit que si à Briey, par exemple, elle s'est transformée en limonite, c'est que la situation continentale qu'elle a acquise en conséquence des bossellements généraux, l'a amenée à perdre son acide carbonique, dont la place a été prise par de l'eau d'hydratation. Il suffirait donc de supposer qu'un gisement, constitué comme l'était au début celui de Briey, a pu persister assez longtemps dans ses conditions initiales pour que, sa stabilité s'étant mieux équilibrée, elle ait pu subir impunément des actions qui, plus tôt, l'auraient modifiée. C'est ainsi que nous comprenons l'existence et la valeur minière de gîtes de sidérose subordonnés aux niveaux primaires, et spécialement au terrain carbonifère et à cette zone de passage du carbonifère au permien, qu'on a eu un moment la naïveté de vouloir qualifier de permo-carbonifère.

Allemagne. — C'est la condition qui se présente à Sarrebrück, où les assises, subordonnées à des bancs de houille, contiennent des nodules sphéroïdaux parfois volumineux et qui sont composés de sidérose mélangée d'argile, dont la concrétion a été provoquée par la présence de restes organiques qui se sont fossilisés. C'est en fendant ces noyaux, parfois si réguliers, qu'on a découvert ces merveilleux échantillons d'animaux à première apparence de reptiles, et même de crocodiles, désignés sous le nom significatif d'*Archegosaurus*. Prématurément, d'ailleurs, car l'étude ultérieure a montré qu'il s'agit en réalité de batraciens, qui manifestaient à l'époque permienne un degré de perfectionnement organique très supérieur à celui que les batraciens de nos jours ne se permettent pas de dépasser. C'est dans le même gisement que l'on a trouvé les beaux débris végétaux et spécialement des épis, pourvus encore de tous leurs détails anatomiques, qui se rattachent aux *Lepidodendron*, et qui font l'ornement des collections de paléontologie.

En regardant de près ces nodules si souvent fossilifères, on est frappé de l'éloquence de leur histoire chimique. Ils sont très ordinairement, en effet, traversés par des crevasses, maintenant remplies de différents genres de concrétions et qui ressemblent si exactement dans leur allure à celles qui caractérisent les *septaria* calcaires, qu'il est évident que la forme sphéroïdale n'a été adoptée par le carbonate de fer qu'à titre d'épigénie du carbonate de chaux.

Il s'agit donc ici d'une simple variante d'un phénomène déjà mentionné. Mais, au point de vue pratique, les particularités de ce gisement lui donnent une valeur exceptionnelle : les travaux du mineur lui fournissant, d'un seul coup, un minerai de première qualité et la houille qui sera chargée d'en réaliser la réduction à l'état métallique.

Angleterre. — De nombreux exemples de niveaux paléozoïques divers consacrent l'importance, non seulement des contrées rhénanes, mais aussi de l'ouest de l'Angleterre, de plusieurs régions de la Scandinavie, comme de gisements américains. En France, nous en avons des représentations réduites à Saint-Étienne, par exemple, où le faubourg du Treuil a déjà été signalé par Brongniart comme fournissant des grès houillers, propres au comblement des galeries épuisées et qui comprennent des horizons parfaitement réglés de sphérosidérite très riche.

Une autre forme encore consiste dans le *blackband* des Anglais, où l'accumulation d'innombrables bivalves, dont on a fait le genre *Anthracosia*, sont empâtés dans du carbonate de fer qui, en outre, en a épigénisé la substance.

PHOSPHORITE

La concrétion de la phosphorite s'opère dans des conditions générales intimement comparables à celles des minerais précédents. Des couches, initialement calcaires, ont été, dans un très grand nombre de localités, phosphatisées, avec tout un détail d'états successifs qui reproduisent, sauf pour la nature chimique, la génération du fer oolithique.

Picardie et Belgique. — L'exemple typique est fourni par les régions supérieures du terrain crétacé, soit en Picardie, soit dans le sud de l'Angleterre, soit en Belgique, aux environs de Mons. La craie blanche, tantôt sénonienne, tantôt danienne, s'y montre finement globulifère. L'étude attentive des gisements y décèle une lente substitution du phosphate tribasique de chaux au calcaire crayeux, dans la masse duquel des éléments spéciaux et, très vraisemblablement, des produits organiques, ont fourni, aux eaux de circulation souterraine, des dérivés, organiques eux-mêmes, capables d'attaquer le carbonate de chaux : des ammoniaques phosphorées, du genre de celles qu'on retrouve dans la masse de bien des marbres noirs, analysés par M. Spring[1], sont vraisemblablement intervenues.

Quoi qu'il en soit, cette forme n'est pas la seule qui justifie le rapprochement, peut-être imprévu avec des concrétions métallifères. Dans bien des points, on rencontre des fissures des terrains calcaires, singulièrement analogues à première vue, à d'innombrables cavernes d'âges très variés et qui ont été envahies en partie ou même en totalité, par des accumulations stalagmitiques et stalactitiques, réparant par un travail des eaux souterraines la corrosion que d'autres eaux avaient antérieurement réalisée. Tout porte à croire du reste que cette corrosion a été accomplie comme celle qui engendre les cavernes qui nous sont contemporaines, par de l'eau de pluie filtrant au travers d'une toiture relativement peu épaisse, qui ne les privait pas de l'acide carbonique dont l'atmosphère les avait chargées.

Il suffit de supposer qu'une région caverneuse soit comprise dans un massif de terrains qui, tout en s'épaississant par sédimentation, pénètre peu à peu dans des régions de plus en plus profondes, pour concevoir un moment où les eaux de circulation, chaudes cette fois, et pourvues des matières phosphorées invoquées plus haut, déposent le phosphate de chaux qui par sa croissance obstruera les canaux, même de dimensions considérables.

Quercy et région des Causses. — C'est ce dont fournissent la preuve des échantillons puissamment intéressants, en même temps que d'exploitation si féconde, dans plusieurs localités du Quercy, qu'ils ont rendues célèbres (Tarn, Tarn-et-Garonne et Lot sur 2.000 mètres carrés de surface) et de Saint-Antonin découverte en 1869.

La phosphorite de Caylux, entre autres, révèle par l'aspect zonaire des sections qu'on y pratique une similitude complète du régime générateur avec celui qui a procédé à l'accumulation des onyx et même des limonites et des sidéroses.

<hr>

[1]. *Ann. de la Soc. Géol. de Belgique*, XVI, p. LVXI (1889).

Les variétés de forme des gîtes fournissent à chaque pas des arguments confirmatifs, depuis de véritables poches, tout à fait comparables à celles qui renferment des produits calaminaires, ou mieux encore les poches sidérolithiques contenant comme eux des globules de limonite, jusqu'à de véritables filons d'une remarquable continuité, comme à Pendaré et à Carjac, où la formation mesure 600 mètres en direction, 110 mètres en profondeur et 40 mètres d'épaisseur.

En outre, les parois des poches et des pentes sont devenues poreuses, rappelant les calcaires pourris du pourtour des puits naturels. C'est toujours contre les parois de calcaire que se trouve le phosphate concrétionné à haute teneur. La région médiane du dépôt est occupée par des terres argileuses et marneuses, peut-être en partie glissées d'en haut et qui, cependant, contient toujours une certaine proportion de phosphate, sous la forme de rognons et de grains de sable.

On est très frappé de la ressemblance des conditions actuelles de la région des Causses avec celles subies par leur sous-sol, aux époques tongrienne et aquitanienne. Les avens dont cette région est perforée avec une si grande prodigalité et dont M. Martel a révélé l'économie générale [1] préparent évidemment un réseau de laboratoires où sont accumulés dans les canaux de forme diverse les résidus d'érosion et les enfouissements d'animaux tout prêts à fournir aux eaux chaudes de l'avenir, alors que la région aura subi de nouveau un enfouissement suffisant, des éléments qui correspondront terme à terme à ceux qui s'y étaient groupés, à l'époque tongrienne. Les carnivores cavernicoles, les proies qu'ils y apportent, les chauves-souris qui s'y abritent de jour, sont en train de refaire les richesses en matière animale dont Henri Filhol a fait le recensement en dégageant de la phosphorite toute la faune de l'époque du gypse : *Palæotherium* et *Anoploterium*, mélangés à des *Rhinoceros* et des *Anthracotherium* de l'aquitanien d'Auvergne (Saint-Gérand le Puy).

Il est facile, on le voit, de reconstituer l'histoire des gisements du Quercy [2] : 1° à l'époque ludienne (partie inférieure du tongrien),

1. *Les Abîmes*, explorations souterraines, in-4°, Paris (1894). La *Spéléogie*, in-8°, Paris, 1906, etc.

2. *Soc. Sc. Phys. et Nat. de Toulouse* (1881), 120 pages et 10 planches (1883).

des cavernes ouvertes dans la masse de calcaires d'âge divers, compris entre le bathonien et l'oxfordien, ont fourni un refuge à des animaux de la faune du gypse et entre autres, à des chauves-souris qui ont superposé, comme elles le font encore aujourd'hui, des amas de guano aux bancs calcaires. Il se déclare entre les produits de fermentation microbienne (phosphate d'ammoniaque, etc.) et le carbonate de chaux, des réactions dont le produit le plus important est le phosphate de chaux. C'est ce que répète aujourd'hui, sous nos yeux, l'intérieur de nombre de cavités souterraines, comme Arcis-sur-Cure, comme Minerve, près de Montpellier, etc. ; 2° plus tard, le terrain s'affaisse ; il est recouvert d'assises plus récentes que le tongrien, oligocène, miocène, etc. ; la zone des phosphates est amenée dans le domaine du bathydrisme. Il se fait des concrétions et toutes les variétés de stalactites et de stalagmites ; 3° plus tard encore, le terrain subit en masse un retour, vers la surface du sol, et les couches superposées sont en partie supprimées par dénudation, d'où il résulte qu'on ne peut pas dire que les fossiles donnent leur âge aux émissions de phosphore ; l'observation montre que la minéralisation a été nécessairement plus récente, et il est exact de dire que, dans la formation des phosphorites, il y a eu superposition du phénomène bathydrique à une décalcification superficielle amenant la production de cavernes, puis d'intervention biologique, sous la forme de dépôts de déjections phosphatées et ammoniacales au contact des calcaires.

Espagne. — Du reste, il est facile d'imaginer l'élaboration en profondeur de solutions phosphatées, dérivant de réactions diverses et qui sont amenées à circuler dans les fissures traversant des roches calcaires. Il s'y produira alors un symétrique du phénomène calaminaire le plus classique, et il n'y a aucune imprudence à affirmer que c'est quelque chose de fort analogue qui a amené, en Estramadure vers Logrozan, Cachérès, etc., sur une surface de 75 kilomètres sur 120, la production de ces prétendus « filons » d'apatite dont les affleurements se succèdent dans les diastromes des calcaires dévoniens, comme le long du plan de jonction de ces mêmes calcaires et des schistes paléozoïques, contre lesquels ils viennent glisser.

Algérie et Tunisie. — Les phosphates d'Algérie et de Tunisie ont fait beaucoup parler d'eux, leur découverte ayant causé quelque émotion dans le monde des affaires, et pendant les années 1895 à 1898, le Sénat eut à s'occuper de la réglementation des concessions et des exploitations.

Dans ces pays, les gisements phosphatés sont ordonnés comme le suessonien, qui constitue des lambeaux alignés de l'Est à l'Ouest, comme tous les traits de la tectonique algérienne. Une première bande s'étend de Sidi Abbès (Oran) par Boghari, Sétif et Souk-Arrhas jusqu'à Bejal; et une deuxième se prolonge de Biskra à Tebessa et Béjà, où elle rejoint la première. Il existe en outre des lambeaux aux environs de Gafsa et de Kairouan.

Dans le département d'Alger, il y a des phosphates en plusieurs points, dont le plus intéressant est à Boghari, où le calcaire et des marnes nummulitiques contiennent des nodules plus ou moins riches.

Souk-Arrhas est la première région algérienne où l'on ait tenté l'exploitation des phosphates. Mais les résultats ont été mauvais. Il fallait un lavage très coûteux, pour faire monter le titre des produits à 50 ou 55 p. 100.

Les points véritablement intéressants au point de vue pratique sont, d'une part, la région de Tebessa, en partie algérienne, en partie tunisienne, et en second lieu, la région de Gafsa, dans le sud tunisien.

La région de Tebessa comprend les gisements du Dyr, du Kouif, d'Haydra, des Ouled-Aoun, de Djebet-Haout, de Sidi-Ayet, du Djebel-Gerrah, etc.

Dans ces diverses localités, la roche phosphatée est grenue, assez friable, d'un gris plus ou moins jaunâtre ou verdâtre.

En lame mince, on y voit au microscope, des grains de quartz et de débris organiques associés à d'innombrables globules phosphatés dont l'aspect est bien caractéristique.

Le Dyr, au nord de Tebessa, est un plateau de 45 à 50 kilomètres de tour couronné de bancs calcaires d'âge suessonien, qui recouvre des marnes phosphatées. Une couche de 3 mètres d'épaisseur, activement exploitée, est de nature gréseuse avec une structure entrecroisée qui rappelle les formations littorales. Elle est remplie de débris de poissons, de reptiles et de crustacés. La richesse est extrêmement variable d'un point à un autre, on a trouvé une zone à 70 p. 100 sur 200 mètres, et qui a fourni 300.000 tonnes, mais le rendement est descendu à 65, puis à 58 p. 100, à mesure qu'on va vers l'Ouest.

Le banc du Djebel-Kouif est le même qu'au Dyr. On en retire plus de 100.000 tonnes de phosphate à l'année. Les phosphates ont 4 m. 50 d'épaisseur dont les trois quarts sont exploitables. Il y a là une richesse considérable, mais l'exploitation a commencé par un grand gaspillage.

Le Kalat-es-Senam est une colline calcaire dont la roche, pétrie de nummulites, repose sur des marnes noires avec bancs phosphatés. L'un de ceux-ci renferme 60 p. 100 de phosphate, et l'on estime toute la production qu'on en a tirée et que l'on en tirera à plus de cinq millions de tonnes.

D) Gîtes zéolithiques.

Une forme tout à fait exceptionnelle de couches métallifères nous est procurée par d'anciennes formations volcaniques comprenant des coulées de laves épanchées à la surface du sol dans une antiquité géologique considérable et qui, obéissant à un phénomène de subsidence, ont été recouvertes au cours des temps, par des épaisseurs sédimentaires énormes. Dans les portions où les laves ont conservé ces vacuoles sphéroïdales, véritables moulages de bulles de vapeur d'eau, qui se sont condensées après la solidification de la roche, les eaux souterraines ont élaboré quantité de substances dont plusieurs ont un intérêt industriel et nous présentent un mode de formation original.

Lac Supérieur. — Dans le nombre, des métaux natifs se signalent à première vue. Sur les bords du lac Supérieur, par exemple, de magnifiques amandes de cuivre natif atteignent des dimensions imprévues.

La coupe générale du pays comprend des superpositions de matériaux volcaniques variés, datant de l'époque dévonienne. On y distingue des nappes de mélaphyre pyroxéniques, dont la structure est remarquablement analogue à celle de beaucoup de coulées relativement très récentes, comme on en voit aux environs de Clermont-Ferrand et dans beaucoup de régions de volcans éteints. Notamment, les parties basses de chacune des coulées diffèrent de leurs régions supérieures par une compacité que remplacent les bulles dont nous venons de parler. Celles-ci, suivies de bas en haut, sont d'abord très petites, et leur diamètre va en augmentant à mesure qu'on s'approche de la limite supérieure. La raison de cette structure s'impose immédiatement et on la voit se produire au cours des éruptions modernes. Le poids que la lave se fait subir à elle-même avant sa solidification en exprime toute la vapeur de l'eau qui a d'ailleurs été, comme on sait, le seul moteur de l'ascension des roches fluidifiées. La valeur de cette pression diminue avec le poids qui la détermine et le refroidissement aidant, les bulles parvenues péniblement au voisinage de l'extérieur, perdent la faculté de vaincre la résistance de la paroi des cellules qui les renferment. À l'intérêt de voir une si complète identité entre les conditions du phénomène volcanique aux deux bouts de la série stastigraphique, s'ajoute le spectacle de la destinée de beaucoup de ces petites cavités d'origine gazeuse. En profondeur, la lave ainsi préparée, se prête à la circulation d'eaux minéralisées, de composition et de température essentiellement diverses. Les concamérations se présentent alors comme de véritables laboratoires où des réactions se déclarent et où des compressions se développent peu à peu.

Vosges. — Dans le nombre considérable des productions résultant d'un pareil état de choses, se signale la génération des nodules d'agate, qui sont par leur structure concentrique d'une éloquence décisive quant à tous les détails du phénomène. Il n'est pas hors de propos de rappeler qu'une véritable expérimentation, involontairement installée, a fourni la confirmation des hypothèses auxquelles on était tout d'abord réduit. Dans les minuscules porosités des bétons que les Romains avaient établis pour en conserver la température et la pureté, sur les griffons des eaux de Plombières (Vosges), les suites, dans les fissures de ces constructions, ont déterminé des productions toutes pareilles, quoique microscopiques, à celles des laves amygdaloïdes. Du nombre sont les agates et les zéolithes, comme au lac Supérieur.

Seulement, dans le gisement naturel, le phénomène métallique s'est ajouté aux formations pierreuses et on peut dire que les mélaphyres sont véritablement imprégnés de cuivre métallique, associé de la manière la plus intéressante à de l'argent également à l'état libre.

Parmi les nombreuses variétés de ces concrétions métalliques, qui ont pu prendre toutes les formes des fissures du terrain, nous signalons surtout les ovoïdes résultant de l'exact moulage des cavités des bulles et dont certaines pèsent jusqu'à 420 tonnes, comme celle qui fut extraite en 1837 de la mine de Minesota. Celles d'une tonne sont extrêmement fréquentes et il en est de toutes les dimensions.

Bien que les grandes lignes du phénomène ne puissent laisser aucun doute, on est encore hésitant sur les détails des causes de la production du métal réduit, et au moins provisoirement, on se contente d'admettre une intervention électrique ou galvanoplastique.

E) Les gites de serpentinisation.

Parmi les gisements métallifères dont les caractères distinctifs se rattachent au mécanisme bathydrique, il y a lieu de faire une place à part à ceux qui sont subordonnés intimement à l'existence, comme matière encaissante, de ces roches hydrosilicatées magnésiennes, résumées dans la serpentine.

Il est impossible de leur méconnaître des liens très proches avec des roches d'origine corticale, dont la gangue est avant tout péridotique, pyroxénique ou amphibolique, et de constater qu'elles en représentent, pour une certaine partie, des produits de dérivation. Il suffit de soumettre la serpentine à une haute température dans un creuset pour la voir perdre son eau, entrer en fusion et cristalliser par refroidissement en un mélange de minéraux plus ou moins identiques au peridot, au pyroxène et à l'amphibole, avec un culot métallique de fer oxydulé et chromé. Nous ne revenons pas sur l'inexactitude des suppositions selon lesquelles ces minéraux se sont produits dans la nature par la voix ignée, mais la remarque met en évidence le voisinage chimique des matériaux qu'ils concernent.

Les serpentines, comme les roches silicatées magnésiennes anhydres, offrent, quant à leur gisement, une particularité qui n'a pas assez frappé les anciens observateurs : c'est qu'elles se présentent très fréquemment en filons éruptifs ou dykes, exactement comme les pyroxénites, les amphibolites ou les péridotites. Et il en résulte pour elles une contradiction apparente, entre leurs différents traits distinctifs. Aucune autre roche éruptive, c'est-à-dire ayant passé par le régime volcanique, n'a pu conserver une si énorme proportion d'eau.

La composition moyenne, en effet, comporte 40 p. 100 d'eau d'après une analyse de Delesse[1] ; d'un autre côté, la structure de beaucoup de variétés est décisive. On la qualifie de *maillée*, parce que des filaments de serpentine apparaissent dans les lames minces, comme délimitant de véritables mailles d'un tissu, dont chacune contient un résidu péridotique, sous la forme d'un petit grain cristallin. La matière serpentineuse formant ces filaments, appartient à l'espèce minéralogique désignée sous les noms de bastite ou d'antigorite. C'est un silicate dont la composition est exprimée par la formule $H^4 Mg^8 Si^2 O^9$ et qui cristallise dans le système orthorhombique. Quand la roche anhydre est à base d'amphibole, la forme du réseau d'antigorite est un peu différente et on dit que la structure est *fenestrée*.

Un autre caractère de la serpentine, qui la distingue bien des roches d'où elle dérive, est de renfermer dans sa masse des surfaces frottées, polies et même émaillées, qui sont des témoins des changements de volume et des frottements intérieurs, consécutifs à l'acquisition de l'eau, c'est-à-dire à l'augmentation de volume.

Les serpentines sont remarquables, d'un autre côté, en ce qui concerne leurs gisements géologiques. Dans le terrain précambrien de Saint-Bonnet, près Matour, en Saône-et-Loire, sont des serpentines associées à des diabases et à des diorites. Le silurien inférieur de l'Ayrshire, en Ecosse, contient des serpentines décrites par Geikie. Comme serpentine dévonienne, on peut citer la serpentine du Rouergue, dans la Montagne Noire. Au cap Lizard, en Angleterre, la même roche constitue une masse de plusieurs milles carrés, dans le dévonien. Elle est associée à l'euphotide et sa masse renferme des régions de stéatite semi-transparente. La Serrania de Ronda, en Espagne, a fourni à

1. *Annales des Mines*, t. XIV, p. 78 (1848).

M. Macpherson[1] des types intéressants de serpentine. C'est aussi une variété primaire, que la roche de Zœblitz, en Saxe, qui constitue des pointements réunis dans un bassin de gneiss de 8 kilomètres sur 4. Cette variété présente la particularité exceptionnelle de renfermer des multitudes de grenats rouges disséminés dans la roche. Un autre exemple de cette même constitution est fourni par la serpentine permienne de Sainte-Sabine dans les Vosges.

C'est également dans le permien que sont enclavées les serpentines de Corse, que leur association aux diorites orbiculaires a fait remarquer depuis longtemps.

Citons aussi, auprès de Predazzo, en Tyrol, des serpentines subordonnées au niveau triasique et qui semblent avoir quelque communauté d'origine avec les épaisses dolomies du voisinage. C'est à la même époque qu'on rapporte l'âge des serpentines du mont Genèvre, ainsi que celles du mont Viso.

Il n'est pas jusqu'aux formations tertiaires qui ne se compliquent, en certains pays, de pointements serpentineux, comme M. Lotti en signale à l'île d'Elbe[2] en association avec des roches silicatées magnésiennes anhydres, comme des diabases, des hypersthénites et des euphotides, et comme M. Zujovicz en a étudié en Serbie[3].

En conséquence de cette diversité de gisements, plusieurs géologues attribuent à l'éruption de ces roches des âges très différents suivant les localités, et certains d'entre eux n'hésitent pas à distinguer un groupe de *serpentines anciennes*, comprenant celles de Norvège, qui dérive de la transformation des peridotites et des roches à enstatite, ou encore celles de Saxe qui comprennent des variétés à bronzite et peut-être aussi, celles du Canada, avec inclusions d'ophicalce, que tout le monde connaît, au moins par les discussions relatives à l'*Eozoon*.

Nous ne pensons pas cependant devoir insister sur cette question d'âge, bien indéterminée, étant donné que le gisement

---

1. *On the origine of the serpentine of the Ronda mountains*, in-8°, Madrid (1876) et *Description de algunas rocas que se encuentran en la Serrania de Ronda*, Anal. de la Soc. Esp. d'Hist. natur., VIII (1879).

2. *Isola d'Elba* (loc. cit.).

3. *Annales géologiques de la péninsule Balkanique*, t. III, p. 108. Belgrade, 1871.

ne paraît apte qu'à fixer l'âge d'éruption de la roche qui, par modification ultérieure, est passée à l'état de serpentine. Quant au moment de la serpentinisation, il reste en général inconnu et peut, théoriquement au moins, s'être renouvelé à toutes les époques géologiques.

La seule conclusion que nous puissions retenir, comme capable de nous renseigner sur l'époque de l'intervention des serpentines dans l'économie terrestre, c'est qu'elle a duré jusqu'à des moments très voisins de notre époque.

Malgré les grandes différences d'âge des gisements serpentineux, il importe beaucoup de rappeler que cette roche hydratée jouit de caractères propres. Au point de vue de la composition minéralogique, il y a lieu de signaler toute une série d'espèces qui composent, au point de vue géologique, comme une *famille serpentineuse*. En laissant de côté le péridot, l'amphibole et le pyroxène, qui semblent être des minéraux primitifs, et qui ont d'ordinaire collaboré à la substance même de la roche, on peut citer :

Le talc et la chlorite, silicates alumineux hydratés, passant à la pierre ollaire ;

La brucite ou magnésie native, en petites veines dans les gisements du New-Jersey ;

L'asbeste, ou amiante (liège fossile, carton de montagne) qui est une variété de tremolite (amphibole, très fibreuse), fréquemment en veines associées aux surfaces frottées ;

La diallage, silicate complexe de magnésie, de chaux et de fer ;

Le grenat, silicate d'alumine et de chaux, que nous avons cité plus haut.

La serpentine est souvent assez résistante aux intempéries. En beaucoup de localités, elle fait saillie au-dessus des gneiss, des granits et des schistes, qui l'ont évidemment encaissée et qui se sont désagrégés plus qu'elle. Le Grand Cervin, qui en est en partie formé, témoigne de cette résistance, de même que le Breithorn qui mesure 4.000 mètres d'altitude. La conservation du célèbre bloc de Mattmarck est lui-même une preuve de la solidité de certaines variétés. Plusieurs des pics les plus saillants des Alpes Grées, dans les vallées de l'Anzo (massif du Grand Paradis, vallée d'Aoste) sont en serpentine grise, plus résistante que les gneiss et les autres roches du voisinage.

Cependant, les preuves d'altération sont nombreuses et variées. Gaudry a rapporté au Muséum de son voyage à l'île de Chypre, des séries d'échantillons qui représentent le passage de la serpentine à l'écume de mer ou sépiolite, avec élimination de silice soit sous forme d'opale, soit sous celle de jaspe. On sait avec quelle ampleur cette transformation s'est accompagnée en beaucoup de localités et avant tout sur les côtes de l'Asie Mineure et de la Crimée, où les variétés les plus estimées d'écume de mer sont exploitées avec activité. En Piémont, autour de Baldissero, les veines de 20 à 30 centimètres d'épaisseur qui traversent la serpentine altérée, constituent le type des mines de magnésie et de ses sels. On en retrouve encore en Grèce et en Espagne, aux environs de Tolède. Parfois aussi, la serpentine peut se carbonater avec isolement d'opale : c'est une réaction analogue à la kaolinisation, avec cette différence qu'il ne s'y fait pas d'argile, mais que la silice est éliminée à l'état de liberté, tandis que la magnésie se sépare sous les formes d'hydromagnésite et de giobertite.

Mais nous avons à faire ressortir un paragraphe essentiellement métallurgique, intéressant pour nous à deux points de vue principaux : en signalant des gisements qui contribueront à l'établissement de nos conclusions finales et en précisant les liens qui réunissent la serpentine à beaucoup d'autres roches métallifères, dont elle se montrera de plus en plus un produit résultant de la succession dans sa masse de deux régimes bien distincts, l'intervention du bathydrisme, s'affirmant là où tout d'abord s'étaient exercées les réactions corticales.

A cet égard, il y a un certain parallélisme, au moins apparent, entre l'histoire des gîtes subordonnés aux roches acides, qui se rattachent à celle du kaolin et l'histoire des gîtes subordonnés aux serpentines. Mais on se rappelle que dans le premier cas, la genèse du kaolin est indissolublement rattachée à celle des minéraux métallifères, tandis qu'ainsi qu'on va le voir, la serpentine est due à des actions tout à fait distinctes de celles qui suffisaient pour engendrer les gîtes péridotiques et leurs analogues.

Dans les cas normaux, il a fallu que ceux-ci subissent une

hydratation qui a bien souvent, amené l'altération des substances métalliques elles-mêmes. Il faut donc y voir le produit de la succession, en un même point, du régime cortical et du régime bathydrique. Aussi, est-ce comme un intermédiaire des plus précieux, que nous considérerons des cas où la roche qui s'est serpentinisée, était en relations d'origine avec des minerais métalliques inaltérables.

Les pays qui exploitent le platine ou l'or, dans des roches péridotiques ou pyroxéniques, montrent fréquemment des régions où le péridot, aussi bien que le pyroxène, est en voie de serpentinisation plus ou moins avancée. C'est ce qui a lieu avant tout dans l'Oural, où les exploitants ne font pas de différence entre les points anhydres et les points hydratés. L'examen microscopique des lames minces, fournies par ces derniers, montre bien souvent des grains de silicate magnésien anhydre, encadrés d'une pellicule plus ou moins épaisse de serpentine d'origine évidemment secondaire.

C'est en 1892, que le géologue russe Inostranzeff trouva le platine finement disséminé dans une serpentine, aux environs de Nijni-Taguilsk. Ce métal précieux y était d'ailleurs accompagné de petits grains de chromite ou fer chromé. Pour ma part, comme nous l'avons dit, je ne manquai pas de faire remarquer l'identique allure des granules de platine avec celle des granules de fer nickelé, qu'on trouve dans la substance des météorites : comme ceux-ci, ils épousent tous les contours des grains pierreux et se sont insinués en lames ou en filaments capillaires dans leurs plus étroites fissures. Cependant, les objections n'ont pas manqué, contre la conclusion que c'est par voie pneumatolytique que le métal s'est insinué dans la pierre déjà constituée. M. de Launay, par exemple[1], émet l'avis qu'une telle théorie ne paraît pas admissible. « On voit difficilement, ajoute-t-il, comment un métal aussi peu soluble que le platine aurait pu être à ce point déplacé, et concentré chimiquement, sans l'intervention d'une *réaction ignée*. » Toujours les idées de fusion ! qui sont certainement à l'opposé de la réalité. Les vapeurs de chlorure de platine, avec leur facile mobilité, résolvent toute la difficulté, et il y a même des cas, où la succes-

---

1. *Traité de Métallogénie*, t. III, 750, 3 vol. in-8°, Paris, 1913.

sion des réactions diverses dans la masse d'une roche corticale est pour ainsi dire visible à l'œil.

A Nijni-Taguilsk, on a rencontré, au sein de péridotites massives, des veines de péridotite très décomposées et serpentinisées, dans lesquelles la proportion du platine métallique peut s'élever jusqu'à 21 grammes à la tonne. Ce platine se signale comme spécialement engendré par des réactions gazeuses. On y trouve en alliage très intime, des métaux dont les points de fusion sont extrêmement inégaux : iridium, osmium, palladium, rhodium, cuivre et fer.

Dans la série des variations offertes par les granules métalliques, notre attention, au point de vue où nous sommes placés, doit s'arrêter, plus que sur tout autre, aux grains de platine ferrifère. Ils suffisent bien à montrer qu'au moment de la génération de la roche, le régime bathydrique se faisait sentir sans partage.

Un second exemple nous est fourni par des gisements de fer oxydulé où nous pouvons voir comme la suite logique du gisement de platine à Nijni-Taguilsk. Ceci, en effet, représente des localités où la roche corticale par excellence, la péridotite, après avoir été enrichie par le mécanisme auquel nous avons donné le nom qu'il n'y a plus à expliquer, de régime de Peligot, a été soumise à l'action de l'eau surchauffée qui l'a serpentinisée sans altérer le minerai inclus. Cette fois, il s'agit d'une simple variante de ces conditions, résultant de ce que le minerai métallique est altérable lui-même par les vapeurs aqueuses.

Il suffit de supposer que la roche silicatée magnésienne du début a été métallisée par des granules de fer métallique, rappelant ceux de la dolérite d'Ovifak, pour concevoir que l'action déterminante de l'hydratation de l'olivine aura transformé ces granules métalliques en granules de fer oxydulé. Ce fer oxydulé imprègne, en effet, par exemple au pied du Mont Rose, des serpentines devenues très nettement magnétiques, grâce aux granules, aux veinules et même aux masses plus ou moins volumineuses de l'oxyde salin de fer. Il s'est constitué ainsi de véritables mines d'une richesse exceptionnelle, par exemple, à Cogne, dans la vallée d'Aoste, où la serpentine, en nappes de 50 mètres d'épaisseur, intercalées dans les micaschistes, ren-

ferment une masse de fer oxydulé, dont la puissance est de
30 mètres.

Dans l'Aveyron à Firmy, le fer magnétique compose une
grosse lentille au contact de la serpentine et du schiste ancien
contre lequel elle a fait-éruption (fig. 23). Disons, sans plus
tarder, que l'expérience a justifié complètement le mode de formation supposé plus haut et que la roche à *fer natif* d'Ovifak, soumise au rouge à l'action de la vapeur d'eau, s'est trouvée devenir la
gangue de *fer oxydulé* parfaitement caractérisé. Et à cette occasion, il n'est pas indifférent de rappeler quelques objections,
d'ailleurs peu sérieuses, auxquelles j'ai répondu dans leur temps.

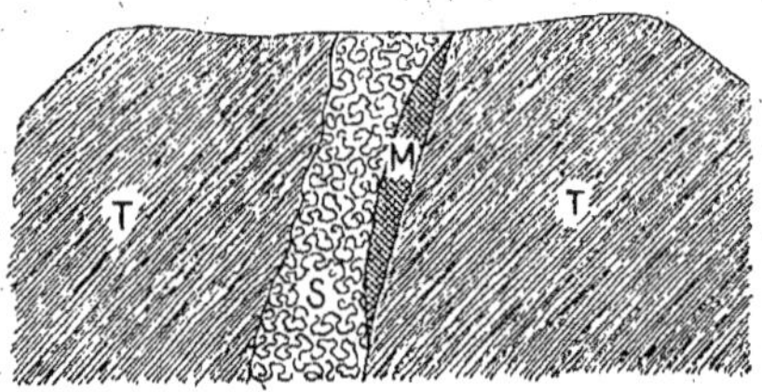

Fig. 23. — Gîte de magnétite au contact d'un filon serpentineux et du schiste
ancien à Firmy (Aveyron).

T, schiste ancien. — S, filon serpentineux. — M, lentille en exploitation de fer oxydulé.

Il était impossible, en effet, de ne pas rapprocher de la conception des roches corticales, pourvues, par le régime photosphérique initial, de granules de fer métallique, des nombreuses
roches météoritiques où les cristaux de péridot et de pyroxène,
sont associés à des granules et à des filaments de fer nickelé.
Fouqué et Michel Lévy, dans leur plaidoyer pour la fusion sèche,
ont prétendu [1] que ces roches s'étant faites selon leur processus
préféré, et s'étant ainsi chargées de granules de fer oxydé, les
granules de métal libre qu'on y trouve actuellement résultent
d'une réduction ultérieure, accomplie par l'intervention de l'hydrogène au rouge. J'ai cru indispensable de contrôler cette
assertion singulière et j'ai soumis [2] le fer oxydulé de la serpen-

1. Synthèse des minéraux et des roches.
2. *C. R. Acad. Scienc.*, LXXIV, (1872) et id. LXXVII, 643, (1873).

tine de Firmy, placé dans un tube de porcelaine chauffé au rouge, à la même action réductrice : j'ai obtenu ainsi du fer réduit ; mais il était à ce point poreux, qu'au lieu de présenter une densité voisine de 7, il dépassait à peine celle de 4, et cela suffit à montrer l'inexistence des observations qui me furent opposées.

La même série de réactions reçoit des confirmations très importantes de la part de plusieurs catégories de minerais, dont certains ont été soumis à une étude synthétique ou expérimentale complémentaire de l'observation sur le terrain. Le fer chromé, par exemple, offre un intérêt spécial à cause de sa complication plus grande. Cette histoire, en effet, suppose un stade, dont le correspondant ne figure pas à l'égard de la magnétite, et qui pourrait faire prévoir la découverte future d'une roche correspondant à celle d'Ovifak, mais renfermant, au lieu de granules de fer ou de fonte des concrétions d'alliages de fer et de chrome. Les expériences, encore inspirées par le travail fondamental de Péligot, ont eu d'abord pour but la production artificielle d'alliages de fer et de chrome, ayant la composition de celui qu'on obtient par la réduction à l'hydrogène du fer chromé de la Nature, et dont nous devons supposer l'existence parmi la série des produits du régime cortical.

L'alliage de fer et de chrome ainsi obtenu, a été chauffé au rouge dans un courant de vapeur d'eau, jusqu'à ce qu'il ne se dégageât plus d'hydrogène, et l'on a vérifié que, dans certaines parties de l'appareil, où la température paraît avoir été spécialement favorable, s'étaient accumulées des incrustations formées de très petits octaèdres noirs, répondant à la formule du fer chromé naturel.

En conséquence, il est aisé de concevoir que la roche corticale, à base de péridot, ayant subi plus tard l'action de vapeur d'eau à haute température, ait transformé, à côté de ses granules de platine restés intacts, ses granules de fer allié au fer chromé. Et c'est exactement ce que nous offrent un grand nombre de gisements, par exemple, dans la chaîne de l'Oural, dont le platine nous a occupés.

Un coup d'œil rapide sur les gisements serpentineux de fer chromé, sera utile pour préciser l'histoire de ce minerai.

France. — Nous aurions en France bien des localités à mentionner à cet égard. Au Sud de Cavin, dans les Maures (Var), la serpentine renferme des rognons irréguliers de fer chromé qui peuvent atteindre un demi-mètre cube[1].

Hongrie. — Dans le Banat, la serpentine est remplie en diverses localités de cristaux de fer chromé et pourvue, par place, d'amas lenticulaires qui peuvent avoir jusqu'à 300 et 400 mètres de longueur.

Grèce. — Au Sud de l'Europe, nombre d'îles de l'Archipel grec sont riches en pointements de serpentine chromifère. Telle est l'île de Métélin (ancienne Lesbos), dans la mer Egée, où le fer chromé est associé à des serpentines qui dérivent très nettement de péridotites, formant les deux flancs d'un pli anticlinal de schistes métamorphiques.

Europe polaire. — Au Nord de l'Europe, le fer chromé joue un rôle important par les bénéfices métallurgiques qu'on en retire. Dans l'île d'Hestmando, qui est presque exactement sous le cercle polaire, on reconnaît que c'est le gneiss qui a été traversé par les éruptions de péridotite à olivine et à enstatite, auxquelles le minerai de chrome est subordonné. Les granules métalliques mesurent de quelques centimètres à deux mètres de longueur, ayant les formes concrétionnées des granules de fer des météorites et des roches d'Ovifak, comme des grains de platine natif de l'Oural.

Amérique du Nord. — Si nous passons en Amérique, nous rencontrons dans le Maryland et dans la Pennsylvanie, des régions serpentineuses où sont intimement associés le fer chromé et le fer oxydulé. A Comstock, dans le Nevada, que nous avons déjà cité, les phénomènes de la serpentinisation se présentent sur une échelle exceptionnellement gigantesque (fig. 24). Au Canada, une vaste région à fer chromé, qui s'étend au lac Noir, près de Coléranie, à l'Est de Québec, s'appelle serpentine *belt*. Là encore le minerai est associé à des péridotites serpentinisées.

Nouvelle-Calédonie. — Citons enfin la Nouvelle-Calédonie qui, sur un tiers de sa surface, est occupée par des serpentines à enstatite ou à bronzite, dérivées manifestement de péridotite.

1. Pontier. *Journal des Mines*, XI, 97.

Les gisements concentrés autour de Nouméa s'étendent du dôme de Tiebaghi, tout à fait au Nord, jusqu'à Prony, au Sud de l'île, selon un alignement très régulier de gros blocs de chromite, ayant jusqu'à 8 mètres de côté et dont l'exploitation contribue largement à la prospérité de l'île.

Tout le monde sait la présence de quantités considérables de minerais de nickel sur le territoire de la Nouvelle-Calédonie. Les gîtes nickélifères ne sont qu'une variante des dispositions géolo-

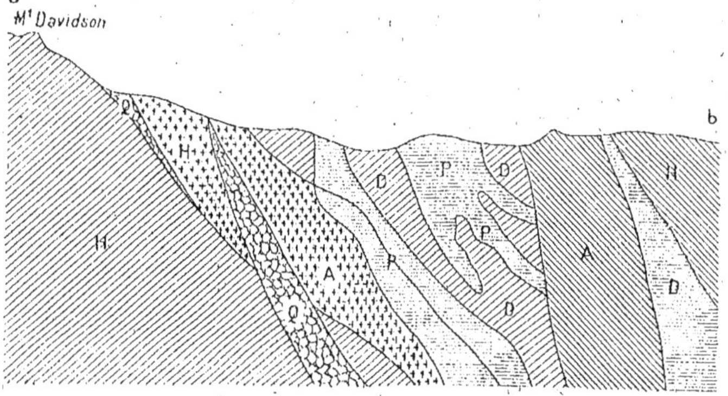

Fig. 24. — Gigantesque développement des phénomènes de serpentinisation à Comstock (Nevada).

H, Diorite. — Q, quartz. — A, Diabase. — D, Zone décomposée et serpentinisée. — P, Zone transformée en propylite (Andésites et Dacites métamorphosées).

giques qui nous occupent en ce moment, et c'est en plein massif de serpentine, dérivant d'énormes pointements d'euphotide et de diorite, que se présentent les accumulations de Nouméite et de Garniérite, serpentines où l'oxyde de nickel est venu se substituer, par places, à la magnésie normale. On peut y voir le résultat de l'oxydation et de l'hydratation poussées à bout, avec intervention de réactifs variés, d'une péridotite ou d'une pyroxénite renfermant à l'origine du nickel métallique ou des alliages ferronickelés. Même, s'il y avait, au début, des alliages de fer et de nickel, comme nous avions des alliages de fer et de chrome, et comme les roches météoritiques en offrent si normalement, on sait qu'au cours de ces opérations postérieures, il y a des raisons de séparation entre le fer et le nickel. En effet, des fragments de fer météorique nous en montrent le spectacle : après un séjour dans un acide (acide chlorhydrique, par exemple), un morceau de fer lavé à l'eau, mais non séché, s'oxyde très vite ; et dans la limonite qui l'encroûte bientôt, on voit de toutes parts des taches d'un vert caractéristique révélant la présence d'un sel de nickel non ferrugineux. Le gisement de Kanala, où le peridot est très souvent nickélifère, s'explique par ces observations.

Parmi d'autres localités comparables, les États-Unis nous offrent Riddles, dans l'Orégon, où la Garniérite est associée à la serpentine avec chromite et Webster, dans la Caroline du Nord.

En Europe, les environs de Dobschau, en Haute-Hongrie, sont formés de serpentine et de diorite, nettement nickélifère. Il en est de même à Frankenstein, en Silésie et à Revda, dans l'Oural.

Pour terminer cette revue rapide des richesses métallifères de la serpentine, nous citerons la variété zincifère de Franklin, dans l'État de New-Jersey ; la serpentine cuprifère du pays de Cornwall, où le cuivre est à l'état natif, disséminé en filets et en veines ; la serpentine aurifère de la Sierra Nevada d'Espagne, d'après Noguès, et celle de Cuba (mine de Guaracabulla), qui paraît avoir été exploitée par les Indiens.

Afrique du Sud. — Il nous faut réserver un mot pour la si remarquable serpentine qui, dans les *pans* de l'Afrique du Sud, sert de gangue à toute une collection de substances précieuses, au nombre desquelles figurent plusieurs minerais métalliques. Ceux-ci sont surtout le fer titané (Ilménite), la crichtonite, le minium, la pyrite de fer, etc. Plus nettement encore qu'ailleurs, on voit que les cheminées verticales qui ont amené jusqu'au jour des matériaux empruntés à la zone photophérique de la terre, ont été encombrées par les débris de roches magnésiennes, à peridot, à sahlite, à diallage, à vaalite, à smaragdite, à hornblende, serpentinisées en route, sous l'influence de l'eau chaude ascendante[1].

Nouvelles Galles du Sud. — Peut-être peut-on considérer comme un complément de ces observations, le fait donné comme démontré, qu'au cours du creusement d'un tunnel à

1. *Bulletin de la Société d'Histoire Naturelle d'Autun*, t. VI, 1893, in-8° avec 2 planches.

Oakey Creek, près Inverelle, dans les Nouvelles Galles du Sud, un diamant *in situ* fut découvert au cœur même d'un filon de *diabase*, roche éminemment serpentinisable mais encore parfaitement intacte et non altérée[1].

F) Gîtes de concrétion disséminée.

Les substances qui, sous l'influence des eaux chaudes de profondeur, se concrétionnent sous une forme de nodules, de rognons ou analogues, sont extrêmement nombreuses. Nous nous bornerons à mentionner les principales qui s'imposent par la fréquence de leur rencontre.

SILICE

En première ligne, se signale la silice, substance éminemment protéique, car elle se présente sous des formes constituant une série absolument continue, depuis la gelée siliceuse encore presque liquide, jusqu'au cristal de roche le mieux caractérisé. C'est dans l'épaisseur de la craie blanche qu'on peut suivre cette merveilleuse histoire.

Nous avons démontré ailleurs[2] que la craie blanche, telle qu'on la voit dans l'épaisseur des falaises de Dieppe ou dans les carrières de Meudon, est en réalité une ancienne boue à globigérines qui a été lentement transformée par la circulation ininterrompue de l'eau d'infiltration du sol. A l'origine, la silice gélatineuse l'imprégnait de façon sans doute uniforme, et nous ne savons pas comment, de place en place, certains centres d'attraction irrésistible se sont constitués, de manière à arrêter au passage les molécules siliceuses qui, par une sorte de pression réciproque, se sont pour ainsi dire essorées. Au premier noyau formé, se sont superposés les uns après les autres, des enrobements dont l'âge va toujours en décroissant. Ces nodules se sont édifiés avec une telle délicatesse, que bien que leur étoffe soit essentiellement différente de celle de la craie dont ils ont pris la place, ils ont reproduit minutieusement tous les détails de sa

---

1. Piltmann. *Annual Report of Department of Mines*, New South Walles, 1904 et *Comptes rendus du Congrès géologique international*. X⁰ session, 1 vol. in-4°, Mexico, p. 120 (1907).

2. *Histoire géologique de la mer*, pp. 118 et suivantes, 1 vol. in-18, Paris (1917).

structure. De telle façon qu'une lame mince taillée dans le silex donne le même spectacle qu'une lame mince taillée dans la craie si ce n'est que l'apparence en est plus agréable, à cause de la transparence de la matière et que l'étude en est plus instructive, à cause de la meilleure conservation des détails.

Dans les cas ordinaires, les nodules siliceux que nous pouvons étudier dans la craie, sont dans des conditions bien éloignées de celles des régions dans lesquelles s'est élaborée leur concrétion : il a fallu, en effet, de toute nécessité qu'ils fussent compris dans des massifs qu'un soulèvement orogénique a transportés à la surface de la terre. Et nous avons d'autant plus de raisons de croire à l'arrêt de leur croissance, que d'habitude leur surface est altérée.

Quand on a affaire à un nodule suffisamment gros, comme on en rencontre à chaque instant, on arrive très fréquemment à constater que la surface étant formée de silice amorphe, d'aspect crayeux, très notablement hydratée, la région centrale du nodule constitue une géode d'éclatant cristal de roche. Une zone périphérique entoure souvent celle-ci d'une robe de calcédoine, à laquelle succèdent des petits lits d'agates variées, puis de simples silex, jusqu'à la rencontre des couches plus ou moins riches en humidité et qui appartiennent alors au genre opale.

Ne manquons pas de remarquer que la nappe souterraine ayant amené la constitution des silex, a réalisé bien souvent un véritable gisement minéral dans toute la force du terme. Sans évoquer le souvenir de l'homme préhistorique qui, au mur de Barrez (Aveyron) a creusé des puits et des galeries au travers de la craie, à l'aide de piochons fournis par des bois de cerf, pour extraire la substance pierreuse dont sont faits ses outils et ses armes, nous pouvons constater qu'encore à l'époque actuelle, les fabricants de grès cérames, font ramasser à marée basse, par des légions d'ouvriers, certaines variétés de galets, qui proviennent des rognons en question. C'est ce qu'on voit sur les côtes de Normandie aussi bien que sur celles du Sussex.

Il arrive fréquemment que la silicification interne de certains points des couches du sol, soit déterminée avant tout par l'existence de débris fossiles, animaux ou végétaux. L'un des faits les plus anciennement connus, est fourni par la célèbre forêt silicifiée du Caire, dont l'interprétation a d'abord été donnée d'une façon si fantaisiste. Un exemple, plus récent et plus grandiose encore, concerne les gigantesques troncs du Canyon Diablo, dans l'Arizona dont notre dernière Exposition Universelle a consacré le succès industriel et artistique : des meubles, des vases et d'autres objets monolithiques, ont été acquis avec empressement. Un coup d'œil sur une surface polie telle que celle de la section transversale de troncs exposés au Muséum, suffit pour y monter la cohabitation, dans un contact intime de toutes les variétés de silice, ce qui suppose une série d'alternatives chimiques et mécaniques très compliquées.

Comme animaux pouvant déterminer la concrétion de la silice, je citerai des éponges, grosses comme les deux poings et plus, dont j'ai fait le genre *Halliroïtes*, gisant dans la craie de Margny, près de Compiègne. L'histoire de ces animaux est sensiblement celle de beaucoup d'éponges siliceuses modernes, telles que *Hyalonema*[1]. Ils devaient être pendant leur vie complètement enfouis dans la vase sous-marine, qui la moulait et laissaient, après leur mort, une cavité ayant exactement leur forme. Dans cette cavité, la chimie de la silice se donnait libre carrière, et le résultat fut la production de girandoles de cristal de roche qui ont, avec certaines verroteries et même certaines confiseries, une intime analogie d'aspect.

A cet égard, il n'est pas sans intérêt de signaler l'espèce d'aptitude que divers tests fossiles paraissent avoir à l'égard de la cristallisation de la silice : c'est ainsi que des bélemnites, telles que *B. quadrata*, dont on n'avait pas songé à étudier la structure microscopique et surtout la composition chimique, abandonnent aux acides et révèlent au microscope, toute une anatomie insoupçonnée[2].

Sans nous y attarder davantage, nous devons mentionner que la silicification bathydrique peut en certains cas prendre une dimension très supérieure à celle qui précède et modifier des couches tout entières. Ainsi, on rencontre dans le parc de l'Ecole Nationale de Grignon, au lieu dit La Côte-aux-Buis, des couches qui sont plus qu'à moitié transformées en tuffeau siliceux, c'est-à-

---

1. *Le Naturaliste* du 1er janvier 1905.
2. *C. R. S. de la S. G. F.*, séance du 5 nov. 1917, p. 177.

dire, dont la substance est maintenant de l'opale ayant d'ailleurs conservé tous les détails d'une faune innombrable de foraminifères, de mollusques et d'autres animaux [1].

Tout autour de Paris, à La Ferté-sous-Jouarre, comme à Etampes, et par conséquent, aux deux niveaux principaux de la stratigraphie des meulières, des couches de calcaire d'eau douce, sur des surfaces très larges, ont subi une silicification complète. Le travertin calcaire initial s'est transformé ainsi en meulière, pierre aussi dure et aussi résistante que la première était tendre et altérable.

Mentionnons enfin l'existence à Saint-Priest, à la porte de Saint-Etienne, d'une colline de médiocre hauteur, qui expose aux regards la tranche verticale d'une coupe très propre. De loin, on y distingue nettement la superposition de trois ou quatre couches bien régulières, et de nuances diverses. En approchant, on y reconnaît la présence de fossiles dépendant de la faune carbonifère, et dont chacun est localisé à une hauteur particulière. En la tâtant au marteau, on s'aperçoit qu'elle est presque entièrement siliceuse, depuis la base jusqu'au sommet.

Après avoir proclamé, comme on l'a fait si longtemps pour des cas analogues, que le gisement de Saint-Priest résultait du déversement dans le lac carbonifère d'une source pétrifiante, parce que l'idée, pour ainsi dire innée, était que tous les détails d'une couche dataient de l'âge de cette couche, on est arrivé à reconnaître, que, comme partout, le terrain, après avoir été déposé, a été la proie de travaux et de modifications incessantes, selon les vicissitudes inhérentes à l'évolution de la terre. Nous reviendrons sur ce sujet un peu plus loin.

CALCITE

La calcite, ou plus simplement le calcaire, jouit d'une mobilité comparable à celle de la silice, et encore plus facilement explicable. La calcification est d'autant plus importante à examiner qu'à première vue elle semblerait ne devoir pas exister. L'idée simple, devant qu'une couche calcaire représente le

---

1. *C. R. Acad. Sc.*, CXXXIV, 198 (1902).

sédiment marin, datant de l'époque géologique, indiquée par ses fossiles. Ce n'est pas sans peine qu'on arrive à reconnaître que, même dans les cas où l'on n'a pas affaire au métamorphisme proprement dit, une foule d'indices concourent à démontrer que le calcaire, actuellement présent, n'est pas, au moins en totalité, le calcaire initial et qu'en tout cas, au cours des temps, il a subi des modifications profondes dans sa composition et surtout dans sa structure.

Les choses sont à cet égard tellement accentuées que la matière des coquilles fossiles, renfermées dans une couche calcaire, est d'habitude le résultat d'un travail intense de remaniement. Dans l'immense majorité des cas, la circulation bathydrique a progressivement substitué à la substance complexe primitive qui constituait le test, si inconsidérément regardé comme calcaire alors qu'il est fait d'un tissu où le carbone et le calcium sont unis d'une manière très incomplètement connue, avec les autres éléments histologiques.

Et c'est ce dont la certitude éclate, quand on constate, comme c'est si fréquent, que le test fossilisé est spathique, clivable en rhomboèdres parfaits, c'est-à-dire doués d'une structure radicalement incompatible avec la condition biologique. Il est, en effet, contraire à tous les faits connus, que l'activité vivante puisse être réalisée au moyen de réseaux cristallins. A l'opposé de ce qui concerne les « molécules intégrantes » (ou l'élément structural quelconque qu'on y a substitué depuis Haüy), la cellule vivante est, avec son ambiance, en échange continu de matière : d'après sa constitution propre, le protoplasme qu'elle renferme attire à lui les matériaux nutritifs qui lui manquent et rejette les résidus de sa propre nutrition. Si quelqu'un avait la velléité de concilier cette nécessité inéluctable, avec les propriétés fondamentales si définitivement connues des réseaux cristallins, on pourrait se demander à bon droit, s'il se rend compte lui-même de l'énormité de ce qu'il dit.

Quoi qu'il en soit, c'est grâce à la circulation bathydrique, que du calcaire est sans relâche emprunté à certains points souterrains, précipité dans d'autres, engendré de toutes pièces ailleurs, par réactions mutuelles de solutions convenables. Le point qui doit nous arrêter principalement c'est qu'il se produit ainsi des gîtes de matériaux exploitables, par une véritable calcification.

Tout d'abord, il se fait des nodules ou rognons calcaires, rappelant, à première vue, les rognons siliceux. C'est dans des couches argileuses ou marneuses que ces effets sont le plus souvent observés.

Les géologues distinguent, dans l'épaisseur des terrains jurassiques, un niveau nettement caractérisé par l'abondance de nodules calcaires désignés sous le nom de *chailles*. On les exploite activement dans certains cas, pour en faire du macadam, et, par surcroît, on y trouve parfois des substances d'applications spéciales. Ces chailles manifestent souvent des indices de structure concentrique, ce qui suffit pour leur assigner une histoire symétrique à celle des rognons siliceux.

Il arrive fréquemment qu'ayant été constitués d'abord, non par du calcaire pur, mais par de la marnolite plus ou moins argileuse, ils ont éprouvé des dessiccations relatives, qui ont déterminé parfois dans leur masse des contractions, traduites par des réseaux de craquelures. Celles-ci, modifiant des circulations aqueuses souterraines, se sont incrustées de tel ou tel minéral, formant des cloisons qui ont valu à l'ensemble, il y a déjà bien longtemps, le nom de *septaria*. C'est ainsi que des nodules, plus ou moins comparables aux chailles, laissent échapper, quand on les brise, des nuages de fleur de soufre et que des nodules de l'Isère étalent aux yeux, des cristaux de quartz d'un aspect si adamantin, qu'on les admet parfois comme parure, sous le nom de *diamants de Grenoble*.

On remarque, à propos du calcaire la même attraction émanant de la part de débris végétaux que nous avons signalée, pour la silice[1]. A côté des bois silicifiés, on peut mentionner des bois calcifiés. On a même tenté de tirer parti de quelques-uns, d'une manière bien imprévue, à la suite de cette observation que, sous l'influence du frottement, ces bois fossilisés répandent une forte odeur incontestablement analogue à celle de la truffe.

L'intérêt pratique de ces concrétions calcaires réside surtout dans la circonstance que, bien fréquemment, la chaux y est accompagnée de magnésie, de telle façon que la concrétion est

---

1. Stanislas Meunier. Contribution à l'étude de la fossilisation calcaire. *Memorias de la Real Academia de Ciencias de Barcelona*, XIII, n° 29, avril 1918.

plus ou moins constituée par de la dolomie. C'est dans le département de l'Oise qu'on en rencontre les plus remarquables exemples, autour de Compiègne, de Verberie, de Verneuil, etc. Dans ces localités, on trouve, au-dessous du calcaire grossier, d'épaisses assises de sable blond, dans lesquelles des nodules, avant tout calcaires et magnésiens, sont répandus à profusion. On les connaît sous l'appellation vulgaire de *têtes de chat*, et c'est avec cette appellation qu'elles constituent un véritable couronnement au célèbre Mont-Ganelon. Parfois même, à Hardivilliers, par exemple, on leur attribue le nom plus prétentieux de *rubis de Brimont*, à cause de leur extrême dureté, qui en fait des matériaux d'empierrement de premier ordre. Mais ces nodules ont eu parfois un succès plus grand encore.

Un géologue bien connu par ses travaux, de Verneuil, a fait jadis des tentatives, qui sont restées fameuses, pour tirer du sulfate de magnésie des têtes de chat des environs de Verneuil, qui en ont, en effet, procuré d'une manière notable. Toutefois, la concurrence, résultant de l'exploitation de gîtes magnésiens beaucoup plus purs, a rendu la lutte impossible au point de vue commercial. Et il ne nous reste qu'un document, intéressant pour la géologie parisienne et un problème à résoudre, quant au mode d'introduction de la magnésie dans la formation éocène.

PHOSPHORITE

L'histoire de la phosphorite constitue un paragraphe symétrique de ceux qui concernent la silice et le calcaire. Autrement dit, certaines couches renferment des nodules phosphatés dont les formes et la manière d'être coïncident avec ce que nous venons de voir. Toutefois, ils sont, au point de vue des gîtes minéraux, une richesse incomparablement plus grande que les précédents et sont entrés d'une manière efficiente dans l'économie de beaucoup de régions.

Leur aspect est d'ailleurs loin d'être flatteur, et ils ont été bien longtemps complètement méconnus : encore maintenant qu'on les estime, on leur inflige dans les Ardennes la qualification familière de *coquins*, qui fait allusion à leur inconstance stratigraphique.

C'est tout à fait par hasard qu'ils ont été découverts par un ingénieur bien connu, Berthier, ancien professeur à l'École des Mines. Examinant des eaux acides, dans lesquelles avaient séjourné des pierrailles recueillies au cap de La Hève, il fut véritablement stupéfait de la quantité d'acide phosphorique qui s'y trouvait. Quelques années plus tard, il reçut à son laboratoire des concrétions identiques aux précédentes pour l'aspect, et extraites, chose curieuse, d'une couche des environs de Boulogne-sur-Mer, occupant exactement le même niveau géologique que celle du Havre. Les essais donnèrent la même richesse en phosphore.

France. — C'est alors que de Molon, géologue praticien, constatant que le terrain producteur était connu sous le nom anglais de *gault* et faisait partie de l'étage dit albien, par d'Orbigny, entreprit de parcourir systématiquement tous les points de la France où affleurent les argiles vertes de ce terrain, pour y rechercher le précieux engrais, et il ne tarda pas à constater la présence presque constante des rognons dans tous ces points, en même temps que leur abondance et leur richesse dans certaines localités. Le commerce des phosphates est alors intervenu d'une manière très importante, dans le budget des Ardennes, de l'Argonne et de quelques autres endroits.

Nous n'avons pas à insister sur les analogies du mode de production de ces nodules avec les précédents. Il y a lieu seulement de dire que dans les localités exploitables, comme Grandpré (Ardennes), les précieuses concrétions ont été évidemment concentrées par des phénomènes d'érosion et de décalcification.

Sénégal. — Sans chercher à nous faire une idée de l'extension possible de productions de ce genre, il est intéressant de signaler notre colonie du Sénégal comme riche en promesses de nodules phosphatés. J'ai eu l'occasion, en 1898, grâce à des dons de roches, faits par M. Auguste Dollot, à la collection du Muséum, de distinguer parmi des spécimens recueillis, depuis Dakar jusqu'à Joal, des rognons ovoïdes de phosphate de chaux contenus dans des argiles feuilletées et dolomitiques, où abondent des dents de poissons de la catégorie des requins (*Lamna, Galeocerdo, Odontaspis,* etc.)[1]. La proportion du phosphate nodulaire peut

1. *Bull. Mus. Hist. Nat.,* n° 2, p. 3 (1898).

atteindre 49,68 p. 100. On ne saurait douter que le sol de notre colonie ne soit, un jour ou l'autre, l'objet de prospections spéciales et probablement d'exploitations.

Ce qui m'a le plus frappé dans l'étude de ces roches, c'est la cause vraisemblable de leur richesse en phosphate de chaux. A première vue, on pourrait croire que la précieuse substance dérive des restes organiques, dents de poissons, tests de foraminifères, etc., qui s'y rencontrent; mais, outre qu'en ce cas les fossiles devraient montrer des traces de corrosion qu'on n'y aperçoit point, on reconnaît bien vite que les couches les plus phosphatées ne sont pas les mieux partagées en fossiles. Peut-être l'explication se rattache-t-elle à l'existence du pointement de roche éruptive de nature basaltique, qui constitue à Diokoul, près de Rufisque, le rocher connu sous le nom de Saïssaz. L'examen microscopique y montre en outre des minéraux essentiels du basalte : plagioclases, pyroxène, péridot, fer oxydulé, une quantité relativement énorme d'*apatite*, ou phosphate de chaux cristallisé. On peut se demander si le contact de cette roche éruptive phosphatée, n'indique pas la voie par laquelle le phosphore aurait pénétré dans le sédiment fossilifère.

PYRITE ET MARCASITE

Parmi les minéraux de concrétion au sein de couches sédimentaires, le bisulfure de fer, aussi bien à l'état de pyrite cubique que sous la forme de marcasite orthorhombique, se présente avec une grande abondance. En nous bornant, ici, comme précédemment, aux terrains peu anciens, c'est-à-dire qui ne sont pas considérés comme métamorphiques, nous pouvons rappeler sa fréquence à l'état de nodules et de dendrites, dans toute l'épaisseur des couches qui constituent l'ensemble des terrains secondaires et tertiaires. Fréquemment on ne peut avoir aucun doute quant au mode de formation de cette substance, des vestiges de végétaux étant en contact avec elle et imposant la conclusion que le sulfure résulte d'une réduction du sulfate de fer.

France. — L'un des gisements les plus importants de ces minéraux se rencontre à la base des formations tertiaires, spécialement dans ces zones qu'on a longtemps appelées le terrain

des lignites, qui est d'autant mieux connu qu'il a été depuis des
siècles exploité avec une grande activité. Aux environs de Sois-
sons, de Laon, de Muirancourt, etc., on utilise la facilité avec
laquelle le sulfure reprend de l'oxygène pour régénérer le sulfate
d'où il dérive, et l'on en fait la base d'une large industrie chimique. Nous n'avons guère à signaler comme particularité notable,
que le parallélisme des concrétions pyriteuses avec les concrétions
siliceuses, dans la craie blanche, par exemple. Comme pour le
silex, on constate l'existence des nodules de marcasite en pleine
masse de craie, où parfois elles ont été enveloppées par les zones
d'accroissement des rognons de silex. Leur mode de croissance est
cependant bien différent de celui de cette dernière substance qui,
comme nous l'avons dit, a généralement épigénisé la craie avant de
la faire disparaître. Ici, rien de pareil. Les cristaux de fer sulfuré,
après avoir débuté au contact d'une particule réductrice, souvent disparue depuis, se sont accrus irrésistiblement dans des
directions rayonnantes autour de ce point, de façon à donner
lieu à des boules dont la surface est hérissée de pointements cristallins. Ces rognons sont, en certaines localités, recueillis et
traités, pour la production de l'acide sulfurique, mais leur usage
actuel est, au sortir des cendrières, d'être traités par l'eau très
aérée, d'où l'évaporation sépare du sulfate de fer.

LIMONITE

Malgré les détails donnés précédemment sur les gisements de
limonite, il est indispensable de noter que, conformément à
une remarque antérieure, l'hydrate d'oxyde de fer donne lieu
à des concrétions noduleuses ou rognonneuses. Il est très
raisemblable que celles-ci sont, conformément à des faits déjà
énumérés, le résultat de la transformation de concrétions d'abord
calcaires. Mais, sans nous attarder pour le moment à scruter
cette question, nous pouvons remarquer qu'on les rencontre
souvent dans des couches entièrement argileuses et sableuses.
L'une des formes les plus remarquables a reçu les noms d'*ætite* et
de *pierre d'aigle* qui, quand elle est bien venue, est ovoïde,
creuse et sonore au choc, sous la secousse, d'un noyau libre.
En certains cas, l'abondance de ces concrétions est très grande

dans la même couche. Il arrive même qu'elles se soudent en masses tuberculeuses, et l'on peut se demander si les célèbres couches de minerai de fer de Wassy, dans la Haute-Marne, ne représenteraient pas l'état ultime de leur multiplication.

G) Alluvions verticales.

Nous n'aurions donné qu'une idée partielle des travaux réalisés par la circulation bathydrique, si nous n'ajoutions, à ce qui précède, un paragraphe concernant les travaux mécaniques qu'elle peut réaliser.

Il est de notion universelle que les sondages artésiens, même à grande profondeur, donnent souvent naissance à des éjections sableuses entraînées, jusqu'à la surface du sol et même au-dessus, par le jaillissement des eaux ascendantes. Le puits de Grenelle avait acquis un certain renom parmi les visiteurs, grâce aux petits sachets de sable vert provenant de 500 mètres de profondeur, que le gardien de la tour de 20 mètres de haut distribuait à l'appui de sa demande de pourboire.

Dans un très grand nombre de cas de tremblements de terre, on a vu l'ouverture de crevasses du sol donner naissance à des éruptions de sable et à l'érection de petits monticules que les Californiens ont qualifiés de *craterlets*. Le fait est si ordinaire qu'un distingué géologue russe, le professeur Alexis Pavloff, proposait de regarder comme des *tremblements de terre fossiles*, des veines de sable traversant verticalement des assises superposées du sol.

Il y a donc lieu de considérer un type de formation géologique répondant au nom d'*Alluvions verticales*, et donnant naissance à de véritables gisements minéraux. Après les avoir cités au sujet de certains de leurs caractères, il nous reste à insister maintenant sur le mécanisme de leur origine.

Bassin de Paris. — Nous nous bornerons à citer deux cas. Le premier concerne un gisement de kaolin, que l'on a pu suivre depuis Mantes et Vernon (Eure), jusqu'à Plessis-Piquet (Seine). Il consiste en une fissure verticale du sol dont la profondeur est inconnue, dont la largeur s'est montrée de plusieurs mètres auprès de Beynes (Seine-et-Oise), et qui est remplie d'un sable, donnant à première vue l'idée de granit désagrégé, mais dont le feldspath est presque entièrement remplacé par du kaolin de la plus grande pureté, dans lequel se rencontrent des quantités de grains de quartz et, par-ci par-là, de petits fragments de feldspath encore intacts. Etant donnée la connaissance où l'on est de la structure du sous-sol, il est manifeste que la fissure doit descendre aussi bas que le gisement du granit, c'est-à-dire à plusieurs centaines de mètres, et ce qui précède suffit pour nous donner la conviction que l'ascension de la poussière granitique est le fait d'une poussée d'eau émanant de la profondeur.

Nous pouvons d'ailleurs aller plus loin et reconnaître que l'état des choses trahit la haute température de l'eau ascensionnelle. Les expériences de Sénarmont nous ont appris, en effet, qu'à température convenable, l'eau suréchauffée, qui s'est montrée si apte à produire les minéraux anhydres, peut en retour hydrater des composés parfaitement privés d'eau. Et il y a si peu d'incompatibilité entre les deux effets que des tubes de verre, ayant servi à l'expérience classique, se sont présentés à l'état d'une matière véritablement kaolinique, dans laquelle étaient disséminées des aiguilles hyalines et de régularité absolue, de cristal de roche[1].

Pendant longtemps, on a pu étudier à loisir ce gisement intéressant, sur la colline dite La Maladrerie de Montainville (fig. 25), et y constater ses particularités, de nature à préciser plusieurs conditions du phénomène. Tout d'abord, on rencontrait en plein sable éruptif des blocs de roche dont je ne reconnus pas tout de suite la nature, mais où j'ai vu sans le moindre doute des spécimens de la meulière de la Beauce, évidemment écroulés dans la fissure, au moment de son ouverture et en pleine émission sableuse[2]. Cette détermination, à elle seule, entraîna la notion de l'ancienneté du phénomène. En effet, la meulière de Beauce constitue la surface du sol, au sommet de collines peu éloignées, telle que celle de Neauphles, et il n'y a pas à douter que la fissure de Montainville ne date d'un moment où cette même meulière s'étendait aussi sur la verticale de La Maladrerie. La différence d'altitude entre les deux points étant d'une soixantaine de

---

1. Daubrée. *Etudes synthétiques de Géologie expérimentale*, p. 164, 1 vol., Paris, (1879).

2. Stanislas Meunier. C. R. Acad. Sc., LXXXI, 400 (1874).

mètres, on peut juger, au moins d'une manière approximative, du temps que la pluie a mis à réaliser l'ablation différentielle. En second lieu, et pour finir, les blocs de meulière, noyés dans la matière sableuse entraînée par l'eau, ont apporté le plus élégant des témoignages de conformité avec les conditions de l'expérience rappelée tout à l'heure, en montrant dans les vacuoles de leur région périphérique, les résultats du réchauffement subi par l'argile à meulière sous l'influence de l'eau suréchauffée. Par une circonstance aussi heureuse qu'imprévue, ces vacuoles m'ont

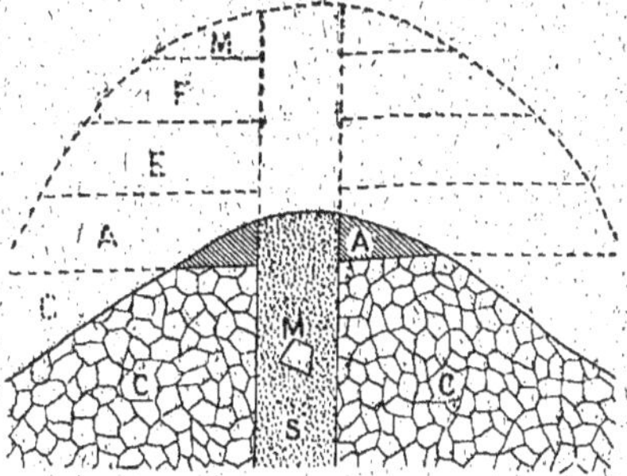

Fig. 25. — Coupe au travers de la colline de la Maladrerie de Montainville (Seine-et-Oise); perpendiculairement à la poussée d'alluvion verticale de sables granitiques.

C, craie sénonienne (argile plastique). — S, sables granitiques d'alluvionnement vertical. — M, bloc de meulière de Beauce, précipité dans la cassure du sol au cours de l'éruption alluvionnaire. — On a représenté en pointillé les érosions réalisées depuis l'éruption de la craie. — A, argile plastique. — E, assises éocènes. — F, sables dits de Fontainebleau. — M, meulière de Beauce.

donné un mélange de matériaux amorphes, avec des groupements de petites aiguilles hyalines qui, pour la dimension, pour la limpidité et pour la forme, ne peuvent être distinguées des quartz obtenus par le recuit du verre ordinaire, dans l'expérience de Daubrée, rappelée plus haut.

Afrique australe. — Le deuxième exemple d'alluvions verticales que je tiens à rappeler ici se rapporte aux gisements déjà mentionnés du diamant, au cap de Bonne-Espérance.

A première vue, nous pouvons considérer le phénomène africain comme étant une prodigieuse amplification de celui de Montainville. Cette fois, les eaux ascendantes n'ont pas circulé dans du granit décomposé, mais dans la masse même de ces roches initiales que nous avons comparées aux ébauches de croûte à la surface actuelle du Soleil et qui ont inauguré l'apparition de l'état solide sur la terre.

Nous n'avons plus à décrire ces gisements [1], et le seul fait qu'il faut retenir ici, c'est que l'ascension des matériaux diamantifères au travers d'une succession stratigraphique, qui a dû embrasser toutes les formations jusqu'à la base de l'époque secondaire, a été la cause même de la transformation en serpentine de la roche primitivement constituée par les silicates anhydres de magnésie (péridot, pyroxène, amphibole et autres). Dans cet immense voyage vertical, la colonne de matériaux détritiques a pu s'enrichir des spécimens empruntés aux formations les plus diverses et c'est le dernier point que nous aurons à toucher, quand nous nous occuperons plus loin des travaux de l'eau de surface.

Pour le moment, bornons-nous à constater l'importance de la forme ascensionnelle des circulations bathydriques qui leur permettent d'établir une communication directe entre toutes les profondeurs superposées.

SOUFRE

Parmi les substances qui se présentent comme des productions bathydriques, au sein de couches plus anciennes, il est intéressant de mentionner le soufre libre. Déjà, nous avons mentionné les chailles, rognons calcaires, dans la substance desquels on trouve quelquefois du soufre pulvérulent. Les mêmes réactions qui ont donné naissance à celui-ci, peuvent prendre une dimension plus grande et engendrer des gisements exploitables sur des échelles très diverses.

Un exemple modèle existe dans le département de Vaucluse, à 5 kilomètres au N.-E. d'Apt, où le hameau des Tapets livre à l'exploitation des couches de calcaire d'eau douce auxquelles sont subordonnés des réseaux de veinules de différentes dimensions et de petits amas de soufre pur, d'un jaune citrin et qui résultent bien certainement de la réduction du sulfate de chaux

---

1. Stanislas Meunier. *Bull. Soc. des Nat. Moscou* (1876).

sous l'influence de matières organiques et probablement végétales. La localité est, comme on le sait, riche en empreintes de plantes, qui ont fourni à Saporta des séries de genres et d'espèces nouvelles.

Mais l'exemple typique de soufre subordonné à des strates du sol, est fourni par les environs de Caltanisetta et sur une assez large surface de la Sicile.

La coupe du terrain comprend surtout des assises dépendant du miocène supérieur, de ces deux horizons que les géologues ont depuis longtemps qualifiés de terrain sarmatien et de terrain pontien. C'est dans ce dernier que se trouvent des lits pénétrés de soufre, consistant suivant les points, en *tufi* qui sont des argiles noires schisteuses et en *arénazzoli* qui sont des grès fins micacés, reposant sur des tripolis et des marnes siliceuses et farineuses, feuilletées, avec diatomées, poissons marins et d'eau douce et lignites, et recouverts par des marnes, des sables et des grès calcaires, dits *trubi*, riches en foraminifères.

Tous ces terrains sont très bouleversés, en couches inclinées à tous les degrés et quelquefois même renversées. Au mur de l'ensemble, et sous un calcaire stérile, s'étend la zone exploitée. Elle comprend plusieurs couches, parmi lesquelles on méprise celles qui n'atteignent pas un mètre de puissance et qui renferment le soufre en quantité très variable. Celui-ci est presque toujours amorphe ; il apparaît cependant çà et là, sous l'aspect de géodes ordinairement d'un jaune brun et d'aspect résineux, quelquefois jaune clair et légèrement translucide. Il n'imprègne pas à proprement parler le calcaire et fait le plus souvent des petits lits d'ailleurs assez irréguliers et généralement interrompus dans le milieu de leur épaisseur par un espace vide. Ces petits rubans de soufre sont encadrés par des zones, également très peu épaisses, de calcaire et de gypse. L'origine de la formation est sans doute complexe, et aucune théorie satisfaisante n'en a été donnée, sans doute parce que divers phénomènes, distincts les uns des autres, ont entrelacé ou superposé leurs différents produits. Une abondance de pétroles, de bitumes, d'asphaltes et de gaz carburés, qui déterminent d'assez fréquentes explosions de grisou, augmentent encore le nombre des complications.

H) Les gîtes métamorphiques.

Une des singularités qui ont le plus frappé les anciens observateurs, c'est le contraste qui saute aux yeux de ce qu'aujourd'hui nous appelons les formations primitives avec les formations plus récentes. D'une façon générale, il y a correspondance évidente des deux parts, des couches superposées, des alternances de consistance et de couleur plus ou moins analogues, et surtout la présence de part et d'autre de ces objets singuliers qu'on a de tout temps appelés des fossiles, et qui réunissent à leur nature essentiellement minérale, les formes qui rappellent, et quelquefois à s'y méprendre, celles des êtres organisés. Dans le besoin imprescriptible de l'homme d'expliquer ce qu'il aperçoit, avant même de l'avoir observé, on pensa d'abord que notre Terre a passé par des époques successives au cours de chacune desquelles régnaient des conditions spéciales et qui constituaient des ensembles parfaitement distincts.

Plus tard, l'idée vint, et elle était juste quoique incomplète, que les roches du plus ancien ensemble avaient été modifiées après leur dépôt. Mais, en renonçant à la supposition d'océans successifs, à température diverse ou à composition différente, on accepta que cette transformation supposée avait eu lieu brusquement à un moment déterminé : on admit une *époque métamorphique*. On trouverait des restes de cette vieille opinion, même dans des livres relativement modernes et qui ont fait autorité.

C'est tout récemment qu'on a constaté que chaque couche du sol a subi successivement les étapes d'une évolution, la même pour toute dans les grandes lignes, mais dont le degré varie de l'une à l'autre, selon son âge.

Nous n'avons pas à insister sur l'historique d'une semblable question. Il nous suffira de constater l'état où elle est parvenue aujourd'hui et l'accord qui s'est fait entre tous les naturalistes pour voir, dans les variations successives des roches, des résultats inégalement accentués, des travaux réalisés en profondeur par les circulations d'eau chaude. Nous devons surtout insister sur le caractère de gîtes minéraux, exploitables souvent de la façon la plus fructueuse, qui résultent pour une roche donnée, du fait pur et simple de son métamorphisme. Et cette remarque nous amène à diviser le sujet en deux parties : l'une concernant le processus en vertu duquel le métamorphisme développera ses effets, et l'autre qui traitera de la variété de ces mêmes effets, suivant la nature propre de chaque roche.

Avant tout, rappelons que la coupe théorique ou idéale de l'écorce terrestre, met sous nos yeux la succession de formations superposées, affectant, suivant les localités, un parallélisme très approché, mais laissant voir ailleurs, l'affrontement de masses diversement orientées et qui témoignent de changements considérables survenus dans leur allure depuis leur origine.

Nous savons enfin que tous les éléments constitutifs de ces masses, outre les déplacements d'ensemble qu'elles ont subis et qu'elles subissent encore, sont le théâtre de travaux moléculaires dont il a été difficile de reconnaître l'universalité et qui sont absolument incessants. Nous y avons déjà insisté suffisamment. Ce qu'il importe d'ajouter, c'est que l'artisan le plus direct de tous les résultats métamorphiques, n'est autre que l'eau de pénétration des couches du sol, agissant constamment, mais diversement, suivant la nature des matériaux rocheux placés à son contact et aussi d'après la température régnant dans le point où elle agit.

Pour bien préciser le fait à mettre en relief, et sans nous embarrasser de détails inutiles, nous pouvons choisir un exemple particulièrement simple et précis.

Irlande. — Transportons-nous, par la pensée, au Nord-Est de l'Irlande, sur la côte des deux comtés d'Antrim et de Londonderry, où la mer est maintenue dans son bassin par une haute falaise de craie. On en observe la coupe dans des conditions extrêmement favorables, à cause de la fraîcheur d'aspect que la mer y entretient constamment, en en nettoyant sans relâche la surface verticale. Sur le blanc de la craie se détachent des bandes noires, les unes horizontales, les autres verticales : ce sont des nappes et des poussées de la roche volcanique dite *basalte*, qui, au début des temps tertiaires, a fait éruption au travers du sédiment crétacé. Si, regardant la craie à la plus grande distance possible de ces épanchements foncés, on en apprécie les caractères, on la trouve identique au crayon blanc qui sert à dessiner sur le tableau.

Mais si, partant d'un point en pleine craie et s'approchant très lentement des poussées ou des nappes, on examine l'allure de la roche qui les encaisse, on voit bien vite que celle-ci perd continûment ses caractères les plus distinctifs, de façon qu'à un très petit nombre de décimètres de la roche noire, la craie taillée en bâtons écorcherait le tableau noir. Vers le contact, elle n'est plus de la craie, mais du véritable marbre, qui laisse briller de tous côtés de petites surfaces cristallines, rappelant pour l'aspect le sucre en morceaux et renfermant même des petits grains plus ou moins brillants que rien ne représente dans la craie. Ce spectacle conduit nécessairement à attribuer à l'intrusion de la roche éruptive relativement récente, les caractères de la roche encaissante à son contact et c'est presque d'instinct qu'on dira que l'éruption du basalte a métamorphisé la craie en marbre. Toutefois, on ne s'arrêtera pas un instant à l'idée que c'est en raison de sa nature spéciale que le basalte a réalisé cet effet. Si l'action s'est produite, c'est à l'agent auquel l'éruption du basalte est due, c'est-à-dire l'eau, à haute température et conformément à ce que nous avons exposé à propos du phénomène volcanique, que la métamorphose doit être attribuée.

A cet égard, on pourrait peut-être objecter que la transformation de la craie devrait être considérée comme un détail du phénomène volcanique. Mais il importe beaucoup de renoncer à ce point de vue et de constater que, comme on va le voir, le volcan n'intervient ici que comme source de chaleur et que toute autre source de chaleur égale aurait pu le remplacer sans variantes.

Il faut, en effet, reconnaître que nous trouverions facilement, dans d'innombrables localités, des dispositions qui, quoique d'une manière un peu plus compliquée, reproduisent, jusque dans les détails, les conditions de la Chaussée des Géants.

Au cours de l'ascension d'une montagne élevée, dans les Pyrénées ou les Alpes, par exemple, on remarquera que les différents contreforts, parallèles à la ligne de plus grande altitude, renferment des couches de roches de même condition générale : ainsi des couches de calcaire. Si l'on y prélève des échantillons pour les comparer entre eux, on s'aperçoit que la série, composée d'après l'ordre de leurs altitudes relatives, le plus près de la plaine étant à un bout, le plus près du sommet étant à l'autre, reproduit dans ses grands traits la suite qu'on aurait pu faire en Irlande, avec des fragments de craie pris d'abord le plus loin possible du basalte jusqu'à la proximité de cette roche. On verrait, encore cette fois, que le calcaire perd peu à peu son état terreux, friable, amorphe, pour prendre la texture serrée, compacte, spathique et pour acquérir des grains minéraux de composition spéciale et qui peuvent atteindre dans certains cas de forts volumes et prendre des couleurs très caractéristiques.

Nous avons donc encore ici un exemple de métamorphisme et nous pourrions être embarrassés d'en découvrir la cause qui nous paraît être l'intervention de l'eau chaude, si nous ne faisions réflexion que le gigantesque travail souterrain, accompli pour déterminer le charriage des grandes lames rocheuses orogéniques, dont nous avons parlé à propos de la fonction corticale, n'avait dégagé des torrents d'une chaleur qui a été à son maximum là où la force vive a été le plus activement détruite, c'est-à-dire vers la ligne de faîte, pour diminuer graduellement à mesure qu'on s'en éloigne. N'est-ce pas en somme les conditions essentielles de la falaise irlandaise : l'eau imprégnant les roches déplacées ou comprimées a agi autour d'elles avec une énergie, graduée selon la distance de chaque point au foyer d'échauffement.

Mais nous pouvons aller encore plus loin, et comparer des roches de la même nature minéralogique, des calcaires, si l'on veut, pris à des niveaux géologiques de plus en plus anciens, c'est-à-dire, si l'on a bien choisi la localité, à des profondeurs de plus en plus grandes. Des quantités de sondages, ouverts dans des buts industriels, nous fournissent tous les matériaux désirables. Étant donnée la notion du degré géothermique, ou de l'accroissement de température avec la profondeur, nous retrouvons encore tout de suite ici, les conditions indispensables déjà décrites deux fois, et nous n'avons pas à insister, pour montrer que le métamorphisme, dans cette nouvelle et dernière condition, coïncide, quant à ses causes et à son effet, avec les deux précédents.

On exprime souvent ce résultat en disant qu'il existe trois sortes de métamorphismes. C'est une expression impropre, pour

constater qu'il existe, dans le mécanisme terrestre, trois dispositions principales pour échauffer l'eau d'imprégnation des roches
et pour développer, par conséquent, les effets caractéristiques du
bathydrisme.

La première disposition est celle qui est réalisée à Antrim ;
on l'appelle quelquefois métamorphisme de contact : il vaut
mieux, selon nous, le qualifier de *métamorphisme volcanique*.
C'est évidemment l'occasion pour ajouter, qu'avec lui, nous ne
sortons pas du bathydrisme, car le métamorphisme infligé par le
basalte à la craie date de l'époque où la portion aujourd'hui
visible de la falaise y était à des centaines de mètres de profondeur, et que c'est très postérieurement, qu'elle a été débarrassée
de tout ce qui la recouvrait.

La même remarque s'applique rigoureusement aux deux autres
formes du phénomène que nous désignerons : la seconde sous
le nom de *métamorphisme orogénique* bien plus précis à notre
avis, que les expressions de métamorphisme dynamique ou de
dynamométamorphisme ; et la troisième sous celui de *métamor-*
phisme sédimentaire que nous préférons de beaucoup à métamorphisme général ou même à métamorphisme régional.

SCHISTES

Les schistes, considérés chimiquement, sont essentiellement
des silicates d'alumine, c'est-à-dire jouissent d'une composition
très voisine de celle des argiles. Leur allure stratigraphique est
la même que celle de ces dernières roches ; personne ne fait le
moindre doute qu'ils n'en soient le produit métamorphique. Leur
nom, tiré du mot grec σχίζω (je fends), exprime la fragilité le long
de certaines directions précises. Nous avons déjà mentionné des
expériences dans l'eau suréchauffée qui, en montrant la cristal-
linité acquise dans l'appareil de Sénarmont par des matières
argileuses et par conséquent amorphes, justifient encore ce rapprochement.

Le point le plus intéressant, pour nous édifier complètement
quant à l'histoire du schiste, c'est de choisir quelques localités
naturelles, où des gisements de roches schisteuses se rattachent,
sans aucun doute, au développement des actions métamorphiques,

sous toutes leurs formes. La figure 26 en fournit un exemple où
l'éruption d'une roche intrusive D, a simultanément métamorphosé du schiste S et du calcaire C, le premier en ardoise et
l'autre en marbre.

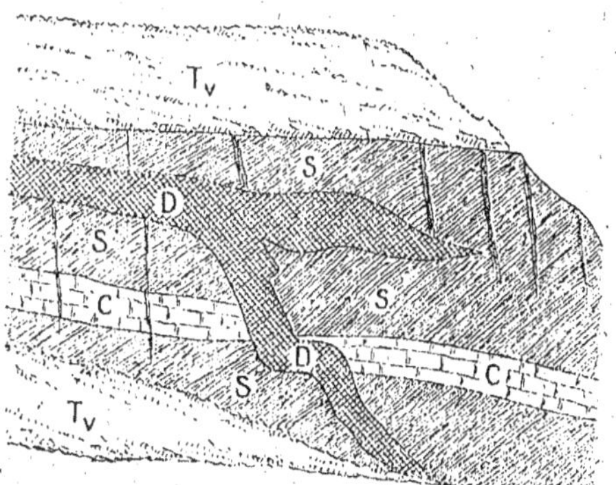

Fig. 26. — Intrusion de roche éruptive (D) au travers d'un paquet de couches
schisteuses (S) et calcaires (C) qui ont été métamorphisées, les premières en
ardoise et les autres en marbre. (T) terre végétale. — Carrière de Dodhead, près
Burntesland (Firth of Forth), Ecosse. D'après M. James Geykie.

En ce qui concerne les schistes engendrés par le métamorphisme volcanique, nous avons vraiment l'embarras du choix
entre des points dont l'éloquence est irrésistible.

Morbihan. — Dans le département du Morbihan, autour du lieu
dit les Salles-de-Rohan, le granit nettement éruptif est venu, à un
certain moment des temps primaires, traverser des roches qu'on a
reconnues pour dater du silurien. Ces roches étaient des argiles,
probablement déjà modifiées par leur séjour prolongé en profondeur. Quoi qu'il en soit, l'intrusion des éruptions granitiques a déterminé dans leur masse des effets qui sont comme des exagérations
de ceux que nous fournissait tantôt la craie d'Irlande. A mesure
qu'on approche des points d'éruption, la roche dont le sol est
fait se modifie à vue d'œil. C'était d'abord une roche peu cohérente, tendant à donner beaucoup de boue sous l'influence de
l'intempérisme : peu à peu, elle devient grenue, par la dissémination de points cristallins de diverses dimensions, et de couleur
qui peut faire prévoir leur différence de composition. Chemin

faisant, on constate le grossissement progressif de ces grains, et il arrive un moment, où vers la marge de contact de la roche éruptive, on se trouve en présence de prismes qui peuvent atteindre et dépasser 10 centimètres de longueur et dont la base, en forme de losange, a, dans ce cas, de 2 à 3 centimètres de largeur. Par places, les cristaux ne sont plus uniques et détachés les uns des autres, mais fréquemment associés deux par deux et d'une manière tellement régulière que les cristaux simples ne sont pas plus géométriques que les, *croisettes* dont il s'agit. Auprès du village de Sainte-Brigitte, on recueille des échantillons grands comme la main, où coexistent des croisettes et des tests de trilobites, assez parfaits pour qu'on puisse les déterminer zoologiquement.

Cette circonstance conduit à des conséquences notables : quand la roche s'est déposée dans la mer, des trilobites vivaient à sa surface et, après leur mort, s'y ensevelissaient lentement. C'était une vase marine toute pareille à celle de nos jours. Plus tard, et à la suite d'une série d'incidents qu'il n'y a pas lieu de préciser ici, la ci-devant argile, comprise dans une série sédimentaire plus ou moins complexe, a été traversée par des éruptions de granit, et autour de ces apophyses, l'eau d'imprégnation atteignait des degrés thermométriques analogues à ceux qui déterminent les genèses de minéraux. Sous leur influence, les éléments de la vase se séparaient les uns des autres, en ce sens que certains d'entre eux obéissaient à des affinités chimiques qui les engageaient dans des combinaisons définies. Et celles-ci, au fur et à mesure de leur formation, obéissaient de plus à un autre genre d'attraction qui les réunissait en cristaux. Il fallait pour cela, qu'elles se débarrassassent du voisinage des matériaux amorphes ambiants, et elles l'ont fait en les accumulant à l'intérieur de leur architecture, sous la forme de résidus groupés surtout selon l'axe du cristal et qui, sur sa section, se montrent comme une tache cruciforme. De là, pour le dire en passant, le nom de mâcle donné, il y a déjà des siècles, au prisme qui nous occupe (du latin *macula*, tache). Cette mâcle, que l'on appelle aussi staurotide, du mot grec σταυρός, qui veut dire croix, est du silicate d'alumine, renfermant de l'oxyde de fer, et dont la densité est égale à 3,5 et la dureté à 7. La roche dans laquelle ces cristaux sont empâtés est elle-même remplie de petites aiguilles cristallines, de composition très analogue et qui, comme nous le dirons dans un moment, font à elles seules la substance de certains schistes, et avant tout des ardoises.

Les produits du métamorphisme des anciennes argiles, par l'intrusion de roches volcaniques, sont employés comme matériaux de construction et comme substance à ferrer les routes, suivant les variétés.

Ardennes. — A côté des schistes résultant du métamorphisme volcanique, nous en avons bien d'autres à citer, dont le métamorphisme orogénique a déterminé la production. Dans toutes nos grandes chaînes montagneuses, on recoupe des épaisseurs parfois colossales de schistes qui, en conséquence des charriages qu'ils ont subis avec toute la montagne, ont très fréquemment acquis une structure essentiellement laminaire et feuilletée, d'où leur nom de *phyllades*, et qui en fait des ardoises. Les Pyrénées, les Alpes, les Ardennes, pour nous borner aux montagnes françaises, en renferment d'innombrables variétés, dont les qualités industrielles sont très variables et dont beaucoup sont exploitées.

En les examinant, on est frappé, dans beaucoup de circonstances, de voir que leur transformation a été relativement très rapide, et cette notion résulte de la présence de certains fossiles qui permettent d'en préciser l'âge géologique. Le type de cette condition nous sera fourni par une localité de la Suisse, Glaris, où l'on exploite des ardoises qui, à leurs caractères immédiatement visibles, sont à peu près identiques aux classiques ardoises d'Angers : même nuance (gris d'ardoise), même fissibilité favorable à la construction de toitures légères, même résistance aux intempéries, qui bien souvent ramènent les ardoises à leur état initial d'argile. Et cependant, pour parvenir exactement à ce même degré dans l'évolution souterraine de l'argile devenant ardoise, la roche d'Angers a employé toute la durée des temps géologiques, depuis les débuts de l'époque silurienne, tandis qu'il a suffi à la roche suisse, du laps de temps, relativement si court, qui nous sépare de la base du terrain tertiaire. C'est, en effet, à peu près au moment où se déposaient autour de Paris les argiles, jusqu'ici restées imperturbablement argiles à un niveau tout voisin de celui de Vaugirard, que s'accumulaient en Suisse les vases qui sont maintenant ardoises. Ce qui le démontre, c'est qu'au lieu de trouver dans leur masse des tests de trilobites et d'autres animaux dont les types ont été oubliés depuis long-temps par la Nature vivante, on y rencontre de délicats squelettes de poissons supérieurs. L'explication est bien simple et réside tout entière dans l'énergie mécanique, brusquement déclenchée dans la masse, des paquets de couches que la contraction de l'écorce terrestre entraîne sur le flanc des géoclases, lors des soulèvements orogéniques. Probablement la somme de travail dépensée dans les deux gisements, silurien et tertiaire, est à peu près égale de part et d'autre et la différence concerne seulement le temps mis à la consommer.

On le voit, nous avons ici un témoignage de l'efficacité de l'action orogénique, dans le développement de notre deuxième forme de métamorphisme.

D'ailleurs, avant de la quitter, il est indispensable de montrer que le procédé dérivant du soulèvement des montagnes, est capable d'atteindre à l'échelle des plus importants gîtes indus-triels que l'on connaisse. Toute la région des Ardennes peut être considérée comme une gigantesque ardoisière, les phyllades y constituant de grandes assises qui ont été déformées, malaxées et redressées avec la plus grande énergie. Le produit varie d'un point à l'autre et l'exploitation n'est pas possible partout, mais il n'en est pas moins vrai que l'on a pu classer toute l'épaisseur du sol ardennais, dépendant de la période cambrienne, en trois horizons qui, avant de s'appeler olénidien, paradoxydien et olénellien, étaient qualifiés par les géologues : de niveau des ardoises de Deville, niveau des ardoises de Revin et niveau des ardoises de Salm-Salm. C'est surtout dans les deux premières parties, le Devillien et le Revinien, que les ardoisières sont ouvertes, et c'est peut-être autour de Fumay que se trouvent les plus considérables.

Les coupes naturelles montrent que l'ardoise alterne en général avec des bancs d'une roche essentiellement différente connue sous le nom de quartzite. Dans certains ravins, surtout dans les tranchées du chemin de fer, on voit ces deux roches si diffé-rentes s'accompagner fidèlement et conserver des traces des influences mécaniques qu'elles ont éprouvées de concert. On est

surpris que des substances aussi résistantes aient été véritablement fripées comme une simple étoffe. Aussi, n'ont-elles pas fait
preuve des qualités de flexibilité de cette dernière et se sont-
elles brisées, dans tous les contours un peu brusques, en menus
fragments, ultérieurement resoudés les uns avec les autres.

On est donc averti que, pour exploiter la roche feuilletée, il
faut établir des galeries d'accès entre les bancs de quartzite.
Dans beaucoup d'endroits, l'entrée des mines se fait en conséquence, non pas par des puits verticaux, mais par des descentes
selon des pentes très rapides. Les bancs, ayant été au fond brisés
par les explosifs, les fragments produits sont montés au jour à
dos d'homme et déposés dans les ateliers de fendage. D'après
les qualités, on les débite en dalles, destinées à protéger les
murailles contre l'humidité ou en feuillets, propres à la couverture des édifices, et l'on est souvent émerveillé de l'habileté de
certains fendeurs qui, à titre de simple curiosité, font des
ardoises aussi minces que du papier à cigarettes.

Le travail a d'ailleurs été perfectionné au cours des temps, par
les observations vraiment scientifiques des praticiens. Ils ont, en
effet, reconnu qu'indépendamment du grand clivage selon lequel
se séparent les ardoises, la roche présente des directions de séparation facile, de sorte qu'on peut faire des classements entre les
directions différentes des pressions qui sont intervenues et se
rendre compte de l'inégale facilité de circulation qu'ont rencontrées les eaux minéralisatrices, qui, non seulement ont pourvu
toute la masse de la structure cristalline, mais qui, en outre, ont
provoqué des formations spéciales dans les différentes directions.
C'est avec surprise qu'on reconnaît, dans telle ardoisière, la constance de formes de certains blocs limités de toutes parts par des
joints naturels, ou délits, et dont la connaissance est de première importance, au point de vue pratique, pour diminuer la
quantité des déchets. Perpendiculairement à la direction générale
des feuillets, les ouvriers distinguent, aux ardoisières de Rimogne,
par exemple, deux plans qualifiés, l'un de *longrain*, l'autre de
macrille.

Ici encore, nous devons constater la production, par l'eau
chaude, d'espèces minérales qui étaient aussi étrangères à l'argile
initiale que les mâcles de Rohan pouvaient l'être de leur côté, aux

schites qui les enserrent. A Monthermé, des ardoises, d'un beau vert clair, contiennent fréquemment des cubes parfaits, de plus de 3 centimètres d'arête, composés par la pyrite de fer. La régularité de leurs formes montre qu'ils ont été engendrés après la réalisation du feuilleté, dont la production les aurait nécessairement concassés. A Pierka, on est frappé de l'innombrable quantité de petits octaèdres de fer oxydulé, qui sont tous pris dans le plan du longrain, et cette fois-ci, couchés selon la direction des feuillets. Ils doivent avoir été produits antérieurement au laminage ou au moins à sa terminaison.

Maine-et-Loire. — Il nous reste à constater l'efficacité du métamorphisme sédimentaire dans la production des schistes et même des ardoises.

Dans l'innombrable série des localités que nous pourrions choisir, nous nous arrêterons à la région d'Angers qui se livre depuis si longtemps à une exploitation intense dont les produits abondent à Paris.

L'ardoise représente une des variétés des schistes dits d'Angers, qui appartiennent à la partie inférieure des terrains siluriens et qui ne manifestent pas l'intervention notable d'éruptions de roches ni de grandes poussées tectoniques. Actuellement, la formation ordovicienne est à fleur de sol, et il n'y a nul doute que ce ne soit le résultat de l'érosion que le pays a subie de la part des agents externes, en même temps qu'il obéissait à un exhaussement général, analogue à celui que nous constatons encore aujourd'hui dans tant de pays, tels que le nord de la péninsule scandinave.

A l'inverse de ce que nous offraient les Ardennes, les ardoises d'Angers n'alternent pas avec des bancs de quartzite ; mais ils sont interrompus par des bandes de terrains qui ressemblent aux ardoises par leur composition générale et qui n'en ont point la structure. C'est l'origine du nom, un peu imprévu, de *veines*, donné dans le pays aux bandes phylladiennes.

A la porte d'Angers, la gigantesque carrière de Trélazé présente un aspect remarquable. C'est une excavation à parois verticales de plus de 200 mètres de profondeur, d'où l'on extrait, par des treuils mus à la vapeur, les blocs destinés au fendage. A la partie inférieure de ces gigantesques murailles, s'ouvre l'entrée de galeries plus ou moins horizontales, qui vont à la roche en exploitation,

Les ardoisières d'Angers, d'après les dernières statistiques, fournissent annuellement 400 millions d'ardoises.

Les principales exploitations sont, avec Trélazé, celles de la Pouëze, de la Forêt et de Misengrain.

La région d'Angers est célèbre par les riches moissons de fossiles siluriens qu'on y a faites, et aussi par la collection des minéraux, de seconde formation, que contiennent les schistes feuilletés. Les ouvriers, accueillant les visiteurs, ne craignent pas d'exciter leur intérêt en annonçant la trouvaille, qu'ils vont faire, de « diamants » : vérification faite, il s'agit de cristal de roche. On mentionnera aussi la pyrite de fer, mais qui, à la différence de ce qui se présentait dans les Ardennes, se montre ici surtout sous la forme de minces lamelles interposées dans les joints du schiste. Jamais du reste, ce genre d'accident minéralogique n'a aussi bien mérité le nom pittoresque de dendrite (*arbre* minéral), puisque le célèbre botaniste de Saporta a décrit et a figuré, comme frontispice de son beau livre intitulé le *Monde des Plantes avant l'apparition de l'Homme*[1], un échantillon provenant d'Angers, sous le nom d'*Eopteris* (aurore des Fougères). Il s'agit, en réalité, d'une cristallisation opérée en dehors de toute intervention biologique : on ne connaît pas jusqu'ici de fougère aussi ancienne que le silurien inférieur.

MARBRES

C'est sous un volume comparable à celui des schistes métamorphiques, que figurent dans l'écorce terrestre les roches résultant de la transformation des sédiments calcaires et dont les types sont réunis sous l'appellation de marbres. Leur histoire nous a déjà servi de point de départ dans notre résumé des caractères généraux du métamorphisme et nous devons nous borner ici à un simple complément pour donner une idée de la complication des travaux que l'eau de profondeur a consacrés à la réalisation des séries innombrables des roches marmoréennes.

Pour ce qui est du métamorphisme volcanique, nous pouvons nous arrêter au type auquel Cordier, encore mal renseigné sur

1. Un vol. in-8°, Paris (1879).

l'importance des phénomènes calorifiques de profondeur, appelait *thermocaloite*. Il en signalait l'abondance exceptionnelle en Tyrol, autour de Predazzo et de Vigo, dans le Kaisersthul, ainsi qu'aux environs de Christiana, c'est-à-dire dans des localités où des apophyses de roches éruptives ont, pour ainsi dire, lardé des assises calcaires qui peuvent être des âges géologiques les plus différents.

Pyrénées. — Relativement aux effets du métamorphisme orogénique, nous pouvons signaler comme spécialement caractérisées les assises qui forment une si notable partie de la chaîne des Pyrénées, ainsi que de celle des Alpes. Le marbre de Campan est une variété bien connue, car elle porte au maximum, et à la fois, le caractère d'un produit sédimentaire et celui d'un métamorphisme intense.

Un coup d'œil, en effet, suffit pour faire voir, dans cette roche si compacte et si serrée, la présence d'innombrables fossiles. Ils y apparaissent sous la forme d'amandes, prises dans une espèce de filet qui les enserre d'une manière régulière particulièrement sensible sur des plaques polies. Il faut du soin pour les bien reconnaître, mais on arrive à y distinguer tous les traits des coquilles qu'habitent les céphalopodes de la catégorie des nautiles de l'époque actuelle. C'est un brevet d'origine marine incontestable. Quant à la structure entrelacée, on est arrivé à la rattacher à la composition initiale de la roche et aussi aux vicissitudes de l'évolution qu'elle a subie. Au début, c'était une simple marne, lentement déposée sur le fond de la mer dévonienne. La marne, qui est un mélange de calcaire et d'argile, ayant été, par le mécanisme déjà décrit plusieurs fois, transportée dans le laboratoire souterrain, de plus en plus actif avec la profondeur, le calcaire a cédé aux invitations des forces cristallogéniques : ses atomes se sont mutuellement recherchés et rapprochés, ce qui n'a pu se faire sans une véritable expulsion de l'argile, contrainte de faire de petits lits alternant avec les lits calcaires. Dans le déploiement de chaleur intense, qui a accompagné la déformation de la croûte terrestre et le glissement sur le flanc des géoclases, des nappes de charriage, dont l'accumulation a peu à peu constitué la chaîne montagneuse, l'élément calcaire est devenu du marbre et l'élément argileux du schiste. Sous l'effort, des compressions internes celui-ci s'est moulé sur toutes les portions résistantes de l'ensemble et en particulier sur les tests de coquilles, de façon à les envelopper comme auraient pu le faire des feuilles de papier : de là, la structure entrelacée.

Le marbre de Campan, indépendamment de ces incidents spéciaux, a nécessairement subi toutes les épreuves mécaniques et chimiques qui ont amené la production des autres variétés de marbre. L'une des plus facilement observables est le craquellement de blocs, séparés les uns des autres et poussés dans des directions plus ou moins déterminées. De là, l'ouverture d'innombrables fissures, de toutes les amplitudes et de tous les modes de groupement, constituant le réseau de circulations rapides où se meuvent les eaux chaudes de la région profonde. Ces eaux ont pour mission de se livrer, dans l'immense majorité des localités, à un véritable travail de raccommodage des masses minérales que les poussées irrésistibles pulvérisent chaque jour davantage, et ce détail, emprunté à un groupe énorme de réactions importantes, contribue d'une manière décisive à donner à maintes pierres, et spécialement à des marbres, le charme des colorations et des contrastes, dans des associations qui nous les fait rechercher avec tant d'ardeur pour la décoration des édifices. C'est, en effet, en conséquence de ces circonstances que se constituent dans les marnes les veines qui font les *marbrures*, et c'est une surprise de penser, pour la première fois, que les architectes tireront des effets aussi séduisants, aussi majestueux de matériaux résultant de la cimentation de débris souvent accumulés de la même façon que dans des décharges publiques. Qui n'a pas regretté dans les vallées de hautes montagnes l'aspect ruiniforme des flancs escarpés composés exclusivement d'éclats pierreux qui sont tombés des sommets ? Chacun d'eux est composé d'une roche cristalline dont l'aspect serait agréable à l'œil, n'était le recouvrement qu'ils ont subi de poussières et de détritus fins de tous genres. Supposez cet ensemble, par l'effet des réactions géologiques les plus connues, pénétrant, par subsidence lente, dans le bassin des mers, s'y enlisant dans les vases qui le font bientôt disparaître et subissant plus tard les effets du métamorphisme souterrain, vous y concevrez la genèse de tout un réseau de veines métamorphiques et par conséquent cristallisées qui, sur les sections du futur lapidaire, apparaîtront comme le sertissage de toutes les surfaces polies des éclats primitifs. C'est un détail particulier de ce grand phénomène de cataclase mentionné plus haut, comme essentiel du régime normal de la croûte.

Signalons enfin un singulier gisement qui soulignera le pouvoir minéralogène du calcaire. Il s'agit de blocs de chaux carbonatée qui ont été jadis arrachés des profondeurs par les éruptions du volcan qui a précédé le Vésuve et dont nous appelons Somma les vestiges restants. Ces blocs gisent parmi les éjections du vieux cratère. Ils sont remarquables par leur état cristallin et c'est très laborieusement qu'on est arrivé à reconnaître qu'ils ne représentent pas autre chose que le produit du métamorphisme de calcaires sédimentaires d'âge probablement très récent, qui ont pendant leur ascension vers le jour, été enveloppés par le magma volcanique qui leur a infligé un métamorphisme d'une intensité exceptionnelle. Voici, d'après un mémoire de M. G. Thomson[1] et un travail de M. Scacchi[2], la liste des principales espèces minérales recueillies jusqu'ici dans ce singulier gisement : anhydrite, anorthite, amphibole, apatite, biotite, blende, breislakite, crithiolite, phosphate de magnésie avec fluor, cuspidine, dolomie, graphite, grenat, idocrase, quarinine, haüyne, humite, hydrodolomie, hydrogiobertite, lazulite, leucite, méronite, mellinite, périclase, pyroxène, sarcolite, scolésite, sodalite, spinelle, sphène et zircon.

La production française en marbre vient tout de suite après celle de l'Italie. On la répartit en six groupes : le groupe du Nord : marbre foncé de Marpont (Nord), marbre de Boulogne ; — le groupe de l'Ouest où les carrières de Sablé et de Joué-en-Charnie, dans la Sarthe ; — le groupe du Centre qui comprend les marbres de Lot-et-Garonne, dont le jaune pourpré est veiné de blanc ; — le groupe des Vosges ; — le groupe très riche des Alpes : marbres noirs de l'Isère et des Hautes-Alpes ; marbres jaunes et marbres rouges des Basses-Alpes ; — enfin, le groupe des Pyrénées : marbres blancs de Saint-Béat (Haute-Garonne), marbres si divers de Campan (Hautes-Pyrénées), marbres rouges de l'Aude, etc.

1. *Bibliothèque britannique*, VII, 40 (1788).
2. *Spettatore di Vesuvio e dei Campi phlegrei* (1887).

Grèce. — Tous les marbres ne sont pas veinés ; mais tous sont fragmentaires. Ceux du Pentélique et de Paros, qui nous paraissent les plus compactes, sont formés de fragments résultant du broyage d'une seule et même roche homogène, où les soudures disparaissent à l'œil nu, mais se retrouvent à l'examen microscopique. M. Négris y a même retrouvé des empreintes de foraminifères[1].

Comme contraste avec cette homogénéité, qui donne lieu à la série des variétés des marbres unicolores (noirs, jaunes, rouges, verts), il y a lieu de citer des marbres résultant de la transformation de récifs madréporiques ou d'amas de valves de coquilles, charriées ou non, et donnant lieu aux *lumachelles*, dont on connaît une variété remarquable, dite d'Astrakan, bien qu'elle vienne des Indes : on en trouve de fort belles à Corinthe.

Restent les marbres dérivant du métamorphisme sédimentaire, qui constituent la majeure partie des formations stratifiées primaires. Seulement, on conçoit l'impossibilité de les séparer avec précision des marbres d'origine orogénique, toutes les portions de la croûte voisines de la surface, c'est-à-dire accessibles à nos études, ayant été nécessairement comprises dans des régions où les puissantes compressions terrestres se sont exercées. Il est d'ailleurs inévitable que les zones enfouies à des milliers de mètres de profondeur, aient trouvé, dans le fait simple de leur séjour, l'échauffement nécessaire à leur transformation.

Les marbres sont répandus dans le monde entier ; mais quelques-uns sont particulièrement célèbres, à cause de tout ce qu'ils ont fourni à l'industrie et surtout à l'art : Paros, Pentélique, Naxos, Chio, Thasos, Antiparos, qui sont essentiellement saccharoïdes.

Italie. — Les plus beaux marbres d'Italie rappellent beaucoup ceux de la Grèce, certains ayant le blanc du Paros.

Les grands centres d'exploitation sont dans les montagnes liguriennes : à Seravezza, à Massa, à Carrare. Ce fut Michel-Ange qui découvrit les carrières de Seravezza, sur les pentes de l'Altissimo, à un millier de mètres de hauteur. Le marbre statuaire y est de toute beauté ; mais l'on y trouve aussi et l'on y exploite sur une vaste échelle, le marbre brèche, qui prend un beau poli mettant en

1. *Roches cristallo-physicienne et tectonique de la Grèce*, in-8°, Athènes (1915).

valeur les nuances délicieuses, dont la plus estimée est la fleur de pêcher. La brèche de Seravezza a été employée à profusion dans la décoration de l'Opéra de Paris. On lui donne en italien le nom de *mischio*, à cause de la diversité de ses éléments et celui d'*affricano*, parce que les anciens Romains se servaient d'un marbre analogue pris en Afrique. La production de Carrare est immense et semble ne pas épuiser la montagne, où l'extraction se fait dans trois grandes vallées, en arrière de la ville ; la plus importante, celle de Ravaccione, a fourni le marbre d'un grand nombre des statues de Versailles.

Algérie. — L'Algérie est bien pourvue en marbres ; nous parlerons plus loin de son marbre onyx, l'albâtre oriental des Anciens, quand il est blanc. Citons ici le marbre statuaire de Filfila, le marbre jaune de Philippeville, le marbre portor (à fond noir profond, veiné de jaune d'or), de la province de Constantine.

Remarques sur le métamorphisme des calcaires. — Comme complément à cette histoire du métamorphisme des calcaires, et pour donner une idée du nombre des réactifs chimiques qui y ont pris part, il est indispensable de nous arrêter un moment à la véritable collection minéralogique, renfermée dans la masse prépondérante de la chaux carbonatée.

Dans tout ce qui précède, nous avons généralement qualifié d'eau chaude, l'agent de circulation dans la substance des roches qui se transforment. En plusieurs endroits cependant, nous avons rappelé qu'il s'agit en réalité de dissolutions aqueuses, qui peuvent être à tous les degrés possibles de dilution des matériaux les plus variés, aptes à réagir, tantôt les uns sur les autres, tantôt sur la substance de la roche imprégnée.

Quand il s'agit du calcaire, et à l'encontre de ce qui concerne les argiles et les schistes, on a affaire à un composé éminemment accessible aux entreprises des dissolutions, et il en résulte une activité exceptionnelle au point de vue minéralogénique, soit que les minéraux produits contiennent de la chaux, soit qu'au contraire, ils résultent de précipitations consécutives à la soustraction de cette même chaux.

Sans avoir la prétention de préciser les causes prochaines de la cristallisation des minéraux métamorphiques, nous énumérerons les principaux, en nous bornant à rappeler leur composition essentielle.

Tout d'abord, nous devons mentionner le cristal de roche, ou *quartz*, presque chimiquement pur et parfaitement hyalin. Il se rencontre ainsi dans les plus belles variétés de marbre blanc et l'on a raconté parfois les déboires de sculpteurs, rencontrant le minéral à la surface d'un buste ou d'un médaillon. Carrare est célèbre pour la fréquence relative du quartz dans ses marbres.

L'*andalousite*, ou silicate d'alumine, se trouve en particulier dans la masse du beau cipolin de Stazzama et de Molina en Toscane. Elle est en petits prismes admirablement réguliers qui subsistent après la dissolution du marbre dans un acide.

Le *disthène* qui, comme le minerai précédent, consiste en un silicate simple d'alumine, se présente dans des marbres compris dans le massif du mont Saint-Gothard.

L'*amphibole*, principalement de l'espèce qualifiée de *hornblende*, et aussi celle qu'on appelle la *trémolite*, se rencontre au Tyrol et dans certains points des Alpes suisses.

Aux États-Unis, à Gouverneur, on a trouvé la *tourmaline* brune, en cristaux volumineux.

Le *pyroxène* est commun dans les marbres de Sainte-Marie-aux-Mines, dans les Vosges, à Biella, en Piémont, à Pargas en Finlande, et il abonde dans les carrières de marbre du ravin del Toro del Gazo, près de Canzocali, à Predazzo (Tyrol).

À Biella, on trouve aussi des masses laminaires, ou bacillaires, de *wollastonite*.

De très beaux échantillons de *talc* ont été fournis par des assises du Saint-Gothard.

La *serpentine* s'associe au calcaire, dans des couches très épaisses au Canada, aux niveaux les plus inférieurs du terrain archéen.

Le Pic du Midi, dans les Pyrénées, présente des massifs calcaires tout pénétrés de cristaux de *feldspath*. On en trouve aussi dans plusieurs points des Alpes et du Piémont.

La *couzeranite*, qui est une variété de wernérite, abonde en petits cristaux disséminés dans les calcaires des Pyrénées.

L'*épidote* a été citée au Tyrol et en Dauphiné.

L'*émeraude* s'est produite en magnifiques cristaux, d'un beau vert et d'une grande valeur, dans des calcaires associés à des roches gneissiques des environs de Muso, dans la Nouvelle-Grenade. Ce calcaire est d'ailleurs imprégné de matériaux bitumineux, dont la présence fournira peut-être un jour des éléments, quant à la théorie de cette intéressante production.

Des *grenats*, admirablement cristallisés, en dodécaèdres rhomboïdaux plus ou moins modifiés, criblent certains calcaires de la chaîne des Pyrénées. Dégagés par la pluie, ils constituent, à la base de certains escarpements verticaux, de petits talus de plusieurs décimètres de hauteur. Ils sont opaques et impropres à toute application. Une variété a été désignée sous le nom de pyrénéite.

Plusieurs variétés de *mica* ont été produites en pleine masse de calcaires métamorphiques, qui passent alors à la roche qualifiée par Cordier de *micalcite*. Delesse a signalé la présence de la variété dite *phlogopite*, dans le calcaire de Sainte-Marie-aux-Mines.

L'*axinite* se rencontre dans l'Oisans, en Dauphiné et aux Grisons.

Le *sphène* fait partie de la série des calcaires des Vosges.

Au Monte Ramazzo, aux environs de Gênes, la *sidérose* se trouve en petits rhomboèdres dans des calcaires métamorphiques.

La *crocoïse*, ou chromate de plomb, existe à Berezowsk, en Sibérie.

QUARTZITES

Soumis à l'énergie des pointements de roches éruptives, les grès de différents âges ont généralement acquis un grand accroissement de dureté et de cohésion, par la modification de leur ciment, qui est passé fréquemment à l'état quartzeux. Tels sont ceux auxquels on applique la qualification de *lustrés*. Il est vrai que des auteurs ont prétendu, sans attacher d'importance à l'âge relatif des formations, faire de ces grès lustrés de simples variétés des quartzites, mais le fait paraît d'acceptation bien difficile.

En certaines régions, les grès recuits par les laves, se sont débités en petites colonnes ou baguettes imitant celles qui résultent d'un long service, pour les creusets des verreries et d'autres usines.

Ailleurs, on observe comme un commencement de modifications dues au voisinage de substances fusibles telles que des matières calcaires. On voit les laves subir un contre-coup, de la présence de la silice mobilisée, dans la masse de la roche sédimentaire et s'enrichir de concrétions, parmi lesquelles les opales se signalent par la beauté de quelques-unes de leurs variétés, qui comptent parmi les pierres d'ornement de première valeur.

Il ne faut pas confondre les grès, dits cristallisés en conséquence du métamorphisme orogénique, avec les variétés de grès sédimentaires, comme on en trouve à Fontainebleau, où la cristallisation du ciment calcaire détermine la production de rhomboèdres ayant exactement les mesures de ceux de la calcite ($105^{\circ}5'$). Cette fois, il s'agit de roches constituées par l'agrégation de petits grains de quartz ayant la forme de prismes hexagonaux terminés, à chaque extrémité, par une pyramide à six faces et qui, débités en lames minces suivant leur axe, se révèlent au microscope comme étant formés de deux parties distinctes, séparées par un contour essentiellement irrégulier : le *noyau*, ainsi délimité, est de forme tout à fait quelconque ; mais on remarque que l'orientation cristallographique des atomes qui constituent la portion externe est expressément ordonnée d'après celle des atomes internes et coïncide avec elles. Ce qui signifie que chaque grain de sable, entrant dans la roche arénacée du commencement, a exercé sur la silice en dissolution dans les eaux, une action directrice qui l'a arrêtée et fixée à sa propre surface, selon ses propres axes cristallographiques.

Vosges. — Ces roches singulières abondent en certaines parties des Vosges, soit dans les zones limites du terrain permien, soit à la base du terrain triasique, qu'il est parfois difficile d'en distinguer.

Brésil. — Quant à ce qui concerne le chapitre du métamorphisme sédimentaire, nous croyons pouvoir y rattacher surtout la production, entre les grains sableux, d'un minéral conjonctif, qui peut être du fer oligiste en paillettes et alors la roche porte au Brésil le nom d'*itacolumite*, ou bien une variété de mica argenté et le type lithologique alors produit est l'*itabirite*.

Cette dernière circonstance donne lieu à une roche très remarquable, signalée surtout dans la province diamantifère de Minas

Geraës, mais qu'on a retrouvée dans l'Inde, et qui jouit, quand on l'a taillée en prismes longs et grêles, d'une flexibilité très remarquable. Le *grès flexible* montre au microscope que sa propriété singulière provient de la disposition des paillettes micacées permettant aux grains de quartz une certaine mobilité les uns sur les autres [1].

Plusieurs espèces minéralogiques ont trouvé des circonstances favorables à leur développement dans le tissu des quartzites.

L'itacolumite du Brésil renferme très fréquemment des paillettes d'or. Il est traité comme minerai aurifère, dans certains points.

Régions stannifères. — Sous le nom d'*hyalomicte*, on désigne un agrégat de quartz et de mica, qui est très ordinairement subordonné aux gisements d'étain. A côté de lui on peut citer une variété qui renferme de beaux cristaux de topaze, d'apatite, de mica, de tourmaline et d'étain oxydé. Cette roche constitue des lambeaux, dont l'apparence générale pourrait être confondue avec celle des filons, mais, outre qu'elle ne renferme aucun minéral qui soit essentiellement filonien, le quartz qui la compose est à un état grenu qui ne paraît guère s'accommoder avec une origine concrétionnée.

HOUILLE

Il n'est pas nécessaire de décrire la houille. Sa densité est faible, à peine supérieure à celle de l'eau (de 1 à 1,6). Elle contient 20 à 40 p. 100 de matières volatiles : le lignite et l'anthracite, que nous lui comparerons, en contiennent, l'anthracite, de 5 à 10, le lignite de 50 à 70. Le résidu de sa calcination est le coke.

On distingue pratiquement cinq types de houille : 1° La houille sèche à longue flamme, qui renferme 75 à 80 p. 100 de carbone, 5,5 à 4,5 d'hydrogène, 19,5 à 15 d'oxygène. Le coke obtenu est pulvérulent, ou tout au plus frité.

2° La houille grasse à longue flamme (charbon à gaz) : 80 à 85 de carbone, 5,8 à 5 d'hydrogène, 14,2 à 10 d'oxygène. Coke fondu, très fendillé.

<hr>

1. *La Nature*, 1er semestre de 1892, p. 373.

3° Houille grasse proprement dite ou charbon de forge : 84 à 89 de carbone, 5 à 5,5 d'hydrogène, 6 à 5,5 d'oxygène. Coke fondu moyennement compacte.

4° Houille grasse à longue flamme ou charbon à coke : 84 à 91 de carbone, 5,5 à 4,5 d'hydrogène, 6,5 à 5,5 d'oxygène. Coke fondu très compacte, peu fendillé.

5° Houille maigre ou anthraciteuse : 90 à 93 p. 100 de carbone 4,5 à 4 d'hydrogène. Coke frité ou pulvérulent.

Pendant bien longtemps, on a admis que la houille est complètement privée de structure végétale. Fremy, qui a fait à l'égard des combustibles des travaux si remarquables, y voyait un simple produit de fermentation. Bernard Renault, joignant une adresse incomparable de technicien, à ses talents de botaniste, est parvenu à faire dans la houille des lames si minces, que cette roche qui paraissait symboliser l'opacité, est devenue transparente et alors tout un monde de débris s'y est révélé : cellules de tissus, poils, grains de pollen, lambeaux d'épidermes et de vaisseaux, etc., ne laissant entre eux qu'une place fort restreinte par une boue amorphe, qu'on désigne sous le nom de *dopplérite*.

Tout le monde est d'accord, pour voir dans la houille le résultat d'une modification chimique subie, dans les régions souterraines, par de la matière végétale accumulée à l'abri du contact de l'air, dans un milieu gorgé d'humidité et sous l'influence d'une température qui, après avoir été comparable à celle régnant actuellement dans nos régions tropicales, est devenue de plus en plus élevée pendant un gigantesque laps de temps, à la suite d'un enfouissement à plusieurs centaines de mètres dans la terre.

Plusieurs naturalistes, en tête desquels il est juste de citer Bernard Renault, ont cherché à préciser les diverses étapes des modifications nécessaires éprouvées par la matière organique et, sans y insister, on peut noter qu'après une période pour ainsi dire préliminaire, où agissait une sorte de fermentation microbienne, il s'est réalisé une véritable macération, au contact de roches seulement humides, dans les conditions générales du métamorphisme, de sorte qu'il est rigoureusement exact de dire que la houille est, à la tourbe compacte et au bois bruni, ce que le marbre est à la craie, ce que le quartzite est au grès, ce que le schiste est à l'argile.

Seulement, deux hypothèses ont été, depuis bien longtemps, opposées l'une à l'autre, quant à la manière dont la substance végétale destinée à devenir de la houille, a été accumulée dans la localité souterraine, où les opérations métamorphiques se sont attaquées à elle. Selon l'une, maintenant définitivement rejetée, on pense que les matériaux organiques ont été arrachés à leur lieu de végétation et concentrés à la suite d'un charriage dans la localité de macération ; l'autre, admet que des massifs végétaux analogues à nos forêts, ont été tout simplement enfouis sur place pour subir la chimie souterraine. C'est ce dernier point de vue, qu'on peut regarder comme démontré, qui a prévalu de toutes parts, avec une seule restriction très sage, relative à l'accumulation à l'embouchure des grands fleuves, de plantes flottées, lentement submergées dans des points où ne les accompagnent ni sables, ni limons.

Cette conquête de la science est en grande partie l'œuvre de M. Cyrille Grand'Eury[1] qui, par l'étude d'un très grand nombre de bassins houillers, y distingue les deux catégories primordiales de forêts fossiles et de sols fossiles.

Par forêts fossiles, cet auteur entend ces localités si remarquables où l'on rencontre des végétaux et spécialement des arbres, passés à l'état de houille, mais ayant conservé leur situation normale, enfouis verticalement au travers de couches de sable ou d'argile. Ils représentent la fossilisation de points comparables au littoral de certaines de nos mers actuelles, par exemple, devant Cherbourg, ou le long des côtes de la Scanie, au sud de la péninsule scandinave, où l'on voit au travers des eaux de la mer, tous les détails de forêts submergées.

Par sol fossile, Grand'Eury désigne des dispositions qui se présentent en contraste, sinon en opposition, avec les forêts fossilisés. Il y a bien longtemps que les mineurs anglais ont constaté la présence, très fréquente, au mur des bancs de houille, d'une certaine variété de roche argileuse, renfermant de gros fossiles en cylindres aplatis, qui furent plus tard désignés sous le nom de *Stigmaria*. L'*under clay* (argile de dessous) a bien des fois fourni un guide précieux, dans la recherche des gisements

---

[1]. *Recherches sur les forêts et sols fossiles et sur la végétation et la flore houillère*, in-4° (2 livraisons), Paris (1912 et 1913).

de charbon. Les *Stigmaria*, dont le nom fait allusion aux marques, *stigma*, ou cicatrices disséminées à leur surface, sont des plantes aquatiques qui rampaient au fond de l'eau : « C'étaient des coureuses de fond de marais, et ce sont elles qui ont introduit le régime des fonds tourbeux, où ont pris naissance de nombreuses couches de houilles » (Grand'Eury).

Bernard Renault a découvert que les appendices des *Stigmaria* ont tantôt la structure de racines et tantôt la structure de feuilles, sans présenter nécessairement des apparences différentes : il en résulte que ces plantes singulières pouvaient vivre sans tige sous des eaux claires et qu'elles prospéraient dans des eaux profondes. Cependant, d'après Grand'Eury, une espèce qu'il appelle *Stigmaria major*, présente deux ordres de cicatrices : les unes sur la face supérieure et qui sont probablement des appendices phylloïdes, et les autres sur la face inférieure, d'où partaient des appendices rhizoïdes. Or, ces derniers pénétraient dans un lit inférieur d'argile, qu'on voit souvent au-dessous de l'*under clay*. Et comme on retrouve cette argile à racines non recouverte de stigmaires, on peut croire que celles-ci se sont écartées progressivement de leur situation initiale, par une véritable reptation.

D'ailleurs, et suivant les termes mêmes de Grand'Eury, les stigmaria constituent la forme la plus commune et la plus caractéristique des formations houillères. Elles jouissent d'une ubiquité d'habitat très grande, car elles ont vécu, suivant les cas, dans des argiles, dans des grès, dans des argilophyres (cendres volcaniques stratifiées), et même dans des calcaires. Elles constituent fréquemment la souche de grands arbres, dont les plus fréquents sont les *Lepidodendrons* et les *Sigillaria*. Elles méritent d'être qualifiées, comme le fait l'auteur, de « forme la plus intéressante des plantes houillères ».

Cette appréciation est encore justifiée par la somme de particularités que leur étude a révélée, quant à certaines conditions de la végétation aux temps primaires et que nous pouvons résumer en peu de mots.

Elles vivaient au fond de l'eau claire de marais ou de lacs, en étendant en tous sens leurs rhizomes rampants. Elles développaient fréquemment des troncs volumineux (fig. 27) qui, s'élevant verticalement dans l'eau, étaient entourés de tous les organes végétaux tombés des parties hautes, feuilles, fructifications, épis et inflorescences variées, graines, rameaux et brindilles qui, à l'abri du contact de l'air, y subissaient une macération dont nous avons des exemples autour de nous. Ainsi s'accumulait un terreau essentiellement humifère, la dopplérite, qui constitue bien souvent la portion la plus volumineuse des houilles et de tous les combustibles minéraux. Parfois, les *Stigmaria* se sont séparées

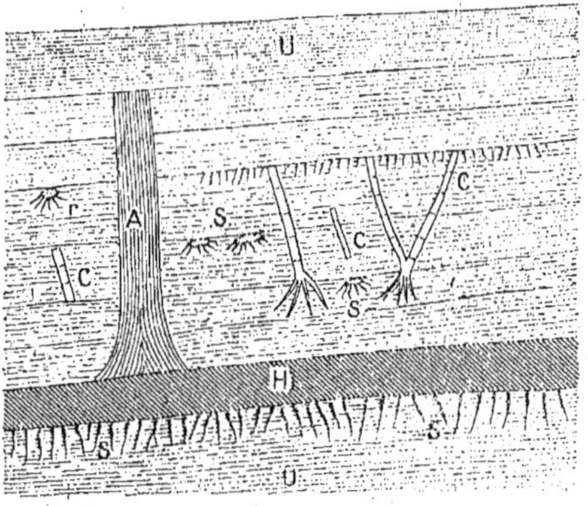

Fig. 27. — Conditions de la végétation dans les marécages de l'époque houillère, d'après Grand'Eury.

U, Deux niveaux d'*under clay* dont le plus inférieur renferme de nombreuses *stigmaria* représentées par leurs racines (S); d'autres sont disséminées dans toute la hauteur de la couche ; H, couche de houille résultant de l'accumulation et du métamorphisme de débris végétaux ; C, calamites; A, tronc vertical de *sigillaria*.

du fond, pour vivre au sein de la matière humique, et c'est alors qu'on les trouve, régulièrement stratifiées, en pleine masse de charbon, dans le terrain moscovien (ou westphalien) et dans le terrain stéphanien.

Tout ce qui précède nous met en possession de raisons décisives pour rattacher l'histoire de la houille à la série des phénomènes qui accompagnent les altérations de la matière végétale en milieu non oxydant.

En passant en revue la série stratigraphique, on reconnaît que, de tout temps, il a existé des localités où la matière végétale s'est conservée, constituant de bien curieuses réserves de force

vive, accumulée aux dépens du Soleil pendant toutes les périodes
sédimentaires. Ce qui se produit à cet égard dans nos tourbières
et dans les autres gisements botaniques actuels, comme les
cyprières et les *mangroves*, s'était déjà réalisé de la même façon
pendant l'époque quaternaire d'où datent, non seulement les
parties profondes de certaines tourbières modernes, mais d'entières
tourbières finies, recouvertes de matériaux différents, situées dans
des régions d'où les conditions du tourbage se sont peu à peu
retirées, par suite des modifications géographiques spontanées.

Comme nous le verrons plus loin, le combustible correspondant à la tourbe, porte le nom de lignite et celui des niveaux
inférieurs au terrain houiller (dévonien, silurien), la qualification
de houille.

C'est à Bernard Renault qu'on doit l'argument décisif en cette
matière, car, à côté des liens de parenté établis par l'analyse
chimique entre tous les types de combustibles minéraux, il a
signalé une série d'autres liens d'origine, en démontrant la
présence, dans les produits houillifiés, d'organismes microscopiques du grand groupe des microbes, dont le rôle a été évidemment identique à celui que le *Bacillus amylobacter* et ses compagnons, remplissent dans nos tourbières, en procédant à une
véritable transformation de la matière végétale submergée. Les
formes de ces microbes varient suivant les époques, exactement
comme changent, d'une période à l'autre, les formes des mollusques, ou celle des fougères, ou celles de tout autre groupe
organique naturel ; mais la fonction réalisée est la même, dans
un cas et dans l'autre, et l'équilibre physiologique de la terre
n'a jamais été compromis.

Cependant, à la suite de son immortelle découverte des micro-
organismes des houilles et de tous les combustibles fossiles,
Bernard Renault a émis une théorie, d'après laquelle l'action
microbienne est la seule qui soit intervenue dans l'élaboration
des charbons minéraux. Suivant lui, — et il a multiplié les
affirmations les plus catégoriques, — c'est la diversité des
microbes, agissant aux différentes époques qui, seule, a déterminé
les différences entre les variétés de combustibles[1]. Or, je ne

<hr>

[1]. *Sur quelques microorganismes des combustibles fossiles*, 1 vol. in-8° de
400 pages et un atlas, Saint-Étienne, 1909.

crains pas d'avouer que mon opinion personnelle est que Bernard Renault, malgré la puissance de ses facultés, n'est pas arrivé à une conception complète du phénomène houiller, parce qu'il s'est laissé captiver par le caractère purement microscopique de ses études. Voyant des microbes à l'œuvre sur la matière destinée à devenir de la houille, Renault s'est laissé séduire par ce chapitre biologique, au point d'oublier qu'une fois enfouie sous des sédiments plus récents, une couche quelconque, soit-elle entièrement formée de débris organiques, entre dans la catégorie des roches proprement dites et tombe sous la coupe des phénomènes souterrains, constituant le métamorphisme.

A partir de ce moment, les traces de microorganismes vivants pourront y persister, mais leur travail sera définitivement arrêté. Au contraire, Renault pose en fait : « que les matières végétales, une fois transformées en lignites, en houille, etc., si elles sont garanties contre l'action de l'air et des eaux minérales, par des couches de terrains assez épaisses ou assez imperméables, conserveront la condition qu'elles avaient atteinte avant leur enfouissement. »

J'ai causé bien des fois avec Bernard Renault de ce grand problème, et ses arguments ont été incapables de modifier la conclusion à laquelle je suis arrivé et que tous les faits d'observation confirment à mes yeux. C'est que la houillification comprend deux périodes : 1° une fermentation microbienne, analogue à celle dont les tourbières et les dépôts de terreau humifère, comme le *tchernozom*, sont actuellement la proie ; 2° une lente transformation poursuivie au cours des époques géologiques ultérieures, constituant un simple détail dans le métamorphisme général, qui s'empare de toute la masse sédimentaire.

Un grand fait, suivant moi, domine cette question : à savoir que les états de tourbe, de lignite, de houille, d'anthracite, même de graphite stratiforme, — et abstraction faite de ce qui revient au métamorphisme volcanique, et au métamorphisme orogénique — sont en relation stricte avec les âges géologiques. Le fait seul du dégagement du grisou, que la houille continue à émettre, même aujourd'hui, suffit à le démontrer. A chaque instant, et sans arrêt, la houille perd une partie de ses éléments par une véritable distillation souterraine ; distillation qui, malgré son allure très lente, donne une série de produits qui coïncident terme à terme avec les principaux résultats de la distillation rapide que pratiquent les usines à gaz. Là où l'on rencontre le *caput mortuum* de cette distillation, c'est-à-dire l'anthracite, celle-ci nous présente la composition chimique du coke, dont elle ne diffère que par sa compacité, conséquence nécessaire de la compression souterraine.

Dans un voisinage géographique plus ou moins prochain, des gîtes de pétrole, avec leurs trois zones superposées d'eau ammoniacale, d'huile minérale et de gaz combustible, peuvent même parfois se présenter dans des cavités souterraines ou *poches*, comme des exagérations des condenseurs industriels.

A cette série d'arguments, fournis par la considération du métamorphisme général, il convient d'en ajouter d'autres auxquelles conduit l'examen des effets du métamorphisme volcanique : Pour comprendre qu'un lignite tertiaire, recueilli au sein d'une chaîne de montagnes, présente, comme il est si fréquent, les propriétés d'une vraie houille, il faudrait admettre que, seulement parce que la région *devait être plus tard soumise aux efforts orogéniques*, la Nature a fait intervenir le procédé donnant, d'après Renault, directement naissance à la houille, au lieu de recourir à celui qui, dans les formations du même âge, mais en pays non disloqué, produit seulement du lignite.

De même, pour comprendre comment le combustible, recouvert par les sorties basaltiques de la Bohême, bien qu'il soit subordonné à des dépôts tertiaires, jouit de la composition et des caractères de la houille, il faudrait invoquer la même raison métaphysique : que c'est en prévision du déchaînement du phénomène volcanique que la période lignitique a été supprimée.

S'il était nécessaire, nous trouverions un complément de cette série d'arguments, dans l'histoire des formations anthraciteuses, auxquelles nous conduirait, par des transitions extrêmement ménagées, l'énumération des localités où les qualités diverses du combustible sont en raison de la profondeur, c'est-à-dire de l'âge des gisements. Dans l'anthracite, les traces microscopiques observées dans la houille sont devenues plus rares, beaucoup moins distinctes, et souvent même, elles ont disparu tout à fait.

En tout cas, que la mention de ma divergence d'opinion avec

Bernard Renault, me soit une occasion de rendre hommage à ce grand homme, dont je m'honore d'avoir été l'ami jusqu'à sa mort. Il n'est parvenu à aucune des situations qui sont d'ordinaire l'ambition et la récompense des savants : on fut trop heureux de son inaptitude à prendre part aux intrigues, aux calomnies, aux conspirations du silence, et en l'abreuvant des pires amertumes, on l'élimina des directions où il avait droit au succès. Mais il s'est vengé, en dépassant de toute la hauteur de son génie, ses médiocres et triomphants compétiteurs et en laissant derrière lui la série de ses œuvres, qui feront son nom impérissable[1].

Il résulte de toutes ces considérations que la houille, malgré sa première origine botanique, ne saurait être portée à l'actif de la fonction biologique. Tous ses caractères essentiels, y compris sa valeur industrielle, dérivent de son séjour dans le milieu souterrain où ont été élaborées toutes les autres roches métamorphiques.

Croirait-on que, contrairement à cette opinion, sur la longueur des phénomènes de la houillification, certains auteurs pensent que la mutation de la substance végétale vivante en charbon de terre s'est faite très vite ? Ils invoquent à cet égard la trouvaille en diverses localités, comme le Plateau Central, de galets de charbon, compris dans des conglomérats d'âge houiller, circonstance qui n'a cependant pas cette conséquence.

Quoi de plus facile, en effet, que de concevoir le métamorphisme de *galets déjà faits*, aussi aisément que celui de couches entières ? Il suffit de se promener sur le littoral de la mer actuelle, pour y trouver en maintes localités des galets de toutes sortes de substances, même très peu résistantes, comme des galets de craie blanche (Bourg d'Ault), de vrais galets de lignite et même des galets de bois actuel, ayant été convenablement ballottés après leur saturation d'eau. Et une fois englobés dans un sédiment argileux ou caillouteux, pourquoi ne prendraient-ils pas l'état métamorphique tout aussi bien que chacun des éléments de cette roche complexe ?

L'importance industrielle de la houille la fait rechercher avec

____

1. Lire à l'appui de cette appréciation : *Notice sur les travaux scientifiques de M. Bernard Renault*, 1 vol. in-4°, Autun (1896.)

une véritable avidité : on a même envisagé quelquefois comme un des cataclysmes les plus redoutables pour l'humanité la possibilité de l'épuisement de tous ses gîtes. Aussi, l'étude de ceux-ci a-t-elle été poussée avec une précision, à laquelle on n'a jamais eu recours, quand il s'agissait d'autres substances. A cet égard, les simples recherches minières ont été de grande importance générale au point de vue de la géologie scientifique.

En particulier, on a étudié d'une manière spéciale les empreintes de végétaux dont les schistes houillers sont tout spécialement riches. De cette façon, à côté de la classification purement stratigraphique des terrains houillers, on a édifié un système de superposition générale des couches, d'après l'extension de véritables flores successives. Au début, se rencontrent, avec des fougères (Archæoptéridées), remarquables souvent par leurs dimensions, des traces du *Bornia radiata* qui est de la famille des *Calamites* : c'est le terrain *tournaisien*. Un deuxième degré se signale par l'apparition de fougères nettement différentes des précédentes (Sphénoptéridées) et de magnifiques arbres, ayant eu évidemment l'aspect général de nos grands *Araucarias* et qu'on appelle des *Lepidodendrons* : c'est alors le terrain *viséen*. En troisième lieu, et avec une expansion nouvelle de la famille des Sélaginées, à laquelle appartenaient déjà les *Lepidodendrons*, une grande abondance des Sigillaires, dont nous avons dit plus haut que les *Stigmaria* ne sont que les racines séparées : c'est le terrain *moscovien*, si remarquable, dans la région de Moscou qui lui a donné son nom, par la faible intensité relative du métamorphisme qu'il a subi et qui n'a pas porté au noir, comme d'ordinaire, la couleur, primitivement blanche, de ses roches les plus abondantes. Enfin, tout l'ensemble est couronné par le terrain *stéphanien* (de Saint-Etienne, Loire), où l'on retrouve le témoignage de l'existence de très vastes forêts qui devaient ressembler à beaucoup de nos forêts tropicales, par l'abondance de fougères arborescentes, mais toutes de genres perdus (*Callipteris, Pecopteris*, des Equisétacées comme *Annularia*) à côté de Calamodendrées et de Cordaïtées.

Ces végétaux, étant très répandus, ils suffisent pour faire reconnaître l'âge relatif des houillères, et pour diriger les recherches de gisements nouveaux. La manière d'être de ceux-ci est fort bien représentée par l'appellation qu'on lui a donnée de *Bassins houillers :* le combustible et les roches qui l'accompagnent remplissent fréquemment des dépressions dont le fond est formé par des roches très anciennes, et dont les couches productives sont étendues sur des lits parfois fort épais et tout à fait stériles, de galets réunis en poudingues. C'est le cas à Saint-Etienne, comme à Anzin, comme dans le Pas-de-Calais, en Belgique, en Angleterre et bien ailleurs.

Le paquet stratigraphique dans lequel les couches de houille sont comprises, est généralement très remanié comme en témoignent les failles et les rejets qui les traversent en diverses directions. C'est la trace des phénomènes mécaniques qui, à maintes reprises, se sont associés aux influences chimiques, pour marquer l'ensemble au sceau du métamorphisme.

Nulle preuve n'en est meilleure que le témoignage de paquets entiers de couches qui ont été silicifiées presque en totalité, et qu'une section du sol présente à l'observation à Saint-Priest, auprès de Saint-Etienne (Loire) (fig. 28). La silicification y est si parfaite que, non seulement la structure des roches a été conservée, même là où la substitution de substance a été complète, mais encore que les fossiles peuvent être étudiés jusque dans leur anatomie la plus délicate. C'est ainsi que Ch. Brongniart y a découvert un très petit crustacé, qu'il a qualifié de *Palæocypris*, et dont il a décrit des coupes montrant les principaux viscères, presque comme aurait pu le faire un échantillon vivant.

Tout le monde connaît les grands traits de l'exploitation des houillères : guidé par des affleurements de houille altérée, on explore le sol à l'aide de coups de sonde, puis on établit des systèmes de puits et de galeries, dont la disposition est réglée par celle de chaque localité.

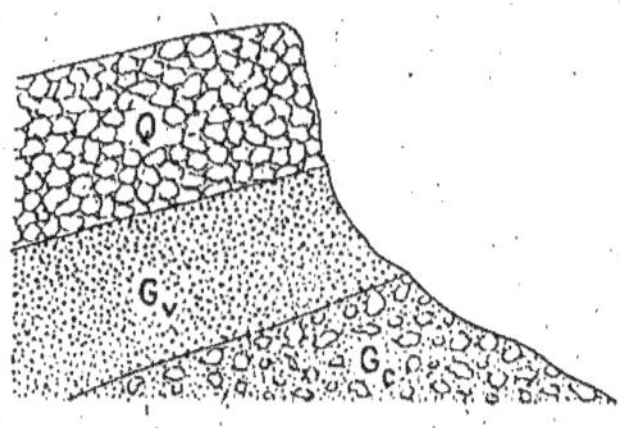

Fig. 28. — Coupe de la colline de Saint-Priest, à 3 kilomètres au Nord de Saint-Etienne (Loire) et qui a été entièrement silicifiée, sans que sa structure ait été aucunement modifiée.

Q, quartz calcédonien schistoïde de 5 mètres d'épaisseur. — Gv, grès fin en grande partie silicifié à empreintes végétales déterminables (3 mètres d'épaisseur). — Gc, grès à nombreux nodules de calcédoine visible seulement en partie.

D'un autre côté, on sait les dangers, éboulements, inondations, explosions et incendies, qui font ressembler la condition du mineur à celle des soldats dans la tranchée.

Nous n'avons pas à insister sur les usages du combustible et de ses dérivés industriels. Ajoutons seulement qu'en beaucoup de cas, les houillères fournissent des produits latéraux qui ne sont pas à négliger et que nous décrirons ailleurs, comme des minerais de fer (sphérosidérite du Treuil (Loire) et de Palmesalade (Gard), *blackband* d'Angleterre et *kohleisenstein* d'Allemagne) et qui sont rendus si précieux par la proximité du charbon propre à la réduction du métal. Des nodules phosphatés existent dans le terrain houiller de Fins (Allier), de Verviers (Belgique), du bassin de la Rhur (Prusse rhénane). Souvent des grès houillers sont imprégnés de bitume et en beaucoup d'endroits, surtout aux Etats-Unis (chaîne des Appalaches), des mines d'anthracite sont avoisinées par des poches souterraines dans lesquelles le naphte est associé à de l'eau salée et à des gaz inflammables.

A la suite des incendies qui s'y déclarent quelquefois, des houillères sont devenues des centres de production de minéraux solubles qui en font des gîtes très productifs d'eau minéralisée qui, comme celui de Cransac (Aveyron), sont fructueusement explorées.

Dans l'ancien continent, la limite méridionale de la zone houillère est, au Sud de l'Espagne, voisine du 37° de latitude. Dans les régions plus septentrionales, les bassins houillers se montrent à la fois en plus grand nombre et avec des surfaces plus larges. Le maximum se trouve entre le 49° et le 54°, il n'en existe plus au delà du 56°.

Dans l'ensemble des Amériques, la zone des gisements houillers s'étend du 32° au 50°. On voit qu'elle offre à peu près la même largeur qu'en Europe. L'Australie et la Nouvelle-Zélande possèdent de riches gisements.

On voit que la zone où la houille est connue aujourd'hui, représente à peu près la cinquième partie de la surface totale du globe. Il ne faudrait pas conclure de là, celle sur laquelle s'est développé le phénomène houiller, car, d'une part, bien des gisements ont disparu, les uns parce qu'ils sont enfouis sous d'énormes épaisseurs de terrains plus récents, d'autres, parce qu'ils occupent des points submergés par l'Océan ; et les autres enfin, parce qu'ils ont été détruits par des phénomènes d'érosion.

France. — En France, une soixantaine de bassins houillers se

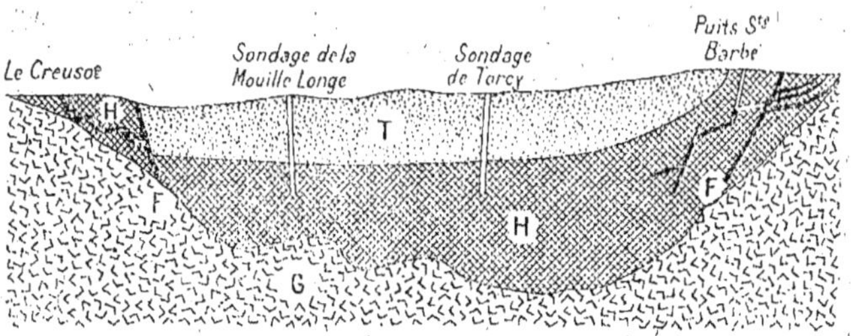

Fig. 29. — Coupe du bassin houiller du Creusot (Saône-et-Loire).

H, terrain houiller recouvert de grès bigarré T. — H-F, failles recoupant le terrain houiller et rejetant les lits exploitables. — G, granit constituant le fond du *bassin*.

partagent une surface de 3.500 kilomètres carrés environ. On peut y faire trois groupes :

Le groupe du Nord, qui est le prolongement souterrain des terrains houillers de Belgique, comprend principalement les houillères des départements du Nord et du Pas-de-Calais et sont en

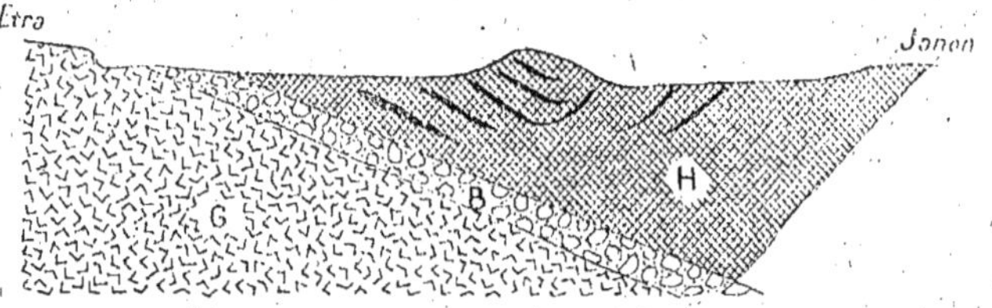

Fig. 30. — Coupe du bassin houiller de Saint-Etienne (Loire),
par Etra et Janon.

H, couches de houille associées à des schistes et à des grès. — B, brèche de galets. — G, granit

continuité intime avec les bassins de Westphalie, qu'ils relient au gisement qu'on est en train de poursuivre dans le Sud de l'Angleterre. On peut donner à cette région deux appendices avec le bassin de Ronchamp (Haute-Saône) et du côté opposé, avec les formations de Quimper et de Litry (Calvados). Celles-ci rejoignent des dépôts anthraciteux dans la Sarthe et la Mayenne.

Le groupe du Centre, contient un grand nombre de bassins, dispersés dans les vallées qui sillonnent ou qui bordent le Plateau Central. Les plus importants sont les bassins de Saône-et-Loire (Montceau-les-Mines, le Creusot (fig. 29), Epinac), ceux de l'Allier (Commentry, Bézenet), de Decize, dans la Nièvre ; de Saint-Eloi, de Brassac, dans le Puy-de-Dôme et la Haute-Loire ; d'Ahun, dans la Creuse ; de la Loire (Saint-Etienne (fig. 30) et Rive-de-Giers), le plus riche de la France entière.

Le groupe du Midi enfin, renferme comme bassins principaux, ceux de l'Aveyron (Decazeville et Aubin), du Gard (La Grand'Combe, Bessèges) ; du Tarn (Carmaux), de l'Hérault (Graïssesac).

Belgique. — En Belgique, suivant la remarque de Burat[1], les dépôts houillers, formés dans une grande vallée, ont, au cours des temps, diminué leur surface comme par une concentration progressive. C'est ainsi que le plus récent de tous, le bassin du Couchant de Mons, occupe la région la plus centrale. A Charleroi, les couches inférieures témoignent, d'une manière intéressante, de l'énorme compression horizontale que la formation houillère a éprouvée dans la profondeur. La largeur qu'elle occupe est de 6.600 mètres, mais quand on suppose les 22 plis principaux qu'elle comporte, ramenés sur le plan horizontal, on trouve qu'ils représentent 11.500 mètres. La zone houillère s'étend de l'Est à l'Ouest de la Belgique, passe par Mons, Charleroi et Namur, jusqu'à Liège, et des réserves ont été reconnues dans la partie orientale du Hainaut. Les spécialistes distinguent, dans cette région, la bande de Monceau au delà de la Sambre, plus à l'Est, la bande de Couillet, et plus au Nord, la bande de Courcelles.

Angleterre. — Les principaux bassins de la Grande-Bretagne sont : celui du Northumberland et de Durham, situé à peu près à égale distance de la mer du Nord et de la mer d'Irlande ; le bassin de Cumberland ; les bassins de l'Ecosse, qui s'étendent de la côte d'Ayr jusqu'à l'embouchure du Firth of Forth ; le bassin du Yorshire et du Derbyshire, celui du Lancashire, ceux du Staffordshire, du Shropshire, du Leicestershire, du Devonshire, les magnifiques bassins du Pays de Galles. Les bassins d'Irlande, moins

---

1. *La Houille, traité théorique et pratique des combustibles minéraux,* 1 vol. in-8, Paris (1851).

importants que ceux d'Angleterre, sont intéressants pour le géologue.

Allemagne. — En Prusse, les environs d'Eschweiler et d'Aix-la-Chapelle sont presque en continuité avec le terrain houiller de la Belgique. A l'Est se trouve le riche bassin de la Ruhr, en Westphalie, exploité dès 1802. Le bassin de la Haute-Silésie se prolonge en Pologne et en Autriche : il occupe donc une grande surface. Les bassins houillers de la Saxe n'ont qu'une importance locale.

Autriche. — La formation houillère de l'Autriche s'étend depuis la Basse-Silésie jusqu'au Riesengebirge ; aux environs de Mährisch en Moravie, elle a un grand nombre d'exploitations.

Russie. — On compte trois bassins houillers en Russie, celui de Moscou, celui du Donetz, celui de l'Oural. On connaît des gisements disséminés en Sibérie, dans les gouvernements d'Iénisséik et de l'Amour, et même dans l'île de Sakhaline. Les gisements du Donetz sont les plus importants de toute la Russie. Il y a de la houille dans le Caucase, près de Koutaïs.

Espagne. — En Espagne, la province des Asturies possède de nombreuses couches de houille activement exploitées.

Chine. — On n'a que des renseignements assez incomplets sur la houille de Chine qui occuperait, dit-on, une surface de 400.000 milles carrés, environ trente fois la surface de toutes les houillères d'Angleterre.

Etats-Unis. — Les houillères de l'Amérique du Nord seraient vingt fois plus étendues que celles de l'Europe. Les mines des Etats-Unis occupent une superficie de 500.000 kilomètres carrés. La région des Alleghanys comprend une série de districts productifs, en Pensylvanie, dans l'Ohio, le Maryland, la Virginie, le Kentucky et le Tennessee, suivant une ligne continue de 1.400 kilomètres. L'Illinois et l'Indiana forment un bassin aussi étendu que le précédent. Dans l'Iowa, le Missouri et l'Arkansas, la richesse du combustible est faible, relativement à la grandeur de la contrée. La région du Michigan, imparfaitement connue, possède un bassin houiller entre les lacs Huron et Michigan.

Nouvelle-Zélande. — La Nouvelle-Zélande est riche en houille, des mines sont exploitées dans les provinces d'Auckland, de Nelson, de Canterbury, et d'Otago.

Australie. — A Sidney, en Australie, le terrain houiller présente un grand développement. Il en est de même dans la Nouvelle-Galles du Sud.

LIGNITE

N'oublions pas que l'état houiller constitue un intermédiaire entre ces deux autres états, qu'il réunit l'un à l'autre par des transitions insensibles, du lignite d'un côté, substance plus jeune que le charbon de terre et de l'anthracite, substance plus ancienne. Il convient donc de mentionner rapidement les localités lignitifères, qui sont de futures régions houillères, si on leur laisse le temps d'y parvenir, et les principales localités anthraciteuses qui sont à l'inverse, des points où la condition houillère a fait place à un état évolutif plus avancé.

Le lignite, déjà privé par le métamorphisme de beaucoup de principes volatils, a souvent conservé, jusque dans les moindres détails, la texture végétale; souvent aussi il est devenu compacte et brillant comme le charbon de terre, ou pulvérulent comme une terre tourbeuse. Les variétés compactes et bien homogènes sont recherchées comme pierres de parure et portent les noms de *jais* ou de *jayet.* Parmi les variétés pulvérulentes figure la *terre d'ombre,* employée en peinture. Le lignite trouve son type le plus pur, dans le bois bruni.

Le gisement des lignites est remarquablement varié. Certains d'entre eux, qui sont les moins nombreux, sont aussi récents que la tourbe à laquelle d'ailleurs, ils sont fréquemment associés. D'autres s'échelonnent dans toute l'épaisseur des formations tertiaires et des formations secondaires, jusqu'à venir par les transitions les plus insensibles, se relier à la houille proprement dite.

France. — De vrais lignites sont connus à divers niveaux des terrains tertiaires sur lesquels Paris est bâti. Les plus exploités sont subordonnés à l'argile plastique et au calcaire grossier. Dans l'Oise et dans l'Aisne, les exploitations sont désignées sous l'appellation de *cendrières.* Comme le combustible y est intimement mélangé à de très petits grains de marcasite, leur principale application est la fabrication du sulfate de fer, par leur simple exposition à l'air humide. De très importantes usines de produits chimiques ont choisi les affleurements de cendrières, pour y établir leurs ateliers : l'acide sulfurique qui se forme tout seul par l'efflorescence des lignites, étant vraiment l'âme de l'industrie chimique. Dans l'Yonne, la localité de Dixmont présente un type tout à fait remarquable où de grands troncs d'arbres, datant de l'époque de l'argile plastique, sont entièrement passés à l'état de lignites. En Savoie, dans l'Isère et dans les Basses-Alpes, les exploitations sont innombrables.

Dans les Bouches-du-Rhône, Fuveau est célèbre par le volume d'une accumulation de lignites datant de la base du tertiaire. C'est à un niveau bien plus ancien qu'on rencontre dans l'Ariège d'excellent lignite, dans les marnes qui recouvrent le lias.

Angleterre. — En Angleterre, les localités à lignites sont innombrables. Il en est dans les couches mêmes sur lesquelles Londres est bâti. L'île de Wight possède de volumineux gisements.

Allemagne. — En Allemagne, on exploite du combustible triasique, depuis le *keuper* du Wurtemberg, où il est connu sous le nom de *lettenkohle,* jusque dans les parties profondes du lias, comme à Boll et à Staffelestein.

Autriche. — Aux environs de Vienne, en Autriche, le bois bruni est subordonné à de l'argile tertiaire et souvent dans des points où les basaltes ont fait éruption postérieurement au dépôt du combustible. Aussi, s'est-il engendré du bitume à leur contact.

Suisse. — Parmi les gisements de la Suisse, les uns sont au pied Nord-Ouest des Alpes, dans la grande vallée qui les sépare la chaîne du Jura. D'autres se trouvent aux environs de Genève et du lac de Constance : c'est sur les rivages de celui-ci qu'est situé Œningen, si célèbre par les découvertes de fossiles subordonnés aux lignites.

Pologne et Russie. — La Pologne et la Russie contiennent beaucoup de gîtes.

Indo-Chine et Japon. — Il est difficile de nommer toutes les localités même les plus importantes. Cependant nous mentionnerons les lignites de l'Indo-Chine qui appartiennent à la base des terrains secondaires, reposant directement sur des terrains carbonifères. Cette circonstance a contribué, au début, à faire prendre le lignite pour de la houille. Aucune localité n'est plus intéressante, pour montrer qu'une différence d'âge, peu importante en somme, suffit pour procurer au combustible, de hautes qualités industrielles.

Même observation pour des gisements du Japon.

Etats-Unis. — En Amérique, aux États-Unis, les marais voisins du Cap May sont remplis d'une vase noire, où sont enfouis, à des profondeurs de 1 à 3 mètres, des troncs immenses de cèdres. On y voit l'acheminement de la tourbe vers le lignite.

ANTHRACITE

L'anthracite a été longtemps désignée sous le nom de houille incombustible et il a fallu, en effet, inventer des foyers spéciaux pour pouvoir l'utiliser. Mais alors elle a rendu en chaleur intense toutes les avances qu'on lui avait faites. Il importe, d'ailleurs, de constater qu'on attribue, pour des raisons mercantiles, le nom d'anthracite à des variétés de houilles sèches, qui n'offrent pas les propriétés sur lesquelles Hauy a fondé l'espèce anthracite.

L'anthracite est très dure; elle se brise en esquilles coupantes sous le choc du marteau; elle ne noircit pas les doigts qui la touchent. On en a fait souvent des boutons et autres objets analogues.

France. — Les gisements d'anthracite peuvent déjà se rencontrer à la limite inférieure du terrain carbonifère, mais c'est surtout aux horizons dévonien et silurien qu'elle se présente avec tous ses caractères. La Basse-Loire contient des couches d'anthracite dévonienne dans la Sarthe et la Mayenne, avec des dimensions de 1.200 mètres de largeur sur 100 kilomètres de longueur, depuis Doré jusqu'au delà de Niort. Dans l'Isère, on connaît à La Mure un important gisement d'anthracite.

Russie. — En Russie, l'anthracite a été découverte en 1875 dans le bassin du Donetz où l'on trouve de la houille de tous les âges.

Etats-Unis. — Signalons enfin les immenses gisements des Appalaches aux États-Unis.

GRAPHITE

L'anthracite, malgré la prédominance du carbone dans sa composition, ne représente pas le dernier terme de l'évolution des combustibles fossiles. A la suite de réactions métamorphiques poussées à leur maximum, et pendant que les couches qui les comprenaient entre elles passaient à l'état de schistes cristallins, les antiques couches de houille, après avoir parcouru toute l'échelle si bien mise en évidence par les proportions décroissantes de substances volatiles, se réduisaient au carbone chimiquement pur, à l'état de graphite ou mine de plomb. Aussi retrouve-t-on les caractères morphologiques des gisements houillers dans les coupes où, comme à Arpajon, près d'Aurillac, les bancs de gneiss, plissés et fracturés, sont séparés les uns des autres par des bancs de carbone pur. On sait que le diamant et le graphite représentent à eux deux le plus beau type que l'on puisse connaître de corps dimorphes. L'un aussi noir que l'autre est incolore, aussi tendre que l'autre est dur, l'un cristallisant dans le système orthogonal, pendant que l'autre nous fournit l'idéal des substances cubiques. On sait aussi que le diamant n'est pas autre chose que du carbone combiné avec du carbone, c'est-à-dire parvenu à un degré de polymérisation que des réactions, réalisées sous des pressions formidables, paraîtraient seules capables de réaliser. Le plus beau graphite se trouve en Sibérie dans les monts Batougol, près d'Irkoutsk.

APPENDICE A L'HISTOIRE DE LA HOUILLE.
LE PÉTROLE ET LES GAZ COMBUSTIBLES DES ÉTATS-UNIS

Nous avons vu, dans le chapitre consacré à la fonction volcanique, les caractères qui distinguent le pétrole américain du pétrole européen. Après ce qu'on vient de voir relativement à la houille et aux autres membres de la famille des charbons fossiles, il est indiqué d'y revenir un moment.

Ainsi que nous le disions, le pétrole se présente comme un produit de distillation souterraine dont le résidu pourrait être reconnu dans les accumulations d'anthracite, c'est-à-dire d'une substance qui coïnciderait avec le coke des usines, si elle n'était aussi compacte que celui-ci est spongieux. Cette différence cependant semble être très secondaire et se rattacher à l'intensité de la pression régnant dans l'appareil distillatoire naturel. On doit regarder comme une circonstance pratiquement et scientifiquement favorable, que les produits volatilisés se soient conservés dans des cavités souterraines, au lieu de se diffuser dans l'atmosphère où il semblerait que les crevasses du sol auraient dû les conduire. Aussi, ne s'étonnera-t-on pas que cette disposition soit très exceptionnelle. Dans la région des Appalaches, elle est réalisée à souhait.

Vers 1821, des sondages exécutés aux environs de la ville de Pittsburg amenèrent la sortie inopinée de torrents de gaz qui, à l'effroi des habitants, s'enflammèrent. Ce fut, toutefois, le début d'une ère de prospérité, puisque l'établissement d'une simple canalisation permit à la population de s'éclairer et de se chauffer sans autres frais. Des compagnies s'installèrent et de nouveaux sondages, cette fois menés de propos délibéré, fournirent des jaillissements qui, suivant les points, furent gazeux ou liquides, et dans ce dernier cas, pétrolifères ou aquifères. Les comparaisons et les études conduisirent à cette conclusion vraisemblable, que ces trois substances jaillissantes sont renfermées en chaque point dans un seul et même récipient. Ce seraient des poches closes de toutes parts où, suivant leurs densités relatives, coexisteraient trois niveaux superposés, le plus profond, de liquide aqueux, le second, de pétrole et le plus supérieur, de gaz comprimé. Si, comme dans le premier cas, tout à fait accidentel, l'issue ouverte par le trou de sonde n'intéresse que la région supérieure, c'est exclusivement du gaz qui sort, et quand il cesse, l'appareil naturel demeure inerte, son moteur, qui était la pression du gaz, ayant disparu. Mais, si le sondage est pourvu d'un tube, qu'on pousse au travers de toute l'épaisseur du gaz, pour le faire pénétrer dans le pétrole qui est en dessous, la détente du gaz donne lieu à un jet d'huile minérale qui durera aussi longtemps que le tube plongera dans le liquide. Enfin, si on a poussé le tubage jusqu'au fond de la poche, on assiste à trois éruptions successives : la première d'eau salée, la deuxième de pétrole et la troisième de gaz.

Les puits les plus abondants et de 1.000 pieds de profondeur, sont ceux de Burns et de Delameter, situés à 30 milles de Pittsburg. Le gaz qui s'en dégage est conduit par des tuyaux à la ville.

Le puits de Delameter fournit en outre de la lumière et du combustible à tous les environs. Il émerge du sol dans une vallée de hautes montagnes qui réfléchissent et concentrent la lumière produite par le gaz. L'écoulement principal du puits donne lieu à une colonne de feu de 40 pieds de hauteur, jaillissant d'un tuyau de trois pouces, avec un bruit qui fait trembler les collines voisines et s'entend à 15 milles de distance. La terre est brûlée dans un rayon de 50 pieds. Plus loin, la végétation est aussi abondante et aussi vigoureuse que celle des tropiques.

Le gaz est presque entièrement composé d'hydrogène carboné, mélangé avec une petite quantité d'oxyde de carbone et d'acide carbonique. Sa puissance éclairante est de 7 bougies 1/2, celle du gaz de charbon étant à peu près de 16. La puissance calorifique est, à poids égal, de 25 p. 100 environ plus forte que celle du bon charbon bitumineux. La vitesse ascensionnelle du gaz est de 1.700 pieds par seconde, avec un débit de 289 pieds cubes. On estime le rendement du puits en combustible, à plus de 3 millions de kilogrammes par jour. D'autres puits fournissent du gaz, depuis un grand nombre d'années, sans diminution apparente.

C'est en 1858 que le pétrole s'est révélé dans l'Amérique du Nord, et la production, presque aussitôt, devint considérable. Les principaux centres sont : la Pennsylvanie occidentale, où se trouvent Oil Creek, Titusville, etc., la Virginie occidentale et le Canada oriental. Dans la Pennsylvanie occidentale, les puits les plus productifs sont à la profondeur de 180 à 200 mètres. Les huiles légères viennent des plus grandes profondeurs. La plupart des huiles de West Virginia, qui sortent du terrain houiller, sont lourdes et servent principalement pour le graissage des machines. Certains points de la Pennsylvanie ont donné jusqu'à 600.000 litres de pétrole par jour.

A l'origine, les gaz inflammables et l'huile, qui s'échappaient ensemble par le même orifice, donnaient lieu à des conflagrations désastreuses ; les exploitants firent donc sortir le gaz par un tuyau et l'huile par un autre, ce qu'ils purent exécuter grâce aux observations que nous avons dites plus haut.

M. Hitchcock, à qui l'on doit un travail d'ensemble sur le pétrole américain [1], lui reconnaît quatre sortes de gisements :

1. *Geological Magazine*, t. IV, p. 34 (1866).

1° dans des bassins de forme synclinale comme les nappes d'eau qui alimentent les puits artésiens ; 2° dans les cavités et les fissures des roches ; 3° le long des lignes de failles ; 4° dans des relèvements de forme anticlinale où il est emmagasiné.

Le pétrole semble exister dans quatorze formations différentes : 1° le pliocène californien ; 2° les lignites crétacés du Colorado et de l'Utah ; 3° le trias de la Caroline du Nord et du Connecticut ; 4° la partie inférieure du terrain carbonifère de la Virginie occidentale : la plupart des puits productifs de la Virginie appartiennent à cet horizon ; 5° la houille de Pittsburg ; 6° les couches houillères de Pomeroy ; 7° la base du terrain houiller, dans les conglomérats et le millstone gritt ; 8° le calcaire d'Archimède (subcarbonifère) du Kentucky ; 9° les groupes de Chemung et de Portage (Pennsylvanie occidentale et Ohio septentrional) ; 10° le schiste noir de l'Ohio, du Kentucky, du Tennessee (dévonien moyen) ; 11° le calcaire cornifère et le groupe d'Hamilton très productif dans le Canada et le Michigan ; 12° le calcaire inférieur d'Helderberg (silurien inférieur) à Gaspé ; 13° le calcaire de Niagara, près de Chicago ; 14° le silurien inférieur du Kentucky et du Tennessee (schistes de Lorraine et d'Utica, calcaire de Trenton).

Ajoutons une remarque de M. Hoeffer[1], d'après laquelle ces gisements d'Amérique rappellent bien les filons couches, et qui cite un bel exemple visible à Ritchie, dans la Virginie occidentale, où le bitume constitue un vrai filon vertical au travers du terrain houiller. Ce filon, exploité sur une étendue de 1 kilomètre et une profondeur de 100 mètres varie d'épaisseur avec les roches traversées. Il mesure 1 m. 20 dans les bancs de calcaire et se réduit à 0 m. 75 dans les schistes. Le carbure n'a, du reste, aucunement pénétré dans les roches encaissantes.

---

1. *Bericht des OEster Commission Philadelphia. Neues Jahrbuch*, 1878.

CHAPITRE IV

GITES DÉPENDANT DE LA FONCTION ÉPIPOLHYDRIQUE

Sommaire. — *A*. La pluie. — Les placers : Or. — Platine. — Diamant —
Étain. — Les chapeaux de filons. — Chapeau des mines de diamant du
Cap. — Gîtes sidérolithiques. — Les eaux d'infiltration. — Argile à
silex. — Bone-bed. — Opale farineuse. — Minerais de fer et rubéfaction.
— Onyx. — Soufre. — Célestine. — *B*. Les eaux de remontée capillaire.
— Natron. — Nitrates. — *C*. Les eaux courantes. — L'orpaillage. — Or
métallique. — Fer chromé.

Pendant longtemps on a méconnu l'importance géologique de
l'eau qui circule à la surface de la terre, après être tombée de
l'atmosphère sous la forme de pluie. C'est au point que, pour
expliquer son travail à la surface des continents et des îles, on
n'a pas craint de recourir, d'une façon tout à fait gratuite, à la
supposition de sources extraordinairement volumineuses et de
torrents diluviens qui auraient creusé le réseau des vallées et
transporté, à des distances prodigieuses, des matériaux de tous
genres, empruntés aux régions montagneuses et abandonnés
dans les plaines. Ce point de vue cataclysmien, véritablement
chanté par Cuvier dans son *Discours sur les Révolutions du Globe*,
a régné en maître dans tout le domaine de la géologie et retardé
singulièrement les progrès de la science.

On est bien obligé maintenant de reconnaître que les vastes
érosions dont les traces nous entourent, ont associé la délicatesse
la plus parfaite à la dimension la plus colossale, grâce à la collaboration de laps de temps beaucoup plus longs que ceux qu'on
avait imaginés. La notion, tous les jours confirmée des immenses
durées des époques dites récentes, substituée à la quasi-instan-
tanéité des cataclysmes diluviens, rend nécessaire d'éliminer des
causes dont la rapidité nécessiterait l'admission impossible de

périodes gigantesques pendant lesquelles le repos absolu aurait forcément régné sur la terre.

En ce qui concerne l'histoire des gîtes minéraux, l'eau dans ses rapports avec la surface de la terre se présente à nous sous quatre aspects nettement différents : l'eau qui tombe de l'atmosphère et qui heurte la surface du sol, constituant au propre la *pluie* ; celle qui, comme suite de la pluie ruisselle sur la terre et qui a depuis si longtemps été désignée sous le nom pittoresque *d'eau sauvage* ; celle qui, dirigée par la forme du terrain, constitue *les eaux courantes*, depuis les plus petits ruisseaux jusqu'aux plus grands fleuves ; celle enfin *des nappes d'infiltration* dans les couches superficielles et qui trouve sa continuation naturelle dans les régions plus profondes, à température constante, dont nous venons de nous occuper.

Dans chacune de ces catégories, l'eau réalise des effets qui sont, les uns mécaniques, les autres chimiques, d'ailleurs intimement liés dans la plupart des cas.

A) **La pluie.**

La chute de l'eau pluviaire détermine presque instantanément des effets facilement reconnaissables. A cet égard, il suffirait de comparer les photographies des pays, d'ailleurs rares, où il ne pleut jamais, avec celles de nos régions, pour être pleinement édifié.

Au pied de beaucoup d'escarpements de montagnes, on rencontre comme des produits d'analyse, réalisés par la pluie, sur des roches suffisamment hétérogènes. Dans les Alpes et les Pyrénées, les opérations du métamorphisme ont criblé certains massifs de marbre, de cristaux insolubles dans l'eau carboniquée, tels que des grenats, certains feldspaths et des silicates magnésiens, comme le pyroxène : le marbre a été emporté à l'état de bicarbonate de chaux et les cristaux, privés de leur appui, se sont réunis pour former un petit talus d'éboulement. Le même effet se reproduit sur des régions rocheuses où des veines quartzeuses ont été progressivement dégagées de la roche granitique dans les crevasses de laquelle elles s'étaient concrétionnées, et nul exemple n'est plus frappant que le Camp de Péran, au sud de

Saint-Brieuc, où une véritable muraille, donnant l'idée d'une ruine de construction humaine, se développe sur des lieues entières, avec un relief de plusieurs mètres (fig. 31), au travers d'un pays presque horizontal, formé de granit altéré. Les variantes de cette même réaction sont innombrables. Le feldspath du granit, déjà peut-être modifié par d'antiques actions souterraines, a cédé aux entreprises de l'eau carboniquée de la pluie, de façon, sinon à se kaoliniser, du moins à s'argilifier, et par conséquent à devenir éminemment transportable par les gouttes aqueuses.

Fig. 31. — Saillie du filon de quartz du camp de Péran, près de Saint-Brieuc (Côtes-du-Nord), par l'érosion pluviaire du granit qu'il traverse.
Q, filon de quartz. — G, granit encaissant.

Le même fait concernerait l'isolement des nodules inattaquables dans des roches comparables aux précédentes, et c'est ainsi que des silex, ou des grès accumulés sans ordre, témoignent de l'existence passée de formations continues dont une partie a été emportée.

Ce que nous voulons retenir de cette observation, c'est l'explication qu'elle nous fournit de la rencontre de matériaux très rares, accumulés en certaines localités et parmi lesquels nous devrons faire une place à part à ceux qui entrent dans la catégorie des gîtes minéraux et spécialement des gîtes métallifères.

OR

On ne peut séparer des produits de la pluie, l'isolement de véritables lits de matériaux insolubles, avant tout de sables et de graviers, renfermant des granules métalliques, tels que des paillettes et des pépites d'or.

France. — L'or était autrefois en Gaule d'une grande abondance, puisque la France future était qualifiée par les anciens de *Gallia aurifera* : ses guerriers se paraient de bijoux énormes, dont la matière avait été récoltée sur un sol enrichi par l'érosion pendant un temps indéterminé, et où les résidus insolubles d'un terrain désagrégé et entraîné par la pluie s'étaient accumulés. Ce travail continue encore, et parfois on recueille, ici ou là, quelque belle pépite, comme celle des Avols (Ardèche), trouvée en 1889 et qui serait venue s'ajouter aux trésors de l'éparpillement général, s'ils n'avaient pas été emportés[1].

Cette masse, qui pèse 543 grammes, et dont un moulage est au Muséum d'Histoire Naturelle, ne constituait pas une trouvaille unique dans la région, où, dans l'espace de quatre-vingts ans, s'étaient montrées trois autres pépites. La plus récente donna lieu à un travail de M. l'abbé Canaud, curé de Gravières, commune dont dépend le hameau des Avols, sur la géologie de la région, et qui est conforme aux idées que nous développons : « C'est, dit-il, en plein micaschiste, que les quatre pépites ont été trouvées. Un grand nombre de filons de toute nature, intercalés entre les couches relevées de ces micaschistes, sillonnent dans tous les sens le Serre de Monjoc et les collines de Tincouses : ainsi, celui de plomb argentifère aux Albourniers, celui de pyrite, à Bon-Abri, celui de fer au Chaussi, et une multitude d'autres parmi lesquels j'ai remarqué un puissant filon de basalte... Une couche superficielle de grès existe sur le plateau des Aynessets et une couche superficielle de calcaire au plateau de Chaussi. Toute la région a été soumise à une dénudation active. »

Ainsi donc, la forme la plus immédiatement sensible de la chute de la pluie est dans la nappe de matériaux denses que nous citions en commençant, et dont les diverses formes sont réunies sous le nom de gîtes intempériques ou alluvionnaires.

La pluie, en ruisselant sur le sol, ou dans sa pellicule superficielle, entraîne les matériaux les plus fins, les moins denses, de façon à dégager les autres éléments constitutifs. C'est de là que vient cette vieille croyance de bien des paysans, que les cailloux se forment tous les jours dans la terre végétale et s'en dégagent, peu à peu par une croissance qui rappelle celle des végétaux.

Ce mécanisme engendre parmi ses produits les plus remar-

1. *La Nature*, 2° volume de 1889.

quables, la disposition caractéristique des *placers*. Une roche meuble, résultant, par exemple, de la désagrégation d'une formation primitivement massive, et composée d'éléments argileux, micacés ou quartzeux, en même temps que des paillettes ou des granules d'un métal lourd, comme l'or, le platine, l'oxyde d'étain, etc., se recouvrira et souvent même dans la région intermédiaire entre la roche dont il s'agit et le manteau de terre végétale, d'un niveau où seront tellement concentrés les granules lourds qu'il en résultera un minerai d'exploitation profitable.

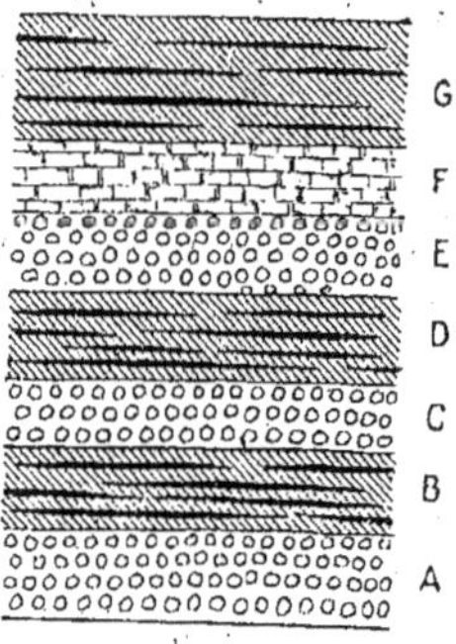

Fig. 32. — Stratigraphie du bassin houiller du Gard, d'après Parran.

G, faisceau charbonneux de Saint-Jean-de-Valérisele. — F, schiste et grès de Doulovy. E, conglomérat de la Chapelle Saint-Laurent. — D, faisceau houiller supérieur de Bessèges. C, poudingue stérile. — B, faisceau houiller inférieur de la Grand'Combe et de Bessèges. — A, poudingue stérile de Bessèges qui, à Aband, contient quelques *paillettes d'or*.

Les exemples en sont nombreux en beaucoup de pays.

Peut-être le gisement le plus curieux dans cette série est-il celui que Parent a décrit dans ses *Études stratigraphiques du Bassin du Gard*[1]. La formation houillère est divisée en trois étages : le supérieur de 800 mètres de puissance, comprend les faisceaux charbonneux de Saint-Jean-de-Valérisele, couronnant des schistes micacés et un conglomérat quartzeux d'épaisseur globale de 500 mètres. L'étage moyen, de 400 mètres, montre, sous le faisceau houiller supérieur de Bessèges, un second poudingue analogue au précédent. Enfin, l'étage inférieur, de 550 mètres, offre le faisceau houiller inférieur de Bessèges et de la Grand'-Combe, sur un troisième poudingue.

Or, dans un grès blanc, appartenant à cette région profonde, on a trouvé assez de paillettes d'or, pour y voir un placer, dont l'exploitation est rendue impossible par son enfouissement, mais qui, par des falaises qu'il constitue en certains points très circonscrits, semble être le principal gîte des paillettes d'or que charrient le Gardon d'Alais, la Cèze et surtout la rivière de Gagnière, qui ont été si longtemps des centres d'orpaillage.

---

1. *Bull. Soc. Géol.* (2), IV, 6 septembre 1846.

En résumé, les actions superficielles rattachables à la circulation de l'eau (eaux sauvages et eaux courantes) déterminent des concentrations locales de paillettes d'or, et dont certaines atteignent les dimensions de placers proprement dits.

Oural. — A ce titre, la région de l'Oural se signale par une importance exceptionnelle. L'exploitation y est sans doute actuellement abandonnée ; mais il est bon de rappeler des chiffres officiels remontant à une vingtaine d'années.

Les dépôts aurifères de l'Oural se trouvent sur son versant oriental, au pied des monts Ilmen, au voisinage des localités de Bérézowsk, Pychminsk, Tchéliabinsk, Kochgar. Ils se présentent en masses stratifiées, dont l'épaisseur, quelquefois faible, peut atteindre plus de 4 mètres. La longueur ordinaire est de 20 à 40 mètres ; mais il y a des veines de 200, de 300 mètres, et même de 12 kilomètres.

L'or de l'Oural se présente en paillettes et en gros morceaux, dont le plus considérable, recueilli dans le district de Miass, au placer de Tsarewo Alexandrewsky, pesait 36 kilogrammes.

L'or est presque toujours accompagné de fer, de quartz, de platine, de grenat et quelquefois de zircon, de disthène, de diamant. On a remarqué que les placers gisant sur les calcaires sont particulièrement riches.

En Sibérie, la région transbaïkalienne mérite une place à part : on tirait des sables aurifères, exploités depuis 1877, une quantité toujours croissante d'or. Il y a jusqu'à 185 gisements, dont les uns appartiennent à l'État, les autres à des particuliers. L'arrondissement de Bargousinsk compte 81 mines ; l'arrondissement le plus riche est celui de Nertschinsk. Les sables aurifères de l'Amour ne le cèdent pas aux précédents. La quantité d'or qu'extrayait la Compagnie de l'Amour supérieur, fondée en 1863, et qui avait continuellement augmenté le nombre de ses placers, était annuellement de 150 pounds d'or. (Le pound équivaut à 16 kilogrammes.) Les couches aurifères de l'Amour sont faciles à travailler ; elles sont exploitées par déblaiement, si ce n'est dans le district de Nimansk où les travaux sont souterrains et s'exécutent en galeries.

Kamtchatka. — On a reconnu l'or en beaucoup de points du Kamtchatka et dans l'Oussouric maritime, où la région de la rivière

Amgougne, reconnue en 1872, est très abondante en métal. Les mines y employaient plus de 4.000 ouvriers. La partie centrale de l'île de Sakhaline est également bien pourvue de sables aurifères.

Malacca. — La presqu'île de Malacca figure sur les cartes de Strabon et sur celles de Ptolémée sous le nom de *chersonèse d'or*. D'après Fernand Mendez Pinto, qui explorait en 1537 l'archipel de la Sonde : « Les habitants affirmaient qu'en la ville de Lampong (à Sumatra) il y avait anciennement un bureau de marchands, établi par la reine de Saba, qui en tira une grande quantité d'or, qu'elle porta au temple de Jérusalem, lorsqu'elle y fut voir le sage roi Salomon. »

Afrique. — L'Afrique compte plusieurs régions de placers.

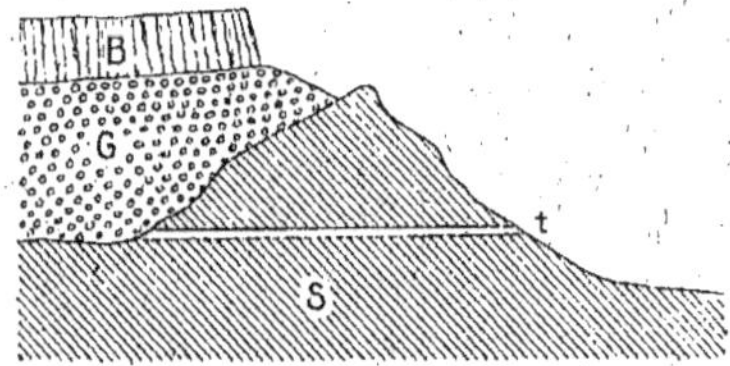

Fig. 33. — Gisement aurifère de la Montagne de la Table (Afrique australe).

S, Bed-rock métamorphique. — G, gravier aurifère. — B, lave. — t, tunnel pour l'exploitation aurifère.

En Égypte, à l'Est du Nil, existent encore des vestiges d'anciens lavages. En Abyssinie, autour de Nedjo, confluent du Nil bleu et de la Didessa, il y a des exploitations actuelles. L'Afrique du Sud, dans la région du Transvaal, possède des alluvions aurifères (fig. 33), à la formation desquelles ont pu contribuer les érosions de la *bankett* qui nous a occupés dans le chapitre relatif aux formations bathydriques.

Madagascar. — A Madagascar, dans le Behmara, la terre végétale recouvre ainsi une épaisseur notable de terre argileuse et micacée, qui dérive bien certainement du gneiss sous-jacent. Les prospecteurs ont tous reconnu que cette terre consiste elle-même en deux régions superposées, passant progressivement de l'une à l'autre, et dont la supérieure est remarquablement aurifère, pendant que l'autre est beaucoup moins riche (fig. 34).

En étudiant les choses de plus près, on s'aperçoit, et nous

avons déjà cité le fait, à propos des gisements corticaux, que ce
gneiss, par une exception des plus rares, contient en association
originelle, avec ses éléments minéralogiques ordinaires, de
petites paillettes d'or dont la condition est absolument comparable
à celle des paillettes de mica. Nul doute, en conséquence, que les
quelques décimètres de terre aurifère étalée sur le gneiss ne
représentent des dizaines et des dizaines de mètres de gneiss,
lentement kaolinisé et privé de ses parties fines et légères. Nul
doute non plus, que les deux régions superposées de la terre
argileuse, ne soient des états inégalement avancés de la même

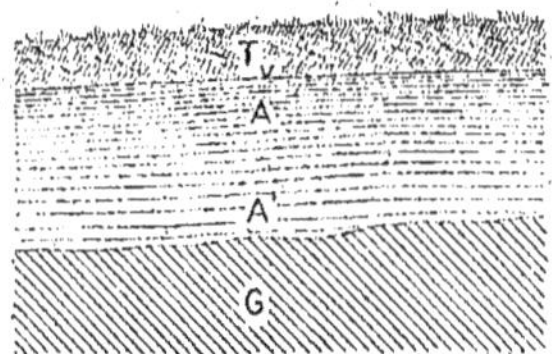

Fig. 34. — Coupe du terrain aurifère de Behmara (Madagascar).

T, terre végétale. — A, sous-sol pauvre en or. — A', terre argileuse très aurifère. — G, gneiss
admettant des paillettes d'or.

évolution et que la zone inférieure, relativement pauvre, ne fût
devenue riche par le seul fait qu'on l'eût laissée vieillir.

Les gisements aurifères latéritiques du Nord-Ouest de Madagascar, dans la province de Maevalanaw, viennent de faire l'objet
d'une importante étude, dont l'auteur, M. Edmond Bernet[1],
nous dit que l'importance de ces gisements est considérable,
« car ils couvrent d'immenses étendues et sont d'une exploitation relativement facile ». L'or se trouve dans des *tapettes*, monticules rocheux recouverts d'une calotte de latérite. Il y est à
l'état natif, avec un titre très élevé, d'environ 900. « Dans la latérite rouge superficielle, nous dit encore M. Bernet, l'or est disséminé finement dans toute la masse, surtout près de la surface.
Il est distribué suivant des zones de concentration, le long des
veines lenticulaires de quartz. La latérite qui entoure les lentilles ou les chapelets de quartz, surtout dans la partie qui court

<hr>

1. *Bull. Soc. Géol.*, 4ᵉ série, XVI (1916).

parallèlement à la surface à une certaine profondeur, peut présenter des amas d'or de plusieurs centaines de grammes. L'or, dans ce cas, a un aspect spécial. Il forme comme une dentelle dont toutes les parties sont finement découpées et fragiles. En dehors de cette structure, l'or se rencontre en grains dont les formes sont anguleuses et vives, présentant des arêtes tranchantes, ou bien encore en cristaux parfaitement bien formés, avec des faces très nettes. » Plus bas, dans la partie du gisement qui est seulement en voie de latérisation, l'or se concentre contre les veines de quartz; plus bas encore, l'or n'est plus qu'en faibles traces, puis manque complètement.

États-Unis. — Parmi bien d'autres localités, où des faits comparables ont été observés, nous citerons un placer signalé par M. Francis Laur, aux environs de Dent-Ville, en Californie. Sous une nappe de basalte, dont le rôle protecteur ne peut être contesté, se montre un lit de diluvium quaternaire ancien, formé de matériaux grossiers et lourds et renfermant une quantité d'or très exploitable. Ce dépôt repose sur des couches tertiaires fort inclinées et sous lesquelles se montrent des schistes métamorphiques.

C'est là une des premières localités où furent mis en usage les célèbres *monitors* qui, en somme, ne font que reproduire artificiellement les triages réalisés par la pluie parmi les éléments minéraux. Il s'agit de jets d'eau alimentés par des réservoirs situés aux plus grandes altitudes possibles et provenant très souvent de la fusion de neiges et de glaciers. On en dirige le cours dans des conduits qui se terminent par des buses analogues à celles dont les pompiers font usage. Le choc de l'eau démolit les escarpements arénacés ou graveleux et en transporte les débris sur des *sluices*, où l'or est agrippé au passage par une provision de mercure qui le fait entrer dans un amalgame qu'il n'y a plus qu'à distiller.

Klondyke. — La région du globe où a été faite le plus récemment la découverte de placers aurifères, est située à l'extrémité Nord-Ouest du Canada, ou plus exactement dans le territoire de Yukon, sur la rive orientale de la rivière du même nom, à son confluent avec la rivière de Klondyke[1]. La surface de ce *gold*

---

1. *Preliminary report of the Klondyke gold-fields, Yukon, district Canada,* par R.-G. Mac Connell. Ottawa, 1900.

field est d'environ 2.000 kilomètres carrés. Le sol est constitué par une réunion de formations qui appartiennent à la plupart des époques géologiques. On y distingue en particulier le grand développement des schistes paléozoïques et spécialement ceux du précambrien. A beaucoup de reprises cet ensemble a été traversé par les roches éruptives, et les plus anciennes strates en place sont recouvertes par des sédiments tertiaires et des accumulations superficielles.

La première découverte ne date que de 1894, et l'exploitation, de 1896. On reconnut alors que c'est l'un des plus riches placers du monde entier. Les compagnies qui s'en chargèrent y firent d'immenses installations, pour extraire l'or au moyen du dragage et d'autres procédés hydrauliques. Il y eut aussi des travailleurs isolés, en grand nombre, qui employèrent les méthodes les plus primitives.

Tous les cours d'eau du Klondyke sont aurifères, mais un nombre restreint seulement ont été rémunérateurs. Les plus riches sont : Bonanza Creek, avec son fameux tributaire, Eldorado Creek ; Bear Creek et Hunker Creek, se déversant dans la rivière Klondyke ; Quartz Creek et Dominion Creek, avec Gold Run et Sulphur Creeks, tributaires de Dominion Creek, affluent de l'Indian River.

Pour donner une idée de la marche et des vicissitudes de la production de l'or au Klondyke, il nous suffira de dire qu'en 1898, c'est-à-dire la première année de son exploitation, l'Yucon Gold Company a obtenu dix millions de dollars, la seconde année 16 millions, la troisième année, 22 millions ; mais ce fut là le maximum, après lequel la décroissance commença, de telle façon qu'en 1912, le rendement se chiffra seulement par 5.600.000 dollars.

Aux détails donnés plus haut sur les placers de la Californie, nous devons ajouter que les graviers aurifères de la Sierra Nevada, dont M. Whitney a fait le sujet d'un travail d'un haut intérêt, sont avant tout remarquables par leur puissance de 80 mètres. Le temps occupé par leur accumulation a, d'après l'auteur, dû être prodigieusement long et a fait disparaître la limite entre l'âge tertiaire, pendant lequel elle avait commencé et le quaternaire pendant une grande partie duquel elle s'est continuée. Des bois fossiles et des empreintes végétales tertiaires (pliocène et même miocène) ont conduit, ainsi que des ossements fossiles, parmi lesquels figure le célèbre crâne humain de Calaveras, à admettre une continuité des phénomènes d'érosion résultant de la persistance d'une condition géographique uniforme pendant un temps exceptionnel.

A la Guyane française, l'exploitation de l'or est d'une simplicité extrême et conforme certainement aux moyens les plus primitifs. Nous en devons la description à un livre bien documenté de M. Paul Lévy[1], dont la théorie est d'ailleurs d'accord avec la nôtre.

L'ossature des montagnes guyanaises est faite de diorites et de roches essentiellement primitives (granites, gneiss, schistes micacés, etc.). Leurs contreforts les plus importants sont pétris de la même pâte. On sait que l'or n'est jamais apparu à la surface du sol, que mélangé plus ou moins intimement à du quartz et que les filons de ce quartz ont presque toujours été contemporains des roches dioritiques. On sait aussi que le quartz est un minéral essentiellement désagrégeable, sous l'influence des agents atmosphériques, agents qui ont une très grande action dans les pays chauds et humides, où sévissent des pluies violentes et interminables. Les parties des filons qui se trouvaient à la surface, ont donc été promptement désagrégées. Le sable quartzeux, mélangé de grains d'or, qui provenait de cette désagrégation, a été entraîné par les eaux, en premier lieu sur le flanc des montagnes, puis dans les rivières qui arrosent le fond des vallées, et, sur le parcours se sont classés par ordre de densité : d'abord, l'or, ensuite le sable, en finissant par le plus fin, qui est arrivé jusqu'à la mer.

L'or se trouve collé sur la couche d'argile ferrugineuse, dure, compacte, qui forme partout le sous-sol et mélangé à des graviers anciens ou nouveaux (grès, limonite, stéaschistes) et toutes les variétés de quartz que les pluies arrachent aux flancs des montagnes et que les rivières entraînent constamment. On trouve dans ces graviers, outre l'or, de nombreux minéraux accidentels (fer sulfuré ou tellures métalliques, zircon, hornblende, etc.).

---

1. *Étude sur la Guyane française et ses mines d'or*, in-8°, Paris, 1881.

Ces richesses sont éparpillées. Il est difficile de faire, n'importe où, un essai qui ne donne pas au moins quelques paillettes d'or. Le tout est recouvert d'humus et d'une végétation exubérante.

La prospection, dans de telles conditions, est particulièrement dure. Le prospecteur doit quelquefois pratiquer des sentiers de plusieurs kilomètres, dont il donne la direction avec une boussole de poche, pendant que ses hommes en font le tracé en fauchant les broussailles à coups de sabre. Il n'a, pour lui servir de guide, que le plan fourni par l'arpenteur, plan souvent fantaisiste, mesuré et levé par un homme généralement peu à même de se rendre compte des conséquences considérables d'une erreur d'angle ou de chaînage. La question se complique des difficultés de l'existence au milieu des forêts.

Une fois arrivé sur le terrain, le prospecteur le parcourt dans tous les sens, faisant à chaque crique ou ruisseau qu'il rencontre, creuser des trous qu'on approfondit jusqu'à la « couche », s'il y en a une, c'est-à-dire jusqu'au lit de gravier qui repose sur l'argile et qui est plus ou moins aurifère. Une fois là, on prend, partie dans la couche, partie dans les premiers centimètres de glaise, 7 à 8 décimètres cubes de terre, et l'on met le tout dans un plat conique en bois, appelé *batée*. Un homme dans l'eau jusqu'à la ceinture, lave ensuite cette batée.

La glaise, bien délayée, s'en va au fil de l'eau ; les cailloux les plus gros sont rejetés à la main, puis, le sable, à qui l'on imprime un mouvement circulaire spécial, s'échappe pendant que la pesanteur maintient au fond les parties les plus lourdes. Quand il ne reste que quelques grains d'or, l'opération est terminée. Il y a des batées de un franc, de cinq francs, de plusieurs centaines de francs. Lorsque, le long de la vallée d'une crique, on a fait un certain nombre de batées, on en prend la moyenne, et l'on juge si le terrain est exploitable ou non avec profit.

Pour exploiter, on déboise d'abord la vallée ; on y élève un barrage en rondins et en terre glaise pour emmagasiner l'eau, et l'on creuse un déversoir pour la diriger. On construit de grossières rigoles en planches, s'emboîtant les unes dans les autres, légèrement inclinées et supportées par de petits chevalets. Cet ensemble s'appelle un « sluice ». On pioche la « couche » et on l'envoie à la pelle dans la rigole où passe un fort courant d'eau qui en opère le débourbage. Des femmes ou des ouvriers faibles arrêtent au passage les plus gros fragments et en achèvent le nettoyage à la main ou à la brosse. Les parcelles d'or roulent au fond de la rigole en vertu de leur densité et sont arrêtées par du mercure. A la chute de chaque « dalle » ou partie de rigole, sur la suivante, on place un riff, récipient en fer garni de rainures destinées à retenir l'or et le mercure. A la fin de chaque journée, on recueille dans une batée les métaux précieux réunis dans les riffs, que l'on presse dans un linge. Le mercure en excédent passe à travers le tissu. On prend l'amalgame qui reste en dernier lieu, on le grille sur un poêle, et l'or demeure pur.

A l'époque où M. Paul Lévy fit son livre, les exploitations appartenaient à de petits propriétaires, incapables de les faire progresser. Elles occupaient 1.300.000 hectares, alors que quelques années auparavant, les concessions formaient un ensemble de 4.100.000 hectares. Cependant, avant la guerre, la Guyane française donna en une année (1910), 11.550.000 francs d'or.

Brésil — L'or a été découvert et exploité dans presque toutes les parties du Brésil : Minas Geraes, Goyaz et Matto sont cependant et de beaucoup les plus riches producteurs du métal précieux. Les gisements sont surtout nombreux autour des trois grandes chaînes de montagnes, qui constituent comme l'ossature du pays : la chaîne de Mantiquera, celle qui sépare le bassin du fleuve San Francisco de celui du Rio de la Plata, et celle qui s'étend sur la rive gauche du Paraguay et de l'Uruguay.

Le gisement d'origine est filonien, mais les alluvions sont, en maintes régions, très riches, et leur exploitation est infiniment plus facile et moins coûteuse que celle des filons. A Mowovelho, la teneur en or atteint 18 à 19 grammes de métal par tonne de sable.

Sans viser à l'exactitude absolue, on estime que, depuis les temps coloniaux jusqu'à aujourd'hui, le Brésil a produit plus de 700.000 kilogrammes d'or [1].

Australie. — On sait la révolution économique consécutive à la découverte, en 1840, de l'or en Australie. Les alluvions métal-

---

[1]. Voir *Au pays de l'or*, par le docteur Latteux, in-8°, Paris, 1910.

lifères intéressent une zone géologique, où le terrain tertiaire, associé intimement au quaternaire proprement dit, atteint parfois 3o mètres de puissance. Les sables d'or, mélangés à des graviers et à des débris de nature très variée, passent à des pépites quelquefois énormes. La collection du Muséum contient le moulage en plâtre-doré d'un exemplaire qui pesait 9o kilogrammes. Les noms de Ballaarat et de Bendigo, « les premières localités, dit M. Journet [1], qui se sont créées autour de ces déblais informes qu'on appelle la mine, sont devenus synonymes de millions ». Aujourd'hui la première de ces villes compte plus de 47.000 habitants et Bendigo, qui s'appelle maintenant Sandhurst, en compte plus de 26.000.

Le même ensemble d'opérations naturelles s'est réalisé aux époques géologiques. Au Nord du Gippsland (Nouvelle-Galles du Sud), on a décrit, sur des grès et des schistes siluriens, un

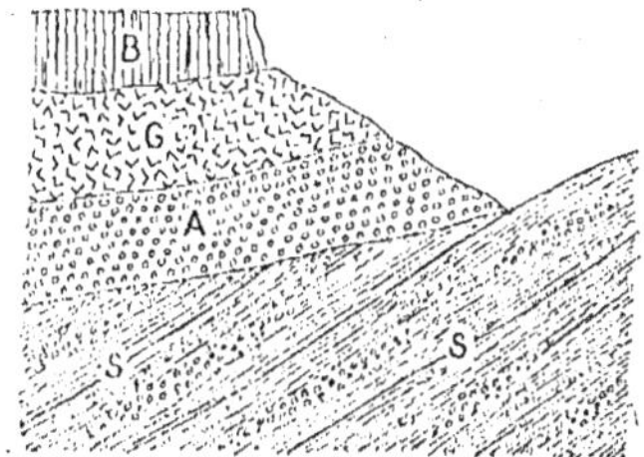

Fig. 35. — Graviers et sables aurifères du Gippsland.

S, schistes siluriens. — A, sable et gravier aurifère. — G, graviers pliocènes avec *cinnamomum.* — B, basalte.

véritable placer, composé de graviers et de sables aurifères (fig. 35), dont le dépôt remonte à l'époque tertiaire moyenne, ou miocène. Cet âge est bien fixé, par l'existence au-dessus du gisement métallique, de bancs de gravier avec intercalations de lignite, où des végétaux fossilisés sont encore déterminables, tels que *Cinnamomum polymorphoïdes*, qui est caractéristique de l'époque tertiaire supérieure, ou pliocène. Le tout est surmonté par une coulée de basalte.

1. *L'Australie*, 1 vol. in-8°, p. 147, Paris (1885).

PLATINE

Russie. — La Russie produisait avant la guerre les 95/100 de la quantité mondiale de platine jetée dans le commerce : aussi a-t-on pu dire que c'est un métal russe. Nous avons vu qu'on le trouve en filons dans l'Oural, où les alluvions qui le contiennent se trouvent concentrés dans le gouvernement de Perm, district minier d'Ekaterinbourg, occupant une longueur de 130 kilomètres environ.

Goroblagodask et Nijni-Taguilsk représentent les deux centres de production les plus importants. Ils doivent leurs richesses, le premier au massif montagneux du Sarania, de l'Elovaïa et du Katchkauar ; et l'autre, au massif important des monts Soloviel, d'où dévalent la Martian et la Vissim.

La découverte du gisement de Goroblagodask date de 1825, mais ce fut seulement 16 ans plus tard que l'exploitation commença.

Il existe aujourd'hui dans l'Oural plus de cent placers exploités pour les paillettes, les granules et même les pépites de platine. Celles-ci sont d'ailleurs fort rares ; on peut cependant en citer une pesant 2 kg. 247, et une autre provenant de Nijni-Taguilsk, pesant 9 kg. 620, ce qui, au cours actuel (en 1919) de 18.000 francs le kilogramme, représente une valeur de 170.000 francs.

Depuis l'origine jusqu'en 1911, la production de l'Oural en platine s'est élevée à 173.494 kilogrammes. Pour obtenir ce résultat, il n'a pas fallu laver moins de 30 à 40 millions de mètres cubes d'alluvions, qui supposent à leur tour la désagrégation intempérique de centaines de milliards de mètres cubes de roches corticales, spécialement péridotiques.

Colombie. — On sait que le platine a été découvert et baptisé, en 1748, en Colombie, où de 1778 à 1788, on en récolta environ 2.000 kilogrammes dans les alluvions de l'Opagado, rivière du département de Choco. On en faisait alors si peu de cas qu'on lui appliqua ce mot de platine, qui est un diminutif du nom espagnol de l'argent (plata).

Notons que le Brésil (province de Minas Geraes), la Guyane et même Madagascar, possèdent aussi des alluvions platinifères.

Dans ses différents placers, le platine est accompagné d'un cortège à peu près constant de métaux spéciaux, palladium, iridium, etc.

DIAMANT

C'est presque comme appendice aux gisements de l'or et du platine qu'il faut mentionner les alluvions que Beudant a, si justement, qualifiées de *plusiaques* et qui renferment toute une collection de pierres précieuses.

Indes. — L'Inde est la localité diamantifère la plus anciennement connue, et il n'y en eut pas d'autre jusqu'à la fin du xviii° siècle. Les gisements y sont répartis en trois groupes : le groupe du Nord, qui est situé dans le Nizam; le groupe du Centre, dans le Sambalpur et le groupe du Nord, dans le Bundelkhand. Dans tous les cas, le sol est constitué par des alluvions plus ou moins anciennes et, chose curieuse, nulle part on n'a rencontré la roche mère du diamant, dont le gisement originel est jusqu'à présent inconnu.

À cette occasion, on peut rappeler la singulière méprise que fit Michel Lévy qui, ayant étudié au microscope des lames minces de roches cristallines provenant de pays à diamants, annonça, comme nous l'avons déjà dit[1], avoir trouvé, en association originelle avec les minéraux d'une ophite andésitique, des petits grains cristallins, ayant pour la forme géométrique, pour les propriétés optiques, et pour l'inaltérabilité au contact des réactifs chimiques, une identité parfaite avec le diamant.

La roche mère du diamant, si célèbre par l'espoir qu'on la découvrirait un jour, était enfin démasquée. Seulement, vérification faite du résultat annoncé, il se trouva que l'apparence à laquelle on s'était laissé prendre, provenait d'impuretés apportées dans la préparation et que de simples lavages firent disparaître. Nous avons vu qu'on a quelque raison d'espérer qu'on a enfin trouvé cette roche mère en Nouvelle-Galles du Sud.

Le nom de Golconde est resté célèbre dans l'histoire : il importe de noter que cette localité ne fut jamais un gisement, mais bien le *marché* de la pierre précieuse.

1. *Bull. Soc. fr. de Minéralogie*, 11 décembre 1879.

Brésil. — Le Brésil a révélé ses richesses diamantifères au xviiie siècle, et la cour de Lisbonne exprima une très grande joie de la découverte, vers 1729, par des fêtes splendides avec *Te Deum*, procession, envoi d'échantillons au pape, qui félicita le roi. En même temps, s'inaugurait pour longtemps un régime terrible, destiné à empêcher la fraude et qui fit le malheur des habitants.

Les gisements brésiliens sont répartis sur une immense étendue, comprise entre les douzième et vingt-sixième parallèles Sud et les trente-huitième et cinquante-huitième degrés de longitude Ouest. Les localités principales sont à Minas Geraes, à Bahia, à Goya, à Mato-Grosso, à Parana et à Sao Paulo.

La petite ville de Tijuco reçut un accroissement considérable et même changea de nom : ce fut désormais *Diamantina*.

Les alluvions, exploitées sous le nom de *cascalho*, proviennent surtout de la désagrégation, à l'époque quaternaire, de deux variétés de grès quartzeux connus sous les noms d'*Itabirite*, quand il est chargé de paillettes de mica et d'oligiste, et d'*Itacolumite*, quand il en est privé. La connaissance de ces gangues n'a d'ailleurs rien de commun avec la trouvaille d'une roche mère, les grès qui viennent d'être nommés étant eux-mêmes des résultats de pulvérisation de matériaux antérieurs non déterminés.

Le triage qu'on a poussé jusqu'aux détails les plus intimes des sables diamantifères du Brésil, y montre la présence d'une série nombreuse de minéraux précieux. Nous avons déjà mentionné l'or en paillettes, qui y abonde ; il faut y ajouter la topaze, de teintes variées et qu'on a imaginé de modifier, quand elle est imparfaite, en topaze *brûlée ;* les tourmalines, le grenat, le lapis lazuli, le rutile et parmi les plus beaux, le corindon, sous les formes de rubis et de saphir ; enfin, beaucoup d'autres gemmes moins connues.

Bornéo. — L'île de Bornéo possède deux gisements principaux de diamants : dans sa partie occidentale, aux environs de Pontianak, et dans sa partie Sud-Est, non loin de Banjermassin. La pierre précieuse s'y trouve encore dans des graviers anciens de composition très compliquée.

Australie. — En 1851, le diamant a été signalé en Australie.

Deux gisements principaux s'y montrent, toujours dans le terrain détritique ou diluvium. L'un, à Bingera, où le *drift*, gravier argileux, mesure 60 centimètres à 1 mètre d'épaisseur ; et à Mudgee, où le gisement est recouvert d'une nappe de basalte.

Oural. — A la suite de ces localités de premier ordre, il faut citer la présence du diamant dans quelques autres points. Mentionnons pour mémoire l'annonce qui en fut faite en 1829, au moment où Humboldt, Ehrenberg et Gustave Rose venaient de signaler l'analogie du sol de l'Oural avec celui du Brésil. Le bruit se répandit que la ressemblance s'accentuait encore par la trouvaille du diamant dans les gisements aurifères de l'Oural. De 1829 à 1847, on y signala plusieurs rencontres de diamants, qui depuis ne s'y renouvelèrent pas, et l'on arriva à se demander s'il n'y eut pas fraude, à l'aide de diamants brésiliens mêlés aux sables russes. Cependant, et bien plus récemment, M. Rabot montra, et cette fois de la manière la plus certaine, du sable de la Petchora renfermant des grains microscopiques de diamant. Enfin, en 1892, M. Jéréméjev publia dans les Mémoires de la Société minéralogique de Saint-Pétersbourg[1] une note sur un diamant recueilli dans les alluvions aurifères de Kotchkar, localité de l'extrême sud de l'Oural.

Chine. — Enfin, à titre de curiosité, citons la présence dans certaines parties de la Chine d'innombrables diamants de la grosseur d'une tête d'épingle. Leur exploitation se fait d'une manière originale, le travail du mineur se bornant à faire les cent pas sur le gisement, après s'être chaussé d'espadrilles, dont en brûlant les épaisses semelles de paille, les cendres lui livrent les pierres précieuses[2].

ÉTAIN

L'histoire de l'étain, sous forme de cassitérite, ressemble à celle de l'or métallique et comprend comme elle, à côté des gîtes initiaux, des localités où les phénomènes intempériques l'ont accumulé dans des sables et d'autres matériaux de transports épipolhydriques.

---

1. T. XXX, 1472, v. *Bibliothèque Russe*, IX, 66 (1893).
2. *La Nature*, 1er volume de 1879, p. 318.

Malacca. — La presqu'île de Malacca se signale, dans la région de Pérak, comme spécialement riche en étain d'alluvion [1].

Ces gisements consistent en dépôts argilo-sableux, dont la profondeur varie de 8 à 22 mètres et qui manifestement résultent de la démolition de masses sous-jacentes cristallines, extrêmement quartzeuses et qui sont traversées de nombreux filons où le minerai d'étain se trouve associé à de l'oxyde de fer et quelquefois à de l'or. Les filons, comme nous l'avons dit, ressemblent à ceux du Cornwall pour leur composition minéralogique comme par leur situation au travers de porphyres ; mais ils en diffèrent par leur épaisseur infiniment moins considérable et par l'irrégularité de leur situation relative. Aussi, sous cette forme, ne sont-ils nullement exploités, et l'on peut croire qu'ils sont tenus en réserve pour l'époque où l'on aura épuisé les gisements d'alluvion, dans lesquels l'immense et prodigieusement coûteuse opération de l'abatage, du broyage et du triage a été réalisée gratis par la Nature.

A Pérak, le mineur actuel n'a qu'à extraire à la pioche et à la pelle des sables qu'il lave ensuite dans les ruisseaux du voisinage, pour obtenir un minerai de première qualité. La puissance du dépôt varie de 2 à 3 mètres, mais sa richesse offre d'un point à un autre, même très rapproché, des écarts si considérables qu'il est impossible de l'évaluer, même approximativement. Pourtant, parmi ces variations, on en observe qui ont évidemment été déterminées par les circonstances mêmes de la formation des alluvions : dans les plaines où le fond est régulier, la couche d'étain n'atteint son maximum de richesse qu'à une certaine distance des montagnes, un kilomètre environ, et non pas au pied même du massif, où, cependant, se présentent les échantillons les plus volumineux, mais qui sont loin d'être toujours les plus purs.

La couleur du minerai est en général le brun foncé ; mais en quelques districts de Kinta, on rencontre une variété assez rare, d'un blanc sale, gris ou rosé, à l'aspect gras, légèrement translucide, et qui est plus pure que la variété brune ordinaire. Les échantillons un peu volumineux sont souvent bien cristallisés ; la plupart des autres ont perdu leurs angles et leurs arêtes sous

1. Voir *Les Mines d'Etain de Pérak* (presqu'île de Malacca), par Errington de la Croix, un vol. in-8°, Paris, 1882.

l'influence des frottements, de façon à avoir l'aspect de la variété bien connue sous le nom d'étain de bois.

Billiton et Bangka. — A Billiton et à Bangka, qui sont deux petites îles situées entre Sumatra et Bornéo, on exploite également l'étain dans les alluvions, qui sont comme à Pérak en relation avec des systèmes de petites veines traversant un sous-sol granitique et porphyrique.

LES CHAPEAUX DE FILONS

Les phénomènes consécutifs à la pluie prennent une importance spéciale, quand la localité qui les éprouve est une région d'affleurement de filons particiellement attaquables. Le mélange, avec des matériaux pierreux, de minéraux métalliques capables d'engendrer des assises, où des composés très énergiques entraînent des conflits chimiques, détermine des catégories particulières de composés et, bien souvent aussi, des concentrations de produits rares dont l'exploitation est singulièrement améliorée.

Pour fixer les idées, il suffira de rappeler l'exemple, si fréquemment mis sous nos yeux, de la transformation de certains minerais, ou même de certains métaux libres, en substances énergiquement actives à l'endroit de constructions calcaires. Qui n'a vu la teinture en vert d'émeraude des piédestaux de statue de bronze ? ou simplement l'auréole ocreuse qui entoure la base du style d'un cadran solaire, fixé sur un marbre blanc ? Dans un cas comme dans l'autre, la pluie a attaqué le métal et transporté le sel soluble, ainsi engendré, au contact du carbonate de chaux. Il s'est fait alors un double échange des acides et des bases et il s'est produit, dans le premier cas, du carbonate de cuivre, ou malachite, et dans l'autre, du carbonate de fer, qui s'est d'ailleurs bien rapidement transformé en limonite.

Là où un filon de pyrite de fer s'est trouvé exposé par son affleurement au contact de l'eau aérée, il a subi une décomposition lente, mais continue. L'oxygène en dissolution dans l'eau sauvage a bientôt fait passer le sulfure à l'état de sulfate, et celui-ci pénétrant dans le sol, soit au contact des roches encaissantes, soit même en imprégnation dans la matière filonienne elle-même, s'est livré à des réactions chimiques variées.

Le résultat le plus visible en conséquence des faits précédents, est la constitution d'une masse ocreuse à laquelle, depuis bien longtemps, on a donné le nom de chapeau de fer des filons. Il signale, même de loin, l'affleurement de certains gîtes, et à ce titre, est un indicateur précieux pour les chercheurs de gisements. En outre, il peut renfermer des accumulations de particules spécialement inattaquables, et par exemple, la pyrite de fer étant très souvent aurifère, il arrive que ce chapeau de limonite devient une source du métal précieux.

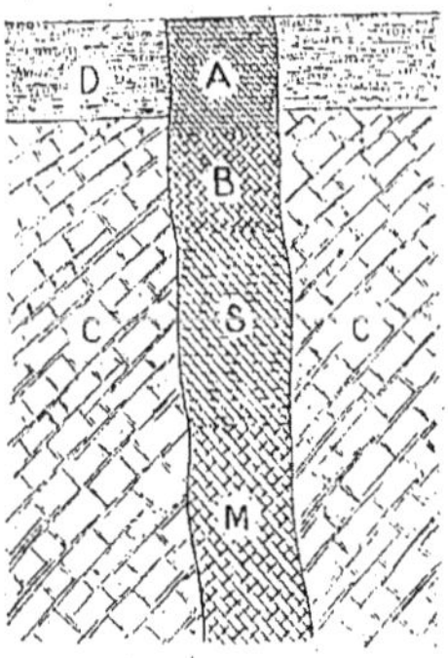

Dans le cas de filons très compliqués, les minéraux de nouvelle formation peuvent être très complexes et il n'est pas rare de constater qu'à mesure des progrès des travaux d'exploitation, c'est-à-dire selon que l'on pénètre de plus en plus en profondeur, le nombre des espèces minéralogiques va en diminuant et leur qualité industrielle en se modifiant. Que de fois le fructueux filon de limonite ou de sidérose n'a-t-il pas passé peu à peu à l'état de pyrite, qui se refuse au traitement sidérurgique et qui ne peut être qu'un minerai d'acide sulfurique? Certaines études de détail méritent d'être rappelées quant à l'économie de nombreux filons en rapport avec l'atmosphère. A cet égard, les filons d'argent de l'Amérique Centrale et de l'Amérique du Sud méritent attention.

Fig. 36. — Chapeau de filon d'argent du Mexique.

D, diluvium. — C, couches calcaires. — A, zone renfermant de l'argent natif avec oxydes de fer et de manganèse. — B, zone des chlorure et bromure d'argent avec les mêmes oxydes. — S, zone de sulfure d'argent et de la stibine. C'est la zone plus riche des filons, on la qualifie de Bonanza. — M, zone de l'antimoniosulfure d'argent et de l'argent rouge.

Au Mexique (fig. 36), on citerait beaucoup de filons dont le chapeau de fer et de manganèse renferme de l'argent natif sur une épaisseur très notable. Plus bas, on trouve une zone où l'oxyde de fer et l'oxyde de manganèse sont associés à des bromures.

On arrive alors à la région la plus riche du gîte qualifiée de *bonanza* et qui est constituée par un mélange d'argyrose (argent sulfuré) et de stibine (antimoine sulfuré). Enfin, la richesse s'amoindrissant d'ailleurs, on pénètre dans une région caractérisée par l'antimoniosulfure d'argent, ainsi que par l'argent rouge. On remarquera, tout d'abord, le sens vertical de cette succession qui contraste si profondément avec l'allure plus ou moins rubanée des filons proprement dits, c'est-à-dire, par l'ordonnance générale déterminée avant tout par la forme extérieure du filon. Il paraît difficile de douter que la cause n'en soit dans une pénétration de haut en bas de matériaux dérivant de la surface et se rattachant par conséquent à l'activité des infiltrations de la pluie.

Cependant, il convient ici de protester contre la supposition qui a été faite quelquefois, qu'il y aurait eu lutte entre ces eaux de pénétration et les liquides ascendants producteurs du filon lui-même [1]. Il ne faut pas perdre de vue, en effet, que la génération du filon initial, opérée dans une fissure par des eaux s'élevant des profondeurs très chaudes, n'a évidemment pas pu continuer au voisinage de la surface où le refroidissement, avait supprimé toute faculté minéralisante intense. Les altérations verticales du gîte n'ont pu commencer qu'après un soulèvement général de toute la région, la faisant émerger au-dessus du niveau de la mer, et au cours de la période, qui continue sous nos yeux, d'érosion superficielle et spécialement de dénudation pluviaire.

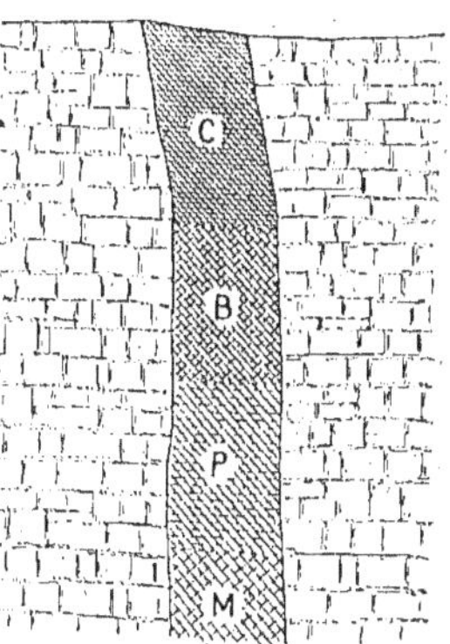

Fig. 37. — Chapeau de filon d'argent du Pérou.

C, *pacos* ou *cascajos* (*colorados* quand le cuivre abonde), minerai rouge avec 500 gr. d'argent à la tonne. — B, *bronzes* produits des altérations des pyrites de fer avec cuivre. — P, *pavonados*, zone riche en sulfure et en sulfoantimoniure d'argent. -- M, minerai plombeux (galène renfermant de 1 à 5 kilogrammes à la tonne).

Quoi qu'il en soit, et sans avoir la prétention d'expliquer chacun des phénomènes chimiques qu'elle comporte, la constatation de la structure qui nous occupe reçoit un grand intérêt de ce qu'elle se reproduit dans un grand nombre de localités et

1. A. de Lapparent. *Traité de Géologie*, p. 1387, Paris, 1885 : « Près de la surface, les actions oxydantes se feraient de plus en plus sentir, ainsi que l'influence des eaux d'infiltration descendantes ».

qu'elle passe par en haut, d'une façon insensible, à l'ensemble de choses qui caractérise le chapeau de fer des filons.

Pérou. — A la suite du Mexique, nous avons avantage à citer une manière d'être très fréquente des filons d'argent du Pérou (fig. 37). La portion tout à fait épidermique qualifiée de *pacos*, de *cascajos* et de *colorados*, quand le cuivre y abonde, constitue un minerai rouge, à cause du fer qu'il contient et qui donne 500 grammes d'argent à la tonne. C'est le témoignage le plus éloquent d'une concentration du métal pratiquement inoxydable, subsistant au milieu de la décomposition et de la dissolution des minéraux qui l'accompagnaient dans le filon.

Au-dessous de cette première zone, on voit comme une gradation d'effets de moins en moins accentués, de la même famille de réactions chimiques. Ce sont d'abord les *bronzos* dus à la transformation des pyrites de fer et de cuivre et à la libération d'argent, en quantité bien moins moindre que tout à l'heure. Viennent ensuite les *pavonados*, zone riche, faite de sulfure et de sulfo-antimoniure d'argent. Enfin, le minerai constituant le filon paraît témoigner de son état vierge et consiste en galène, renfermant une proportion d'argent extrêmement variable suivant les points.

Chili. — Pour terminer ce qui a trait à l'Amérique du Sud, mettons en parallèle avec les exemples précédents, ce que montrent les chapeaux de filons d'argent du Chili (fig. 38). Au niveau du sol, on rencontre les *metalles calidos* (minerais chauds), facilement amalgamables, formés de chlorure et de bromure d'argent, avec reste de sulfure. Comme incidents dans la masse, se rencontrent ou bien des lambeaux d'argile ferrugineuse, qui sont du *pacos*, ou bien des minerais cuprifères, c'est-à-dire mélangés de malachite verte et d'azurite bleue, et ce sont les *colorados*. Se présentent au-dessous, les *metalles frios* (minerais froids), comprenant les

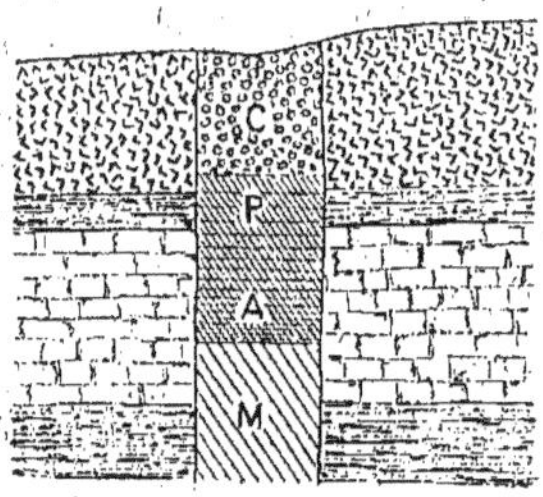

Fig. 38. — Chapeau de filon de galène du Chili.

C, région riche en cérosite et en anglésite, pauvre en argent. — P, *pacos* complétant la série des *metalles calidos* à minerais chauds. — A, *metalles frios* ou minerais froids. — M, galène non altérée.

mulatos, où les sulfures dominent, et les *negrillos* sulfoarséninres, qui répondent aux *pavonados* du Pérou. Enfin, on pénétrerait dans la région des sulfures pauvres, de plomb, de zinc, de fer et de cuivre, si, rendu difficile par les richesses d'au-dessus, on n'était porté à les négliger.

France. — Il n'est pas inutile de noter le bénéfice que l'étude des chapeaux de filon a retiré d'observations, à première vue bien éloignées, et même d'expériences de laboratoire.

Dans la première série se place la corrosion parfois si rapide, que les massifs calcaires peuvent éprouver, en conséquence du voisinage de minerais métalliques altérables. A la suite d'une de nos Expositions Universelles, un magnifique bloc de pyrite de fer, provenant du Portugal, avait été placé au Muséum sur une banquette de calcaire grossier, disposée en dehors de la galerie de géologie et au pied de laquelle on disposa, lors du siège de Paris, en 1870, un tas de sable comme secours en cas d'incendie. La pluie tombant sur le sulfure métallique, le transforma en sulfate de fer

Fig. 39. — Activité chimique de la pluie : cimentation de sable en grès ferrugineux par la transformation de la pyrite en sulfate de fer au contact du calcaire.

P, pyrite provenant du Portugal. — B, socle calcaire corrodé par le sulfate de fer. — S, sable quartzo-calcaire, cimenté en grès à ciment de limonite, criblé de cristaux de gypse.

qui, en quelques mois, avait creusé dans la roche calcaire un réseau compliqué de canaux très profonds. Quand, la paix une fois revenue, on voulut remettre les choses dans l'état normal, on s'aperçut que le sable était passé à l'état de grès très résistant, grâce à la solidité de son ciment qui consistait en limonite. C'est évidemment la reproduction, dans une localité inusitée, de la réaction qui a donné naissance au *pacos* des chapeaux sud-américains.

A Huelgoat (Finistère) l'épipolhydrisme a de même engendré, dans les filons de galène, de l'argent natif (fourni par l'eau de la mer) et du plomb phosphaté ou pyromorphique.

Pour les expériences, elles ont fourni des résultats très nombreux et très précis, que j'ai pris intérêt à varier, quant à la nature des minerais intervenant et aussi quant à celle des liquides en présence desquels ils se sont trouvés[1].

Le premier fait dont je fus frappé, réalisé fortuitement au laboratoire, fut la cristallisation de l'argent à l'état de pureté à la surface de petits cubes de clivage de galène, ou sulfure de plomb, abandonnés depuis quelques jours dans une solution aqueuse de chlorure du métal précieux (fig. 40). L'argent s'y présentait en petites végétations cristallines rappelant les célèbres élégants arbres de Saturne dont les pharmaciens ornent leurs vitrines et qui sont obtenus par le séjour, dans une solution de nitrate d'argent, de fils de plomb. Seulement, il s'agit ici d'une association très fréquemment réalisée dans la nature, où les filons de galène sont généralement argentifères et où l'on rencontre même quelquefois, avec l'argent, du soufre à l'état libre et que peut extraire le sulfure de carbone.

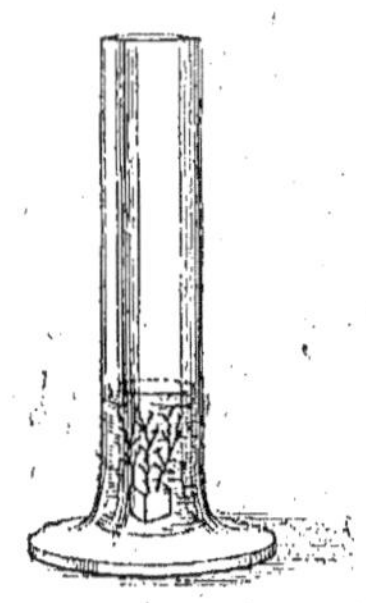

Fig. 40. — Cristallisation de l'argent métallique ramuleux à la surface d'un cube de clivage de galène immergé, dans la solution du nitrate d'argent.

Or, il suffit de supposer qu'un filon de galène, ayant été compris dans un massif rocheux, dont la tranche dénudée prend part à la constitution d'un fond de mer actuelle, pour comprendre que le sulfure métallique a joué, vis-à-vis de l'argent, le rôle d'un piège, en décomposant la petite quantité de chlorure qui se trouve toujours dans les eaux océaniques, d'après les analyses de Malagutti et Durocher.

Des réactions analogues peuvent se produire dans les filons de pyrite et d'autres sulfures. L'or, amené à l'état de dissolution, s'y fixera et reproduira ainsi des associations minéralogiques analogues à celles de La Gardette (Isère) et de Transylvanie. L'argent de même, s'y déposera pour s'y sulfurer ensuite comme on le voit en Hongrie et au Pérou.

<hr>

1. Stanislas Meunier. *C. R. Acad. Sc.*, LXXXIV, 638 (1877).

La collection du Muséum renferme un échantillon de pyrite de fer recouverte d'une mince couche d'argyrose et provenant de la province de Sicasica. Dans l'Altaï, on rencontre l'argent natif au contact de la blende. Beaucoup de veines d'argent natif peuvent être dues à la circulation des eaux sulfurées sodiques, spécialement lorsque le métal est associé à son propre sulfure, comme cela s'est produit dans les expériences et comme cela se voit naturellement, par exemple au Chili [1].

CHAPEAU DES MINES DE DIAMANT DU CAP

Après ce que nous avons dit des gîtes, si exceptionnels au point de vue de leur forme, comme à celui de leur composition, où l'on exploite les diamants dans le Transvaal, on ne s'étonnera pas de nous voir rapprocher les chapeaux, qui couronnaient le sommet, des amas cylindriques et souterrains, qui remplissaient les *pans*, des formations précédentes. Cette fois, les chapeaux se signaleront d'une manière tout à fait spéciale, comme fournissant des matériaux d'étude singulièrement efficaces dans les collections de minéraux très variés et souvent répartis avec parcimonie, dans des dépôts de très grand volume.

Sous l'influence des eaux sauvages, le sommet des colonnes bréchoïdes, maintenant exploitées jusqu'à de si grandes profondeurs, a complètement disparu. J'ai eu la bonne fortune d'en recevoir, en 1877, des mains de Mme Patrickson, qui rentrait d'un long séjour dans le Sud Africain, où elle avait assisté à la découverte et à l'exploitation de plusieurs mines de diamant [2].

Elle voulut bien me donner, pour le Muséum, un bon échantillon recueilli à l'affleurement de la célèbre localité de Dutoit's Pan, et que je crois avoir été le seul à étudier. Ma raison en est dans la divergence de quelques conclusions, que formulèrent mes continuateurs, avec la théorie qui me parut résulter évidemment des matériaux mis entre mes mains.

Il est facile, en effet, de concevoir les différence d'apprécia-

---

1. Il est juste de rappeler un travail de M. Sky sur les précipitations métalliques réalisées par des sulfures naturels.

2. *C. R. Acad. Sc.*, t. LXXXIV, p. 250. V. *C. R. Acad. Sc.*, t. LXXXIV, p. 1124 un Rapport très favorable sur mon travail.

tions de deux observateurs qui étudieraient d'une manière indépendante pour chacun un échantillon de ces filons argentifères du Chili, pris à des profondeurs inégales au-dessous du point d'affleurement. A l'époque où la question fut reprise, toutes traces de chapeau avait entièrement disparu au Cap, si bien, qu'au lieu d'étudier la matière sableuse, ocracée et essentiellement hétérogène à première vue, on se trouva en présence d'une substance vert noirâtre, de consistance pierreuse et résistante sous le marteau, bien que résultant évidemment de la cimentation de blocs juxtaposés. Où l'on ne vit plus alors qu'une serpentine bréchoïde, mais compacte et remplissant le canal d'ascension, un peu comme une lave remplit la cheminée d'un volcan, j'avais eu un spécimen du résultat d'altérations et de triages, de beaucoup de mètres en hauteur, d'une roche réduite à ses seuls éléments les plus insolubles, les plus denses.

Aussi, eus-je à constater la coexistence, dans un volume relativement petit de matières à étudier, de toute une collection minéralogique ; aussi fus-je amené à concevoir, pour en expliquer l'origine, une conclusion qui me parut confirmée par les échantillons profonds, mais à laquelle on ne serait peut-être pas arrivé, sans le guide des éléments de surface.

Mon opinion fut que le gîte de Du Toit's Pan, fournissait un nouvel exemple à la série des formations que j'avais antérieurement désignées sous le nom d'*alluvions verticales*[1], et qui représentent la forme naturelle et grandiose des poussées de sable dont nous procure le spectacle diverses eaux artésiennes, comme celles de Grenelle, ou certains jaillissements spontanés, comme ceux qui ont accompagné divers tremblements de terre, le séisme de San Francisco, entre autres.

Seulement, le conduit (fig. 41) dont ont profité les matériaux de Du Toit's Pan et de ses analogues, Bultfountein, Old de Beer, Kimberley, paraît être parti d'une profondeur extraordinaire, où devait exister un niveau de roches serpentineuses, c'est-à-dire, comme on l'a vu, de roches silicatées magnésiennes, soumises à un régime de concassement et d'hydratation analogue à celui éprouvé par les gangues des gisements aurifères et platinifères

---

[1]. M. Chaper trouva plus élégant de les appeler *boues éruptives* ; c'est une affaire de goût.

de tant de pays. On se figure le torrent aqueux mis en mouvement vertical par des conséquences, sans doute, du régime volcanique, s'élevant jusqu'à la surface du sol et restant comme tampon obstruant le conduit, une fois épuisée la force éruptive souterraine.

On remarquera qu'ici encore, et malgré la grande différence de manière d'être, nous sommes de nouveau privés de la notion de la roche mère du diamant ; mais nous voyons se confirmer l'opinion que cette gemme a été produite dans des laboratoires profonds et puissants.

Ajoutons que le chapeau proprement dit des pans, se présentait comme couverture d'une notable épaisseur de matériaux serpentineux ayant manifestement éprouvé les phénomènes de rubéfaction : c'est la *Yellow Ground* des mineurs, qui dérive de la *Blue Ground* située plus bas.

Parmi les substances triées dans le sable provenant de Mme Patrickson, je citerai tout d'abord diverses variétés de serpentine, dont une noirâtre, empâtant des grenats, comme le fait une roche bien connue, de Zœblitz, en Saxe ; des lamelles

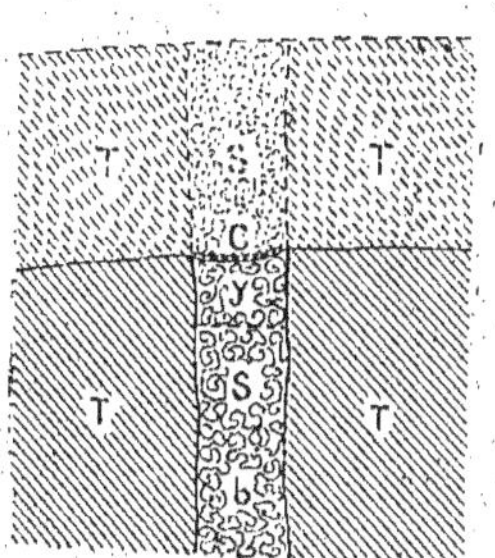

Fig. 41. — Coupe verticale selon l'axe, de la colonne éruptive de conglomérat diamantifère de Du Toit's Pan (Afrique australe).

T, terrain triasique encaissant. — S, alluvion verticale, formée de conglomérats serpentineux diamantifères. — y, portion de colonne qui a été modifiée par les phénomènes superficiels et que les mineurs anglais appellent Yellow Ground. — b, partie restée bleuâtre (*Blue Ground*). — c, chapeau. — On a indiqué par un pointillé la portion superficielle soustraite par l'exercice de l'intempérisme.

bronzées de vaalite, soit seules, soit associées avec des minéraux d'euphotide ; la diallage, en contact avec du calcaire ; de la chlorite ; des grenats almandins, souvent d'un beau rouge et généralement à l'état fragmentaire, et d'autres très foncés, presque opaques, offrant une structure laminaire, qui complète leur ressemblance avec le grenat Galitzine des États-Unis. Il faut mentionner une roche composée de grenats altérés, reliés par une masse argiloïde représentant évidemment un résidu de décomposition : peut-être s'agit-il d'une variété d'éclogite. La smaragdite est représentée par plusieurs variétés. À côté du type le plus net, reconnaissable au vif éclat de ses clivages et à sa belle couleur, se montrent des fragments presque opaques et d'un vert d'eau très clair, que des transitions insensibles permettent de rapporter à la même espèce.

On remarque certains spécimens dans lesquels le fer titané, dit ilménite, est intimement associé à la smaragdite. Des grains isolés d'ilménite admettent en mélange une petite quantité de chrichtonite, facile à reconnaître par l'énergie avec laquelle elle est attirée à l'aimant. Le pyroxène, tantôt vert foncé, tantôt brun, est fréquent.

Il y a lieu d'insister sur la présence de roches granitiques, car M. Maskelyne a cru pouvoir noter l'absence du feldspath dans le sable diamantifère. J'ai recueilli plusieurs échantillons évidemment granitiques. Il y a, en particulier, du microcline et du quartz hyalin, en petits grains identiques à ceux du granit ancien.

Des diamants octaédriques, un peu jaunâtres ou d'une nuance enfumée, s'y trouvent parfois : il y en a deux dans l'échantillon de Mᵐᵉ Patrickson. Le zircon est abondant et parfois bien cristallisé. L'amphibole trémolite et l'asbeste sont aisément reconnaissables. C'est aux minéraux zéolitiques qu'il convient sans doute de rapporter les grains, les uns clivables, les autres rayonnés et fibreux qui donnent de l'eau dans le tube à essai et ne font point effervescence avec les acides. La calcite s'est présentée sous la forme de plusieurs masses blanches ou grises ; d'ailleurs, le calcaire imprègne presque toute la masse des sables, de façon qu'en présence des acides, la plupart des grains font une effervescence légère et momentanée. L'opale, le jaspe rouge, l'agate zonaire sont en petits cailloux arrondis. C'est tantôt en cubes libres ou groupés, tantôt en petites plaquettes confusément cristallines, que se présente la pyrite de fer. La limonite cimente parfois divers grains et en fait des brèches. De petits fragments d'un rouge très vif ont été reconnus pour du minium ou oxyde de plomb. Il y a aussi un certain nombre de grains argiloïdes et schisteux[1].

---

1. Examen minéralogique des sables diamantifères du Cap de Bonne-Espérance, par M. Stanislas Meunier. *Bull. de l'Acad. royale des Sc. de Bruxelles*, t. III, n° 4 (1882). — Présence de la pegmatite dans les sables diamantifères du

REMARQUES SUR L'ÉCONOMIE GÉNÉRALE DES CHAPEAUX DE FILONS

En nous bornant aux exemples précédents, nous ne nous dissimulons pas que l'histoire du chapeau des filons comporterait une infinité de détails dans lesquels il nous est impossible d'entrer. À première vue, ce qui frappe, c'est la réaction du milieu oxydant extérieur sur des composés dont la plupart sont loin d'être saturés d'oxygène et dont beaucoup d'autres, comme les sulfures, en sont complètement dépourvus. Quand on passe de cette supposition à l'observation des faits, on éprouve d'innombrables surprises, et l'on pourrait dire de déceptions, car bien souvent la théorie ébauchée, non seulement n'est pas confirmée, mais paraît complètement étrangère aux effets produits. Il n'est pas rare de trouver dans les matériaux les plus caractérisés des chapeaux, des minéraux dont la composition n'a rien à voir, au moins en apparence, avec celle des minerais ou des gangues.

Plusieurs résultats de laboratoire, recueillis au cours d'une longue durée, m'ont amené à conclure que la matière filonienne, abandonnée aux réactions épipolhydriques, est singulièrement propre à emmagasiner en certains points des produits si paresseux à prendre naissance et si peu abondants qu'il faut, pour les rendre sensibles, une durée ou des conditions générales imprévues. Je n'en veux citer ici qu'un seul entre plusieurs, qui ouvre évidemment un horizon digne d'être exploré.

Étudiant en 1890 le rôle du fluor dans les synthèses minéralogiques[1], je fixai mon attention sur des réactions devant accompagner l'attaque lente de certains fluorures par des acides intervenant à la température et sous la pression ordinaires en présence de l'eau. Je m'adressai spécialement à des solides de clivage obtenus par la fracture d'une belle variété de fluorine,

Cap. *C. R. Ac. Sc.*, XCVIII, 380 (1884). — Observations complémentaires sur l'origine des sables diamantifères de l'Afrique Australe. *C. R. Ac. Sc.*, CII, 657 (1886). — Recherches minéralogiques sur les gisements diamantifères de l'Afrique Australe. *Bull. de la Soc. d'Hist. Nat. d'Autun*, VI (46 pages, 2 planches) (1893).

1. *Comptes rendus sommaires des séances de la Société Géologique de France;* séance du 21 janvier 1918 (p. 32).

provenant du Massachusetts. Au bout de six mois, la surface du minéral, immergé dans le liquide acide, était couverte de cristallisations élégantes, formées de longues aiguilles hyalines très fragiles, insolubles dans l'eau froide, mais se dissolvant très lentement dans l'eau bouillante, pour précipiter en noir par le sulfhydrate d'ammoniaque. A première vue, ce résultat auquel on ne pouvait s'attendre, sembla dû à quelque cause fortuite, ayant introduit dans l'expérience des éléments étrangers ; aussi, après avoir prélevé un bon échantillon du produit encore conservé au laboratoire, je déposai le reste de la fluorine, toujours plongée dans le bain acide, au fond d'une conserve de verre munie de son couvercle et je l'oubliai dans une armoire.

Or, après vingt-sept ans d'abandon, je retrouvai l'objet toujours bien étiqueté et je fus frappé des caractères nouveaux qu'il avait acquis : les aiguilles hyalines avaient presque complètement disparu et à leur place se montraient des petits prismes de 2 millimètres environ d'arêtes, d'allure orthorhombique, presque opaques, d'un blanc de lait : ils renferment 62,50 p. 100 de plomb, 7,48 de potassium et 26,79 de chlore. Il s'agit, comme on voit, d'un chlorure de plomb plus ou moins voisin de la cotunnite dont il serait une variété potassifère.

Malgré sa très grande limpidité, la fluorine de Mascombes, c'est le nom de la localité d'où elle provient, montre au microscope un certain nombre d'inclusions extrêmement fines et évidemment très variées. Dans la lumière réfléchie, on apprécie l'éclat métallique de certaines d'entre elles, et il y a de grandes probabilités pour qu'elles consistent en galène dont tout le monde sait l'habituelle association avec les spaths fluors.

D'un autre côté, le vase de verre dans lequel s'est accompli la réaction, se signale par la corrosion de sa substance en conséquence évidente d'un lent dégagement d'émanations fluorhydriques. De ces remarques paraissent résulter des aperçus sur l'analogie de ce qui s'est passé pendant un quart de siècle dans la minuscule conserve de verre, et ce qui constitue le régime normal des localités filoniennes.

Quand, en effet, on réfléchit à l'existence pure et simple des gîtes minéraux, c'est-à-dire de localités, relativement très circonscrites, où se sont accumulées des substances exceptionnelles et très souvent fort rares, on est émerveillé de la disposition naturelle qui lutte si efficacement, contre la tendance inverse d'un brassage universel dont le résultat, s'il se produisait seul, serait le mélange homogène de tous les matériaux constituants de la planète.

On se figure aisément une roche, et par exemple, l'agrégat complexe d'un chapeau de filon, formée par la circulation d'un fluide capable d'attaquer les grains, parfois très fins, d'un minéral disséminé dans sa pâte et de leur emprunter ainsi certains de leurs éléments. Une dissolution en résultera, aussi diluée que l'on voudra, de matières qui abandonneront peu à peu leur gisement initial; et si, sur le trajet de cette circulation maintenant minéralisée, il se présente quelque circonstance capable de déterminer la précipitation partielle ou totale de cet « extrait », une combinaison désormais insoluble s'isolera, se nourrira par la simple persistance des conditions supposées et pourra, soit constituer un gîte spécial, soit s'incorporer dans un gîte déjà existant.

C'est ce dernier cas qui s'applique en ce moment à l'histoire des chapeaux filoniens, ainsi mis en possession d'espèces minérales dont la composition peut comprendre des détails parfaitement incompatibles avec celle du filon lui-même.

GITES SIDÉROLITHIQUES

Parmi les phénomènes consécutifs à la chute de la pluie, il ne faut pas oublier de mentionner le changement, parfois très visible, de couleur de massifs rocheux. Malgré l'apparence modeste de ces modifications, il en résulte parfois des concentrations de matières métalliques qui peuvent déterminer la constitution de véritables gîtes métalliques. Les exemples les plus nombreux concernent le fer, métal remarquable entre tous par la facilité avec laquelle peut varier selon les circonstances son degré d'oxydation.

Un fait artificiel, qui peut jeter du jour sur certaines réactions naturelles, nous est procuré par les remaniements que l'on fait si fréquemment subir au pavage des grandes villes, notamment à Paris. Quand on relève, pour le réparer, le pavage ou le macadam supportés par un lit de béton, on est frappé de la couleur d'un bleu d'azur, que présente celui-ci et qu'il n'avait pas au moment de sa mise en place. Bien des personnes, séduites par cette apparence, ont recueilli des spécimens de ces substances céruléennes, pour les conserver à titre de curiosité ; mais elles ont, au bout d'un très petit nombre d'heures, la déception de constater la disparition complète de la coloration. L'analyse du phénomène est très facile : il consiste en deux phases : d'abord, la réduction chimique de l'oxyde de fer contenu dans la chaux, en proportion si faible qu'on ne pouvait la constater à la vue, réduction opérée par de petites particules métalliques, arrachées par le choc aux fers des chevaux et qui, en présence des émanations complexes fournies par les égouts et par les conduites de gaz, sont passées à l'état de sulfure bleu. Il a suffi ensuite du contact de l'air ordinaire pour que ce produit se décomposât complètement, en soufre dissipé sous forme de vapeurs sulfureuses et en oxyde de fer trop peu abondant pour être visible.

C'est grâce à des indications de ce genre que l'on arrive à expliquer les mutations inverses de celles que nous venons de rappeler, et qui, justement par contraste, en reçoivent une explication complète. Il s'agit d'argiles bleues qui couronnent la pierre à plâtre aux environs de Paris et dont la teinte est due précisément, ainsi que l'a reconnu Ebelmen, à ce même proto-sulfure de fer qui cyanose le béton parisien. Cette roche, par le retrait qui s'attaque à toutes les masses argileuses soumises à une dessiccation partielle, est traversée de fines fissures qui débitent ses couches en blocs polyédriques juxtaposés. L'eau de la pluie, aérée par définition, détermine, par sa circulation dans ce réseau de pertuis capillaires, l'oxydation lente de leurs parois. Aussi, la surface de ces blocs naturels passe-t-elle du bleu au jaune, qui est la couleur propre de l'oxyde de fer, et l'on est surpris, la première fois qu'on l'observe, de la couleur azurée de l'intérieur de chacun d'eux encadrée d'une marge ocreuse. C'est là ce qu'on appelle la rubéfaction.

Il me semble intéressant d'appeler l'attention sur cette particularité généralement méconnue que l'argile rouge du diluvium est le résidu de l'attaque des galets calcaires normalement contenus dans le diluvium gris (fig. 42).

C'est un motif de grande surprise, après les enseignements de
Belgrand et de ses élèves, que de reconnaître l'énorme proportion de débris calcaires dans le diluvium de la Seine. On cite,
dans tous ces ouvrages, une liste de roches dont le mélange
constitue le diluvium, et le calcaire n'y figure qu'à l'état d'exception ; cependant, si l'on refait par soi-même l'étude des
graviers fluviatiles, on y reconnaît de 30 à 70 p. 100 de parties
calcaires.

Celles-ci, faciles à attribuer, comme à leur source originaire,
aux diverses assises tertiaires et secondaires du bassin parisien,
donnent par dissolution dans un acide une proportion variable,

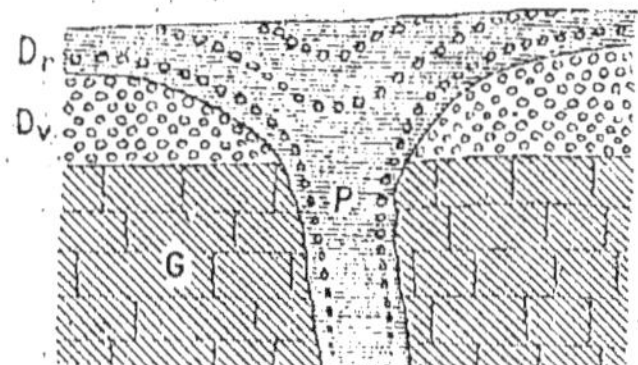

Fig. 42. — Décalcification et rubéfaction pluviaire. Puits naturel du calcaire
grossier et rubéfaction du diluvium supérieur.

G, calcaire grossier. — Dv, diluvium gris. — Dr, diluvium rubéfié et décalcifié. — P, puits
naturel.

mais toujours très notable, d'argile, généralement très ferrugineuse et qui manifeste la plus grande tendance à se rubéfier au
moment de son isolement. Il est curieux de voir des graviers
aussi clairs donner un résidu si fortement coloré, et j'ai déjà eu
l'occasion d'insister sur la rubéfaction artificielle qu'on inflige à
certains fragments calcaires par une simple immersion de quelques
instants dans l'acide chlorhydrique.

Les séries de dosages d'argile que j'ai exécutées sur les galets,
graviers et sables calcaires, et sur divers échantillons de diluvium rouge, conduisent à croire qu'on pourrait, en certains cas,
retrouver l'épaisseur de diluvium gris primitif d'où dérive une
nappe donnée de diluvium rubéfié [1].

Les variétés de ce phénomène suivant les localités sont innom-

1. Stanislas Meunier. *C. R. Acad. Sc.*, CXXXI, 851 (1900).

brables. Parmi elles figurent les poches superficielles qu'on rencontre souvent dans les régions calcaires et qui ont fourni pendant des siècles le minerai de fer des populations primitives. Bien que l'âge géologique des couches encaissantes de ces poches soit très variable d'une localité à l'autre, on a pourtant voulu quelquefois en faire un type stratigraphique sous le nom de *terrain sidérolithique* (fig. 43). Il consiste en amas d'argile, généralement sableuse, au milieu de laquelle gisent de petits sphéroïdes, qu'on a comparés pour la grosseur à un pois, mais qui peuvent la dépasser et qui sont formés de limonite. Leur structure est concentrique autour d'un grain pierreux et quel-

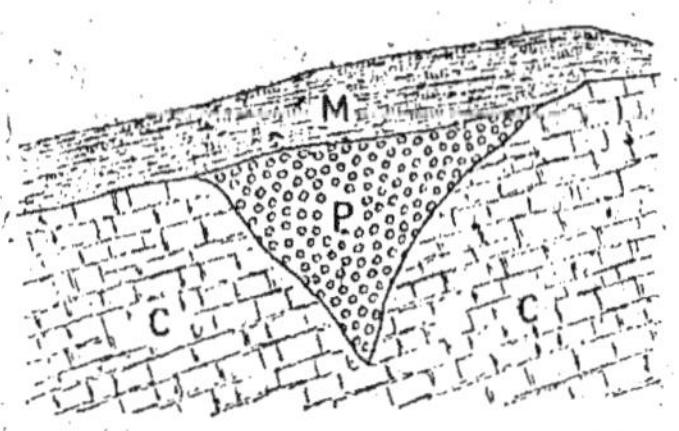

Fig. 43. — Coupe au travers d'un gîte sidérolithique.

C, calcaire d'âge variable suivant les localités et souvent jurassique dans le département du Cher. P, poche de corrosion remplie d'argile remplie de pisolithes de limonite. — M, formation miocène.

quefois d'un débris de fossile, et il ne manque pas, malgré leur volume plus grand, d'analogies avec les éléments du fer oolithique, quoi qu'en dise Lapparent[1].

Ces gisements ont un air de famille avec les cavités de corrosion dans lesquelles on exploite les minerais de zinc, dits calamine, tout en en différant par leur liaison originelle indiscutable avec les eaux de surface, ce qui les fait comprendre dans le chapitre épipolhydrique, à la différence des autres, qui sont des productions thermales dépendant de l'activité des eaux profondes, ainsi que nous y avons insisté.

C'est dans le Jura suisse que les premiers travaux ont été faits dans ce genre de gisements, aux environs de Délémont. On a rencontré tout d'abord des points qui, bien que très riches en

---

1. *Traité de Géologie*, 2ᵉ édition, p. 1179.

fer, étaient très éloignés d'être arrivés à un état de décalcification complète. Même en faisant abstraction d'une certaine quantité de carbonate de chaux introduite postérieurement par la circulation des eaux, on y rencontrait des ossements d'animaux fossiles, et spécialement des *Palæotherium*, de l'âge de la pierre à plâtre de Paris, et datant par conséquent du tertiaire oligocène. L'étude attentive montra qu'il devait s'agir de véritables cavernes, pourvues de ces tubulures verticales, qui aujourd'hui constituent les *avens* et les *puits naturels*, dans lesquels d'ailleurs à chaque instant les phénomènes de rubéfaction se manifestent avec intensité. La durée écoulée depuis leur creusement explique par de longs travaux moléculaires l'acquisition par le minerai de la forme pisolithique qui est très générale.

Dans le Doubs, le sidérolithique a été étudié par Thiria, aux environs de Charmont, où se présentent des fossiles comme *Planorbis*, *Neritina* et *Paludina*.

De même qu'à Délémont, la formation se présente avec un grand développement à Saint-Pancré, en Lorraine et dans une vaste région circumvoisine, où les couches calcaires sont burinées d'excavations grossièrement parallèles entre elles et qui indiquent le sens de la circulation des eaux minéralisatrices. Des exemples très analogues se trouvent dans une partie du département du Cher, comme les environs de Bourges, de La Chapelle-Saint-Ursin, de Saint-Florent, etc. Notons qu'à Mehun-sur-Yèvre (Cher), les silicifications accompagnent les concrétions ferrugineuses, se présentant parfois sous la forme d'une opale rose, de la variété désignée quelquefois sous le nom de *quincite*, du nom de Quincy, localité voisine.

Après avoir été très recherchées, ces curieuses localités ferrifères sont maintenant dans un abandon presque complet, et elles n'ont plus qu'un intérêt théorique : on imagine en effet bien facilement, la transformation métamorphique qui attend de semblables associations minérales et qui nous porte à penser que plus d'un gîte, d'âges très inégaux, ont débuté de la même façon.

MANGANÈSE

Une remarque, qui n'est pas négligeable, c'est que dans la constitution ordinaire des gisements sidérolithiques, le manganèse se signale comme un compagnon ordinaire du fer[1]. Il se montre en dendrites, parfois en enduits concentriques aux petits lits de limonite, mais on le trouve fréquemment tout seul, comme nous le mentionnions tout à fait au début de cet ouvrage, à cause de sa rencontre fortuite dans des travaux souterrains de la place de la Concorde. C'est ici qu'il faut noter sa liaison intime avec les phénomènes de rubéfaction.

Le manganèse est un métal peu abondant, mais extrêmement répandu et dont l'oxyde apparaît dans les joints de toutes les roches sous la forme des élégantes *dendrites* noires que tout le monde connaît.

Les eaux qui circulent dans le sol en contiennent nécessairement, bien qu'à vrai dire, la proportion en soit tellement faible que, pour l'ordinaire, elle passe inaperçue. Malgré cette pénurie, il arrive, à la faveur de temps suffisamment prolongés, que le manganèse, arrêté en certains points d'élection par une circonstance favorable, finit par s'y collectionner de façon à devenir très facilement visible. C'est, par exemple, ce qui arrive dans le fond des grands océans où l'hydrate du métal, capté aux dépens de la mer par quelques débris organiques et spécialement par les os temporaux des cétacés, se constitue sous la forme de masses spongieuses d'un noir intense, ressemblant si intimement à l'ouate noire, que les minéralogistes anglais lui ont donné le nom de *wad*, qui est maintenant passé dans la langue scientifique.

Eh bien ! les graviers de la place de la Concorde contiennent ce même composé noir, et par endroit le diluvium en est entièrement teint : on peut croire qu'un vrai gisement métallifère est, en cette localité imprévue, en voie actuelle de formation pro-

---

1. Voyez à cet égard : Stanislas Meunier, Contribution à l'histoire expérimentale des dendrites de manganèse. *C. R. Ac. Sc.*, XCI, 661 (1890). — Les dendrites. *La Nature*, 1ᵉʳ vol. de 1892, 101 et Contribution nouvelle à l'étude des dendrites de manganèse. *Le Naturaliste* du 15 déc. 1897, p. 281.

gressive. Et ce fait, qui se renouvelle place de la République et ailleurs, est à mentionner parmi ceux de tous genres qui témoignent des changements incessants qui s'accomplissent au-dessous de la surface du sol.

LES EAUX D'INFILTRATION

Dans les deux paragraphes qui précèdent, nous nous sommes occupés de l'eau de pluie, c'est-à-dire de l'eau qui tombe de l'atmosphère, pour venir ruisseler sur la *surface* du sol. Les placers nous ont donné un exemple de gisement résultant du travail mécanique ainsi réalisé; les chapeaux de filons représentent le travail chimique qui prend naissance dans certains cas.

Nous avons maintenant à nous préoccuper de la portion de l'eau météorique qui pénètre dans la terre, à la profondeur modérée, mesurant le domaine de l'épipolydrisme, mais non plus tout à fait superficielle. Le phénomène ne se subdivisera plus d'ailleurs en portions mécaniques et chimiques, et généralement le résultat fait intervenir les deux ordres d'énergie.

D'ailleurs il importe beaucoup de faire remarquer que l'eau infiltrée dans le sol représente un véritable *gîte minéral* qu'on peut aller chercher et exploiter par des travaux analogues à ceux qui concernent les autres localités métallifères. La construction des puits artésiens est le type par excellence, auquel on peut rattacher comme un appendice l'aménagement des eaux de ruissellement superficiel que l'on a dès maintenant appris à retenir dans les parties hautes des montagnes au moyen de barrages et à canaliser dans des conduites qui les transportent en pays relativement bas dans les localités d'utilisation.

Dans les deux cas on peut y voir les sources d'énergie mécanique auxquelles on a si heureusement appliqué la qualification de *houille blanche*. Les eaux artésiennes surtout recherchées pour la température peuvent cependant fournir aussi de la force motrice. Au premier point de vue on peut citer celles qu'on utilise à Erfurth pour la culture du cresson et surtout l'accident arrivé il y a quelques années aux environs d'Adélaïde, en Australie, où le débordement d'un puits artésien inonda un vaste terrain d'eau

fort au-dessus de la température normale ; on dit qu'il produisit
en conséquence de cette irrigation imprévue une récolte d'une
abondance ignorée jusqu'alors et qu'on proposa de recourir à
l'eau des sondages profonds dans plusieurs conjonctures agronomiques.

Arago a proposé, sans succès d'ailleurs, d'utiliser l'eau du
puits de Grenelle au chauffage partiel de l'Hôtel des Invalides.

La première forme sous laquelle il se présente à nous, se
rattache au phénomène de décalcification qui déjà nous a occupés,
comme étant sa suite en profondeur.

ARGILE A SILEX

Peut-être le type le plus abondant et le plus caractéristique
est-il le manteau, si fréquent à la surface des terrains de craie
blanche, désignés indifféremment sous les noms de terrain superficiel de la craie ou d'argile à silex.

Toutes les phases de formation en sont étalées sous nos yeux,
depuis une faible épaisseur d'argile plus ou moins rubéfiée, renfermant les rognons siliceux avec l'intégrité de leur contour de
nodules, jusqu'à des nappes de silex dont l'argile enveloppante a
été, peu à peu, emportée par la pluie et qui se sont eux mêmes
fragmentés par l'influence de la gelée et émoussés et arrondis par
de lents déplacements souterrains. Quand la série de ces travaux
a été continuée assez longtemps et que, par suite de subsidences
locales, la nappe caillouteuse a été recouverte de sédiments marins
progressivement épaissis, l'aspect des coupes que nous pouvons en
avoir sous les yeux, est certainement bien souvent la cause, sinon
d'une confusion véritable, au moins d'une hésitation, quant à la
ressemblance avec les nappes caractéristiques des régions littorales de la mer, et nous n'avons pas à insister sur des conséquences, qui peuvent être très graves, en ce qui concerne la
paléogéographie : des dépôts de mer profonde pouvant donner
une fausse apparence de ligne de rivages.

D'ailleurs, l'argile à silex peut passer à l'état d'argile à marcasite, c'est-à-dire riche en sphéroïdes composés de bisulfure
de fer dimorphe avec la pyrite et propre à la fabrication des
sulfates et de l'acide sulfurique.

NODULES PHOSPHATÉS (COQUINS)

Cette argile a en outre des homologues dérivant de toutes sortes d'autres formations, où des éléments insolubles sont disséminés dans des roches calcaires, dont la concentration fait la valeur pratique.

A ce titre, les localités à nodules phosphatés doivent être mentionnées. On a vu, qu'après avoir été reconnues presque fortuitement par Berthier dans le gault du cap de la Hève, puis retrouvées dans le Pas-de-Calais, ces concrétions, sont devenues une source de richesse dans le département des Ardennes où elles sont disséminées sous le nom de *coquins*. De Molon les repéra dans un très grand nombre de points de la France, dont il fit, la carte géologique à la main, l'exploration systématique : bel exemple des associations minéralogiques pouvant servir de guide dans la prospection de certains minéraux.

PHOSPHATE DE CHAUX DE LA CRAIE BRUNE

A la même famille géogénique appartiennent des poches parfois extrêmement remarquables par leurs dimensions et par la régularité de leur forme en entonnoir, qui ont acquis, il y a peu d'années, une si grande célébrité par les bénéfices considérables qu'ils ont procurés aux exploitants. Ouverts dans la masse des craies brunes, c'est-à-dire piquetées d'innombrables petits globules de phosphate de chaux, ces accidents de structure de la craie sont dus, comme les puits naturels, au travail corrosif de l'eau de la pluie et à l'insolubilité des petits granules phosphatés qui, étant ainsi débarrassés spontanément de leur abondante gangue crayeuse, acquièrent une valeur marchande considérablement augmentée.

Parmi les localités les mieux favorisées à cet égard, figurent à la suite des environs de Ciply et de Mésvin, en Belgique, celles du département de la Somme : Beauval, Orville, Beauquesne, Candais, Terramesnil, Templeux-la-Fosse et du département de l'Oise : Hardivilliers.

On peut dire que l'importance agricole d'un pays est exactement mesurée par la quantité de phosphate de chaux qu'il consomme. Aussi l'activité qu'il développe pour en recueillir est-elle véritablement fébrile : la distance, les difficultés des transports, les préjugés les plus enracinés ne sont rien devant la perspective d'en obtenir.

Témoin les Anglais fouillant les hypogées d'Égypte, arrachant les momies à leurs bandelettes pour en faire la matière fertilisante de leurs prairies ; témoin la facilité avec laquelle des milliers de Chinois furent immolés dans les exploitations meurtrières de guano des îles des Chinchas ; témoin le peu de temps qu'il a fallu pour tarir les amas si riches de Quercy, les efforts gigantesques pour rendre assimilable l'apatite du Canada et celle de l'Estramadure, et l'émotion avec laquelle naguère on a suivi les découvertes de phosphate aux environs de Mons par Cornet et dans cinquante et un départements par de Molon. C'est que le phosphate de chaux, l'un des aliments les plus indispensables des os, est un engrais incomparable, sa présence même en petite quantité dans le sol, suffit souvent pour modifier profondément les caractères de la récolte. C'est ainsi, pour n'en citer qu'un seul exemple, que les fabricants de sucre du département du Nord, constatant une diminution progressive et rapide du titre saccharimétrique des betteraves, il a suffi, pour restituer à la racine le précieux suc qu'on y recherche, de rendre au sol le phosphate de chaux dont la culture incessante l'avait peu à peu dépouillé. Ce fait, et tous ceux qu'on pourrait citer à sa suite, font comprendre comment toute découverte d'un gîte de phosphate est de nature à émouvoir toute une population d'intéressés.

C'est justement ce qui a eu lieu en 1886, sur une surface de 10 kilomètres sur 4, au sud de Doullens (Somme) : la présence souterraine dans les inégalités de la craie, d'amas de phosphate de chaux a révolutionné le pays. Pendant une longue période, on n'y pensa plus qu'au phosphate, tout gravitait autour de lui. Une vraie fièvre régna, semblable, à l'échelle près, à celle qui s'est déclarée au début des placers aurifères, en Californie, en Australie, au Klondyke. A votre passage sur la route, les paysans remarquant votre sac et votre marteau de géologue, chuchotaient entre eux : « Il va au phosphate » et vous considéraient d'un air

inquiet. Dans la campagne, des groupes de deux ou trois ouvriers
sondent le terrain, c'est-à-dire y pratiquent à l'aide d'une tige
creuse, de 3 à 4 centimètres de diamètre, des trous de 6 à 12
mètres de profondeur, afin d'en reconnaître la nature. En cas de
réussite, des exclamations de joie; le terrain se vendra trente
fois et plus ce qu'il valait la veille. Des spécialistes venus des
Ardennes et de Belgique, — de ces gîtes des environs de Ciply
que nous citions tout à l'heure, — ont acquis brusquement
pour plusieurs millions de francs de terrain dont, sans tarder,
ils commencent l'exploitation. Comme dans tous les pays à placers, des fortunes subites, des raisons ébranlées. Un petit
commerçant venait d'acheter une modeste maison pour le prix de
2.000 francs; le phosphate est découvert qui lui est acheté séance
tenante pour 65.000 francs. Le pauvre y perd la tête; il se pro-
mène dans les rues du village vêtu en femme et son allégresse
est si bruyante que le premier propriétaire de la maison intervient. La vente est assez récente pour qu'on la puisse résilier;
65.000 francs valent mieux que 2.000 : un procès s'engage.

Dans l'une des localités, un champ à phosphate n'est séparé
du cimetière que par un étroit sentier; rien n'indique qu'il en
doive résulter une interruption dans le dépôt : les exploitants
proposent au Conseil municipal l'acquisition du cimetière. Le
respect dû aux ancêtres, qu'on va déranger, pourrait *a priori*
rendre difficile la conclusion du traité ; mais les vraies objections
ont une autre source. Si on veut acheter le terrain, c'est qu'il
contient du phosphate; il vaut donc beaucoup plus que la somme
offerte; il faut ouvrir une adjudication. Seulement pour avoir
une base de mise à prix, des sondages sont nécessaires : on
scrute le sol et l'on n'y trouve rien. La commune garde son
cimetière avec la déception des gros bénéfices un instant entre-
vus et le regret d'avoir laissé évaluer, avec trop de certitude,
l'intensité de son respect pour les morts.

La région qui nous occupe est sur le Plateau de Picardie,
presque horizontal, coupé de nombreux vallons et dont le sol est
formé d'un limon épais très caillouteux vers le bas qui porte le
nom local de *bief*. C'est la formation que nous venons d'appeler
argile à silex ou *terrain superficiel de la craie*. La craie en effet
forme le sous-sol et des puits de recherches larges de deux

mètres ont permis tout d'abord de voir sa relation avec les masses superposées. L'un de ces puits a montré par exemple 4^m,5o de bief recouvert de limon fertile, voisin du lœss, puis 5 mètres de phosphate. On reconnaît que la limite supérieure de la craie, au lieu d'être à peu près horizontale, comme celle de la surface du sol, est extraordinairement ondulée. Elle est creusée de poches, de puits naturels, parfois de plusieurs mètres de profondeur que des substances diverses sont venues combler. Ces poches sont de formes très variables et dans l'une des exploitations on en a trouvé deux, en cônes renversés de 3 à 4 mètres de diamètre, séparées seulement par 20 ou 25 centimètres de craie.

La paroi des poches est polie, comme celle des marmites et de beaucoup de puits naturels; — témoignant ainsi d'une dissolution lente de la roche calcaire, par un liquide corrosif, qui ne pouvait être autre que l'eau de pluie chargée de gaz carbonique.

Les matériaux qui remplissent les cavités de la craie y sont strictement ordonnés; sur la roche secondaire, est disposé un revêtement, parfois très épais, de phosphate de chaux, souvent nacré à sa surface. A l'intérieur de la gaine phosphatée dont la limite supérieure, quoique moins accidentée, est déprimée en cuvettes, se trouve de l'argile.

Celle-ci colorée par l'oxyde de fer, renferme parfois, à son contact avec le sable de phosphorite, une quantité de phosphate pouvant aller jusqu'à 3o p. 1oo. On y voit aussi des mouches noires d'oxyde de manganèse, faisant ressortir très nettement la forme de la surface de jonction. Cette argile, qui rappelle la lithomarge, et qu'on ne distinguerait pas du remplissage des portions étroites de tous les puits naturels, constitue à son tour comme une cuvette, moins concave que les précédentes, emboîtée dans le phosphate qui, lui-même, est emboîté dans la craie.

Par-dessus se montre la vraie argile à silex qui a nivelé à peu près les irrégularités des masses sous-jacentes et qui supporte les limons superficiels et la terre végétale.

En certains points, l'épaisseur superposée à la craie dans l'axe du puits atteint 14^m,5o. On voit d'après cette constitution qu'une coupe horizontale, menée à une hauteur convenable dans le dépôt, donnera à l'intérieur de la paroi crayeuse une manche de phosphate enveloppant une sorte d'axe argileux.

Il est parfaitement certain que le phosphate s'est accumulé dans les dépressions de la craie au fur et à mesure du creusement de celles-ci sous l'influence de l'infiltration de l'eau de pluie carboniquée. A cet égard, il semble bien établi que les masses crayeuses non phosphatées et riches en silex, d'où dérive le bief, étaient à Beauval et régions circonvoisines originairement superposées aux couches crayeuses phosphatées. La dénudation s'est d'abord exercée à leurs dépens; mais les couches phosphatées ont été attaquées à leur tour et le phosphate est resté en résidu après la dissolution du calcaire, comme précédemment l'argile à silex. Et c'est comme conséquence de ce mode de corrosion, désigné sous le nom de *sédimentation souterraine*[1], que se comprend le glissement du cylindre argileux dans l'axe du puits à phosphate; comme se comprend celui des lits de cailloux dans l'axe des puits naturels ou du calcaire grossier d'Ivry. (Voyez ci-dessus notre figure 42, p. 265.)

BONE-BEDS

Il faut encore ajouter un mot pour des matériaux également phosphatés, dont la valeur agricole est particulièrement appréciée sous la forme de conglomérat de débris organiques fossilisés : ossements, dents, écailles de divers animaux, et spécialement de poissons, et qualifiés du nom anglais devenu cosmopolite, de *bone-beds* (lits d'ossements).

Je pense avoir été le premier[2] à élucider l'histoire géologique de pareilles accumulations, et même à en tirer un document paléogéographique d'une précision exceptionnelle.

D'après ce qu'on vient de voir, nous devons reconnaître, dans un bone-bed, un résidu de décalcification d'un sédiment calcaire, dans lequel étaient disséminés, à la faveur des circonstances stratigraphiques, des restes organiques phosphatés. Ceux-ci se comportent comme les coquins des Ardennes ou les oolithes de Beau-

---

1. Voir : Stanislas Meunier. *La Géologie générale*, 2ᵉ édition, p. 205. 1 vol. in-8°, Paris (1909).
Voir aussi : Orly, ingénieur en chef des mines. *Le Phosphate de chaux*, 1 vol. in-8°, p. 50, Paris (1889).
2. *La Géologie générale*, 2ᵉ édition, p. 211. 1 vol. in-8°, Paris (1909).

val, et se concentrent, peu à peu, dans un lit continu et plus ou moins mince, représentant tout ce qu'une couche initiale a pu sauver de l'entreprise pluviaire. Plus tard, la sédimentation ayant repris son cours sur le même point, le lit considéré a été ramené à des profondeurs plus ou moins considérables, où nous l'exploitons maintenant. On voit que, malgré les particularités quelconques de son gisement actuel, il constitue un témoignage incontestable de la condition continentale, la seule qui permette à la pluie de remanier une formation calcaire, ayant régné dans le lieu, à une époque intermédiaire, entre celle où les débris de poissons se sont déposés dans l'Océan, et celle où la sédimentation ordinaire a repris, lors du dépôt de la couche superposée.

SILICE FARINEUSE

Bien d'autres substances exploitables peuvent être citées à la suite du bone-bed, et par exemple certaines farines siliceuses qui, à première vue, semblent aptes à absorber la nitro-glycérine et par conséquent à se prêter à la fabrication de la dynamite. Dans le nombre, est l'opale pulvérulente que M. de Grossouvre a signalée comme étant exploitée à la base du terrain à silex des environs de Vierzon[1] (Cher). Cependant, l'auteur a protesté contre la théorie que j'en ai proposée[2], et a formulé catégoriquement la conclusion que la silice farineuse de Vierzon ne peut être un résidu de décalcification, opération que mon contradicteur ne semble pas définir comme moi-même. Par décalcification, j'ai toujours entendu, selon l'usage universel, la soustraction du calcaire d'une formation, dont il faisait partie, ce qui n'implique aucunement qu'il n'y aura pas substitution, partielle ou totale, au calcaire enlevé, d'une matière apportée par l'agent dissolvant. « La décalcification, disais-je[3], peut s'accompagner, et s'accompagne souvent, d'un apport de substances nouvelles dans le sein de la roche transformée, et le résidu peut avoir, dans bien des cas, la structure de la roche initiale et conserver, par exemple, ses lits de silex sans grand déplacement. »

1. *Bull. Soc. Géol. Fr.* (3), XXVIII, 809 (1900).
2. *Id.* (4), II, 240 (1902).
3. *Id.* (4), IV, 757 (1904).

Or, dans la publication qui a donné lieu à cet échange d'opinions [1], M. de Grossouvre posait en fait que tout produit de décalcification dérivant de la craie, doit être coloré par le fer qui y est inévitablement disséminé. « Il n'est pas de craie, dit-il, même la plus blanche, qui, attaquée par les acides faibles, ne laisse un résidu ferrugineux. C'est lui qui colore en brun les argiles de décalcification. » J'ai pour ma part étudié avec le plus grand soin les argiles qui proviennent si incontestablement de la décalcification de la craie, qu'elles renferment des fossiles silicifiés du niveau turonien et qui sont d'une telle blancheur qu'on a tenté de les faire passer pour du kaolin dans le commerce. Je suis très disposé à croire que les argiles à faïence de Montereau, sont également des produits de décalcification de la craie. Quoi qu'il en soit, M. de Grossouvre, prenant acte de cette opinion *qui a toujours été la mienne*, a mis fin à la discussion par cette déclaration : « Puisque M. Stanislas Meunier admet cette hypothèse pour la genèse de cette roche, je n'ai rien à ajouter. » J'ai donc le droit de considérer comme acquis le fait de la constitution du gisement d'opale farineuse de Vierzon, comme consistant dans la décalcification de la craie blanche.

On pourrait multiplier les exemples du même genre. Je tiens à faire remarquer que la sédimentation, que j'ai qualifiée de *souterraine*, représente bien un mode particulier d'édification de couches, qui s'isolent peu à peu de masses stratigraphiques plus volumineuses, par la disparition d'une partie de leur substance initiale ; qui conservent une allure aussi réglée que les dépôts normaux ; et qui se produisant successivement, par suite de la pénétration de plus en plus profonde de la pluie, sont d'âge de plus en plus récent, à mesure qu'elles semblent de plus en plus éloignées de la surface du sol.

REMARQUE SUR LA RUBÉFACTION

La réaction à laquelle nous venons de faire allusion, comme donnant lieu à la mise en liberté du fer en dissolution, sous l'influence du calcaire, a pris en maints gisements des dimen-

[1] *B. S. G. F.* (4), t. V, 305 (1905).

sions considérables, et l'on peut en rencontrer dans les coupes géologiques des manifestations, dont le rapprochement conduit à une histoire de la ferruginification de beaucoup de masses sédimentaires. Un morceau de marbre, abandonné dans une solution aqueuse d'un sel de fer convenablement chargée, détermine la prise en masse de tout le liquide passé à l'état de gelée ocreuse : c'est la reproduction exacte de la gélification d'une solution alumineuse, en présence de ce même calcaire. Mais si l'on se place dans les conditions naturelles, c'est-à-dire si l'on fait agir sur un massif de chaux carbonatée, une solution étendue du sel métallique, on inflige au dépôt ocreux toutes sortes de caractères qu'on retrouve dans les gisements naturels. Par exemple, si l'on fait tomber goutte à goutte sur un morceau de calcaire grossier, une dilution de sulfate de fer, comme il en circule dans d'innombrables suintements souterrains, alimentés par quelques pyrites en voie d'oxydation, on excave au point d'arrivée une poche en entonnoir dans laquelle s'accumule de l'hydrate de fer (limonite des minéralogistes), mélangé aux grains insolubles qui étaient renfermés dans la pierre à bâtir, argile, sable, etc. C'est l'état de choses depuis si longtemps constaté dans les poches de minerai sidérolithique qui nous occupait tout à l'heure, exploité encore bien récemment dans le centre de la France et dans certaines parties occidentales de la Suisse et qui a fourni très probablement le premier fer métallique à nos ancêtres préhistoriques.

Les géologues se sont livrés à bien des tentatives pour expliquer l'origine de pareilles poches, d'autant mieux étudiées dans leur détail qu'on y a trouvé parfois des fossiles et spécialement des ossements de gros animaux mammifères, appartenant par exemple, à l'âge du gypse. Placés au point de vue ordinaire des premières hypothèses, ils ont supposé que c'est en présence du minerai de fer lui-même, qu'ont vécu les êtres fossilisés et il a fallu beaucoup de temps pour reconnaître que l'action métallisante a été très postérieure au dépôt même des couches. C'est cependant ce que démontre maintenant avec certitude une longue série d'observations bien faites et qui conduisent à donner au phénomène une portée tout d'abord insoupçonnée.

Ce phénomène prend, quand les circonstances sont favorables,

une dimension considérable, intéressante à constater, d'abord
au point de vue général, à cause des détails qu'il révèle dans
l'économie intime des roches, ensuite au point de vue spécial de
la production de vrais gîtes métallifères par la concentration
pluviaire du fer.

Au premier point de vue, la rubéfaction, malgré son apparence
si tranquille, a été la cause de grandes erreurs d'observation,
qui ont allumé, parmi les géologues, des discussions d'une certaine aigreur. Comme supplément à la théorie maintenant presque
abandonnée, de l'extension durant l'époque quaternaire d'une
sorte de manteau arénacé et graveleux sur toute la surface des
continents, elle a suggéré une idée de la succession de deux
phénomènes diluviens dont le premier a signalé son passage par
des dépôts peu colorés et fossilifères, tandis que le second s'est
signalé par la rutilance des formations dont il est l'auteur. Il
suffirait à un Parisien, d'une promenade de deux heures, pour
voir sur place, dans d'innombrables localités suburbaines, et
même dans beaucoup de simples cavités destinées à recevoir les
fondations de maisons, la coexistence des deux niveaux qualifiés de diluvium gris et de diluvium rouge.

En feuilletant des publications, même bien peu anciennes,
comme les premières années du *Bulletin de la Société Géologique
de France*, on trouverait l'explication de la présence dans les
cavernes, si fréquentes au sein des roches calcaires, d'un limon
rouge auquel on a attribué une époque extrêmement courte et
très précise d'apparition.

Or, l'observation impartiale des choses a démontré à la
suite de M. van den Brook, que le diluvium rouge est simplement le résidu d'une dissolution partielle et d'une oxydation
énergique dont l'auteur est exclusivement la pluie. Pour le
comprendre, il suffit de remarquer que le diluvium gris n'est
autre chose que l'accumulation de débris de toutes les roches
qui ont été démantelées par les phénomènes superficiels, et que
plus d'un auteur, comme Alb. de Lapparent, a perdu son temps,
en expliquant comment et pourquoi ce diluvium est composé de
matériaux inattaquables dont le plus constant est le silex, car
une simple analyse suffit pour établir qu'il renferme bien souvent jusqu'à 75 p. 100 de matériaux calcaires. Ceux-ci consis-

tant en morceaux de roches, et en fossiles, coquilles et ossements, ont été soumis à la dissolution partielle réalisée par l'acide carbonique de l'eau sauvage. Les vestiges organiques ont disparu, les roches calcaires ont perdu tout leur carbonate de chaux, qui a cependant laissé sur place le fer associé au calcium dans leur substance, en même temps que les particules argileuses ou sableuses qu'il renferme presque toujours ; et le fer abandonné à l'état de protoxyde a appelé à lui l'oxygène également dissous dans l'eau, pour passer à l'état de peroxyde rouge ou rougeâtre constituant la limonite des minéralogistes. En beaucoup d'endroits, on reconnaît que le diluvium gris primitif était très inégalement perméable d'une place à l'autre. Il en est résulté comme des espèces de colonnes de diluvium rouge traversant de part en part la nappe du diluvium et quelquefois même a continué son action érosive aux dépens des couches du calcaire sous-jacent, dans lesquelles abondent parfois les *puits naturels* que nous décrivions tout à l'heure.

ONYX

Parmi les variétés de marbre d'ornement, l'onyx se signale par le charme de ses nuances et la finesse de sa structure. Maintes localités nous permettent d'observer directement les étapes de sa production qui est essentiellement épipolhydrique.

L'onyx se produit en pleine masse de roches calcaires préalablement soumises à une dissolution continue. C'est seulement lorsque ces localités, en voie de destruction, sont mises à l'abri de la cause qui s'attaquait à elle, que la génération réparatrice de l'onyx peut y débuter et s'y continuer. Le gisement de cette belle roche se définit donc en disant que ce sont des cavernes comblées par un dépôt chimique de carbonate de chaux.

Nous sortirions de notre sujet si nous nous arrêtions au mécanisme de production des cavernes. Rappelons seulement qu'elles constituent des lits ou des canaux de circulation de ruissellement aqueux où l'on peut voir comme des annexes des rivières. Là où une rivière se « perd », c'est qu'elle s'infiltre dans des crevasses où elle charrie des sables et parfois des graviers et qu'elle soumet par conséquent à une érosion mécanique intense.

Le travail continu de la pluie dans la région considérée, amenant, comme on l'a vu, le creusement lent et continu de toutes les vallées, il arrive un moment où le lit de la rivière qui alimentait les ruissellements souterrains, laisse au-dessus de son niveau le gouffre où elle se perdait, et c'est alors que la *caverne* devient accessible aux observateurs et que s'y installe le travail chimique d'où l'onyx résultera.

Toute caverne étant un drain, l'eau d'imprégnation de ses parois est appelée dans sa cavité. Résultant de la pluie toujours carboniquée et traversant la roche calcaire excavée, l'eau parvient en gouttelettes successives au plafond où elle s'évapore plus ou moins vite. La diffusion de l'acide carbonique en dissolution amène la décomposition du bicarbonate de chaux, qui, réduit en protocarbonate, apparaît sous la forme d'un petit anneau cristallin au lieu d'évaporation. Une partie des gouttes infiltrées tombe sur le sol et tout le monde sait qu'on distingue le dépôt du plafond de celui du plancher, en qualifiant le premier de stalactite et l'autre de stalagmite. Tant que la pluie continuera à tomber à l'extérieur, les deux formations, l'une ascendante, l'autre descendante continueront leur croissance, jusqu'au moment où l'obstruction de la caverne étant réalisée, la formation de l'onyx devra s'arrêter.

Normalement, chaque stalagmite prend naissance et s'accroît précisément dans la verticale d'une stalactite correspondant et il arrive fréquemment que les deux productions coniques, l'une à pointe en haut (c'est la stalagmite) et l'autre à pointe en bas (c'est la stalactite), arrivent au contact l'une de l'autre, et par leur croissance se soudent intimement. Parfois le progrès de l'érosion réalisée par le petit ruisselet peut miner la stalagmite qui, si elle reste suspendue, inflige à la stalactite un profil évasé par en bas et qui est des plus singuliers. En l'examinant, on voit, par exemple à Arcis-sur-Cure (Yonne) et à Lourdes (B^{sses}-Pyrénées), que, sous la stalagmite suspendue, sont restés des galets roulés dans la calcite concrétionnée. C'est ce qui explique qu'on peut trouver des galets en pleine masse d'onyx, et dont la présence peut, à première vue, paraître tout à fait inexplicable.

Ce mode particulier de genèse d'une roche, susceptible d'emploi et qui fut appréciée dès l'antiquité la plus haute, nous offre, en outre des produits d'une exploitation industrielle, des bénéfices purement intellectuels. La concrétion calcaire se faisant au cours de siècles et de siècles, dans des cavernes où bien des fois se sont accomplies des séries d'événements successifs, constitue un véritable document historique dont la lecture a révélé l'existence passée d'une foule d'animaux maintenant disparus ou déplacés et, ce qui en porte l'intérêt au maximum, des notions précises sur les étapes de l'humanité primitive.

Bien des localités, comme les cavernes des Causses (Padirac), en France, celles de la Carniole, et aux États-Unis, les immenses *Mammouth Caves*, dans les Alleghanys centrales, et tant d'autres, sont célèbres par le spectacle que procurent au touriste les architectures résultant du groupement des colonnes stalactitiques et stalagmitiques cristallines. Parmi les pays où la production de l'onyx est arrêtée et où l'exploitation est régulièrement en cours, on peut citer diverses localités d'Algérie, du Mexique et du Brésil et les qualifier de cavernes fossiles. Des gisements remarquablement purs sont exploités au Mexique, à Tacali, en Basse-Californie et en Algérie, dans la province d'Oran, où le gisement d'Aïn Tebalek a été exploité activement par les anciens et plus récemment par les Turcs. Les travaux modernes l'ont presque épuisé.

SOUFRE

Le tracé du chemin de fer métropolitain a entaillé des vestiges de remblais destinés à faire disparaître les inégalités du sol et à favoriser ainsi l'extension progressive de la cité. Certains d'entre eux ont présenté un intérêt tout à fait exceptionnel.

C'est dans le sous-sol de la place de la Concorde et dans celui de la place de la République ainsi que dans les régions circonvoisines que les exemples les plus frappants ont été signalés.

Pour la place de la Concorde, c'est dans le prolongement de la rue de Rivoli qu'on a recoupé les placages épais de diluvium que nous avons déjà mentionnés. Les graviers en ce point, étendus au-dessus du fleuve à une altitude que celui-ci ne saurait plus atteindre, ont des caractères absolument identiques à ceux des graviers actuels, et on ne peut douter qu'ils n'aient été accumulés exactement de la même façon par un cours d'eau ayant le même volume (ou à peu près) et la même allure que la Seine contemporaine.

Les échantillons recueillis de ces dépôts nous montrent d'ailleurs qu'il s'est accompli dans leur masse, depuis le moment de leur accumulation, de ces phénomènes de transformation sur lesquels nous allons avoir à nous arrêter à propos d'autres points de Paris.

A la place de la République, les phénomènes de la vie du sol se compliquent d'une façon toute particulière.

Immédiatement sous le pavé, ce qu'on rencontre avant tout c'est une énorme épaisseur de remblai, et l'on sait que celui-ci eut pour but de combler les fossés qui bordaient la ville, au temps de Charles V tout le long du boulevard Saint-Martin. L'ancienneté de ces travaux est toute relative et, au point de vue géologique, elle ne compte réellement pas du tout. Cependant, elle suffit pour que des phénomènes chimiques du plus haut intérêt aient réalisé la production d'effets qui jettent un grand jour sur des genèses minéralogiques.

Les eaux filtrant de la surface du sol, toutes chargées des impuretés résiduelles, sont venues agir bien lentement, mais sans relâche, sur la substance des remblais. Ceux-ci étaient surtout composés de fragments de vieux plâtras, provenant de démolitions et chacun sait bien que le plâtre est du sulfate de chaux. Sous l'influence des matières organiques en dissolution ou en suspension dans les suintements aqueux, cette matière s'est décomposée, elle a donné des composés sulfurés divers et, ce qui est beaucoup plus remarquable encore, elle a provoqué la mise en liberté d'une très notable quantité de soufre pur.

Il y a maintenant une couche de plusieurs mètres d'épaisseur qui s'étend sur une vaste surface et jusque dans la rue Meslay et qui consiste en plâtras si sulfurifères, qu'ils rappellent les tufs de la solfatare de Pouzzoles et qu'ils pourraient, comme eux, être soumis à une distillation industrielle.

Les réactions qui viennent d'être décrites et qui avaient déjà été signalées par le fondateur de la cristallographie, l'illustre abbé Haüy, sur cette même « place du Château d'Eau » comme on disait à son époque, expliquent la production, dans le sol de

Paris, de filets d'eaux sulfureuses dont, malgré leur origine plutôt répugnante, vu le rôle qu'y jouent les eaux vannes et même les exsudations des fosses d'aisances, les propriétés thérapeutiques ont été offertes aux malades sédentaires comme équivalentes à celles des sources d'Enghien ou d'Aix en Savoie.

L'histoire du gisement sulfurifère de la place de la République a d'ailleurs été singulièrement élargie par les trouvailles faites au cours des travaux du Métropolitain et il y a d'autant plus lieu de les mentionner qu'elles concernent des effets réalisés, non plus dans les plâtras, c'est-à-dire dans des matériaux artificiellement accumulés, mais dans les couches sous-jacentes d'argile naturelle. Celles-ci constituaient le fond du fossé et aussi le fond du *Marais* qui a donné à tout le quartier le nom qu'il porte encore aujourd'hui.

Grâce aux travaux récents et à la sollicitude de M. Auguste Dollot, le Muséum possède de nombreux spécimens de ces argiles noires et on en retire des fragments de roseaux et d'herbes, des coquilles de limaçons et d'autres mollusques qui vivaient à l'époque de Charles V et qui, tout naturellement, sont identiques à leurs congénères actuellement vivants.

Or, en pleine masse de ces argiles retirées de leur gisement originel, on trouve, comme dans les plâtras, d'innombrables géodes de soufre cristallisé et parfois en si grande abondance qu'on a été jusqu'à parler de la « Soufrière » de la place de la République. Même ce nom a, par parenthèses, ému bien des personnes tout à fait ignorantes des choses de la géologie et qui ont cru à la présence, sous le pavé de Paris, de quelque laboratoire volcanique, plus ou moins analogue aux soufrières de la Martinique et de la Guadeloupe.

CÉLESTINE

La mise en liberté du soufre, dans les argiles de la place de la République, doit évidemment être rattachée à l'extension des plâtras au-dessus d'elles et à la petite quantité de sulfate de chaux que ceux-ci ont fourni aux infiltrations pénétrant plus bas, au contact des matières organiques, végétales ou animales, dont nous avons mentionné l'abondance. Toutefois, ce travail chimique a été compliqué dans cette singulière localité d'une façon aussi imprévue qu'intéressante.

Il se trouve que l'un des lits de l'argile noire est criblé de minéraux blancs, anguleux, de la grosseur d'un grain d'avoine, et où l'on retrouve, jusque dans les détails, la forme caractéristique des cristaux de ce sulfate de strontiane que les spécialistes qualifient de « célestine ».

Ce joli nom est bien justifié, pour les belles variétés provenant des célèbres mines de soufre de la Sicile, par la couleur azurée du minéral, et c'est un des plus remarquables ornements des collections de minéralogie que les géodes jaunes et bleues que fournissent les gisements de Girgenti.

A Paris, toutefois, les cristaux ne sont pas bleus, et un examen attentif conduit à reconnaître que si la forme en est celle de la célestine, la composition en est tout autre : l'analyse n'y montre que de la calcite, et on ne peut douter que les échantillons ne représentent des moulages, par du carbonate de chaux plus récent, de célestine disparue. C'est là un exemple intéressant de pseudomorphose ou d'épigénié, comme on voudra le qualifier, et sa production est digne d'intérêt.

S'imagine-t-on le travail, lent mais incessant, qui s'accomplit dans la masse, des roches et dans le cas présent, dans la masse de l'argile noire, pour qu'il se réalise les effets qui viennent d'être résumés ? D'abord, les suintements apportent du sulfate de chaux en dissolution et, il faut le dire, en dissolution extrêmement étendue, homéopathique, si l'on veut. Cette dissolution rencontre, en de certains points, des composés solubles aussi et renfermant de la strontiane, matière relativement assez rare ; cependant les analyses suffisamment délicates permettent de la déceler dans la pierre à plâtre, et c'est sans aucun doute de là qu'elle provient. Il se fait alors de la célestine et celle-ci, qui est complètement insoluble, se dépose au fur et à mesure de sa production.

Mais, ce qui est tout à fait merveilleux, les atomes qui se précipitent ainsi, au lieu de rester distincts les uns des autres et de se répartir uniformément dans le sol, se recherchent comme soumis à une attraction secrète, et viennent se réunir en tel point plutôt qu'en tel autre. En outre, ils se groupent régulièrement et s'arrangent de façon à constituer ces édifices sur lesquels peuvent s'exercer les mesures géométriques et qu'on appelle des cristaux.

Les cristaux grossissent peu à peu, comme grossissent les cristaux de sel qui se produisent par l'évaporation lente de l'eau salée, mais, répétons-le, dans des conditions que l'insolubilité du produit doit rendre cependant fort différentes. Progressivement ils atteignent plusieurs millimètres.

Tout cela est fort étrange et nous présente le sous-sol, comme une région qui n'est pas si immobile ni si morte qu'on se le figure volontiers. Toutefois, l'histoire n'est pas terminée encore : voilà qu'à un moment donné, et en conséquence de circonstances qui nous échappent jusqu'ici, les conditions du milieu souterrain changent tout à fait. Les cristaux cessent de s'accroître et même bientôt ils subissent une action corrosive qui les dissout et remet en circulation leur substance constituante. Soustraits peu à peu au sol argileux dans lequel ils étaient enclavés, ils laissent vide l'espace qu'ils remplissaient et abandonnent des cavités qui ont exactement leur propre forme. Cela suppose, dans le réactif inconnu qui est intervenu, autant de délicatesse que d'énergie. Plus tard enfin, les petites chambres ainsi vidées se sont trouvées toutes préparées pour recevoir les incrustations calcaires qui composent les épigénies, et qu'à première vue on prendrait pour des cristaux ordinaires.

On peut croire, d'ailleurs, que la célestine n'a pas été seulement dissoute, mais bien plutôt décomposée et sans doute réduite de telle façon que c'est son soufre constitutif qui s'est isolé, en certaines régions, de l'argile noire, pour donner naissance aux géodes brillantes que nous mentionnions au début. La preuve c'est que, pendant que le sulfure de carbone retire de la matière argileuse une forte proportion de soufre, les réactifs appropriés et le spectroscope y décèlent une quantité très sensible de strontiane.

B) Les eaux de remontée capillaire.

SELS EFFLORESCENTS

Il est une forme de l'eau de surface à laquelle plusieurs catégories de gîtes intéressants doivent être attribuées. C'est l'eau de remontée, qui se trouve rappelée du sous-sol vers le jour, par la haute température et la dessiccation du terrain, et qui amène avec elle les substances solubles qu'elle a rencontrées.

Ces eaux peuvent en certains cas s'accumuler en étangs ou en lacs sujets à la dessiccation au plus chaud de l'été, et qui peuvent entretenir ainsi des efflorescences salines de différentes natures.

Basse-Égypte. — Une des régions les plus célèbres à cet égard est cette partie de la Basse-Egypte, à 80 kilomètres du Caire, qualifiée de *Plaine des lacs de natron*, et qui fournit ce sel que nous appelons le carbonate de soude à dix atomes d'eau, auquel Hérodote et la Bible donnent le nom impropre de nitre.

Il se présente en croûte terreuse, dont le lavage procure des solutions de carbonate de soude. On pense qu'il résulte d'une réaction souterraine entre le carbonate de chaux et le sel marin.

Dans les mêmes gisements, mais en quantité moindre, se trouvent deux autres sels, de composition voisine ; l'un, connu sous le nom d'*urao*, est du carbonate neutre de soude à un atome d'eau.

On recueille ce sel non seulement dans des lacs salés de Basse-Egypte, mais encore à Debreczin, en Hongrie ; dans la Nouvelle-Grenade ; en Colombie et dans les Indes. L'autre a été désigné par Klaproth sous le nom de *trona* ; c'est le sesquicarbonate de soude. Son principal gisement est le Fezzan. Il se présente en masses assez considérables pour qu'on ait songé, selon Delafosse, à en construire des murailles, idée qui ne pouvait venir que dans un pays où il ne pleut jamais, car le trona est aussi soluble dans l'eau qu'un morceau de sucre. En Colombie, au village de Lagunilla, près de Mérida, le trona forme un banc que recouvre une argile remplie de cristaux de gaylussite, carbonate double de chaux et de soude. Dans le Fezzan, on le rencontre au bord du Grand Désert.

Chili. — Le nitrate de soude, associé à du sel marin, ainsi qu'à de l'iodate et du bromate de sodium, constitue à la surface du Chili, et spécialement dans la région de Tarapaca, dont la sécheresse est exceptionnelle, des amas immenses d'efflorescences cristallines. Ce sel, qui est le type d'une grande famille de composés variés par la présence de diverses bases, a une grande valeur industrielle et il est exploité avec activité.

Son mode de formation n'est pas encore complètement élucidé. Achille Muntz[1] l'explique par l'intervention des ferments nitrifiants sur un mélange de nitrate de calcium dont ces organismes auraient déterminé la production et d'eau de mer, c'est-à-dire de chlorure de sodium. Si cette hypothèse était confirmée définitivement, il y aurait lieu de rattacher la formation de ce nitrate à la fonction biologique ; aussi tout en étant très prudent à ce sujet, sur lequel nous reviendrons plus loin.

C) Eaux courantes.

OR

Nous venons de voir l'eau de pluie isoler l'or des gangues qui l'entouraient et réduire des masses épaisses de terrain à la minceur d'une surface presque géométrique. Il convient d'ajouter qu'à côté de l'œuvre ainsi accompli par l'eau sauvage, les filets aqueux, circulant dans ces dépressions qu'on appelle des lits, ont associé à ce déplacement quasi vertical des transports plus ou moins horizontaux.

Cette fois, au lieu d'un déplacement pour ainsi dire en bloc, de toute la masse dont les diverses parties restaient à des distances à peu près constantes dans le plan horizontal, chaque particule a fourni un trajet dont la longueur a dépendu de son poids, de son volume, de sa forme et de sa densité. Aussi, n'a-t-il pas tardé à se faire des triages qui ont eu pour résultat des enrichissements locaux. C'est ce qui explique, par exemple, qu'après avoir pu être comparée à une sorte de placer, la Gaule a vu les exploitants d'or se localiser le long des cours d'eau et en soumettre les sables à un lavage soigné. Ainsi naquit l'art de l'orpailleur.

Les différentes rivières sont évidemment très inégalement exploitables. Les plus anciens orpailleurs dont l'histoire nous ait gardé le souvenir sont ceux qui exploitaient l'or du Pactole, petit fleuve de Lydie ; et selon certains mythographes, la fameuse toison d'or de Jason n'est qu'un symbole de l'emploi dans l'or-

---

1. Schlœssing et Muntz. Sur la nitrification par les ferments organisés. *C. R. Acad.*, t. LXXXV, p. 1018 (1877). Muntz. Recherches sur la formation des gisements de nitrate de soude. *Ann. de Chim. et de Phys.* (6) XI, 111 (1887).

paillage de l'étoffe à poils, ou même de la peau de mouton avec laquelle les laveurs du Rhin arrêtent les particules d'or précipitées au fond des eaux par la pesanteur. Les anciens Américains exploitaient l'or des fleuves bien avant l'arrivée des Espagnols. Ils employaient pour la récolte une corne dite *poruna*, qui fut remplacée avec grand avantage par la batée, encore en usage, comme nous l'avons vu.

Les rivières qui se promènent parmi les alluvions aurifères, y exercent une nouvelle action de triage. Les détails de cette opération spéciale sont d'autant mieux connus que les orpailleurs, dont l'industrie s'est continuée à travers tant de siècles, y ont trouvé des guides très sûrs, pour la conduite de leurs opérations.

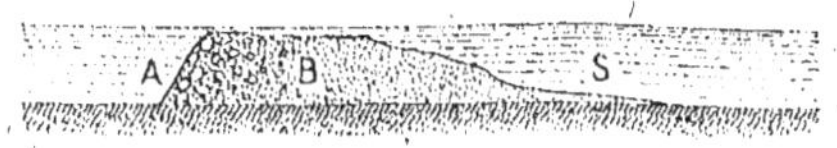

Fig. 44. — Distribution des paillettes d'or dans les bancs aurifères du Rhin. La flèche indique le cours du fleuve.

A, portion d'aval du Rhin, qui est la région la plus riche, seule exploitée par les orpailleur — B, région beaucoup moins riche. — S, région de sable fin de l'aval.

On sait que les bancs de sable, qui encombrent tant de cours d'eau, comme le Rhin, et surtout le Rhône, tendent à se déplacer dans le sens même du courant. Cette progression se fait par une sorte de reptation, chaque grain minéral étant pris à l'amont du banc et transporté à l'aval à une distance qui dépend de son poids, de sa forme et surtout de sa densité. Il en résulte que les têtes de bancs, c'est-à-dire l'amont, s'enrichissent progressivement des grains les plus pesants et que c'est là par conséquent que l'or se concentre.

Le résidu du lavage, à la batée, du gravier aurifère contient toujours du fer titané, dont la quantité est proportionnelle à la quantité d'or. Dans le Rhin, qui a été spécialement étudié, du quartz rose accompagne aussi les paillettes.

C'est immédiatement après chaque crue que l'orpailleur doit exploiter les bancs aurifères, un atterrissement riche pouvant disparaître dans la crue suivante.

Certaines rivières concentrent d'autres substances exploitables que l'or. C'est ainsi qu'au Canada, la rivière Moisic contient, aux approches de son embouchure, un sable fin de fer titané qui constitue un minerai de première valeur.

FER CHROMÉ

Le fer chromé se présente en Nouvelle-Calédonie sur la rivière Ngo, à l'état d'alluvion. Le gisement, extrêmement singulier et empâté dans des argiles rouges, constituait une sorte de banc irrégulier d'une cinquantaine de mètres de longueur, sur 40 mètres au maximum et consistant, presque sans mélange de matières étrangères, en fragments de fer chromé. Sans entrer dans des détails, on admettra facilement que cette accumulation d'une substance aussi dense, résulte de la démolition naturelle d'amas de roches silicatées magnésiennes, où le fer chromé avait pris naissance par suite de l'oxydation opérée par des émanations de vapeur aqueuse, aux dépens de granules de production corticale, d'alliages de fer et de chrome. Les coupes relevées en plusieurs localités ont permis de suivre les étapes de ces gîtes exceptionnels, dont l'exploitation a fourni des bénéfices appréciables.

On pourrait citer, sur des échelles très diverses, et parfois très faibles, des lambeaux de formations détritiques à fer chromé, au voisinage de roches serpentineuses chromifères, ayant subi des actions érosives superficielles.

CHAPITRE V

GITES DÉPENDANT DE LA FONCTION OCÉANIQUE

A) L'eau de mer et son exploitation.

Au point de vue purement géologique, le bassin des mers nous apparaît avant tout comme un colossal gisement de substance minérale qui est l'eau. Cette substance se prête d'ailleurs à deux modes d'exploitation industrielle tout à fait distincts.

D'une part, elle est un véhicule de force motrice qui peut recevoir des applications très importantes; et d'autre part, elle peut abandonner, à la suite de traitements chimiques convenables, des produits dont plusieurs ont acquis une valeur des plus considérables.

Au point de vue mécanique, beaucoup de points des côtes tireront un parti de plus en plus grand, avec le temps, de la force emmagasinée dans l'eau par le fait des marées. Un simple système de vannes, alternativement ouvertes et fermées, permet d'immobiliser la marée haute, pour la convertir en un irrésistible ouvrier par le seul fait qu'on la laissera libre de s'écouler durant la marée basse; des secteurs de tous genres seront alors mis en fonction, ou bien des câbles télédynamiques permettront l'expédition loin du rivage de l'énergie ainsi capturée : à côté de la houille blanche, on aura la houille salée qui nous fournira, comme celle-ci, sa collaboration. Il faut qu'aux réseaux télégraphiques ou téléphoniques, il s'ajoute, sur des territoires de plus en plus grands, des fils télédynamiques transporteurs de courants électriques entretenus par le retour de la mer à son niveau minimum.

L'histoire des minerais dont l'origine peut être, au moins partiellement, attribuée à l'Océan, ne nous retiendra pas longtemps. Elle a d'ailleurs un intérêt spécial, qu'on aurait pu ne pas soupçonner, et qui a été en effet souvent méconnu. A la vue des coupes géologiques, il est très ordinaire de rencontrer des assises métallifères, souvent même épaisses, chargées de fossiles et que tout ferait prendre, si l'on n'était dûment averti, pour des dépôts océaniques.

Mais, pour notre compte, nous sommes mis en garde contre des confusions faciles à commettre, par les études que nous venons de résumer. Nous avons vu, pour une grande diversité de cas, que les substances métalliques, imprégnant des couches parfaitement sédimentaires, peuvent avoir une origine distincte de celle de la couche elle-même, et c'est le cas de rappeler la règle de conduite si indispensable à suivre, dans la description des éléments stratigraphiques.

Ainsi que nous y avons insisté à diverses reprises, en particulier dans notre *Géologie des environs de Paris*[1], la description logique d'un terrain quelconque doit être divisée en paragraphes nettement caractérisés, par la conjonction que chacun d'eux présente à l'esprit, de l'énumération des particularités intrinsèques, avec la notion des étapes traversées par la couche considérée, depuis le moment de son dépôt, jusqu'à l'époque où on l'étudie.

Ces paragraphes sont au nombre de trois.

Dans le premier, il convient de réunir les traits qui dérivent directement des conditions de formation originelle ; tels sont les degrés de finesse ou de grossièreté des grains minéraux constitutifs ; degrés qui dépendent avant tout de l'état dynamique de l'eau dans laquelle la sédimentation a eu lieu ; telle est aussi l'allure générale des fossiles contenus, qui peut faire reconnaître une origine marine, ou lacustre, ou fluviatile, etc. A cet égard, on découvrira que l'étude de ces *caractères initiaux*, permet de reconnaître qu'un seul et même point du globe, déterminé par

---

1. V. Stanislas Meunier, *Géologie des environs de Paris*, un vol. in-8° (2ᵉ édition), p. 55, Paris, 1912.

ses coordonnés géographiques, s'est trouvé successivement dans des conditions physiques parfois extrêmement différentes. Après avoir été, par exemple, au fond de l'eau, à une distance modérée de la surface de la mer, il se sera progressivement affaissé de façon à gagner des régions de plus en plus profondes ; puis, il se sera relevé avec des alternatives plus ou moins marquées. Il sera parvenu au niveau de la mer, et se sera même élevé davantage, devenant continental ou insulaire.

Il aura pu être, alors, en contre-bas des régions circumvoisines et un lac aura pu s'y établir, etc. Chacune de ces conditions se sera inscrite dans la substance de la couche, en caractères auxquels le géologue ne se trompera pas, grâce à l'étude des mouvements verticaux de la surface du sol. C'est l'occasion de faire remarquer que le littoral de la mer se déplaçant constamment, de façon à faire gagner, à chaque instant, ou à faire perdre à l'océan un territoire plus ou moins vaste : les dépôts synchroniques, marins d'un côté et lacustres de l'autre, se superposent de façon à engrener les uns avec les autres.

Mais, les couches du sol nous présentent en outre des caractères résultant de la circulation de l'eau dans leur masse définitivement accumulée et pendant un temps qui peut être très long. Normalement, une couche qui vient d'être déposée, se recouvre de sédiments plus récents. Si elle se rapporte à un passé quelque peu reculé, par exemple à l'époque secondaire, elle a pu être recouverte de centaines de mètres de terrain. La physique qui concerne les profondeurs et la chimie qui lui est associée, se sont donc exercées sur elle. En particulier, elle a été baignée par de l'eau chaude. Or, celle-ci, grâce à sa température, a emprunté certains éléments aux roches qu'elle mouillait et, en même temps, elle les a imprégnées de la solution complexe des substances qu'elle avait empruntées aux masses ambiantes, sur les divers points de son parcours. D'après la composition et la structure de chaque terrain, il est résulté de ces circonstances des caractères particuliers, pour la couche que nous avons en vue spécialement, et qu'on pourra réunir sous le nom de *caractères secondaires d'origine profonde*. Certaine couche, originairement sableuse et friable, se sera agglutinée en un grès plus ou moins cohérent et parfois très dur. Des concrétions se seront, dans telle autre, développées en une multitude de points, sous forme de nodules et de rognons progressivement grossis. Parfois, la présence d'une substance réductrice, et c'est le point essentiel en ce moment, aura amené la précipitation de minéraux métalliques, de marcasite, par exemple, comme dans la craie. Ailleurs, les concrétions siliceuses, alimentées par des accumulations de carapaces de diatomées, ou de radiolaires, seront venues déposer leur silice autour de certains centres et produire ainsi des nodules du genre des silex, ou même une transformation complète du terrain, comme aux niveaux des meulières. On verra des couches d'où les fossiles, reconnaissables par les empreintes qu'ils ont laissées, ont été très exactement dissous ; dans d'autres points, des coquilles, primitivement calcaires, auront été silicifiées au sein de pierres calcaires restées intactes. Mille autres faits pourraient être cités de cette activité incessante du milieu géologique, en suite de laquelle bien des couches du sol, tout en ayant gardé des détails intimes de leur structure originelle, n'ont pas conservé un atome de leur substance primitive, qui a été entièrement remplacée.

Mais ce n'est pas tout : dans le plus grand nombre des cas, nous aurons à reconnaître les effets d'un troisième régime imposé à chaque formation sédimentaire. Celui-ci a déterminé l'apparition de *caractères secondaires d'origine superficielle*. Après avoir séjourné un temps, variable selon les cas, dans les profondeurs compatibles avec le développement des phénomènes ci-dessus résumés, les couches ont été ramenées vers la surface du sol exondé. Or, du fait seul du voisinage de l'atmosphère, elles ont éprouvé des réactions essentiellement différentes des précédentes. Tous les facteurs de l'intempérisme, et spécialement la pluie, les eaux de ruissellement et les eaux courantes, leur ont infligé un ensemble de réactions, qu'on réunit sous le nom d'érosion, et dont les effets sont très multiples.

Le plus sensible est une soustraction de matière qui, vu la complexité chimique ordinaire des roches, s'accompagne de la concentration de résidus plus ou moins volumineux. Des massifs énormes de craie ont laissé comme témoignage de leur existence passée, des assises d'argile plus ou moins silexifères, ou de sables quartzeux, ou phosphatés, ou autres.

En même temps que le gaz carbonique de la pluie accomplit
cette dissolution de calcaire, l'oxygène, qui est dissous avec lui
dans les fluides météoriques, s'est attaqué aux composés ferrugineux mis en liberté, en les faisant passer au maximum d'oxydation, qui communique aux roches, dites alors rubéfiées, une
coloration rouge ou rougeâtre caractéristique.

D'un autre côté, la mer battant les côtes a imprimé aux roches
qu'elle a démantelées, ces caractères morphologiques auxquels
on ne peut se tromper.

Les êtres vivants qui habitent la ligne littorale ont procédé de
leur côté à une sculpture particulière des roches.

En un mot, la surface de la terre a acquis, par ces diverses
causes, un faciès reconnaissable, soit à l'épiderme du sol, soit
même à une profondeur plus ou moins grande, et auquel on a
attribué la dénomination de continental. Si nous voyons ces
opérations en cours, aux dépens des roches exactement superficielles, on ne peut douter que maintes fois dans le passé, des
roches qui les avaient éprouvées aient été ensuite entraînées par
un affaissement dans des localités submergées, où elles ont reçu
de nouveaux recouvrements sédimentaires. Quand nous les
retrouvons aujourd'hui, à la suite de multiples surrections, nous
y pouvons reconnaître les traces des incidents épipolhydriques
par lesquels elles ont passé.

On comprendra notre souci de bien préciser ces points de
vue, pour prévenir des erreurs qui résulteraient facilement de la
description de nombreux gîtes minéraux qui faisant, par exemple,
partie d'un massif sédimentaire marin, renfermant même des
galets et des fossiles, prennent comme une apparence de productions également marines. On a vu comment il faut retirer à
l'influence marine ce qui est dû le plus souvent à l'influence
bathydrique. Nous avons à ce sujet à renvoyer aux paragraphes
qui concernent les assises de limonite renfermant des coquilles
composées elles-mêmes de sesquioxyde de fer hydraté, et offrant
une structure oolithique.

Il est inutile de citer des auteurs, revêtus d'ailleurs d'une
réputation de compétence, qui ont rattaché ces particularités
au régime de la mer, animée de mouvements tourbillonnaires,
douée d'une composition favorable au dépôt de boues entière-

ment ferrugineuses, ou portée à une température déterminant la cristallisation de ces dépôts. On verra, dans des livres réputés, qu'à l'époque triasique, les sédiments océaniques étaient volontiers rutilants et que les flots de la mer dévonienne étaient bien plus riches en magnésie que ceux de nos mers actuelles.

B). Dépôts océaniques d'origine mécanique.

Un des caractères les plus remarquables de la mer, vue du littoral, c'est l'association d'une puissance gigantesque avec le soin méticuleux de triages réalisés parmi les matériaux déplacés. Une simple promenade sur une plage sableuse, par un temps moyen, met sous les yeux la concentration en certains points de grains arénacés différents de ceux qu'on rencontre un peu plus loin. Il se fait ainsi des accumulations de particules minérales ou organisées d'une sorte exactement définie et l'observation géologique montre tout de suite qu'il en fut de même aux époques sédimentaires.

Tout naturellement les triages sont d'autant plus visibles et d'autant plus exacts que les matières séparées sont mieux caractérisées par une forte densité ou par une forme favorable, ou contraire, au transport. C'est ainsi qu'à la pointe de la Bretagne, des accumulations de sables presque exclusivement formés de paillettes de mica noir voisinent, sans s'y mélanger, avec des portions de plages entièrement formées de cristal de roche pulvérisé, comme celle des Blancs-Sablons, selon son appellation populaire.

Cassitérite. — A l'embouchure de la Vilaine, un véritable gîte métallifère, mais de toute petite dimension, n'a pas d'autre origine. Il est formé presque exclusivement de tous petits fragments de cassitérite ou oxyde d'étain, et il n'y a aucun doute qu'il résulte de la trituration des roches stannifères de la localité voisine de Pénestain.

Dans ce point du Morbihan, affleurent des petits filons renfermant des cristaux de cassitérite, si minuscules et si disséminés que personne ne songerait jamais à les exploiter. L'or, en paillettes prodigieusement fines, est mélangé à l'étain et même on y a trouvé des traces de platine, la mer se signalant ici non seulement comme un métallurgiste incomparable dans ces triages, mais encore comme un analyste avec lequel le plus précis des chimistes ne saurait lutter. Sans elle, il est manifeste que la présence du platine à Pénestin serait parfaitement insoupçonnée.

Fer titané. — Il arrive que les gisements d'origine marine acquièrent des dimensions compatibles avec une exploitation. C'est ce qui a lieu pour la magnétite ou oxyde salin de fer, pour le fer titané (ilménite et chrischtonite), de l'embouchure du Saint-Laurent. Ajoutons qu'on retrouve des quantités de roches sédimentaires dans la pâte desquelles les actions métamorphiques ont engendré des cristaux de véritables minerais, parmi lesquels les fers titanés jouent un rôle très important.

Etant données la délicatesse et l'universalité du triage réalisé par les flots de la mer, il est impossible que la démolition des falaises ne détermine de tous côtés la concentration des minéraux lourds et ne prépare, pour ne pas dire plus, des gisements véritablement océaniques.

Toutefois, ceux-ci n'ont pas ordinairement d'importance pratique, à cause du voisinage des flots et de la perturbation que les travaux d'exploitation eux-mêmes peuvent déterminer. D'un autre côté, la trouvaille de pareils gisements au sein des couches sédimentaires ne peut pas être attribuée sans hésitation à l'origine littorale dont nous parlons. Dès que la couche considérée est quelque peu ancienne, il est facile de confondre des concentrations, exactement contemporaines de son dépôt, avec les résultats de travaux intérieurs des roches d'où sont résultées des combinaisons plus récentes qu'elles.

Les points où de pareilles concentrations peuvent s'observer sont innombrables. Déjà, il y a fort longtemps, Domeyko a décrit des sables à magnétite sur diverses plages du Chili. Mais un exemple plus frappant encore est celui qui se présente auprès de New-Plymouth, sur la côte septentrionale de l'île du Nord, en Nouvelle-Zélande, où le fer oxydulé se présente dans des conditions pratiquement exploitables, avec un volume évalué à plusieurs millions de tonnes. La côte orientale de l'Asie est jalonnée d'accidents analogues, à partir des côtes de la mer d'Okotsk jusqu'en plein Japon, où, dans la province de Harima, on exploitait activement, à une époque peu ancienne, du fer oxydulé, provenant de l'altération du granit sous l'influence de la mer. La carte géologique du Japon, publiée à la fin du xix° siècle, signale plusieurs de ces gisements. D'après M. Sévoz[1], on tirait vers 1870 de gisements de ce genre, environ 200 tonnes de fer par an.

Selon M. Fabri[2], les plages qui s'étendent dans l'île d'Elbe, entre Rio Marina et la pointe di Cala Seregola, sont remarquablement ferrifères, l'oxyde de fer disposé en lits, alternant avec des dépôts d'argile et de sables. Dans aucun point les couches exploitables ne dépassent 2 mètres d'épaisseur; en outre, ces plages sont sujettes aux modifications que les eaux de la mer y déterminent, et les lits métallifères sont d'épaisseur variable. La quantité du minerai existant dans les parties émergées, est évaluée à 890.000 *tonnellate*.

Ajoutons qu'en Nouvelle-Zélande, les plages de certaines côtes sont considérées comme de véritables placers, qu'on a pensé un moment à exploiter, à l'aide des *dragues à succion* qui permettront d'agir à des profondeurs auxquelles il serait impossible d'atteindre autrement.

Influence des courants de la mer. — C'est le lieu de noter que le triage marin d'un mélange de matériaux ayant des densités fort peu différentes les unes des autres sera influencé dans certaines parties du bassin océanique par les courants horizontaux. Des expériences, poursuivies au laboratoire de géologie du Muséum, m'ont procuré à cet égard des données qui ne sont évidemment pas négligeables.

Un mélange de mica et de quartz, c'est-à-dire de deux minéraux dont les densités (2,65 et 2,78) sont extrêmement voisines, obtenu par le broyage d'un échantillon de greisen, se sépare en petits pelotons qui s'écartent de plus en plus l'un de l'autre, à mesure que la profondeur de l'eau à traverser est plus considérable.

1. *L'Ann. des Mines* (7), 1874, p. 345.
2. *Relazione sulle Miniere di ferro dell'Isola d'Elba*, p. 110, un vol. in-8°, 1887.

L'appareil consistait en un tube de verre, d'un centimètre de diamètre et de 5 mètres de longueur, maintenu verticalement de façon à avoir son extrémité inférieure à 2 décimètres du sol, et son ouverture supérieure devant une fenêtre du premier étage. Le tube étant plein d'eau et le robinet de sa partie inférieure étant fermé, on y jetait une pincée de la poussière minérale. Un observateur, placé en bas, guettait le passage des grains pierreux. Or, on constata que tous les grains de quartz passaient dans leur chute à hauteur de l'œil, plusieurs secondes avant le paquet des paillettes de mica ayant à lutter contre la résistance que détermine la forme de leurs grains, et malgré leur densité supérieure à celle du quartz.

On conçoit que si, au lieu d'obéir simplement à la chute verticale, ces particules avaient dû traverser un courant horizontal, même d'une vitesse très modérée, les paillettes de mica, au lieu de venir, comme dans le tube, recouvrir le quartz, auraient été entraînées à une distance plus ou moins grande du point de dépôt de celui-ci. Et la roche greisen aurait engendré deux nouvelles roches minéralogiquement simples.

C'est, en somme, une forme particulière du vannage, qu'on réalise dans l'air et qui ne peut manquer d'avoir de fréquentes applications dans les bassins aqueux.

Surturbrand. — Parmi les substances qui peuvent être ainsi accumulées par les courants aqueux, les matériaux flottants éprouvent des triages spécialement précis. On a beaucoup insisté sur l'accumulation de débris pouvant venir de loin, comme c'est le cas pour le *surturbrand* de l'Islande. C'est le nom de bois, troncs d'arbres et branches, recueillis sur les côtes du golfe du Mexique par les courants d'origine du gulf-stream et transportés par celui-ci au travers de tout l'océan Atlantique.

On n'est pas parfaitement renseigné, quant à l'époque où le flottage et surtout l'échouage ont dû commencer, mais qui doivent remonter aux temps géologiques, ainsi qu'en témoignent les recouvrements de certaines parties du gisement par les déjections volcaniques de points maintenant éteints. Le D<r Eugène Robert, qui a visité l'Islande, vers 1840, a donné à cet égard des résultats qu'on peut rappeler : « Près de Hyammur, dit-il,

et de la montagne trachytique de Bola, existe un des principaux gisements de *surtarbrandur* [1] de l'Islande. Il se trouve sur la rive gauche d'un torrent qui se jette dans le Fanna, après avoir serpenté sur les flancs de la montagne de Thoriseingis-Muli. Le dépôt de ce combustible, rendu si célèbre par les *sagas* et dans lequel les Islandais se plaisent encore à voir des traces de leurs anciennes forêts, est à une assez grande hauteur au-dessus du niveau de la mer, peut-être de 163 à 195 mètres. Le surtarbrandur est disséminé dans un trass endurci, qui constitue une couche, accore du côté du torrent, de 5 mètres environ d'épaisseur, sur une étendue de 10 mètres au moins. Parmi les échantillons de combustible que renferme ce gisement, on en remarque qui ont dû avoir été roulés pendant longtemps avant de passer à l'état de lignite : ce sont des morceaux usés comme des galets, analogues du reste à des bois flottés, que j'ai eu souvent l'occasion d'observer en cet état sur les côtes de l'Islande. Nous avons rapporté, M. Gueymar et moi, pour le Muséum, une table faite en surtarbrandur d'une seule pièce de près de 65 centimètres de diamètre : or, les arbres les plus gros que nous ayons rencontrés végétant en Islande n'avaient que 20 centimètres [2]. »

Tangues et maërls. — La qualité de *gîtes d'origine marine* qu'il convient incontestablement d'attribuer aux amas de surturbrand, nous autorise évidemment à voir des gisements analogues dans les dépôts de débris organiques dans des localités circonscrites. Il n'en est pas de plus importants au point de vue pratique que les sables ou graviers exploités sur nos côtes granitiques et qu'on appelle des tangues et des maërls, et dont la valeur agricole est si singulièrement augmentée par la pénurie en calcaire du sol de ces régions.

La tangue, dont le type se trouve à Pontorson (Manche), est

1. L'orthographe de ce nom est quelque peu variable, selon les auteurs.

2. *Voyages de la Commission scientifique du Nord pendant les années 1838, 1839 et 1840, sur la corvette La Recherche*, un vol. in-8°, Paris, s. d. — En passant, il convient de remarquer l'état de *galets* où est passé ce combustible, comme confirmant notre opinion, contraire à celle de Bernard Renault, que des *galets ligneux* ont pu, au cours des temps géologiques, devenir des *galets de houille* par des réactions purement métamorphiques (v. notre page 234 ci-dessus). (S. M.)

un sable quartzeux très fin, renfermant d'innombrables tests de mollusques et d'autres animaux. Sa teneur en chaux, en matières azotées et en phosphates, en fait un engrais très efficace, pendant que sa perméabilité lui constitue une qualité évidente d'amendement à l'égard des sols argileux et plastiques. La persistance des localités fructueusement exploitables est un témoignage de la liaison de leur accumulation, avec les grands traits de la dynamique de la mer.

Bancs de galets siliceux et pyriteux. — Une dernière forme de concentrations sur le littoral des mers, résulte de la démolition des falaises crayeuses comme il en abonde sur les côtes de la Manche et que l'on récolte avec avidité sous le nom de silex, pour les incorporer après broyage dans la pâte des grès cérames fabriqués spécialement en Angleterre.

Tout le monde connaît aussi l'abondance, à divers niveaux sénoniens, de ces nodules sphéroïdaux improprement qualifiés dans beaucoup d'endroits de *pierres de foudre*, et qui sont constitués par de la marcasite (bisulfure de fer), à structure radiée. La très forte densité de ce composé (4,6 à 4,9) détermine sa séparation des matériaux siliceux, et l'on trouve très fréquemment dans le cordon littoral des bandes de ces boules métalliques. Elles offrent d'ailleurs la remarquable particularité de se transformer lentement en limonite, tout en conservant, sans grand changement, leur forme et leur structure, et rien n'est plus certain que les progrès lents de l'opération chimique depuis la surface jusqu'au cœur de ces concrétions. Nous disons que cette circonstance est remarquable, parce qu'elle contraste d'une manière profonde avec la destinée des mêmes boules de sulfure, abandonnées à l'humidité ordinaire, c'est-à-dire dérivant de la présence de l'eau douce. On sait, en effet, qu'après une durée très éphémère, les sphéroïdes s'oxydent, mais de façon à conserver tout leur soufre qui passe à l'état d'acide sulfurique : un simple lavage suffit pour procurer une solution de sulfate de fer, et ce fut longtemps une industrie très prospère dans les départements de l'Oise et de l'Aisne, par exemple, que cette lixiviation des « cendres noires », comme source de fabrication de matières colorantes, et spécialement d'encres.

Des expériences de laboratoire n'ont pas jusqu'ici donné de résultats définitifs, et il y aurait intérêt à reprendre la question. Toujours est-il, que bien des dépôts ocreux, tels qu'on en observe au voisinage des côtes et que nous avons décrits, sont des dérivés de gîtes antérieurs de pyrite blanche.

C) Dépôts océaniques d'origine chimique.

Sel gemme. — L'activité chimique de la mer se manifeste dans des proportions gigantesques. Borné ici à la production des gîtes, nous nous arrêterons à un petit nombre de cas, et tout d'abord à celui du sel gemme.

Nous voyons s'en faire le dépôt sous nos yeux dans les lagunes.

Celles-ci commencent par une sorte d'emprunt aux dépens de la mer. Par suite de conflits entre des courants, il s'édifie peu à peu des accumulations de sable qui, plus ou moins vite, forment un seuil, c'est-à-dire un haut fond, sous forme de langue réunissant deux points plus ou moins distants de la même côte, et de part et d'autre desquels, tendent à se réaliser des différences de niveau. Pour bien fixer les idées, il suffit de jeter un coup d'œil sur la carte du littoral méditerranéen de la France.

En avant d'un rivage aux contours capricieux et dentelés, on aperçoit ces « flèches littorales », qui se présentent comme des portions de courbes géométriquement régulières et qui isolent des régions connues sous le nom d'étangs (étang de Berre, étang de Thau, étang de Leucate). En certains cas, ces éliminations du bassin marin sont exposées à une évaporation qui concentre les matières dissoutes dans l'eau océanique jusqu'à déterminer la précipitation de certaines d'entre elles. Dans le nombre, se trouve le sel marin qui apparaît comme un givre à la surface de l'eau et dont les petits cristaux, grossissant peu à peu, se précipitent sur le fond.

Nos marais salants sont des miniatures de ces dispositions naturelles.

Une des régions où la précipitation du sel, arraché à son dissolvant, à l'époque actuelle, est des plus actives est le Kara-Boghaz (gouffre noir), sur le rivage oriental de la Caspienne.

C'est une immense lagune, de 16.000 kilomètres carrés, reliée à la mer par un canal de 4 kilomètres de longueur, avec une largeur qui varie suivant les points, de 800 à 200 mètres, et une profondeur ne dépassant pas un mètre à l'entrée, mais qui va de 4 à 12 mètres de profondeur. L'eau y circule avec une vitesse de 6 kilomètres à l'heure, réduite par places à 2 kilomètres et demi. Une évaporation très active fait du Kara-Boghaz une véritable chaudière, où l'eau de la Caspienne vient accumuler ses éléments précipités. Par suite de sa composition, les eaux ne nourrissent aucun être vivant. Il n'y a point de végétation sur ses bords. On calcule que 340.000 tonnes de sel y sont immobilisées chaque année et ensevelies sous des couches de sable, qui en assureront peut-être la conservation jusqu'à de lointaines époques géologiques.

La salure de la mer Caspienne est extrêmement variée : presque nulle aux embouchures de la Volga, elle va en augmentant vers le Sud, sans jamais atteindre la moyenne normale de 33 grammes de sel par litre. On peut dire que dans son ensemble, la mer fermée subit un véritable lavage, ressemblant, à ce point de vue, à la mer Baltique, mais avec cette différence essentielle, qu'au lieu de rejeter ses matières salines dans la mer ouverte, elle les enfouit dans le sol aride du désert.

Avec toutes les variantes qu'elle sait apporter en semblable cas, la Nature a disséminé des *pièges à sel* sur diverses côtes, et par exemple, sur celles de la Mer Noire, en Bessarabie, où l'on rencontre toute une série de *limans*, qui sont à leur manière des bassins d'évaporation de lagunes naturelles. Leur surface totale est de plusieurs centaines de kilomètres carrés. D'après Elisé Reclus[1], ces marais auraient donné jusqu'à 120.000 tonnes de sel pur par année.

Le sel n'est pas la seule matière qui se dépose par l'évaporation de l'eau de mer, et c'est la raison qui fait que dans la fabrication industrielle de cette substance alimentaire dans les marais salants, on a soin de ne pas pousser l'évaporation jusqu'au dessèchement total. Un liquide très dense, qualifié d'*eau-mère*, est rejeté dans l'océan. Il renferme plusieurs produits dont

---

1. *La Terre*, II, p. 33, 2 vol. in-8°, Paris (1869).

l'exploitation serait évidemment très profitable, mais qui rendrait le sel impropre à l'alimentation.

L'étude des eaux-mères a provoqué les efforts de nombreux chimistes désireux de trouver des procédés industriels d'extraction de divers composés précieux.

C'est ainsi que Balard, après avoir découvert dans les eaux-mères un corps simple, insoupçonné jusqu'à lui, dont on ne saurait plus se passer maintenant et qu'il a nommé *brome*, à cause de sa mauvaise odeur (βρομωϊοδηξ, fétide), a employé plusieurs années à tenter d'en isoler la potasse, l'ancien alcali végétal, dont tant d'industries chimiques ont un besoin urgent. C'est au moment où il mettait la dernière main à son travail, qu'on a découvert dans les entrailles du sol de plusieurs régions, et spécialement à Stassfurth, des dépôts potassiques, qui rendaient, au moins provisoirement, sa découverte inutile.

Les principales substances renfermées dans le résidu des marais salants, en outre des bromures et du chlorure de potassium, sont : le sulfate de magnésie, le chlorure de magnésium, des sels de lithine, des borates, des iodates et des iodures et par-dessus tout, comme quantité, du gypse, ou sulfate de chaux, dont on connaît, dans tous les pays, des gisements d'origine marine ou lagunaire.

Les marais salants sont installés dans un grand nombre de régions littorales, et ceux du Portugal passent pour fournir un sel de qualité exceptionnelle. Les principaux marais salants de France sont, sur la côte atlantique, ceux de la Loire-Inférieure et du Morbihan ; et sur la Méditerranée, ceux de Hyères et de Peccaïs. Leur production dépasse 3 millions de quintaux par an.

La mer a toujours procédé à l'élaboration de gisements salifères, depuis les époques les plus anciennes.

Dès l'horizon gothlandien, c'est-à-dire silurien supérieur, on trouve aux États-Unis, auprès de Salina, des dépôts riches à la fois en gypse et en sel, et enveloppés dans une argile qui en laisse lentement suinter la dissolution aqueuse.

Une vraie lagune avec sel gemme et gypse d'âge dévonien, existe dans le gouvernement d'Arkangelsk, en Russie.

Le terrain thuringien (permien supérieur) montre, aux portes mêmes de la ville de Perm, des couches argileuses renfermant fréquemment des lentilles de sel gemme associées au gypse et dont le caractère lagunaire est souligné par le mélange de coquilles marines (*Productus*) avec des débris de plantes terrestres, comme *Pecopteris*, *Odontopteris* et *Nevropteris*. C'est encore dans le terrain permien que gît, dans le pays de Stassfurth et d'Anhalt, un immense dépôt salifère où le sel gemme est associé à des composés potassiques (ceux qui ont découragé Balard) : la polyhalite et la carnallite. Dans l'épaisseur de cette formation, on constate la superposition de quatre niveaux, caractérisés chacun par la présence de minéraux particuliers. Le niveau inférieur consiste en bancs de sel gemme, séparés par des lits minces d'anhydrite et représentant une épaisseur de plus de 100 mètres ; par-dessus, et pendant une trentaine de mètres, le sel gemme continue avec la même allure, mais entre ses couches se présentent des filets peu puissants de sels potassiques ; le troisième niveau, d'épaisseur à peu près égale, montre le sel gemme associé à la kiesérite, c'est-à-dire à un sulfate hydraté de magnésium et à la carnallite, ou chlorure double de potassium et de magnésium ; ce dernier minéral se concentre dans le quatrième niveau où l'on trouve aussi d'autres composés potassiques ou magnésiques, comme la caïnite, chlorure double de magnésium et de potassium, la sylvine ou chlorure pur de potassium, et enfin la tachydrite, ou chlorure double de magnésium et de calcium.

Dans le terrain triasique, et spécialement dans sa partie supérieure, dite des marnes irisées, le sel gemme constitue des lentilles exploitées, tantôt par puits et galeries comme à Saint-Nicolas, près de Nancy, tantôt par dissolution comme dans le Jura (Miserey, Salins, Châtillon, Pouilly-les-Vignes). Il existe aussi du sel dans le Cheshire en Angleterre ; entre Alger et Laghouat ; et surtout dans le Tyrol, au Salzkammergut, où Hallein, Ischl, Halle, Hallstadt, Berchtesgaden, possèdent les principales mines.

En Algérie, les gisements salins sont très nombreux, et il semble probable qu'ils se rattachent à l'époque triasique. Le sel est associé d'une manière constante avec le gypse.

Un médecin militaire, M. Romany, a publié la description du gisement de Djebel Amour, dont il résume l'aspect en disant

que c'est une des merveilles naturelles de l'Algérie. « L'aspect,
dit-il, est variable avec les saisons, mais toujours remarquable,
surtout lorsqu'on arrive par le Sud. Le voyageur qui est encore
aux portes du Sahara, ne peut s'empêcher de comparer à la
région des glaciers, le pittoresque paysage qu'il a sous les yeux.
Après une longue période de sécheresse, l'ensemble a un gris
cendré, sur lequel tranchent les assises de sel et les effflores-
cences blanches des sources salées. Mais en hiver, ou simplement
après une pluie, les marnes vertes et roses, les roches verdâtres,
reprennent leurs magnifiques couleurs, les blocs de gypse et les
bancs de quartz brillent de tout leur éclat, et le soleil illumine
le tout, en mettant en relief les assises de sel gemme. »

Dans le département d'Alger, le rocher de sel (Khang-el-
Melah) se présente entre les lacs salés de Zahrez Rharbi et de
Zahrez Cherqui. D'après Ludovic Ville[1], c'est un cône isolé au
milieu d'une grande plaine et que les eaux ont corrodé de façon
à lui donner son étrange profil. Son chapeau d'argile permet
de comparer sa production au phénomène si connu des cheminées des fées. De grandes cavernes à stalactites sont ouvertes de
divers côtés dans le rocher, d'où partent des sources aux eaux
saturées. Le sel est très pur et très blanc. Le cube de sel de la
région de Khang-el-Melah est gigantesque. D'après L. Ville,
c'est par millions de tonnes qu'il faut le chiffrer.

Dans le département de Constantine, un peu au Nord de
Biskra, se trouve à El Outaïa une montagne de sel qui surgit
d'une région dont le sol est formé de calcaire crétacé. On y
voit beaucoup de gypse et d'argile associés au sel et on le con-
sidère comme constituant un affleurement triasique.

La grande solubilité du sel, qui lui permet d'entrer dans la
composition de beaucoup de suintements aqueux, explique l'abondance des sources salées dans la région.

La guirlande des chotts et des lacs salés qu'on peut suivre
dans toute la largeur de l'Algérie, correspond à une zone trian-
gulaire parallèle en gros à une ligne de gisements, où le sel et
le gypse sont associés, et qui borde le littoral.

Les chotts commencent à l'Ouest, non loin d'Aïn-Sefra, où se

----

1. *Provinces d'Alger et d'Oran*, 1 vol. in-8°, 1851 (Paris).

trouvent le Chott-el-Charbi et le Chott-el-Cherqui, se continuent par le Khang-el-Melah, où se trouve le Rocher de Sel, dans le département d'Alger, puis, par le Chott-el-Hodna et le Chott-Melrir dans le département de Constantine, pour se terminer en Tunisie, entre Baïna et Tebessa.

Beaucoup de chotts salés ont des dimensions considérables : le Zémoul mesure 7 kilomètres sur 9, le Guerrah-el-Morsel, 4 sur 3, l'Ank-el-Djemel, 10 sur 7, le Tharf, 18 sur 12, etc.

Le lac d'Arzeu, si bien étudié par Bleicher, étale sur 1.500 hectares une nappe d'eau, qui doit sa salure intense au lessivage des amas triasiques du voisinage. En été, il s'évapore tout à fait, et cette *sebka* devient alors un gisement susceptible d'une exploitation régulière. Le sel y est blanc et très pur, sauf dans les 5 centimètres superficiels qui sont salis par les poussières. On en retire de 20.000 à 30.000 tonnes de sel par an.

Les chotts et les sebkas paraissent être des régions d'évaporation d'eaux qui se sont salées en délavant les dépôts triasiques de sel.

Le gisement du sel et du gypse rappelle très intimement celui qu'on observe si fréquemment dans les Pyrénées, au voisinage des pointements ophitiques, et l'on y voit de même des ophites ou des diabases à wernérite. Dans les gîtes triasiques, au voisinage des pointements ophitiques, on recueille des minéraux caractéristiques, comme le quartz bipyramidé, l'oligiste, la pyrite, la chalkopyrite, le feldspath albite, la tourmaline.

Dans le lias, divers dépôts gypseux et salifères manifestent le faciès lagunaire : on en voit dans le rhétien de Provence et du comté de Sommerset.

Nombre de gisements de sel sont subordonnés aux formations éocènes, et l'un des plus remarquables est à Cardona, en Espagne, célèbre par son rocher de sel gemme : on a pu dire que la ville est bâtie sur le sel. Ce minéral est souvent teint en rouge foncé et on voit dans les crevasses du sel, de magnifiques stalactites et des grappes cristallines de la même couleur. Dans le Penjab (Indes anglaises) il y a, auprès de Bahadur-Khel, une falaise de sel de 60 mètres de hauteur. Au sud de Pechavar, on connaît du sel éocène, sur le bord de l'Indus.

De gigantesques et très célèbres gisements de sel gemme sont exploités dans le terrain miocène Wieliczka, en Pologne. Ces mines sont ouvertes depuis le XIIIe siècle dans le plus riche dépôt salifère que l'on connaisse, car il mesure 400 kilomètres de longueur sur 160 kilomètres de largeur. Les travaux d'exploitation s'étendent sur environ 3.000 mètres en longueur, 1.600 mètres en largeur et 3oo mètres en profondeur. Ces imposantes excavations ont une véritable architecture : des salles, taillées carrément dans le sel gemme et soutenues par des piliers incolores et transparents comme de la glace ; un escalier de plus de 1.000 marches ; une chapelle assez vaste et plusieurs galeries admirables par leurs dimensions et leur régularité. La mine comprend des lacs d'eau salée, cela va sans dire, et assez vastes pour qu'on y puisse faire des excursions en bateau.

D'autres localités miocènes doivent être citées, sur un plan plus modeste : sur le pourtour des Carpathes, en Roumanie, en Transylvanie, en Galicie. En Sicile, le sel est associé au gypse. En Perse, à l'est de Maden, le sel forme une couche de 13o mètres d'épaisseur.

Gypse. — Le sulfate de chaux, étant un des éléments les plus abondants qui soient dans l'eau de mer, et en même temps le moins soluble de tous, le passage de l'océan en beaucoup de régions est trahi par des dépôts gypseux.

Déjà, quand on creuse le fond des marais salants, on y rencontre de remarquables cristallisations[1] qui se sont produites évidemment en un temps très court, et qui font comme le pendant des empreintes de sel, qu'on rencontre dans les dépôts de gypse. C'est ainsi que, dans les marnes jaunes qui accompagnent fidèlement le gypse des environs de Paris, on trouve fréquemment des moulages de trémies tout à fait caractéristiques, car on les voit se faire dans les bassins d'évaporation des raffineries de sel.

Puisque nous touchons ce sujet, il convient de mentionner des expériences qui ont révélé la puissance cristallogénique du sel vis-à-vis du gypse.

Je verse dans de petits ballons de verre, du plâtre de Paris délayé à la consistance d'une crème épaisse. Après la prise, le

---

1. M. Baret, *Bulletin de la Société minéralogique de France*, IX, 294 (1888).

moule est cassé et la petite boule mise à sécher à l'étuve. Si on la brise alors, on trouve qu'elle a la structure ordinaire du plâtre, que nous n'avons pas à rappeler. Mais, si au lieu de la briser, on la plonge, après qu'elle est parfaitement desséchée, dans une dissolution saturée de sel, pour l'abandonner sur un coussin de papier buvard à la dessiccation spontanée, on la voit, après quelques jours, se crevasser et révéler à l'œil nu, sa structure interne entièrement composée de petits cristaux de 2 à 3 millimètres de longueur. Ces cristaux, dont les formes coïncident avec celles du gypse naturel, sont généralement groupés en petits globules, autour de points d'où ils irradient dans toutes les directions [1].

Ceci posé, on constate sans étonnement, que dans le plus grand nombre des cas, le gypse se montre comme un produit lagunaire, étant associé à des marnes dans lesquelles il est très fréquent de constater la cohabitation de traces d'êtres marins ou saumâtres et de débris de plantes terrestres.

Suivant les niveaux géologiques, l'allure des dépôts de gypse sédimentaire varie quelque peu, ce qui provient sans doute de remaniements souterrains. Aussi, les plus récents méritent-ils le plus d'attention, en nous révélant sans aucun doute des travaux qui sont en cours dans la mer actuelle.

La chaux sulfatée s'est nécessairement déposée sous la forme plus ou moins boueuse, mais elle a dû passer rapidement, comme dans le sous-sol des marais salants, à l'état cristallin. Cependant, nous avons la preuve surabondante que, dans beaucoup de cas, l'apparition et la croissance des cristaux se sont faits très progressivement au prix de durées très longues. C'est ainsi que dans la célèbre assise, connue à Paris sous le nom de *marne d'entre-masse*, sous-jacente à la haute masse de pierre à plâtre, on voit des groupements, presque correctement alignés, de cristaux mâclés en « fer de lance » et qui pèsent fréquemment chacun plusieurs kilogrammes : ils résultent de l'attraction qui s'est exercée sur le gypse d'imprégnation, disséminé dans la boue initiale d'où il a maintenant à peu près disparu.

<hr>

1. Stanislas Meunier. *Catalogue sommaire de la collection de Géologie expérimentale du Muséum d'Histoire naturelle*, 1 vol. in-8°, p. 132, Paris (1907). Voir aussi, du même auteur, *C. R. Acad. Sc.*, CXXXVII, 942 (1903).

De même, on peut noter des variations de manière d'être des cristaux à des niveaux, parfaitement déterminés, de tout l'ensemble gypseux. Dans la partie supérieure dite les *hautes masses*, et qui dépassent souvent 20 mètres d'épaisseur, la pierre est généralement saccharoïde et d'une homogénéité qui explique la réduction fréquente des bancs en prismes verticaux de quelques décimètres de grosseur disposés comme les colonnes des coulées basaltiques, n'ayant pas plus qu'elles de régularité géométrique et dus, comme elles aussi, à un retrait qui dérive de la dessiccation et non pas du refroidissement.

Au contraire, dans la seconde masse, c'est-à-dire celle qui existe au-dessous des marnes à fer de lance, la chaux sulfatée se présente volontiers en *pieds d'alouette*, qualifiés en certains lieux de grignards, et qui consistent en mâcles tout à fait comparables aux fers de lances, mais beaucoup moins volumineuses, régulièrement placées les unes à côté des autres, en contact mutuel, avec leur plan de mâcle vertical. Aujourd'hui, il n'est pas douteux que cette disposition ne soit l'effet d'un travail moléculaire longtemps continué.

La revue stratigraphique des niveaux gypsifères compléterait celle des niveaux salifères, pour démontrer la continuité des phénomènes lagunaires depuis que la mer existe. Sans la faire complètement, nous nous bornerons à quelques exemples.

Nous avons vu que le gouvernement d'Arkangelsk, en Russie, près du rivage de la mer Blanche, a, dans le dévonien, des gisements de gypse et de sel associés à des sources de naphte.

Les dépôts lagunaires de l'époque carbonifère sont décelés par la présence du gypse, comme dans la formation stéphanienne, sur le versant oriental de l'Oural, au Spitzberg, où il est associé à des roches dolomitiques, et surtout au Canada, sur la côte du Comté de Sydney, qui est bordée par une falaise de gypse pur, de plus de 60 mètres de hauteur[1].

Le gypse du trias est abondant en Lorraine (Weinberg, près Heilbronn), dans le Jura, le Doubs, la Côte-d'Or, l'Allier (à Lurcy-Lévy), la Nièvre (Decize), l'Aveyron (Sainte-Affrique) et dans beaucoup de points de la chaîne des Pyrénées et de celle des

---

[1] V. Dawson, *Geology of Nova Scotia*, etc., p. 347.

Alpes. Les marnes irisées du Gard tirent un grand intérêt du gypse qu'on exploite à Alais et au Vigan et qui contient fréquemment de petits prismes de quartz rouges ou rosés, connus sous le nom d'hyacinthes de Compostelle.

La pierre à plâtre est exploitée dans le lias de Moutiers et de Bourg-Saint-Maurice (en Tarentaise), où il est associé à cet anhydrite, connu sous le nom impropre de marbre bleu (bardiglio, en Italie).

Il faut signaler, dans l'oolithe supérieure de la région du Jura, des dépôts gypseux se présentant fréquemment en veines fibreuses, dans les failles des couches argileuses.

Il y a des exploitations dans le cénomanien d'Algérie et dans les argiles turoniennes de Martigues (Bouches-du-Rhône).

L'ancienne classification des terrains des environs de Paris comprenait trois niveaux dont chacun était désigné par le nom de la substance propre à bâtir qui y dominait : l'argile plastique, le calcaire grossier, le gypse. Chacune de ces roches est, en effet, une richesse pour la région ; mais le plâtre de Paris jouit d'une renommée universelle. L'exploitation se fait avec une activité inégale suivant les différents lits et concerne aussi bien des couches bartoniennes que des couches tongriennes ; elle porte spécialement sur les variétés saccharoïdes, mais elle concerne aussi les grignards et, dans certains cas, des roches compactes, à cassure cireuse de la variété des albâtres, et même des portions lamellaires, associées aux précédentes. Le mélange de la marne avec le gypse est favorable à la bonne qualité du produit fabriqué. En effet, la cuisson ne se borne pas à déshydrater la chaux sulfatée, elle cuit les portions calcaires et en fait de la chaux ; elle détermine surtout entre la silice, l'alumine et la chaux, des combinaisons plus ou moins analogues aux matières pouzzolaniques et dont l'hydratation doit contribuer à la solidité de la prise. La cuisson se fait, tantôt dans des fours construits avec les blocs de gypse destinés à subir les effets de la chaleur (la température est alors médiocre et toute l'eau n'est pas éliminée) ; tantôt dans des fours permanents qu'on porte à plus de 1.000°, méthode qui s'applique surtout au traitement des albâtres (Lagny).

Parmi les usages du gypse il faut signaler la consommation

qu'on en fait chaque année pour le *plâtrage* de certaines cultures et spécialement de celle des prairies de plantes papilionacées.

Calcaire. — L'analyse chimique de l'eau de la mer procure, entre beaucoup d'enseignements, la surprise d'une très faible quantité de carbonate de chaux. Celui-ci, à l'état de bicarbonate, ne représente qu'un dixième p. 100 des 35 à 36 p. 100 de salin que fournit l'évaporation, le sel marin en représentant à lui seul 78 à 79 p. 100. C'est, en effet, une idée très simple de penser que les animaux qui vivent dans la mer et qui sont pourvus d'une coquille ou d'un squelette dans lequel la chaux surabonde, n'ont eu qu'à la prendre sous la forme de carbonate de chaux dans les eaux ambiantes : ce qui part de ce même point de vue, contre lequel je ne crains pas de m'élever à l'occasion, que le tissu, des coquilles, des carapaces, des madrépores, contient du carbonate de chaux, opinion antiphysiologique sur laquelle j'ai insisté ailleurs. Au contraire, on trouve la chaux indispensable à ces animaux, sans parler des algues dites calcaires, dans le sulfate de chaux que la mer fournit par évaporation à raison de 4 p. 100 de son salin. C'est dans les profondeurs de l'organisme, que l'énergie biologique groupe les atomes de calcium avec ceux du carbone, de l'hydrogène, de l'oxygène, de l'azote et de la liste indéfiniment nombreuse de tous les éléments chimiques dont l'analyse révèle la présence dans les tissus organisés et dont, à chacun de ses perfectionnements, elle est obligée de reconnaître son incapacité à tout voir.

Une fois incorporés dans la croûte terrestre, les produits de l'activité marine subissent les transformations que l'on connaît et dont l'une des situations d'équilibre provisoire est la formation de la chaux carbonatée. C'est là l'origine de la plus grande partie des calcaires marins dont la croûte terrestre est si richement pourvue, le reste dépendant de l'introduction, dans des dépôts clastiques et, par exemple, sableux, du ciment résultant de la décomposition du bicarbonate mentionné plus haut.

L'activité de cette cimentation peut être si rapide qu'au jugement de gens simples, elle prend l'allure d'un miracle, témoin le nom de « maçonne Bon-Dieu », donné par les Caraïbes des côtes de la Floride, à la pierre à bâtir, qui se reconstitue au fur et à mesure de l'exploitation, par la cimentation des sables apportés par le flot.

Cette réaction se réalise surtout dans les pays chauds : les plages soulevées, comme on en voit en Tunisie, en Algérie, en Sicile, en sont tout spécialement le théâtre, et les sables les plus récents y passent à l'état de blocs résistants. Mais elle s'opère encore sous des latitudes très différentes, et la plage d'Elseneur, en Danemark, est fameuse à ce point de vue. On a recueilli dans son épaisseur, des objets d'origine humaine solidement incrustés, et par exemple des pièces de canon.

Dans bien des points, le calcaire d'évaporation est additionné d'un enduit brillant et quelque peu silicaté, que S. Cloëz a qualifié de *pélagosite* et dont j'ai eu moi-même l'occasion de faire l'étude dans les blocs des grottes de Menton.

Nous ne chercherons pas les gîtes de simple calcaire dans les terrains anciens, cette substance ayant été, comme nous l'avons vu, métamorphisée, et étant même des plus rares dans les dépôts sédimentaires les plus anciens, d'où elle a été enlevée par la circulation des eaux, pour alimenter les productions géologiques successives.

Notons seulement que les diverses variétés de calcaire d'origine marine, qu'elles aient été d'ailleurs métamorphisées ou non, sont employées à divers usages et conséquemment activement exploitées. Les unes donnent des pierres de taille, d'autres des moellons; il en est dont la cuisson extrait la chaux vive ou des ciments plus ou moins hydrauliques selon leur teneur en argile. Un type fournit les pierres pour la lithographie, dont les caractères spéciaux paraissent avoir provoqué l'invention.

Le caractère le plus intéressant des variétés contenues dans le niveau de l'oolithe, est la pierre lithographique, exploitée à Solenhofen, en Bavière, dans d'immenses carrières de 4o mètres de front de taille. On tire des pierres de taille et des moellons des calcaires de tous les niveaux oolithiques : en Bourgogne, on appelle *lève* ou *lave* le calcaire en plaquettes.

On fabrique beaucoup de chaux avec les calcaires jurassiques, et ils fournissent des ciments remarquables par leur extrême solidité. Le niveau de Portland en particulier comprend des couches où la proportion relative du calcaire et de l'argile est tout à fait heureuse. Vassy et Pouilly sont connus à cet égard.

Les calcaires crétacés fournissent aussi de la pierre lithographique : celle de Diano Marina, en Ligurie, rappelle Solenhofen. La fabrication des pierres de construction et des moellons est alimentée par nombre de roches du crétacé.

Le calcaire éocène est exploité dans le bassin parisien, avec une activité qui date des temps les plus lointains de l'histoire. L'ancien Paris est sorti tout entier de son propre sous-sol, comme en témoignent les catacombes, au réseau si compliqué. Toute la plaine de Montrouge est minée en tous sens, et pendant bien longtemps, on voyait à sa surface d'innombrables roues à cheville, par le moyen desquelles les pierres étaient montées au jour. En plusieurs régions, les carrières à ciel ouvert se signalent par leurs vastes dimensions, par exemple, dans l'Oise, à Saint-Maximin et surtout dans la vallée du Thérain, à Saint-Vaast, auprès de Cramoisy. Les procédés d'extraction sont très perfectionnés et ne donnent lieu qu'à peu de résidus. A divers niveaux, on trouve des couches très épaisses qui fournissent d'excellents moellons, de magnifiques pierres d'appareil, des dalles, des marches d'escalier.

Le *tripoli de Nanterre* est un niveau friable, très propre au nettoyage et au polissage. Il y a des couches remarquables par leur porosité : le liais donnait les pierres à filtrer. Maintes variétés de calcaire éocène servent à la fabrication de la chaux, comme à Champigny.

Dolomie. — De nombreuses variétés de calcaire d'origine marine, révèlent à l'analyse une proportion souvent notable de magnésie, et l'on est bien porté à considérer cette composition comme une modification, apportée à une roche initiale par la circulation souterraine de sels solubles du magnésium.

Cependant, il faut constater que bien des échantillons de calcaire en voie de formation, comme ceux dont se composent les massifs madréporiques actuels, sont magnésifères. On a cru reconnaître que cette particularité concerne surtout les parties internes des massifs et qu'elle s'accentue à mesure qu'on s'éloigne de la surface. Il serait possible toutefois qu'il y eût une intervention de certains organismes modernes ; mais cette supposition n'a pas été rigoureusement confirmée.

La comparaison des différents récifs madréporiques des époques géologiques, porte à penser qu'il y a dans le bassin de la mer une circonstance qui date des premiers temps de la sédimentation et qui a provoqué bien souvent, par exemple, dans des calcaires grossiers tertiaires, tels que ceux que j'ai étudiés dans les assises éocènes du Sénégal[1] la cristallisation de petits rhomboèdres de magnésie remarquables à la fois par leur grand nombre et leur régularité.

Oxyde de manganèse. — Parmi les productions chimiques de la mer, nous pouvons signaler au moins, des indices de gîtes métallifères. Malgré leur petite dimension et la rareté des témoignages qu'on en recueille, on est autorisé à croire que l'activité marine a pu, avec un temps suffisant, engendrer des gîtes n'aintenant compris dans l'épaisseur des formations géologiques et dont le mode de formation est plus ou moins difficile à reconstituer.

L'histoire du manganèse autorise cette supposition par la trouvaille, sur le fond actuel de l'océan, d'échantillons très éloquents de manganèse oxydé et spécialement de manganite ou acerdèse.

Il résulte en effet de l'étude d'échantillons ramenés des plus grandes profondeurs, au cours des explorations scientifiques de l'océan, à commencer par celle du *Challenger*[1], qu'il s'y constitue actuellement des collections de cette espèce minéralogique, dont l'état floconneux lui a valu, de la part des Anglais le nom de *wad* (ouate).

Des nodules ont été ramenés à la surface, formés le plus souvent autour d'un centre dur, et fréquemment d'un os, tel que le tympanique des cétacés. Cette circonstance élimine toutes les causes de doute, quant à l'époque strictement actuelle, de la production.

Malgré la très faible quantité de manganèse renfermée dans les eaux de la mer, si faible que la plupart des analystes ne l'ont pas dosée, on ne peut douter que le *wad* ne résulte d'une précipitation déterminée par le support. Cette remarque ne fait

----

1. *Challenger Expedition* (Deap seas), p. 281, Londres (1878).

d'ailleurs qu'ajouter un problème à cette incertitude, car il semblerait que le fer existant en quantité plus grande que le manganèse, les nodules devraient être surtout ferrugineux, ce qui n'est pas, car il n'y a pas lieu de nous arrêter à cette supposition que les nodules qui nous occupent, résulteraient d'une accumulation du métal englobé en faible proportion dans les laves pulvérisées et réduites en sable[1].

En tout cas, le phénomène à peine aperçu jusqu'ici, atteint évidemment des proportions considérables. D'après Wyville Thomson[2], le manganèse oxydé de production actuelle, a deux gisements principaux. D'abord, vers 900 mètres de profondeur, dans les dépôts qualifiés de boues à globigérines, qui sont surtout calcaires, et de boues à radiolaires qui sont surtout siliceuses, mais plus abondamment encore, dans des argiles distribuées entre 1.800 et 3.000 mètres. Le volume des nodules est extrêmement variable, depuis quelques millimètres jusqu'à 15 centimètres de diamètre et leur poids dans ce dernier cas, atteint 15 kilogrammes.

Ces formations ne sont d'ailleurs pas absolument spéciales aux abîmes. Dans des mers médiocrement profondes et à des distances peu éloignées des rivages, on remarque des concrétions manganésifères actuelles, qui paraissent avoir été déterminées en général par des débris organiques. Sur des éponges siliceuses, comme sur des dents de requin et des tests fréquemment siliceux, on voit des taches et des enduits qui semblent avoir commencé par la forme de dendrites.

Chlorite. — À la suite du manganèse, l'histoire de la chlorite trouve sa place naturelle.

Il s'agit cette fois d'un silicate de fer très répandu dans la plupart des roches teintées de vert et qui manifeste une parenté avec la glauconie déposée actuellement dans le fond des océans. Cette substance, en effet, a été draguée dans les plus grands fonds et sous une forme qui ne laisse aucun doute quant à l'époque de sa production : elle s'est insinuée à l'intérieur de tests et spécialement dans les concamérations de coquilles de

---

1. De Launay. *Traité de Métallogénie*, 1, 200 (1913)
2. *Challenger Expediton*, 230 (1878).

foraminifères, de façon à les mouler de la manière la plus exacte. Son histoire jette évidemment des lumières quant à l'allure de beaucoup de formations glauconifères et par exemple, des couches vertes qui font le soubassement du calcaire grossier aux environs de Paris et auxquelles d'Archiac a attribué la dénomination de glauconie supérieure (la glauconie moyenne étant représentée par les sables de Cuise et la glauconie inférieure par ceux de Bracheux).

Zéolithes. — Nous avons encore à mentionner la curieuse production dans la mer actuelle de la *christianite*, hydrosilicate d'alumine et de chaux, dont la formule est $(K^2Ca)Ai^3Sl^4O^{12}+4.5H^2O$, et qu'on pourrait presque considérer comme une anorthite hydratée. M. Renard, étudiant les produits dragués par le *Challenger*, a reconnu la christianite dans un très grand nombre de points des profondeurs les plus considérables de l'Océan Pacifique[1]. Les zéolithes ne constituent pas des gisements minéraux, mais elles sont associées à tant de formations métallifères qu'on ne peut les omettre ici. Il suffira de citer leur abondance dans les laves dévoniennes, vacuolaires dévoniennes des environs du Lac Supérieur, dans l'Amérique du Nord, où elles cohabitent avec les agathes et surtout les pépites de cuivre natif, parfois associées à des noyaux d'argent massif dont le mode de formation est encore problématique.

---

1. *Bulletin de l'Académie des Sciences de Belgique*, t. XIX (1890).

CHAPITRE VI

GÎTES DÉPENDANT DE LA FONCTION GLACIAIRE

De plus en plus, la glace nécessaire aux besoins domestiques et industriels se fabrique au moyen de machines frigorifiques ; mais on a commencé par l'exploiter, dans de véritables carrières, où furent mises en œuvre plus d'une pratique de l'art des mines. Il n'y a pas si longtemps que, même dans Paris, on recueillait sur les lacs du bois de Boulogne et du bois de Vincennes, ainsi que dans la localité qui a laissé son nom au *quartier de la Glacière*, des blocs d'eau congelée qu'on arrivait à conserver, pendant tout le cours de la saison chaude, dans des cavaux construits *ad hoc*.

Mais en d'autres pays, et spécialement en Amérique, l'extraction de l'eau solide a été conduite avec tout un outillage spécial et sur une échelle considérable, et le *Scientifique American*, en 1882, nous a donné à cet égard une étude à laquelle il est utile d'emprunter quelques détails caractéristiques. En diverses parties de l'Amérique, on a fait usage, pour le découpage de la glace à la surface des grands lacs, d'une machine à vapeur très ingénieuse. C'est une locomobile disposée pour découper, à la scie circulaire animée d'un rapide mouvement de rotation, la couche de glace en bandes longitudinales de largeur tout à fait uniforme, qu'elle débite ensuite transversalement, de façon à la réduire en parallélipipèdes parfaitement réguliers et de dimensions tout à fait uniformes.

La machine avance lentement et actionne en même temps deux scies, dont l'une, qui produit les coupures longitudinales, est établie sur un long bras placé à l'arrière perpendiculairement à l'axe de l'arbre moteur et s'étend ainsi à une certaine distance ;

elle est commandée par une corde ou une courroie passant sur une poulie de l'arbre moteur.

Sur le côté du bâti principal de la machine, se trouve un second bâti articulé qui supporte une seconde scie circulaire dont le plan est perpendiculaire à la première et destinée à produire les coupures transversales.

L'arbre de cette scie peut glisser longitudinalement dans ses tourillons et permet au chariot d'avancer d'une certaine quantité sans quitter le plan vertical dans lequel la scie produit une section transversale.

Cette scie reçoit un mouvement de rotation par une combinaison d'engrenages coniques, de poulies et de courroies. Une manivelle donne au bâti articulé le déplacement nécessaire à la production d'une coupure transversale.

Le mouvement des scies est commandé par des leviers de débrayage placés à portée des mécaniciens. Les roues motrices de la machine portent des pointes et des arêtes qui les cramponnent dans la glace, et l'avant est monté sur un avant-train qui permet de tourner.

Quand on n'emploie pas les scies ou que l'on doit déplacer la machine, les bras qui les supportent se relèvent et les dégagent de la glace.

En somme, l'appareil progresse lentement, la scie d'arrière est en mouvement et fait la coupure longitudinale; en même temps, la seconde scie est engagée dans la glace et le bâti articulé s'abaisse au fur et à mesure pour produire l'entaille transversale. La scie se maintient dans l'entaille grâce à une lame métallique de forme arquée placée à l'avant de l'arbre, qui s'engage dans la glace et s'oppose à tout mouvement de la scie parallèlement à son axe jusqu'à ce qu'elle ait terminé sa course.

A ce moment, cette scie qui était engagée dans l'entaille où elle comprimait un ressort, celui-ci ramène la scie au point de départ, c'est-à-dire en avant, mais à la largeur qui sépare deux blocs consécutifs. Alors elle est en position pour faire une seconde entaille.

Des guides et des arrêts convenablement placés permettent de produire des sections longitudinales parfaitement parallèles et des blocs parfaitement égaux, en limitant la course de la scie transversale : le transport et l'emmagasinement des blocs de glace sont ainsi rendus très faciles, très commodes et très rapides.

Parmi les applications minières de la glace, on peut mentionner l'usage qu'on fait sur une échelle considérable des blocs de glace dans les galeries des mines de Comstock, dont ils rendent l'exploitation possible malgré la haute valeur du degré géothermique.

Il est arrivé plus d'une fois qu'un glacier, ayant pour roche encaissante des masses primitives ou profondément transformées par les actions métamorphiques, a, par le fait seul de sa progression et de l'entraînement qu'elle détermine, du matelas de galets et de pierrailles qui le supporte, déterminé en certains points l'accumulation de particules métalliques.

Cette production peut devenir visible et accessible par le simple déplacement du glacier et on peut en retrouver des vestiges dans les formations sédimentaires, qui, au cours d'une durée suffisante, auraient été intercalées dans les formations stratifiées normales.

Des exemples, dépourvus d'ailleurs de valeur pratique, ont été relevés à plusieurs reprises, tant à la Terre de Feu qu'à la presqu'île d'Alaska, ainsi que dans les Andes du Pérou.

Saussure (§ 626), parlant du glacier de la Mer de Glace, a écrit : « Ce glacier ne charrie pas seulement des pierres. Le sable de l'Arveiron qui en sort contient de l'or, et même quelquefois en assez grande quantité. J'en avais ramassé en 1761 dans une de ces petites anses où la nature, par une opération semblable à celle du lavage des mines, rassemble les parties les plus pesantes et les plus riches. Quelque temps après mon retour, un orfèvre, qui avait établi sur le Rhône des moulins à lavures, vint me dire que ses moulins n'étant pas tous occupés, il désirerait trouver un sable qu'il pût passer dans ses moulins avec quelque espérance de profit. Je lui parlai de celui de l'Arveiron et lui donnai l'échantillon que j'en avais rapporté. Au bout de deux ou trois jours, cet homme revint avec une émotion qui lui laissait à peine la liberté de parler ; il me dit qu'il venait de faire l'essai de ce sable et que, si je pouvais lui indiquer exactement le lieu où je l'avais pris et lui en faire avoir une certaine quantité, il y aurait de l'or pour lui, pour moi et pour tous ceux qui en voudraient. Je lui donnai tous les renseignements nécessaires ; il alla sur le champ, en chargea plusieurs mulets, le passa à ses moulins, mais n'en retira pas même ses frais. L'or était distribué dans ce sable avec une extrême irrégularité ; quelquefois on en trouvait assez dans une petite portion, d'autres fois un sac entier n'en donnait qu'une quantité imperceptible. J'en ai moi-même ramassé depuis, dans les mêmes endroits où j'avais trouvé celui qui avait donné de si grandes espérances ; j'en fis l'essai suivant les règles de l'art, et j'obtins dans une demi-once de sable, un bouton d'or pâle allié d'argent, mais si petit que la balance la plus mobile ne pouvait pas en apprécier le poids. Il est vraisemblable que cet or est entraîné par des avalanches ou par des torrents qui se jettent dans le glacier et dont la chute n'étant point régulière, ne saurait donner constamment la même quantité[1]. »

---

[1]. V. Dollfus Ausset, *Matériaux pour l'étude des glaciers*, V, 1ʳᵉ partie : Glaciers en activité dans les Alpes, in-8°, Strasbourg (1864).

CHAPITRE VII

GITES DÉPENDANT DE LA FONCTION ÉOLIENNE

Sommaire. — Pluies de sang. — Fer oxydulé provenant des espaces célestes. — Lœss. — Gravier apporté par des trombes. — Résine déposée par la foudre.

L'atmosphère, souvent qualifiée d'océan aérien, justifie ce rapprochement avec la mer, par les phénomènes de sédimentation auxquels elle donne lieu. Cependant, pour nous restreindre aux caractères des gisements, nous devons convenir que les dépôts atmosphériques sont bien rarement susceptibles d'une exploitation quelconque. S'ils peuvent atteindre des volumes comparables à ceux des dépôts aquatiques, les limites de densité que doivent présenter les corpuscules transportables par l'air, en excluent les substances lourdes qui nous occupent ici. Les dunes, qui atteignent dans tant d'endroits des dimensions géographiques, soit sur le littoral des mers, soit dans les régions désertiques, sont constituées de fines particules ordinairement quartzeuses, auxquelles peuvent se mélanger quelques autres substances, et c'est dans maints endroits qu'on se livre à l'exploitation industrielle de certains dépôts éoliens.

Il y aurait du reste à faire, très légitimement à notre point de vue, un rapprochement entre l'océan aérien et l'océan aqueux par la provision de puissance mécanique qu'on peut y exploiter. De même que les chutes d'eau, les courants d'air peuvent actionner des machines, et le moulin à vent est l'un des moteurs les plus anciennement employés par l'homme. Il y a des circonstances où l'approvisionnement d'air est indispensable pour l'exploitation de certaines mines qu'il est indispensable de ventiler sans arrêt.

Pluies de sang. — L'observation est presque quotidienne des accidents météorologiques désignés sous le nom de pluies de sable qui, parfois, prennent une allure si anormale que les populations naïves en font un prétexte à des paniques superstitieuses.

En Sicile, on les qualifie de *pluies de sang*, et cette circonstance, due à la teinte rouge que leur communique l'abondance de la limonite finement pulvérisée, leur donne un caractère d'agent de production d'accumulations métalliques. La terre végétale des vastes régions qui en sont arrosées en reçoivent un amendement qui n'est certainement pas sans influence, quant à la prospérité de certains végétaux.

Fer oxydulé provenant des espaces célestes. — Du reste, on a pu aller plus loin dans la même direction en étudiant la composition de poussières réunies depuis un temps suffisant dans des recoins tranquilles, où le vent les avait amassées et d'où, ayant épuisé sa vitesse, il n'a pas pu les extraire. Gaston Tissandier y a signalé de petits sphérules remarquables par la régularité de leurs formes[1]. Ces sphérules constitués par de la magnétite, ou oxyde salin de fer, sont identiques pour leur aspect et pour leur dimension avec ceux que produit le fer métallique en brûlant dans l'air, et l'analogie a conduit l'auteur à penser que chaque fois qu'un fer météorique pénètre dans notre atmosphère, il doit en produire un grand nombre, qui prennent part à la constitution de la queue lumineuse des bolides.

L'amiral Mouchez a déposé au Muséum une nombreuse série de fonds de mer qui ont été collectionnés sur les côtes de Tunisie et d'Algérie. Leur étude nous a fourni beaucoup de sphérules magnétiques. Nous citerons en particulier un sable quartzeux et calcaire pris par 14 mètres de profondeur, au mouillage de Beni-Saf, à 700 mètres de la côte ; il renferme des globules dont le diamètre est d'environ 0 mm. 028. Un sédiment, à la fois quartzeux et argileux, qui, à deux milles au N.-E. de Carthage, se trouve à 11 mètres de profondeur, est encore bien plus riche, et les globules qu'il contient, parfois gros de 0 mm., 042, ont offert à diverses reprises, le petit goulot caractéristique des sphérules

---

1. *C. R. Acad.*, LXXXI, 576 (1875) et LXXXIII, 76 (1876).

du briquet. Il en existe d'analogues et de plus gros encore, dans le sable qui, devant La Goulette, constitue le fond de la mer à 7 mètres de profondeur. L'argile, ramenée de 270 mètres dans le golfe de Philippeville, présente les mêmes particularités.

Dans une région bien différente, puisqu'il s'agit maintenant de l'autre hémisphère, l'amiral Serre a recueilli des sédiments marins qu'il a également donnés au Muséum. Les globules n'y font pas défaut ; on les trouve même avec une abondance extrême dans le sable qui fait le fond de la baie de Possession ; ils y atteignent 0 mm. 056 de diamètre.

Cette remarque paraît pouvoir s'étendre jusqu'à la traînée des étoiles filantes, ce qui donne au phénomène une ampleur singulièrement agrandie.

On peut même croire que c'est depuis un temps prodigieusement long, que la Terre reçoit cette contribution métallique des espaces célestes, par l'intermédiaire de l'atmosphère.

Dans un travail qui m'est commun avec Gaston Tissandier[1], nous avons recherché les sphérules magnétiques qui nous occupent, dont la date de formation est bien antérieure à l'époque géologique actuelle. Au début de nos recherches, nous avons été frappés de l'abondance de sphérules parfaitement caractérisés, dans le sable extrait du puits artésien de Passy, à 569 mètres au-dessous de la surface actuelle du sol, et qui appartient au niveau géologique dit albien, dans les parties les plus inférieures du système crétacé. La dimension de ces corpuscules varie de 0 mm., 007 à 0,02. Ce sable ayant été exposé à l'air au moment du forage, on pouvait se demander si des corps étrangers ne s'y seraient pas introduits récemment. En répétant les observations, avec des mottes de sable du puits de Grenelle, mottes non défaites depuis leur dépôt, comme en témoigne la succession régulière des couches planes qui les composent, nous avons retrouvé le même résultat. L'argile qui recouvre à Grenelle la couche aquifère renferme aussi des globules.

Allant plus loin, nous avons examiné des roches *dures*, dont on ne peut supposer le remaniement et dont nous avons fait disparaître toutes les surfaces exposées à l'air.

1. *C. R. Acad.*, LXXXVI, 450 (1878).

Le noyau ainsi isolé a été enveloppé, puis broyé sans choc par écrasement dans un étau, et la poudre a été soumise au triage à l'aimant. Pour répondre à l'objection que les globules peuvent tomber de l'air dans les préparations, au cours des manipulations (ce qui serait s'exagérer beaucoup leur nombre dans l'atmosphère), nous avons traité exactement de la même manière des roches cristallines, et spécialement un gneiss du Simplon, un micaschiste du Saint-Gothard, une serpentine verte du val d'Aoste, etc., et nous n'avons jamais rien observé qui ressemblât aux globules. Le même résultat négatif a été donné par l'examen d'une magnétite friable de Norvège.

Traité par la méthode qui vient d'être décrite, un grès infra-liasique de Saint-Julien-lès-Metz a présenté, au contraire, un sphérule presque parfait de 0 mm. 014. Un psammite micacé d'Esslingerberg, en Wurtemberg, en a fourni un de même dimension. Le grès ferrugineux permien de Salzbach, en Brisgau, est infiniment plus riche. Une préparation que nous conservons au Muséum contient au moins quatre globules dont le diamètre varie de 0 mm. 014 à 0 mm. 042. L'un de ces sphérules, gros de 0 mm. 028, est parfait et identique à ceux de la période actuelle. La richesse de cette roche nous a engagés à l'étudier avec un soin spécial ; plusieurs préparations nous ont donné les mêmes résultats.

Continuant à remonter la série des âges, nous avons examiné les sédiments carbonifères. Un pséphite, extrait d'un puits de mine de Saint-Avoldt, nous a donné un globule parfait de 0 mm. 01. Plus ancien encore, un grès dévonien des environs de Villedieu (Manche) a offert plusieurs globules irréprochables, entre autres celui que présente une préparation conservée, et qui a donné 0 mm. 01.

Donc, les sédiments actuels de la mer, comme ceux des océans géologiques, renferment des globules semblables aux sphérules que l'atmosphère laisse constamment tomber à la surface de la terre. Nous n'avons jusqu'ici aucun moyen de les distinguer les uns des autres, puisqu'ils sont également noirs, sphériques et attirables, et nous sommes dès lors autoriser à les identifier entre eux. Si l'on admet cette conclusion, il faut reconnaître que les couches du globe renferment des matériaux d'origine cosmique dont la chute remonte à un passé des plus reculés.

Origine éolienne de certains lœss. — Les sources terrestres de poussières tombant de l'atmosphère après leur transport par le vent, sont nombreuses, et dans le nombre, quelques-unes donnent naissance à de véritables roches susceptibles d'exploitation. Le type paraît être fourni par des placages de limons dont la composition et les caractères coïncident avec ceux de certains dépôts aqueux, mais que leur situation conduit à considérer comme des dépôts atmosphériques. C'est avant tout le cas du lœss, qui recouvre tant de régions inaccessibles à la sédimenta-

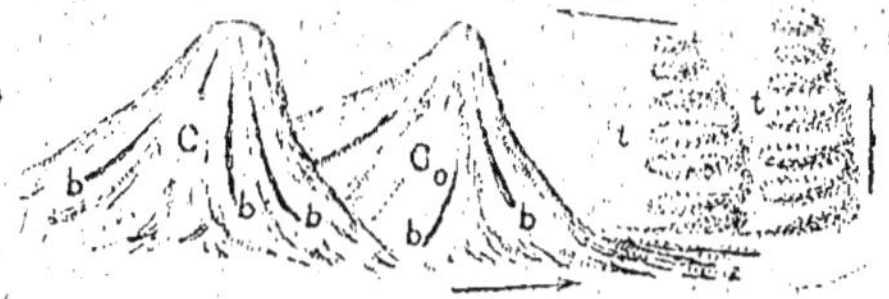

Fig. 45. — Circulation du vent et de la poussière sur le Mera d'Anahuac, au Mexique.

tt, trombes de vents, dont le retour ascensionnel à son point de départ, entraîne à grande hauteur des tourbillons de poussières. — C, *c*, cônes volcaniques qui se recouvrent d'une couche en cloche de limon. — *b,b, barrancas* ou ravines pluviaires produites par le retour des poussières dans la plaine sous l'influence des ruissellements aqueux.

tion ordinaire, comme la surface conique de certains volcans équatoriaux, tels que le Popocatepetl (fig. 45), et surtout les immenses plateaux de la Chine et du Thibet, où, Richthofen [1] leur attribue une puissance de plus de 100 mètres. La production de cette argile, applicable à tant d'usages différents, s'y continue encore avec une telle activité que l'atmosphère est troublée d'un nuage perpétuel et que toutes les eaux de ruissellement sont teintes d'une poussière jaune, comme en témoignent les noms du fleuve Jaune et de la mer Jaune.

Sur une échelle relativement infime on exploite dans la région parisienne, à Villejuif, un lambeau de lœss tout à fait comparable à celui de Chine pour la fabrication de tuiles, de briques et de poteries.

1. *China*, 2 vol. in-8°, Vienne (1877 à 1882).

A côté de cet exemple, il y a lieu de faire allusion à la fréquence des pluies de poussières, dans la substance desquelles figurent de nombreux matériaux, en trop petite quantité pour être exploités, mais qui contribuent à la fertilité de bien des terres végétales, où il faudrait en apporter, si le vent ne se chargeait de la besogne. On explique la fertilité si remarquable de la Limagne d'Auvergne, par les averses de poussière volcanique fournies par le Plateau Central.

A cet égard, on distinguerait, d'après la cause du transport des poussières dans les hautes régions de l'atmosphère, plusieurs catégories de ces matériaux : les poussières volcaniques dont l'abondance est telle dans certains cas, comme à la suite de l'explosion du Krakatau, qu'on a constaté leur diffusion dans l'atmosphère tout entière ; les pluies consécutives à l'ascension des trombes, qui fournissent, suivant les cas, des produits ferrugineux, comme les soi-disant pluies de sang, dont la Sicile a si souvent le spectacle, ou bien des substances organiques.

Il importe de montrer par un exemple typique la dimension que peuvent revêtir les actions éoliennes dans les opérations sédimentaires. Le 6 juin 1891, des cultivateurs de Pel-et-Der, canton de Brienne (Aube), retournant aux champs d'où venait de les chasser vers cinq heures du soir un violent orage mêlé de grêle et de grand vent, furent très surpris de trouver la terre entièrement couverte de petites pierrailles différant absolument à première vue de toutes les roches du pays[1].

Ces matériaux insolites avaient recouvert, d'une couche continue, des tas de fumier déposés la veille et des fourrages fauchés les jours précédents. La surface ainsi lapidée mesurait, d'après une lettre reçue du juge de paix de Brienne, 200 mètres de longueur sur 50 mètres de largeur. Mais un autre correspondant n'attribue pas moins de 16 hectares à la région dont la terre végétale a été profondément modifiée dans sa composition et probablement aussi dans ses qualités agronomiques, par cette volumineuse addition de matériaux calcaires et perméables, à l'argile à silex antérieure.

D'après l'examen minéralogique et chimique auquel furent

---

1. *C. R. Acad. Sc.*, CXIII, 100 (1891).

soumis les graviers de Pel-et-Der, on doit croire qu'ils ont été fournis par quelque assise de calcaire lacustre, un peu bitumineuse, d'un type qui, quoique assez répandu dans le bassin de Paris, n'affleure pas à proximité de Brienne. Il ne faut pas, en effet, espérer le retrouver plus près que Château-Landon, qui, à vol d'oiseau, est à 150 kilomètres de distance.

D'où cette conséquence paraît inévitable qu'une trombe, et peut-être un phénomène électrique, a, dans son trajet de retour vers la haute région atmosphérique d'où elle était partie, aspiré sur le carreau d'une carrière des petits éclats pour les livrer ensuite à un courant horizontal qui les a apportés et abandonnés.

L'intervention de l'électricité atmosphérique nous autorise à mentionner la chute observée pendant un orage, le 28 juillet 1885, d'une substance résineuse accompagnant un coup de foudre, et qui s'étala en enduit sur les rochers et sur les troncs d'arbres[1]. Cette matière est conservée dans les collections géologiques du Muséum d'Histoire Naturelle. Elle a l'aspect et la composition chimique d'un certain nombre de résines et on a émis l'opinion qu'elle pourrait représenter la substance combustible qui donne lieu dans certains cas exceptionnels au tonnerre en boule[2].

1. *Bull. Soc. Géol.*
2. *C. R. Acad. Sc.*, CIII, 837 (1887).

CHAPITRE VIII

GITES DÉPENDANT DE LA FONCTION BIOLOGIQUE

Sommaire. — Fer des marais. — Tourbe. — Guano.

La revue rapide que nous venons de passer des gisements minéraux procurés par les diverses formes de l'activité géologique, ne doit pas nous faire méconnaître la part prise dans le résultat final de toutes ces opérations par l'intervention d'une source d'énergie essentiellement différente.

A côté de la contribution, séparée ou conjuguée, des forces mécanique, physique et chimique, dont la nature nous est inconnue, mais dont nous savons la transformation, non seulement possible mais incessante, les unes dans les autres, il se présente une autre catégorie de travaux, tant *érosifs* que sédimentaires, d'une énergie d'ailleurs exceptionnelle, et qui dérivent d'une entité effective complètement différente : la vie.

La vie exerce son empire sur les différentes matières par l'intermédiaire des forces précédemment rappelées, mais elle en est radicalement distincte. Nul indice ne nous est jamais venu que la vie puisse se transformer en chaleur ou en électricité, pas plus que nous n'avons aperçu trace de la transformation, en force biologique, de l'électricité ou de la chaleur. De mise en fonction évidemment plus récente que les dynamismes ordinaires, son intervention sur la terre a, sans contestation possible, signalé l'inauguration d'un état de choses absolument nouveau [1]. Elle a infligé à la matière, tout un mode de manifestations sans aucun lien avec l'allure et la manière d'être des produits des forces

1. Voir à cet égard notre *Géologie Biologique*, un vol. in-8°, Paris, 1914.

inférieures, c'est-à-dire à l'allure et à la manière d'être des minéraux, et elle a provoqué entre les éléments chimiques des réactions que rien n'aurait pu faire prévoir. En particulier, elle a donné aux *solides* dont elle a engendré les séries, une structure si spéciale que, jusqu'à leur procédé de croissance, tout a contrasté entre leur histoire et celle des solides minéralogiques.

Cette circonstance n'a d'ailleurs aucunement empêché la vie de contribuer à l'augmentation du nombre des espèces minérales, mais elle n'y est arrivée qu'en abandonnant ses œuvres à la merci des forces qui ne sont pas elle, et, pour tout dire d'un mot, le métamorphisme ordinaire de ses produits a déterminé la production de roches et de minéraux pouvant entrer dans la classification du monde inorganique.

Aussi avons-nous eu, à chaque pas, dans nos études précédentes, à considérer des matériaux d'origine biologique pour constater les espèces lithologiques qu'en avaient faites les activités ordinaires de la physique et de la chimie.

C'est pour cela que, parvenus à ce chapitre terminal, nous sommes réduits à constater la formation, en conséquence des phénomènes vitaux, de produits qui, transportés dans le laboratoire souterrain, deviendraient des roches proprement dites, ou, si on le préfère, à retrouver dans les roches constitutives de l'écorce minérale des effets dérivés par l'activité tellurique des productions vivantes.

Le travail n'en sera pas pour cela moins fructueux, et nous pourrions aisément lui donner un développement beaucoup plus grand que ne nous le permet notre programme. Peut-être l'exemple le plus saillant dont on puisse étayer notre remarque, nous est-il fourni par un coup d'œil sur la terre végétale du type dit humifère. Ses dépôts constituent bien au propre des gîtes d'où nous extrayons des produits de la plus haute valeur. Un mot à son égard sera un trait d'union entre les deux mondes, organique et inerte, dont la collaboration incessante est la condition *sine quâ non* de notre propre existence.

Terre végétale. — La cellule vivante est douée en maintes circonstances d'une efficacité invincible dans l'œuvre de désagrégation et de décomposition des masses minérales, et c'est en mélangeant, avec des débris de celles-ci, les restes organiques qu'elles laissent en mourant, qu'elles constituent cet humus où nous ne pouvons pas refuser de voir une véritable roche, quand nous constatons que sa fossilisation en fait la houille ou le charbon de terre. La vie a préparé le *quelque chose*, que les forces ordinaires des profondeurs ont minéralisé.

Il y a, en ceci, le modèle et le type de toutes les édifications lithologiques de la vie. Quand elle édifie un massif madréporique, elle opère exactement de même : elle accumule des matériaux qui, par leur stage au contact de la chimie ordinaire, deviennent du marbre, lequel devra ses qualités aux fonctions corticale et bathydrique, mais qui doit son existence à la force biologique.

Étant donné le plan de notre livre, nous devons nous borner, dans le présent chapitre, aux très rares exemples où l'activité biologique a réalisé la formation de roches qui, sans attendre davantage, et sans l'intervention d'autres fonctions, ont déjà les qualités de gîtes exploitables. C'est pourquoi, le minerai de fer des marais, la latérite, la tourbe et le guano arrêteront seuls notre attention.

Fer des marais. — La variété de limonite, désignée sous le nom de fer des marais, ou des lacs, ou des prairies, constitue des gîtes activement exploités.

De tous côtés, on constate l'existence de sédiments rougeâtres ou ocracés, dont la matière colorante résiste aux réactifs les plus énergiques : telle est l'argile dans laquelle se trouvent, comme emballées, les meulières exploitées dans les assises tertiaires parisiennes, aux niveaux principaux, dits de la Brie et de la Beauce. À première vue, il semblerait que la teinture rutilante des argiles sableuses, dont il s'agit soit définitive et représente une immobilisation indéfinie du plus précieux de tous les métaux, mais devenu impropre à toute application.

Or, il n'en est rien et des êtres vivants se chargent de le rappeler à l'activité. On remarque, en effet, dans les coupes verticales, comme il en existe à Orsay (Seine-et-Oise), que les racines des plantes en pleine végétation à la surface sont encadrées, jusque dans leurs ramifications les plus ténues, par une zone, où la matière colorante ferrugineuse manque et d'où elle a évidemment été éliminée. Une série de recherches ont fait découvrir que les chevelus radiculaires attaqués après la mort de la plante dont ils faisaient partie, par des légions de microbes particuliers, ont été le siège de la production, par cette action, d'un acide auquel Berzélius a donné le nom d'acide crénique, comme s'étant présenté à son analyse dans l'étude de certaines sources minéralisées.

Le crénate de fer qui se constitue par la rencontre de cet acide, plus énergique qu'on ne le croirait, est entraîné par les eaux d'infiltration et subsiste à l'état de dissolution incolore, tant que le liquide peut échapper au contact de l'air. Celui-ci, en effet, le transforme immédiatement en carbonate ferreux, dont l'abondance est fréquemment assez grande pour rendre l'eau impropre aux exemples domestiques.

L'infiltration amenant, tôt ou tard, la rencontre de l'eau d'infiltration avec la superficie du sol, soit parce qu'elle descend à flanc de coteau jusqu'au niveau aquifère, soit parce que des conduits naturels la remontent à la surface, il s'accumule peu à peu, mais quelquefois très vite, de la sidérose qui d'ailleurs, dans la plupart des cas, passe à l'état de limonite: Il est fréquent que les petites tranchées d'irrigation des prairies attirent le regard par l'aspect ocracé de leurs eaux et par l'abondance d'un dépôt ferrugineux qui tend à encombrer leur lit : parmi ses nombreuses qualifications, le produit dont il s'agit a reçu celle de minerai des prairies.

En Finlande, cette transformation du crénate en carbonate, est réalisée dans l'eau des lacs et on assiste au spectacle, d'abord incompréhensible, de bateliers qui recueillent, à l'aide de pelles très concaves, emmanchées d'une longue perche, des boues qu'ils jettent avec grand soin dans le fond de leur embarcation. C'est le seul minerai dont ils disposent et qu'on traite dans de petits fours au bois, pour en retirer de la fonte ou du fer.

Latérite. — Au cours d'études qui m'ont occupé longtemps sur la géologie du Sénégal, où j'ai été le premier à reconnaître l'importance des formations nummulitiques[1], j'ai dû étudier le dépôt épidermique de tout ce pays, qui en avait si jalousement caché la structure géologique, jusqu'à l'époque où les frères Friry ont enrichi les collections du Muséum du produit d'innombrables sondages. Il s'agit de la *latérite*, ainsi nommée à cause de sa couleur ocreuse, qui rappelle intimement celle de la brique.

Pour l'aspect, c'est une argile et l'on fut porté d'abord, à la comprendre avec les produits de kaolinisation des roches feldspathiques. Mais l'analyse chimique y révèle l'alumine, non pas à l'état d'hydrosilicate, mais à l'état de liberté : de façon que le magistral travail d'Ebelmen ne s'applique pas à la théorie de la latérite.

Ici, il faut nécessairement faire intervenir un agent capable de séparer l'alumine de l'acide silicique, et incapable de s'y combiner à la place de ce dernier. Cet agent paraît être, d'après les observations qu'il faudra continuer, un ou plusieurs microorganismes, de la catégorie des diatomées, dont les naturalistes du *Challenger* ont déjà reconnu l'efficacité pour retirer de la poussière du feldspath la silice qui entre dans la composition de leurs frustules[2].

Tourbe. — Il y a, en général, à distinguer trois sortes principales de tourbe : 1° celle des couches superficielles dans laquelle les végétaux, à peine décomposés, sont mêlés avec du sable ou de la terre de marais; 2° la tourbe chanvreuse qui conserve encore des débris de tiges et de racines; 3° la tourbe noire ou parfaite, dans laquelle les traces d'organisation végétale ont disparu. Ces trois formes passent de l'une à l'autre par des transitions insensibles, mais sans cesser d'occuper leur situation relative, la tourbe la plus compacte toujours à la base du dépôt.

La tourbe est presque toujours pyriteuse lorsqu'elle repose sur des couches de lignite, circonstance révélée par la surface irisée des eaux qui en sortent et les sédiments ferrugineux. Elle contient assez souvent du fer phosphaté, de grands amas de

1. *C. R. Acad.*, CXXXVIII, 62 et 227.
2. *Challenger expedition, passim.*

coquilles fluviatiles et lacustres, actuellement vivantes, des produits de l'industrie humaine.

Les tourbières s'étendent fréquemment sur les débris des forêts. Recevant l'apport des eaux, les couches de combustible peuvent être séparées par des bancs de sable ou de limon, amenés par le changement de niveau des eaux. La tourbe et les couches de sable et de limon sont toujours en dépôts horizontaux.

La tourbe s'accroît en moyenne de o m. 6o à 1 m. 3o. par siècle. Cependant on a dit qu'il suffit d'un siècle pour la reproduction dans les tourbières de la vallée supérieure de la Somme, d'une couche de 3 m. 3o. Il en serait de même dans le Jura.

Il y a des tourbes quaternaires, et qui diffèrent si peu des tourbes actuelles qu'il a fallu, pour en reconnaître l'âge, y rencontrer des fossiles, tels que *Elephas primigenius*, *Rhinoceros tichorhinus*, *Cervus megaceros*, etc.

D'autres tourbes anciennes, au contraire, exploitées principalement en Suisse et en Bavière, se rapprochent beaucoup des lignites. Certaines parties sont encore molles comme la tourbe, tandis que d'autres sont solides et compactes. On trouve dans la masse, des rameaux ou des troncs, le plus souvent aplatis, de conifères, de bouleaux, de saules, d'aunes qui, tantôt, ont l'aspect du lignite xyloïde, tantôt sont transformés en une masse charbonneuse homogène.

La durée d'une tourbière semble pouvoir être indéfinie et se mesurer par une durée géologique ; son accroissement est dû à des mousses, *Hypnum* ou *Sphagnum*, plantes acrogènes qui, poussant sans cesse par le haut, tandis que meurt la partie inférieure, pourraient persister indéfiniment. Aussi, dans une nappe de sphaignes, y a-t-il deux couches superposées : l'une supérieure en voie de végétation ; l'autre, sous-jacente, déjà soumise à l'action du tourbage. Celle-ci tend sans cesse à augmenter d'épaisseur, par l'addition de la couche superficielle, destinée à être à son tour recouverte par un nouveau lit de sphaignes.

La croissance des sphaignes est fort rapide ; elles se ramifient beaucoup, et, en se pressant les unes contre les autres, elles finissent par former un feutrage épais qui étend, au-dessus des eaux marécageuses, une espèce de plancher flottant sur lequel se développent ensuite d'autres plantes, des végétaux arborescents. On a calculé qu'une seule capsule de *Sphagnum* peut contenir jusqu'à 2.690.000 spores [1]. Telle est la raison de leur rapide envahissement. Leur tissu, fin et délicat, pompe l'humidité à la manière des éponges ; aussi certaines tourbes desséchées peuvent-elles absorber jusqu'à plus de douze fois leur volume d'eau. Quelle que soit la hauteur à laquelle les sphaignes parviennent, quelle que soit la sécheresse de l'air, leurs tiges sont toujours humectées, et c'est ce qui rend possible la formation de la tourbe sur des pentes où l'eau ne saurait se maintenir. Les *hypnum*, les prêles, les joncs, les *carex*, quelques roseaux qui, grâce à leurs tiges traçantes, font rapidement la conquête du sol, préparent l'établissement des tourbières en s'avançant des bords vers le centre d'un lac qu'elles finissent par transformer en un marais tourbeux.

Aucune espèce de mousse ne concourt à la formation de la tourbe dans les dépôts de l'Amérique méridionale. Darwin, à qui est due cette observation, indique comme remplissant un rôle analogue à celui des sphaignes la *Donatia magellanica*. C'est, dit-il, l'agent principal de la tourbe ; les feuilles nouvelles se succèdent continuellement autour du tronc ; celles du bas pourrissent et, en suivant la racine dans la tourbe, on voit encore les feuilles conserver leur position dans les différents états de la transformation jusqu'à ce que le tout ne forme qu'une seule masse.

Les tourbières ne s'établissent pas partout. Il leur faut une eau peu profonde, qui ne soit pas complètement stagnante, avec un fond argileux ou du moins peu perméable. Il y a des vallées essentiellement tourbeuses, par exemple dans le nord de la France : celles de l'Authie, de la Somme, de l'Arlette, de l'Ourcq, de l'Essonne.

La structure intime de la tourbe a été l'objet de nombreuses études chimiques. Gümbel a examiné au microscope [2] le résidu de l'attaque du combustible par le mélange d'acide azotique et de chlorate de potasse. Il y a vu des débris d'organes et de tissus cimentés ensemble par la *dopplérite*, matière amorphe composée de sels calciques de divers acides ulmiques [3].

---

1. Lesquereux. *Mémoires de la Soc. des Sc. Nat. de Neuchâtel*, 1844.

2. *Sitzung. der Bayern. Akad. der Wissensch. mat. und phys. Klasse*, 1883, I, III.

3. *Jahresbericht Chem.*, vol. de 1883, p. 178.

Bernard Renault a constaté, dans les eaux des tourbières, une grande abondance de bactériacées. Dans les troncs d'aulnes enfouis dans la tourbe, il a trouvé des arthrospores de *Bacillus agilus* et de *B. rigidus*. Ces organismes anaérobies ont été vus vivants par le savant observateur, qui a décrit les corrosions qu'ils produisent sur la matière végétale. Il conclut de ses études[1] que les tourbes *faites* sont formées par l'accumulation de débris végétaux ayant résisté à une macération prolongée. La présence des micro-organismes, artisans des décompositions chimiques, s'accompagne de la production d'une pulpe qui n'arrête pas le mouvement brownien des petits corps en suspension.

L'amidon, les cellules à parois minces, les fibres ligneuses et les vaisseaux disparaissent peu à peu. Les cellules d'épiderme et de liège, les cuticules, les grains de pollen et les spores subsistent et ont subsisté jusque dans la houille.

Les bacilles ont parfois des collaborateurs dans les champignons : c'est ainsi que Renault a distingué dans la tourbe de Louradou : *Hyphomyces ramosus*, *Penccillum longicaule*, abondants surtout là où les bactériacées sont plus rares. Les bois bruns de certaines tourbières, telles que celle de Flamerans, près d'Auxonne, sont parfois très altérés, par le travail des microcoques, qui sont à la fois des bactériacées et des champignons.

Les tourbières à *Sphagnum* et à *Hypnum*, sont celles de pays froids ou tempérés, la température moyenne qui leur est la plus favorable est de 6° à 8°. Dans le nord de l'Europe, les tourbières sont immenses. Près de Hambourg, le Dwels Moor (tourbière du Diable) a une longueur de 80 kilomètres sur une largeur de 20. Le sol de la Hollande est formé de couches alternantes de limon, de tourbe et de sable. Soumis depuis longtemps à un affaissement sensible, il est en même temps exhaussé par les amas tourbeux et les atterrissements de ses fleuves. Il y a d'énormes tourbières en Irlande ; le septième de l'île pour le moins en est formé ; certaines atteignent une puissance de plus de 15 mètres, et il en est dont la sonde n'a pas atteint le fond.

Nous avons cité des vallées au nord de la France ; mais, dans notre pays, les plus vastes marais sont ceux de Montoire-la-

---

1. *Sur quelques micro-organismes des combustibles fossiles*, 1 vol. in-4° avec atlas. Saint-Étienne (1900).

Grande-Brière (Loire-Inférieure), qui s'étendent sur une longueur de 15 kilomètres et une largeur de 10 kilomètres, comprenant une surface de plus de 16.000 hectares. Pendant l'hiver cette plaine est couverte d'eau que l'on fait écouler, la belle saison venue, en ouvrant les écluses de nombreux canaux d'irrigation. Durant huit jours du mois d'août, il est permis à tous les habitants de venir prendre de la tourbe. Le même usage est en vigueur dans le département de la Manche, sur le vaste marais de Gorges, entre Périers et Carentan.

La limite méridionale des tourbières paraît être le 43° parallèle, et c'est sur les pentes des Pyrénées que se trouvent les dépôts les plus rapprochés de l'équateur.

L'Amérique septentrionale est riche en tourbe ; les bords des grands lacs, les immenses prairies tremblantes des Osages, celles qui se trouvent sur les bords de l'Hudson, de l'Ohio, du Missouri, de l'Illinois, renferment à leurs embouchures des gîtes d'une grande profondeur.

Beaucoup plus au Sud, les cyprières, que les Américains désignent sous le nom de *swamps*, réalisent le phénomène tourbeux, comme nous le dit Darwin, à l'aide d'arbustes et de broussailles sur lesquels domine le *Taxodium distichum*, ou cyprès chauve. Les cyprières s'étendent sur le littoral du golfe du Mexique, en Louisiane, dans la Géorgie, dans la Floride. Elles sont encore plus mobiles sous le pied que nos tourbières et méritent vraiment les noms de *tremendal* qu'on leur donne au Brésil, et de *shaking-bog* qu'ils portent aux Etats-Unis. Il y a dans le delta du Mississipi, sur une argile ressemblant à celle qui supporte beaucoup de gisements de lignite, un jonc (*Scirpus lacustris*) dont les racines forment une couche de 30 centimètres et qui pénètrent à peine dans l'argile sous-jacente.

Entre les cyprières et les tourbières proprement dites, dans les Carolines et les Virginies, s'étend le célèbre *Dismal swamp* (marais sinistre) dont le sol spongieux fait au milieu du pays un renflement de 3 mètres, à la surface duquel s'étend un lac, véritable dissolution de tanin.

Guanos. — Les êtres vivants manifestent dans un grand nombre de circonstances la faculté d'engendrer des espèces minérales, pouvant avoir une grande valeur industrielle, par suite du contact de leurs déjections avec des roches communes et spécialement des calcaires.

L'exemple par excellence est celui qui consiste surtout en phosphate de chaux et qui a donné lieu aux célèbres exploitations des îles Chincha, sur la côte du Pérou. Il y en a aussi sur la côte Bolivienne, au nord du Chili, vers le désert d'Atacama, dans certaines îles tropicales du Pacifique, de l'Océan Indien, de la mer Rouge et de l'Atlantique.

Les déjections, qui ont réagi chimiquement sur du calcaire, c'est-à-dire sur du carbonate de chaux, ont une composition très complexe, et c'est presque dans son ultime travail que M. Chevreul l'a fait connaître. Ce qui y domine, c'est, outre le phosphate de chaux, le phosphate d'ammoniaque et une série de sels, parmi lesquels on peut citer ceux qui dérivent d'un acide qu'on n'avait pas encore observé, et que l'auteur de l'analyse a appelé l'acide avique.

L'épaisseur du guano des îles Chincha est considérable. Datant des âges géologiques, puisqu'on y trouve des débris fossiles de poissons et d'oiseaux, elle se continue encore malgré l'épuisement de plus en plus marqué des gîtes. On l'exploite à ciel ouvert, sur une épaisseur de 15 à 20 mètres. Ce puissant engrais a été jusqu'à quadrupler la production des champs de canne à sucre des Antilles.

Un autre type, intéressant, à rapprocher du précédent, est celui qui existe dans l'île du Grand-Connétable, à la Guyane[1]. Il s'agit là d'épaisses productions de phosphate d'alumine, qui seront peut-être utilisées en agriculture, au même titre que le phosphate de chaux. L'analyse d'échantillons parvenus au Muséum a donné : acide phosphorique, 39,65 ; oxyde de fer et alumine, 32,53 ; eau combinée, 20,47 ; humidité, 2,38 ; résidu insoluble, 4,77.

Comme on le voit, la chaux fait ici complètement défaut, et c'est pourquoi ce minéral a provoqué certaines résistances chez les agriculteurs, disposés à croire que le phosphate d'alumine ne saurait rendre les mêmes services agricoles que les phosphates

---

1. *Le Naturaliste*, t. X, p. 185 (1896).

calciques. A la suite d'expériences convenablement répétées, le commerce a accepté la nouvelle substance. Il faut cependant reconnaître que le phosphate du Grand-Connétable est très hétérogène : c'est dans de larges limites que varie, d'un point à l'autre, la proportion de ses éléments constituants. On y voit facilement de la silice hydratée, qui, parfois à l'état d'opale, constitue des nodules plus ou moins volumineux. D'ailleurs, la matière principale est très nettement concrétionnée. Des lits concentriques de phosphate d'alumine se succèdent un peu à la façon des lits constitutifs des agates et leur nuance rosée, inégalement foncée, y trahit l'inégale répartition de l'oxyde de fer.

Salitre du Chili. — C'est avec une très grande abondance que le nitrate de soude se rencontre aux environs de Tarapaca[1]. Les anciennes lois des Indiens en interdisaient l'exploitation et cependant les autochtones se livraient, depuis des siècles, à une extraction très active, à une purification et à une vente productive. Jusqu'à l'année 1821, ce sel n'était connu en Europe que comme un produit de laboratoire, ne différant du salpêtre que par la substitution de la soude à la potasse de ce dernier. C'est Mariano de Rivero qui signala, sur la côte du Pacifique, ces immenses dépôts d'un véritable *minerai d'azote*, avant tout désigné pour favoriser la production agricole. Un peu plus tard, la même substance précieuse fut découverte sur le territoire d'Antofagasta et plus au Sud, dans le désert d'Atacama, qui forme actuellement le département de Taltal.

Les localités exploitées sont maintenant innombrables.

La matière brute est ordinairement désignée sous le nom de *caliche*; après raffinement, on l'appelle *salitre*.

L'origine de ce nitrate de soude ne paraît pas avoir été complètement élucidée jusqu'à ce jour, et les chimistes comme Boussingault, Winogradsky, Schlœsing, Muntz, sont divisés suivant les gisements qu'ils ont étudiés et qui ne sont pas identiques les uns aux autres. Les uns considèrent les dépôts salifères comme produits par le phénomène ordinaire de la nitrifi-

---

1. *El Salitre de Chile*, par René Le Feuvre. In-8°, Santiago de Chile (1893).

cation, grâce à la réunion, dans les localités où elle se produit, de toutes les conditions favorables ; d'autres lui donnent une origine marine se rapportant à une époque antérieure à la période active des volcans des Andes, c'est-à-dire aux temps tertiaires ; enfin, il en est qui rattachent la formation du produit à la décomposition et à la nitrification des minéraux constitutifs des minéraux composant les roches de la montagne. En tous cas, les conditions les plus favorables concerneraient : 1° la présence dans le sol d'une substance azotée, et probablement de l'azote lui-même ; 2° la présence de l'oxygène réalisant la combustion, c'est-à-dire la transformation en acide azotique, des matériaux azotés précédents ; 3° une légère alcalinité du sol ; 4° un certain degré d'humidité. Les pluies modérées semblent être très efficaces pour déterminer la production. En résumé, la transformation des matières organiques azotées de la terre en acide azotique, exigerait l'intervention de quatre micro-organismes différents : 1° un ferment ammoniacal qui transforme les substances azotées en ammoniaque ; 2° un ferment qui transforme les matières ammoniacales en nitrates ; 3° un ferment nitreux qui détruit l'acide nitrique et le transforme en acide azoteux ; et 4° un ferment nitrique qui transforme les azotites en azotates. Tous ces microbes se rencontrent ensemble. On en constate la présence non seulement dans les sols arables, mais encore dans les déserts et sur les hautes montagnes.

Le *caliche*, ou *salitre brut*, est la matière première d'où se retire le salitre ; c'est le salitre impur tel qu'on le retire de la mine. Les mineurs distinguent : 1° le caliche blanc de neige qui, généralement, est mélangé de beaucoup de sel gemme ; 2° le caliche blanc poreux ; 3° le caliche bigarré ; et 4° le caliche soufré qui est jaune. Les variétés 3° et 4° sont inégalement colorées, selon la proportion d'iode qu'elles renferment.

Les gisements de caliche sur la côte de l'Océan Pacifique sont compris entre les 19° et 26° degrés de latitude Sud. La largeur de cette zone est de 3 kilomètres, terme moyen. Les gisements de Tarapaca sont à des altitudes voisines de 1.000 mètres.

Le caliche se trouve à une profondeur qui peut varier de 3o centimètres à 3 mètres. Sa composition est très complexe : outre le nitrate de soude, on y reconnaît, à l'état de mélange

plus ou moins intime : le chlorure de sodium, le sulfate de
soude, le sulfate de potasse, le sulfate de chaux, le sulfate de
magnésie, des chlorures solubles, l'iodate de soude et de potasse,
le phosphate de soude, le sulfate d'alumine, de petites quantités
de nitrate de potasse (ou salpêtre), le borate de soude, de
l'argile, du sable fin, etc.

La teneur des caliches en nitrate de soude varie, d'après les
lieux d'extraction, entre 15,50 p. 100 et 60 p. 100. A Tarapaca,
elle est de 33 p. 100.

La préparation industrielle du nitrate de soude comprend
plusieurs opérations : d'abord, la dissolution dans l'eau du
minerai; la séparation par filtration ou décantation des substances que le liquide tient en suspension, telles que la terre et
l'argile, ainsi que d'autres sels moins solubles; enfin la cristallisation du salitre.

Le produit épuré contient en moyenne : 95,45 p. 100 de
nitrate de soude, 1,67 de sel marin et 2,25 d'humidité.

Les usages industriels auxquels on l'emploie sont : la fabrication de l'acide nitrique, du nitrate de potasse, de l'acide sulfurique.

Pour concevoir le mode de formation du phosphate d'alumine
qui nous occupe, des expériences de laboratoire ont été installées, et la conclusion, c'est que la substance résulte d'une
modification d'une matière préalablement alumineuse qui pouvait être un schiste argileux ou une bauxite. En effet, ces substances, mises en contact avec une dissolution de sulfate d'ammoniaque, ont déterminé un dégagement parfaitement sensible
d'ammoniaque, et un dépôt de phosphate alumineux. Avec l'argile, il y a élimination de silice qui se concrète sous la forme
hydratée. Les microbes, qui accompagnent, après l'avoir déterminée, la décomposition des matières animales, paraissent jouer
dans la réaction un rôle décisif, la formation du phosphate étant
activée par la présence de liquides organiques.

CONCLUSION

Parvenus au terme du programme que nous nous étions proposé, constatons la conformité de nos résultats avec les assertions du début.

Chacune des fonctions, entre lesquelles se répartissent les formes de l'activité géologique, est appelée à son tour à collaborer à l'édification de gîtes minéraux, et elle imprime à chacun d'eux une manière d'être, un *facies*, où les conditions de son origine sont manifestement inscrites.

Cette circonstance, tout à fait dominatrice, se concilie avec la continuité, en chaque point, des phénomènes métallogéniques : nulle région de la croûte terrestre n'étant en repos, même momentané, et progressant, pour son compte et sans arrêt, dans la série des phases de l'évolution planétaire.

C'est la méconnaissance de cette vérité fondamentale, influençant toutes les observations géologiques, qui a conduit certains auteurs à compliquer la classification des gîtes, de façon à leur attribuer souvent des caractères contradictoires ; quelquefois aussi à supposer à certaines particularités latérales une signification qu'elles n'ont pas : par exemple, à séparer en des groupes distincts des dépôts qui ne diffèrent les uns des autres, que par les types de roches qui les encaissent.

Pendant qu'il se fait à notre contact, et pour ainsi dire sous nos yeux, des gîtes de surface ; qu'il se dépose dans la mer des boues qui sont comme des embryons de sédiments, il se continue en profondeur des opérations métamorphiques, qui engendrent les marbres et les schistes, peut-être même aux dépens de dépôts qui se sont édifiés aux temps les plus anciens, de sorte qu'on les confondrait plus tard avec les produits de ces antiques époques.

Et le tableau est singulièrement élargi de l'évolution générale, par le détail de ces transformations locales, incessantes et contemporaines qui conduisent, selon les caractères du milieu, à des résultats sans relations morphologiques réciproques.

Aussi, peut-il paraître opportun de résumer l'évolution fonctionnelle d'un point isolé, puis d'en rapprocher la mention, de quelque localité, où des retours successifs à l'activité minéralisatrice a superposé et enchevêtré des produits bien faits pour contraster avec la théorie, consacrée si longtemps, que les gîtes minéraux se sont constitués dans chaque terrain au moment même de son dépôt.

Supposons-nous transportés à l'époque silurienne et assistons par la pensée à la constitution d'un fond marin ; rappelons que le témoignage des fossiles, trilobites et autres, nous démontre l'intime analogie des conditions marines primaires, avec l'état de choses actuel et tirons-en la conclusion qu'il se fait dans le fond des océans des dépôts de substances analogues à celles d'aujourd'hui : concrétions manganésiennes et ferrugineuses, accumulations de glauconie, de silice, de calcite, de phosphates organiques, etc. C'est, pour la localité, la période de l'épipolhydrisme et de l'océanisme, dans toute leur pureté.

Aux époques immédiatement suivantes, le dépôt considéré, se recouvre de sédiments successifs, dévoniens, par exemple, et cela suffit pour que notre gisement soit séparé de la surface sédimentaire sous-marine par plusieurs centaines ou par plusieurs milliers de mètres en verticale. Dès lors, notre couche a subi bien des modifications ; les liquides circulant dans sa masse, ont établi, parmi ses éléments, une discipline nouvelle; il y a eu des substances extraites et ramenées à la surface, comme du calcaire; il y a eu tassements consécutifs au poids des lits superposés, et par conséquent, diminution de la capacité pour les fluides de circulation, transformation des argiles en schistes, métamorphisme. C'est le déploiement de la chimie de Sénarmont : dans les craquelures du sol, failles et joints, il se fait des précipitations, des incrustations, toute l'activité filonienne. Les couches qui, ne l'oublions pas, sont de l'âge que les géologues qualifieront de silurien, sont en proie désormais aux entreprises du bathydrisme.

Durant les temps ultérieurs, l'empilement des sédiments con-

tinue à faire descendre notre fond marin silurien, à 20 ou
3o kilomètres de profondeur, et tous les phénomènes qui viennent d'être énumérés s'y continuent, en même temps qu'il s'en
ajoute d'autres à la série, ceux qui réclament une pression plus
élevée, une température plus intense. Le métamorphisme à la
fois chimique et dynamique s'accentue ; les productions métallifères prennent un nouveau caractère. Si nous sommes à la
période jurassique (choisie au hasard), pour soumettre la formation en question à l'examen lithoscopique, nous voyons que
les filons à allure primitivement tranquille, ont été bousculés,
troublés dans leur structure d'abord régulièrement rubanée, et
enrichis d'espèces minéralogiques qui n'avaient pu se produire
plus tôt : nous avons sous les yeux les gîtes classiques des terrains paléozoïques, et de toutes parts, les régions sous-jacentes
apportent la collaboration de vapeurs qui, précédemment, se con-
densaient au-dessous de notre zone d'étude. Le volcanisme pousse
jusqu'à nous de plus en plus d'échantillons de la croûte initiale,
ou photosphérique : péridotite à métaux natifs ou à métaux
peroxydés par le contact de l'eau surchauffée. Il ne subsiste plus
rien des caractères qui dominaient, quand nous n'en étions qu'aux
âges plus récents.

Mais voilà un autre moment qui se déclare : l'oscillation verticale de la croûte terrestre change de signe, dans la région choisie : notre sédiment s'élève et éprouve peu à peu des actions
progressivement adoucies. Il se refera un jour des filons concrétionnés, qui reproduiront à beaucoup d'égards ceux qui s'étaient
faits pendant la descente, mais qui empâteront les vestiges plus
anciens des gîtes dits de ségrégation. Parallèlement, des
influences externes éroderont les épidermes successifs de la
Terre et il viendra un moment où l'assise silurienne sera expo-
sée au contact de l'atmosphère et des nappes épipolhydriques.
Celles-ci, comme s'il n'y avait pas eu d'interruption, s'attaque-
ront à la strate dont nous résumons l'histoire, elles oxyderont,
ou dissoudront, ou modifieront des dépôts métallifères dont les
vicissitudes ne se comptent plus et y introduiront des formations de surface, qui prendront une place plus ou moins occupée
au début, par les productions contemporaines de la sédimentation initiale du dépôt considéré.

Aussi, quand nous nous trouverons en présence de ces gîtes calaminaires, inextricablement enchevêtrés avec des filons concrétionnés de blende et de galène cités plus haut (v. p. ex. p. 242) comme il en existe en Silésie, ou encore de réactions stannifères avec les opérations filoniennes comme en Cornwall, nous concevrons comment, en l'absence du guide procuré par la définition des diverses fonctions géologiques, on a pu se laisser aller à imaginer des types complexes de réactions et à supposer quelque activité directe de la roche encaissante qu'il est plus facile d'imaginer que de justifier.

Ajoutons que ce cycle de conditions, où nous avons supposé une simple descente continue, suivie d'une simple remontée, se complique ici ou là de mille manières : il se produit des arrêts momentanés et des renversements d'allure, soit dans le trajet de haut en bas, soit dans le trajet inverse. Il s'y produit aussi des incidents, provoqués par exemple, par l'injection de roches volcaniques, qui ajouteront des effets de métamorphisme de contact, à ceux du métamorphisme sédimentaire, des intrusions d'eau très thermalisées, ou même de vapeurs provenant d'assez bas ; il y aura des réchauffements, dus à des charriages orogéniques et d'autres complications qui introduiront des répétitions de productions ou des suppressions. De sorte que les incohérences des *Traités*, sur les gîtes métallifères anciens résultent avant tout de ce que la descente et la remontée de la zone étudiée en ce moment, mélangent des traces, les unes primaires, les autres récentes, avec tous les intermédiaires et la quasi-impossibilité de rapporter chacune d'elles à son époque d'origine.

Tout cela fait, il viendra des théoriciens qui concluront de leurs savantes études, qu'à l'*époque silurienne*, l'action métallogénique engendrait des gisements qui n'ont aucun rapport avec ceux de l'époque actuelle ; que, par exemple, les phénomènes de ségrégation, maintenant arrêtés, y faisaient merveille. Soyons discrets cependant, n'insistons pas trop, et contentons-nous du magnifique tableau de continuité, dont nous venons de résumer un rapide aperçu.

FIN

TABLE ALPHABÉTIQUE

B

S. MEUNIER. — Gîtes minéraux.

D

l'origine de la surface solaire, 5.
Fuveau (Bouches-du-Rhône) : lignites tertiaires, 226.

G

Gafsa (Tunisie) : phosphates, 160.
Gagnière (rivière de) : charrie des paillettes d'or, 236.
Galène, 109 et suiv. ; — sa synthèse par Sénarmont, 102.
Galets : calcaires du diluvium gris, 264 ; — de charbon, 218 ; — siliceux et pyriteux, 301.
Galicie : gisement de sel gemme, 308.
Gallia aurifera, 234.
Gangues, 104.
Gardette (la —, Isère) : or métallique, 123 ; — or cristallisé dans les filons sulfurés, 256.
Gardon d'Alais : charrie des paillettes d'or, 236.
Garniérite : en plein massif de serpentine, 173.
Garonne (Cap —, Var) : minerai de cuivre, 136.
Garrigou : absence de l'oxygène dans la nébuleuse primitive, 6.
Gaudry (Albert) : serpentines de Chypre, 167.
Gault : nodules phosphatés qu'il renferme, 182 ; — du cap de La Hève, 271.
Gay-Lussac : observations et expériences sur le mode de formation des gîtes métallifères d'origine volcanique, 42 et suiv.
Gaylussite : cristaux dans une argile recouvrant le trona, 287.
Gaz carbonique, 81 et suiv.
Gaz combustibles, 83.
Genèvre (Mont) : serpentines triasiques, 165.
Géorgie : cyprières, 337.
Géoclases de l'écorce terrestre, 11, 106.
Geyer (Saxe) : gîtes d'étain, 63, 64.
Geykie (James) : roches éruptives au travers de couches schisteuses et calcaires, 195.
Geysérite de Saint-Nectaire, VI.
Géysers, 78 et suiv.

Gippsland (Nouvelle-Galles du Sud) : graviers et sables aurifères, 245.
Girgenti (Sicile) : célestine, 285.
Gîtes : leur classification, XIII, 343 ; — de concrétion disséminée, 175 et suiv. ; — métamorphiques, 190 et suiv. ; — comment ils se constituent, VI ; — d'origine marine, 291 et suiv. ; — sédimentaires ayant la composition et la structure des filons, 132 ; — de serpentinisation, 163 et suiv. ; — sidérolithiques, 263 et suiv. ; — zéolithiques, 161, 162.
Givre du soleil, 1.
Glace : son exploitation industrielle, 318.
Glaciaire (fonction), XII, 318.
Glacières : comme carrières où l'on exploite la glace, 318.
Glaris (Suisse) : ardoises fossilifères, 197.
Gneiss : cataclase, 14 ; — ne paraît pas renfermer de sphérules magnétiques atmosphériques, 325.
Golconde (Indes) : marché de diamants, 247.
Gold-field, 241.
Gondo (Piémont) : pyrite, minerai d'or, 118.
Gorablagodask (Oural) : alluvions platinifères, 246.
Gorges (marais de —, Manche) : tourbe, 337.
Gouverneur (Etats-Unis) : gros cristaux de tourmaline, 207.
Goyaz (Brésil) : gisements aurifères, 244 ; — gisements diamantifères, 248.
Graissesac (Hérault) : bassin houiller, 223.
Grand Cervin : serpentine, 166.
Grand'Combe (la —, Gard) : bassin houiller, 223 ; — paillettes d'or dans un grès blanc du terrain houiller, 236.
Grand-Connétable (île de la Guyane) : exploitation de guano, 338.
Grand'Eury (Cyrille) : distingue dans les bassins houillers les forêts fossiles et les sols fossiles, 213 ; — étudie les marécages houillers, 214 ; — le *Stigmaria major*, 213.
Grande-Bretagne : bassins houillers, 223.

M

Q

W

Y

TABLE DES MATIÈRES

CHAPITRE II

Gîtes dépendant de la fonction volcanique.

CHAPITRE III

Gîtes dépendant de la fonction bathydrique.

CHAPITRE IV

Gîtes dépendant de la fonction épipolhydrique.

CHAPITRE V

Gites dépendant de la fonction océanique.

CHAPITRE VI

Gites dépendant de la fonction glaciaire.

CHAPITRE VII

Gites dépendant de la fonction éolienne.

CHAPITRE VIII

Gites dépendant de la fonction biologique.

CONCLUSION

ÉVREUX, IMPRIMERIE CH. HÉRISSEY.